메가스터디 **중학수학**

1일 1개념

2·2

중학수학, 개념이 먼저다!

초등수학은 "연산", 중학수학는 "개념", 고등수학은 "개념의 확장"이라고 합니다.

수학에서 개념이 중요하다는 말을 흔히 합니다. 많은 학생들을 살펴보면, 교과서나 문제집의 개념 설명 부분을 잘 읽지 않고, 개별적인 문제들을 곧장 풀기 시작하는 경우가 종종 있습니다. 이런 학생들은 문제를 풀면서 자연스럽게 개념이 이해되었다고 생각하고, 문제를 맞히면 그 개념을 이해한 것으로 여겨 더 이상 깊이 있게 개념을 학습하려 하지 않습니다.

그렇다면 수학을 공부할 때 문제 풀이는 어떤 의미를 가질까요?
개념을 잘 이해했는지 확인하는 데 가장 효율적인 방법이 문제 풀이입니다. 따라서 문제를 푸는 목적을 "개념 이해"에 두는 것이 맞습니다. 개념을 제대로 이해한 후에 문제를 풀어야 그 개념이 더욱 확장되고, 확장된 개념은 더 어려운 개념을 이해하고 더 어려운 문제를 푸는 데 도움이 됩니다.

이때 개념 이해를 소홀히 한 학생들은 개념이 확장되어 어려운 문제를 다루는 고등학교에 가서야 비로소 문제가 잘 풀리지 않는 경험을 하게 되고, 그제야 개념이 중요했다는 것을 깨닫습니다. 따라서 **중학교 때 수학 개념을 꾸준히, 제대로 익히는 것이 무엇보다 중요합니다.**

중학수학,
이렇게 공부하자!

01 문제 안에 사용된 개념을 파악하자!

문제를 푸는 기술만 익히면 당장 성적을 올리는 데 도움이 되지만, 응용 문제를 풀거나 상급 학교의 수학을 이해할 때 어려움을 겪을 수 있다.

그래서 이 책은, 교과서를 분석하여 1일 1개 개념 학습이 가능하도록 개념을 선별, 구성하였습니다. 또한 이전 학습 개념을 제시하여 학습 결손이 예상되는 부분을 빠르게 찾도록 하였습니다.

02 문제 풀이 기술보다 개념을 먼저 익히자!

문제를 푸는 목적은 개념 이해이므로 문제에서 묻고자 하는 개념이 무엇인지 파악하는 것이 문제 풀이에서 가장 중요하다.

그래서 이 책은, 개념 다지기 문제들은 핵심 개념을 분명하게 확인할 수 있는 것으로만 구성하였습니다. 억지로 어렵게 만든 문제들을 풀면서 소중한 학습 시간을 버리지 않도록 하였습니다.

03 쉬운 문제만 풀지 말자!

조금 까다로운 문제도 하루에 1~2문제씩 푸는 것이 좋다. 이는 어려운 내신 문제를 해결하거나 더 어려워지는 고등수학에의 적응을 위해 필요하다.

그래서 이 책은, 생각이 자라는 문제 해결 또는 창의·융합 문제를 개념당 1개씩 마지막에 제시하였습니다. 문제를 풀기 위해 도출해야 할 개념, 원리를 스스로 생각해 보는 장치도 마련하였습니다.

04 공부한 개념 사이의 관계를 정리해 보자!

한 단원을 모두 학습한 후에 각 개념을 제대로 이해했는지, 개념들 사이에 어떤 관계가 있는지를 정리해야 한다.

그래서 이 책은, 내신 빈출 문제로 단원 마무리를 할 수 있게 하였습니다. 이어서 해당 단원의 마인드맵으로 개념 사이의 관계를 이해하고, OX 문제로 개념 이해 유무를 빠르게 점검할 수 있게 하였습니다.

05 꾸준히 하는 수학 학습 습관을 들이자!

01 ~ 04의 과정을 매일 꾸준히 하는 수학 학습 습관을 만들어야 한다.

그래서 이 책은, 하루 20분씩 매일 01 ~ 04의 학습 과정을 반복하도록 하는 학습 시스템을 교재에 구현하였습니다.

이 책의 짜임새

이 책의 차례 & 학습 달성도 / 학습 계통도 & 계획표

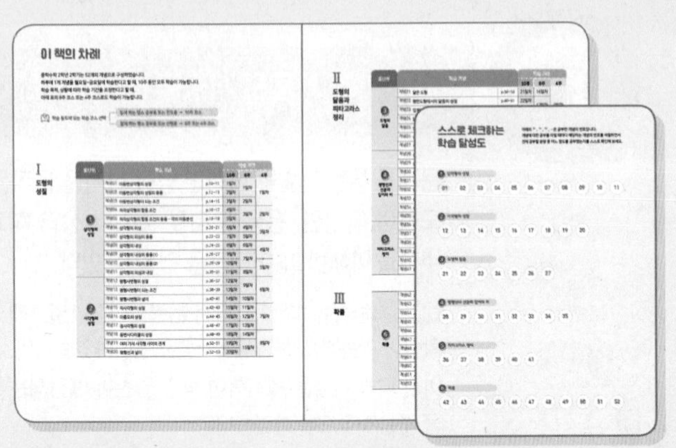

이 책의 차례

학습할 전체 개념과 이에 대한 10주, 8주, 4주 완성 코스를 제시

학습 달성도

개념 학습을 마칠 때마다 개념 번호를 색칠하면서 학습 달성 정도를 확인

학습 계통도 & 계획표

❶ 이 단원의 학습 내용에 대한 이전 학습, 이후 학습 제시

❷ 이 단원의 학습 계획표 제시(학습 날짜, 이해도 표시)

step1 개념 학습

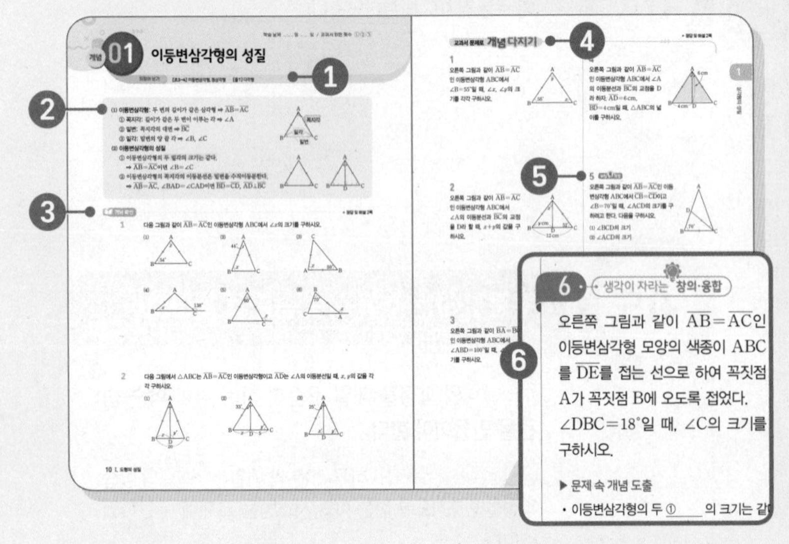

❶ 해당 개념 학습에 필요한 사전 학습 개념 제시

❷ 1일 학습이 가능하도록 개념 분류 & 정리

❸ 기본기를 올리는 개념 확인 문제 제시

❹ 학습한 개념을 제대로 이해했는지 확인하는 문제들로만 구성

❺ 해설 꼭 확인 자주 실수하는 부분을 확인할 수 있는 문제 제시

❻ 생각이 자라는 창의·융합/문제 해결

- 학습한 개념을 깊이 있게 분석하는 문제 또는 타 교과나 실생활의 지식과 연계한 문제 제시
- 문제 풀이에 필요한 개념, 원리를 스스로 도출하는 장치 제시

step2 단원 마무리 & 배운 내용 돌아보기

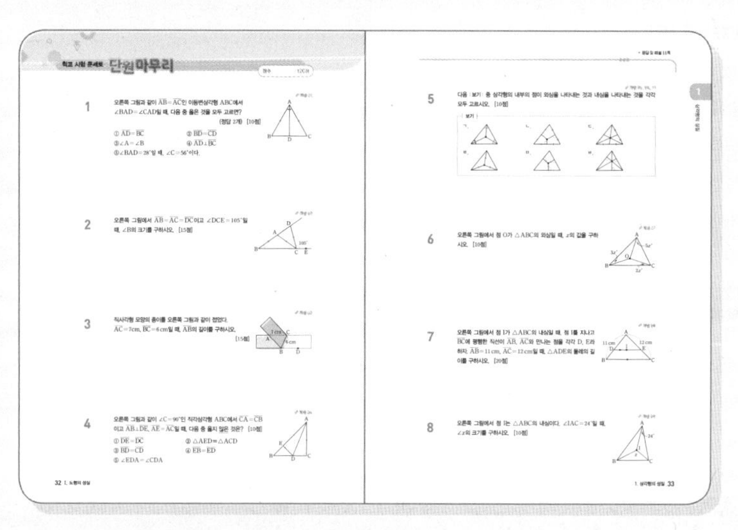

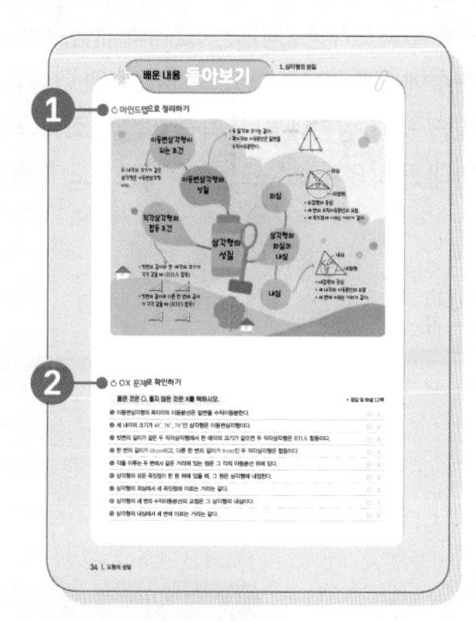

학교 시험 문제로 단원 마무리

자신의 실력을 점검하고, 실전 감각을 키울 수 있도록
전국 중학교 기출문제 중 최다 빈출 문제를 뽑아 중단원별로 구성

배운 내용 돌아보기

❶ 핵심 개념을 **마인드맵**으로 한눈에 정리
❷ **OX 문제**로 공부한 개념에 대한 이해를 간단하게 점검

정확한 답과 친절한 해설

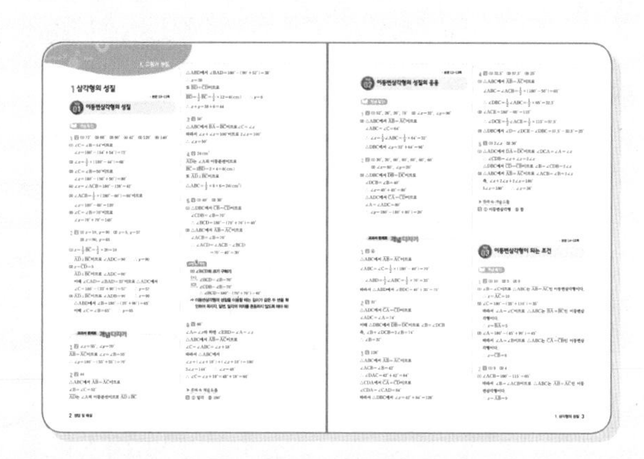

쉬운 문제부터 조금 까다로운 문제까지 과정을 생략하는 부분 없이 이해하기 쉽도록 설명

 개념 학습 부분에서 오개념이 발생할 수 있는, 즉 자주 실수하는 문제에 대해서는 그 이유와 실수를 피하는 방법 제시

질문 리스트

개념이나 용어의 뜻, 원리 등을 제대로 이해했는지
확인하는 질문들을 모아 구성

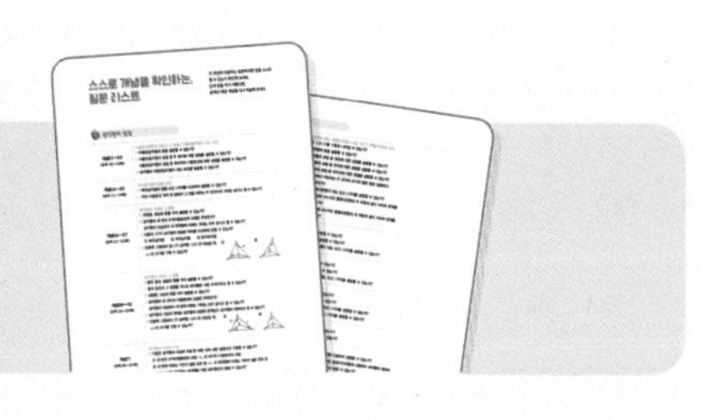

개념 Drill **1일 1개념 드릴북**(별매) – 계산력과 개념 이해력 강화를 위한 반복 연습 교재

"1일 1개념 드릴북"은 "1일 1개념"을 공부한 후, 나만의 숙제로 추가 공부가 필요한 학생에게 추천합니다!

이 책의 차례

중학수학 2학년 2학기는 52개의 개념으로 구성하였습니다.
하루에 1개 개념을 월요일~금요일에 학습한다고 할 때, 10주 동안 모두 학습이 가능합니다.
학습 목적, 상황에 따라 학습 기간을 조정한다고 할 때,
아래 표의 8주 코스 또는 4주 코스로도 학습이 가능합니다.

학습 용도에 맞는 학습 코스 선택
- 길게 하는 평소 공부용 또는 진도용 → 10주 코스
- 짧게 하는 평소 공부용 또는 선행용 → 8주 또는 4주 코스

I 도형의 성질

중단원	학습 개념		학습 기간		
			10주	8주	4주
① 삼각형의 성질	개념01 이등변삼각형의 성질	p.10~11	1일차	1일차	1일차
	개념02 이등변삼각형의 성질의 응용	p.12~13	2일차		
	개념03 이등변삼각형이 되는 조건	p.14~15	3일차	2일차	
	개념04 직각삼각형의 합동 조건	p.16~17	4일차	3일차	2일차
	개념05 직각삼각형의 합동 조건의 응용 - 각의 이등분선	p.18~19	5일차		
	개념06 삼각형의 외심	p.20~21	6일차	4일차	3일차
	개념07 삼각형의 외심의 응용	p.22~23	7일차	5일차	
	개념08 삼각형의 내심	p.24~25	8일차	6일차	4일차
	개념09 삼각형의 내심의 응용(1)	p.26~27	9일차	7일차	
	개념10 삼각형의 내심의 응용(2)	p.28~29	10일차		5일차
	개념11 삼각형의 외심과 내심	p.30~31	11일차	8일차	
② 사각형의 성질	개념12 평행사변형의 성질	p.36~37	12일차	9일차	6일차
	개념13 평행사변형이 되는 조건	p.38~39	13일차		
	개념14 평행사변형과 넓이	p.40~41	14일차	10일차	
	개념15 직사각형의 성질	p.42~43	15일차	11일차	7일차
	개념16 마름모의 성질	p.44~45	16일차	12일차	
	개념17 정사각형의 성질	p.46~47	17일차	13일차	
	개념18 등변사다리꼴의 성질	p.48~49	18일차	14일차	8일차
	개념19 여러 가지 사각형 사이의 관계	p.50~51	19일차	15일차	
	개념20 평행선과 넓이	p.52~53	20일차		

Ⅱ 도형의 닮음과 피타고라스 정리

중단원	학습 개념		학습 기간 10주	8주	4주
③ 도형의 닮음	개념21 닮은 도형	p.58~59	21일차	16일차	9일차
	개념22 평면도형에서의 닮음의 성질	p.60~61	22일차	17일차	
	개념23 입체도형에서의 닮음의 성질	p.62~63	23일차		
	개념24 닮은 도형의 넓이의 비와 부피의 비	p.64~65	24일차	18일차	
	개념25 삼각형의 닮음 조건	p.66~67	25일차	19일차	10일차
	개념26 삼각형의 닮음 조건의 응용	p.68~69	26일차	20일차	
	개념27 직각삼각형의 닮음	p.70~71	27일차	21일차	
④ 평행선과 선분의 길이의 비	개념28 삼각형에서 평행선과 선분의 길이의 비	p.76~77	28일차	22일차	11일차
	개념29 삼각형의 각의 이등분선	p.78~79	29일차	23일차	
	개념30 삼각형의 두 변의 중점을 연결한 선분의 성질	p.80~81	30일차	24일차	12일차
	개념31 삼각형의 두 변의 중점을 연결한 선분의 성질의 응용	p.82~83	31일차		
	개념32 평행선 사이의 선분의 길이의 비	p.84~85	32일차	25일차	
	개념33 삼각형의 무게중심	p.86~87	33일차	26일차	13일차
	개념34 삼각형의 무게중심과 넓이	p.88~89	34일차	27일차	
	개념35 삼각형의 무게중심의 응용	p.90~91	35일차	28일차	
⑤ 피타고라스 정리	개념36 피타고라스 정리	p.96~97	36일차	29일차	14일차
	개념37 피타고라스 정리의 응용	p.98~99	37일차		
	개념38 피타고라스 정리의 확인 (1) – 유클리드의 방법	p.100~101	38일차	30일차	15일차
	개념39 피타고라스 정리의 확인 (2) – 피타고라스의 방법	p.102~103	39일차		
	개념40 직각삼각형이 되기 위한 조건	p.104~105	40일차	31일차	16일차
	개념41 피타고라스 정리의 활용	p.106~107	41일차	32일차	

Ⅲ 확률

중단원	학습 개념		10주	8주	4주
⑥ 확률	개념42 경우의 수	p.112~113	42일차	33일차	17일차
	개념43 사건 A 또는 사건 B가 일어나는 경우의 수	p.114~115	43일차	34일차	
	개념44 사건 A와 사건 B가 동시에 일어나는 경우의 수	p.116~117	44일차		
	개념45 경우의 수의 응용 (1) – 한 줄로 세우기	p.118~119	45일차	35일차	18일차
	개념46 경우의 수의 응용 (2) – 자연수 만들기	p.120~121	46일차		
	개념47 경우의 수의 응용 (3) – 대표 뽑기	p.122~123	47일차	36일차	
	개념48 확률	p.124~125	48일차	37일차	19일차
	개념49 확률의 성질	p.126~127	49일차	38일차	
	개념50 사건 A 또는 사건 B가 일어날 확률	p.128~129	50일차	39일차	20일차
	개념51 사건 A와 사건 B가 동시에 일어날 확률	p.130~131	51일차		
	개념52 확률의 응용 – 연속하여 꺼내기	p.132~133	52일차	40일차	

스스로 체크하는 학습 달성도

아래의 01, 02, 03, …은 공부한 개념의 번호입니다.
개념에 대한 공부를 마칠 때마다 해당하는 개념의 번호를 색칠하면서
전체 공부할 분량 중 어느 정도를 공부했는지를 스스로 확인해 보세요.

1 삼각형의 성질

01 02 03 04 05 06 07 08 09 10 11

2 사각형의 성질

12 13 14 15 16 17 18 19 20

3 도형의 닮음

21 22 23 24 25 26 27

4 평행선과 선분의 길이의 비

28 29 30 31 32 33 34 35

5 피타고라스 정리

36 37 38 39 40 41

6 확률

42 43 44 45 46 47 48 49 50 51 52

1 삼각형의 성질

배운 내용

- **초등학교 3~4학년군**
  여러 가지 삼각형
- **초등학교 5~6학년군**
  합동과 대칭
- **중학교 1학년**
  기본 도형
  작도와 합동
  평면도형의 성질

이 단원의 내용

◆ 이등변삼각형의 성질
◆ 직각삼각형의 합동 조건
◆ 삼각형의 외심
◆ 삼각형의 내심

배울 내용

- **중학교 3학년**
  삼각비
  원의 성질

학습 내용	학습 날짜	학습 확인	복습 날짜
개념 01 이등변삼각형의 성질	/	☺ 😐 ☹	/
개념 02 이등변삼각형의 성질의 응용	/	☺ 😐 ☹	/
개념 03 이등변삼각형이 되는 조건	/	☺ 😐 ☹	/
개념 04 직각삼각형의 합동 조건	/	☺ 😐 ☹	/
개념 05 직각삼각형의 합동 조건의 응용 – 각의 이등분선	/	☺ 😐 ☹	/
개념 06 삼각형의 외심	/	☺ 😐 ☹	/
개념 07 삼각형의 외심의 응용	/	☺ 😐 ☹	/
개념 08 삼각형의 내심	/	☺ 😐 ☹	/
개념 09 삼각형의 내심의 응용 (1)	/	☺ 😐 ☹	/
개념 10 삼각형의 내심의 응용 (2)	/	☺ 😐 ☹	/
개념 11 삼각형의 외심과 내심	/	☺ 😐 ☹	/
학교 시험 문제로 단원 마무리	/	☺ 😐 ☹	/

개념 01 이등변삼각형의 성질

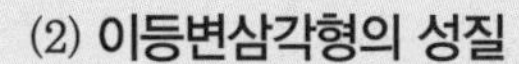

되짚어 보기 [초3~4] 이등변삼각형, 정삼각형 [중1] 다각형

(1) **이등변삼각형**: 두 변의 길이가 같은 삼각형 ➡ $\overline{AB}=\overline{AC}$

① 꼭지각: 길이가 같은 두 변이 이루는 각 ➡ $\angle A$

② 밑변: 꼭지각의 대변 ➡ $\overline{BC}$

③ 밑각: 밑변의 양 끝 각 ➡ $\angle B$, $\angle C$

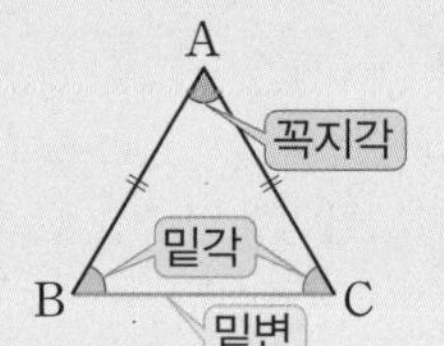

(2) **이등변삼각형의 성질**

① 이등변삼각형의 두 밑각의 크기는 같다.

➡ $\overline{AB}=\overline{AC}$이면 $\angle B=\angle C$

② 이등변삼각형의 꼭지각의 이등분선은 밑변을 수직이등분한다.

➡ $\overline{AB}=\overline{AC}$, $\angle BAD=\angle CAD$이면 $\overline{BD}=\overline{CD}$, $\overline{AD}\perp\overline{BC}$

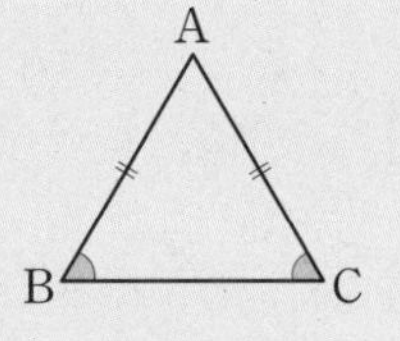

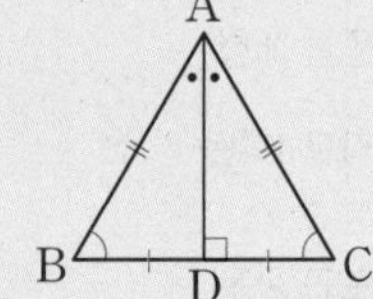

개념 확인 · 정답 및 해설 2쪽

1 다음 그림과 같이 $\overline{AB}=\overline{AC}$인 이등변삼각형 ABC에서 $\angle x$의 크기를 구하시오.

(1)
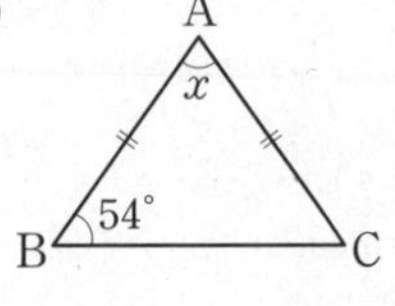

(2)
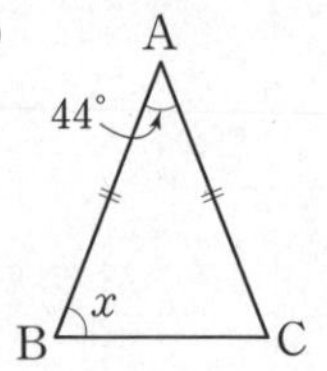

(3)
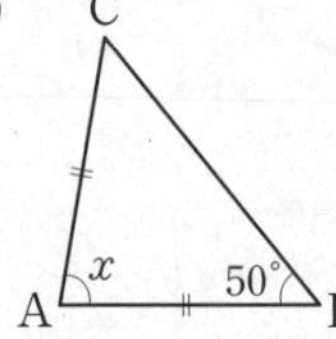

(4)
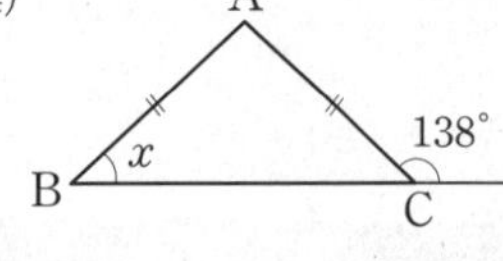

(5)
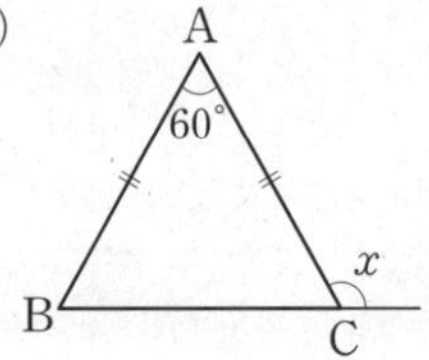

(6)
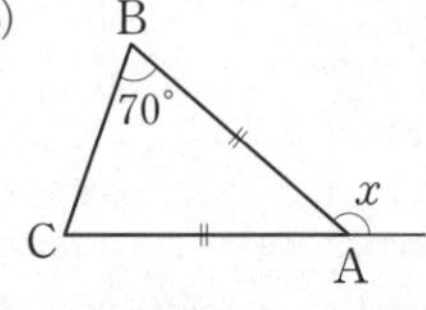

2 다음 그림에서 △ABC는 $\overline{AB}=\overline{AC}$인 이등변삼각형이고 $\overline{AD}$는 $\angle A$의 이등분선일 때, x, y의 값을 각각 구하시오.

(1)
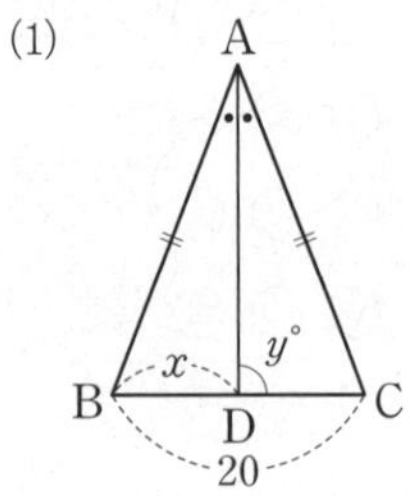

(2)
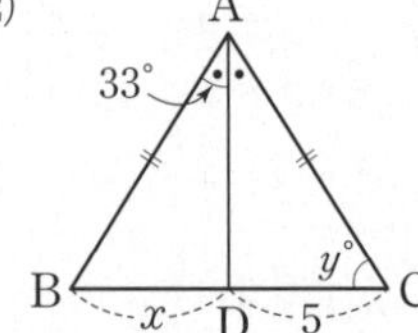

(3)
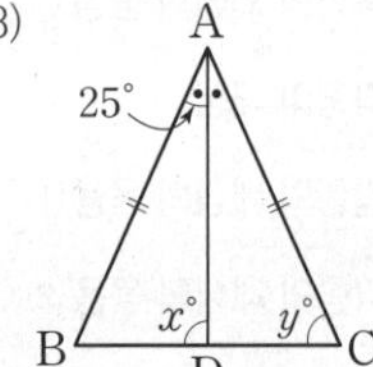

교과서 문제로 개념 다지기

1

오른쪽 그림과 같이 $\overline{AB}=\overline{AC}$인 이등변삼각형 ABC에서 $\angle B=55^\circ$일 때, $\angle x$, $\angle y$의 크기를 각각 구하시오.

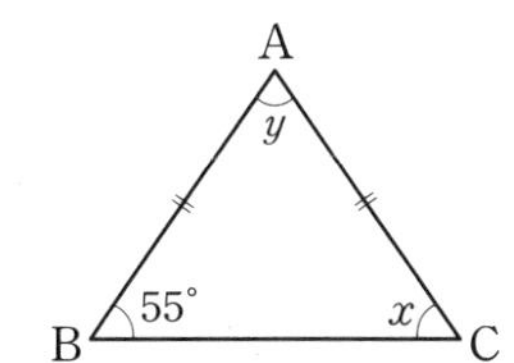

2

오른쪽 그림과 같이 $\overline{AB}=\overline{AC}$인 이등변삼각형 ABC에서 $\angle A$의 이등분선과 $\overline{BC}$의 교점을 D라 할 때, $x+y$의 값을 구하시오.

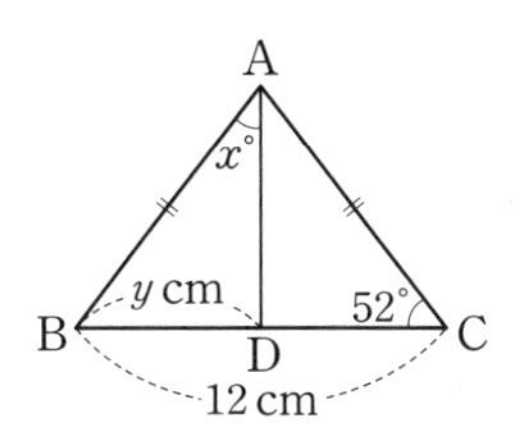

3

오른쪽 그림과 같이 $\overline{BA}=\overline{BC}$인 이등변삼각형 ABC에서 $\angle ABD=100^\circ$일 때, $\angle x$의 크기를 구하시오.

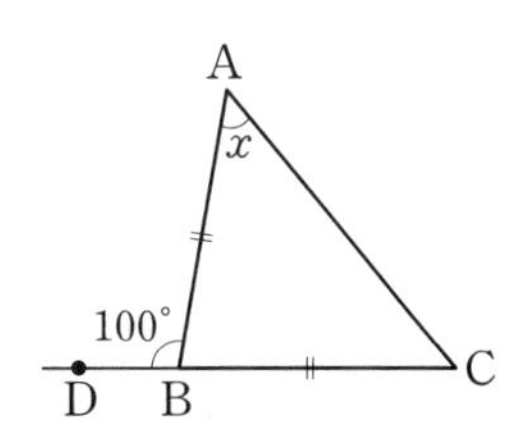

4

오른쪽 그림과 같이 $\overline{AB}=\overline{AC}$인 이등변삼각형 ABC에서 $\angle A$의 이등분선과 $\overline{BC}$의 교점을 D라 하자. $\overline{AD}=6\,\text{cm}$, $\overline{BD}=4\,\text{cm}$일 때, $\triangle ABC$의 넓이를 구하시오.

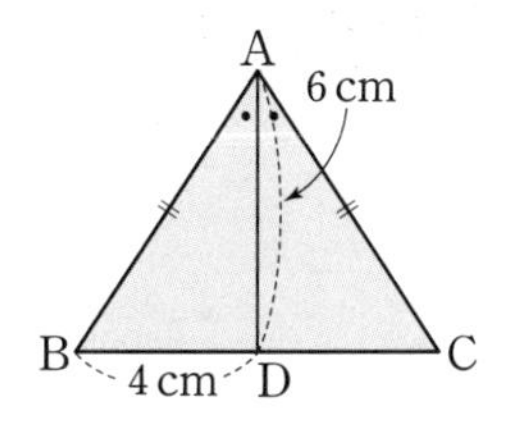

5 해설 꼭 확인

오른쪽 그림과 같이 $\overline{AB}=\overline{AC}$인 이등변삼각형 ABC에서 $\overline{CB}=\overline{CD}$이고 $\angle B=70^\circ$일 때, $\angle ACD$의 크기를 구하려고 한다. 다음을 구하시오.

(1) $\angle BCD$의 크기

(2) $\angle ACD$의 크기

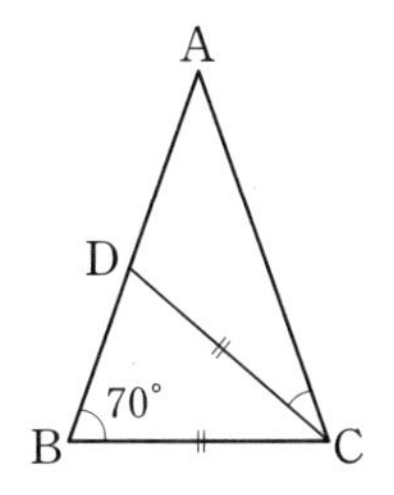

6 생각이 자라는 창의·융합

오른쪽 그림과 같이 $\overline{AB}=\overline{AC}$인 이등변삼각형 모양의 색종이 ABC를 $\overline{DE}$를 접는 선으로 하여 꼭짓점 A가 꼭짓점 B에 오도록 접었다. $\angle DBC=18^\circ$일 때, $\angle C$의 크기를 구하시오.

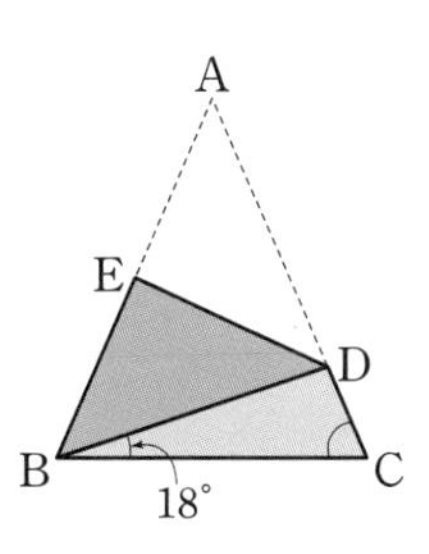

▶ 문제 속 개념 도출

- 이등변삼각형의 두 ①____ 의 크기는 같다.
- 삼각형의 세 내각의 크기의 합은 ②____ 이다.

이등변삼각형의 성질의 응용

되짚어 보기 [중2] 이등변삼각형의 성질

(1) 각의 이등분선이 있는 이등변삼각형

$\overline{AB}=\overline{AC}$인 이등변삼각형 ABC에서 $\angle B$의 이등분선과 $\overline{AC}$의 교점을 D라 할 때

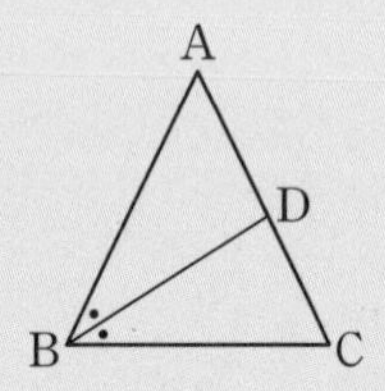

① $\angle DBA=\angle DBC=\frac{1}{2}\angle ABC=\frac{1}{2}\angle C$

② $\angle ADB=\angle DBC+\angle C$

(2) 이웃한 이등변삼각형

$\overline{AB}=\overline{AC}=\overline{CD}$일 때

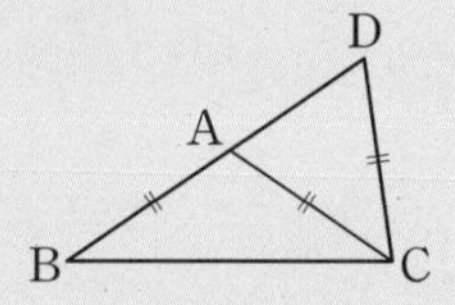

① 이등변삼각형 ABC에서 $\angle B=\angle ACB$

➡ $\angle DAC=2\angle B$

② 이등변삼각형 CDA에서 $\angle D=\angle DAC$

개념 확인

정답 및 해설 3쪽

1

다음 그림과 같이 $\overline{AB}=\overline{AC}$인 이등변삼각형 ABC에서 $\angle B$의 이등분선과 $\overline{AC}$의 교점을 D라 할 때, □ 안에 알맞은 것을 쓰고, $\angle x$, $\angle y$의 크기를 각각 구하시오.

(1)

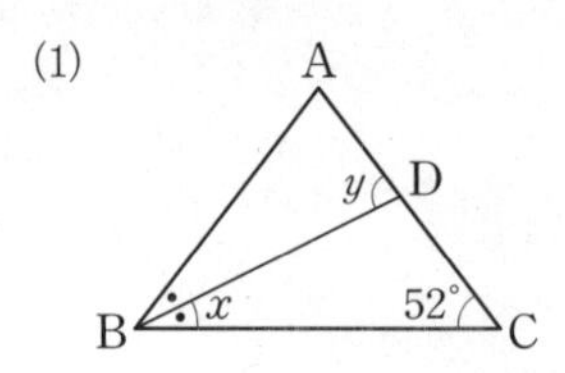

> △ABC에서 $\angle ABC=\angle C=$□이므로
> $\angle x=\frac{1}{2}\angle ABC=$□
> △DBC에서 $\angle y=52°+$□$=$□

(2)

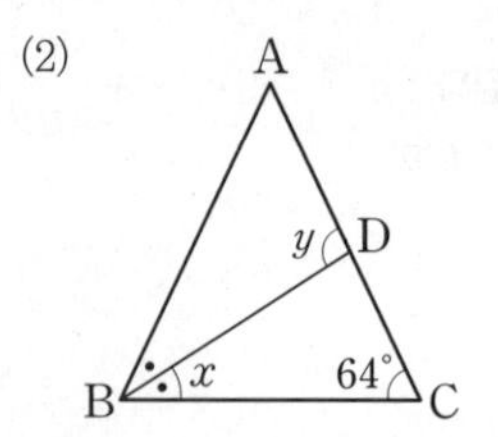

2

다음 그림의 △ABC에서 $\overline{AC}=\overline{CD}=\overline{DB}$일 때, □ 안에 알맞은 것을 쓰고, $\angle x$, $\angle y$의 크기를 각각 구하시오.

(1)

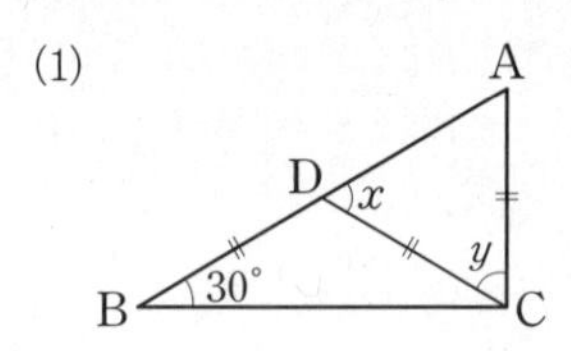

> △DBC에서 $\angle DCB=\angle B=$□이므로
> $\angle x=30°+$□$=$□
> △ADC에서 $\angle A=\angle ADC=$□이므로
> $\angle y=180°-($□$+$□$)=$□

(2)

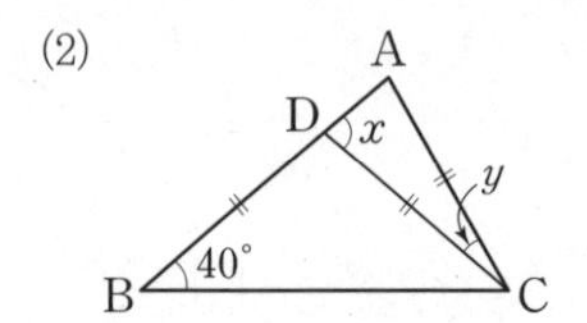

1

오른쪽 그림과 같이 $\overline{AB}=\overline{AC}$인 이등변삼각형 ABC에서 $\angle B$의 이등분선과 $\overline{AC}$의 교점을 D라 하자. $\angle A=40^\circ$일 때, $\angle BDC$의 크기는?

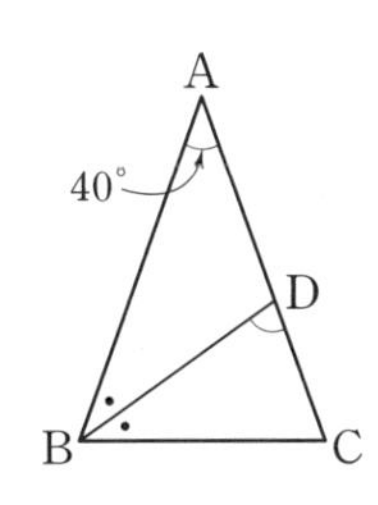

① 60° ② 65°
③ 70° ④ 75°
⑤ 80°

2

오른쪽 그림과 같은 $\triangle ABC$에서 $\overline{AC}=\overline{CD}=\overline{DB}$이고 $\angle A=74^\circ$일 때, $\angle B$의 크기를 구하시오.

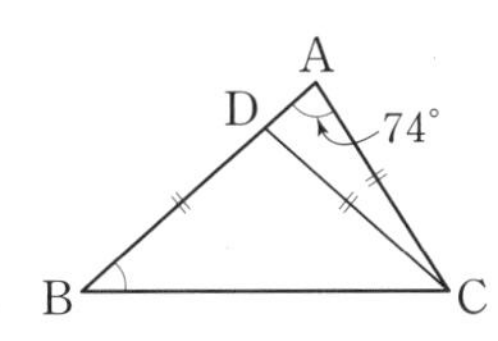

3

다음 그림에서 $\overline{AB}=\overline{AC}=\overline{CD}$이고 $\angle B=42^\circ$일 때, $\angle x$의 크기를 구하시오.

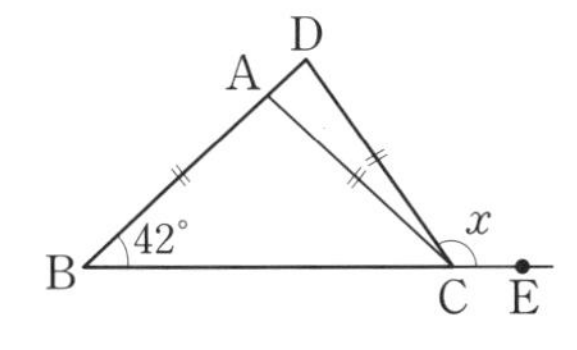

4

오른쪽 그림과 같이 $\overline{AB}=\overline{AC}$인 이등변삼각형 ABC에서 $\angle B$의 이등분선과 $\angle C$의 외각의 이등분선의 교점을 D라 하자. $\angle A=50^\circ$일 때, 다음을 구하시오.

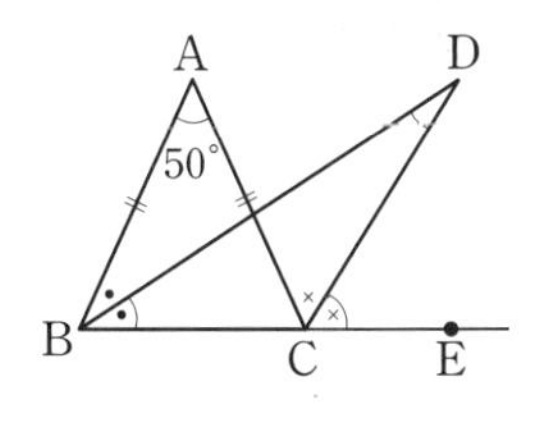

(1) $\angle DBC$의 크기
(2) $\angle DCE$의 크기
(3) $\angle D$의 크기

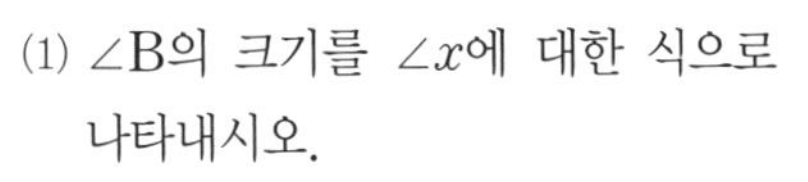

5

오른쪽 그림과 같이 $\overline{AB}=\overline{AC}$인 이등변삼각형 ABC에서 $\overline{AD}=\overline{CD}=\overline{BC}$일 때, 다음 물음에 답하시오.

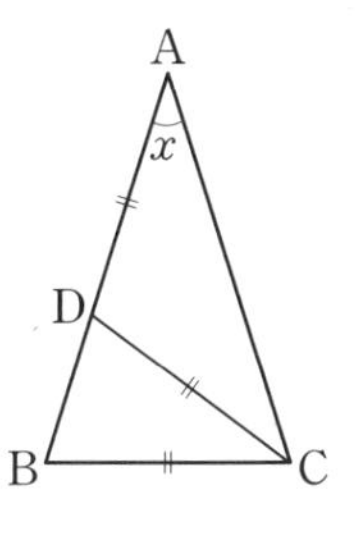

(1) $\angle B$의 크기를 $\angle x$에 대한 식으로 나타내시오.
(2) $\angle x$의 크기를 구하시오.

▶ 문제 속 개념 도출
- 두 변의 길이가 같은 삼각형은 ① ____________ 이므로 두 밑각의 크기가 같다.
- 삼각형의 한 외각의 크기는 그와 이웃하지 않는 두 내각의 크기의 ② ____ 과 같다.

개념 03 이등변삼각형이 되는 조건

되짚어 보기 [중2] 이등변삼각형의 성질

두 내각의 크기가 같은 삼각형은 이등변삼각형이다.

➡ $\triangle$ABC에서 $\angle B = \angle C$이면 $\overline{AB} = \overline{AC}$

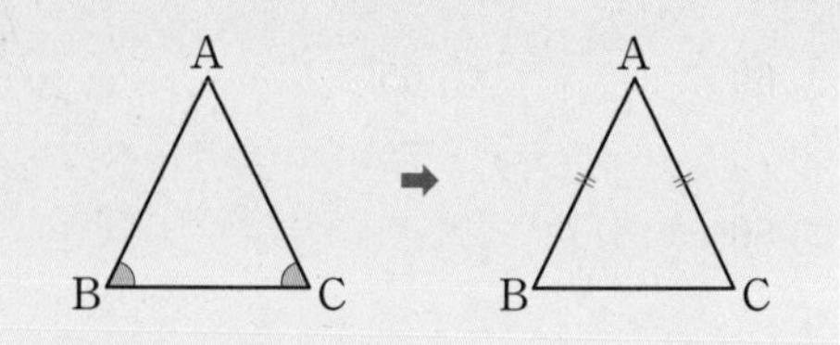

개념 확인 ● 정답 및 해설 3쪽

1 다음 그림과 같은 $\triangle$ABC에서 x의 값을 구하시오.

(1) 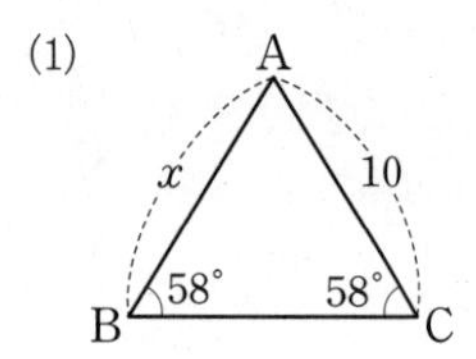

(2) 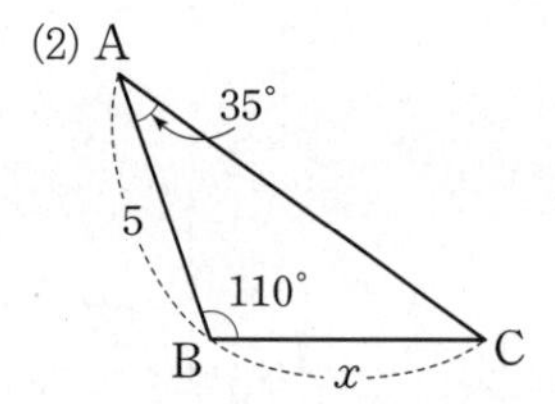

(3) 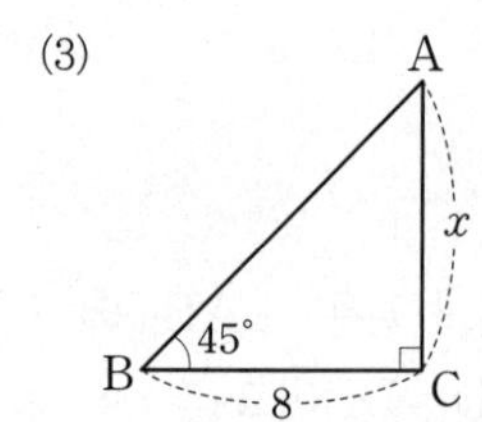

2 다음 그림과 같은 $\triangle$ABC에서 x의 값을 구하시오.

(1) 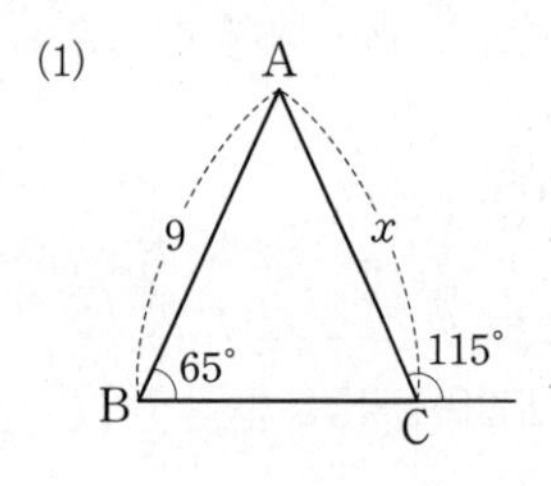

(2) 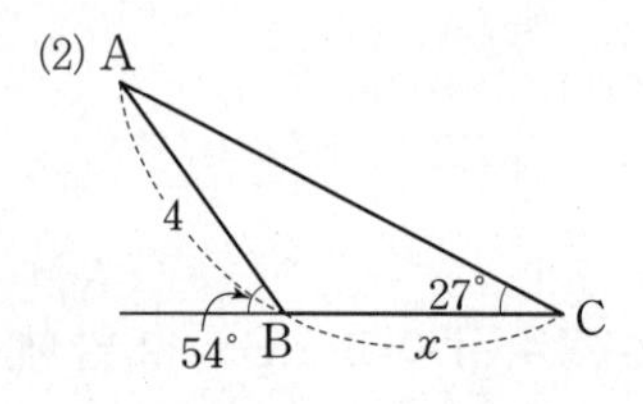

이등변삼각형의 꼭지각의 이등분선은 밑변을 수직이등분해.

3 다음 그림과 같은 $\triangle$ABC에서 $\angle B = \angle C$일 때, x의 값을 구하시오.

(1) 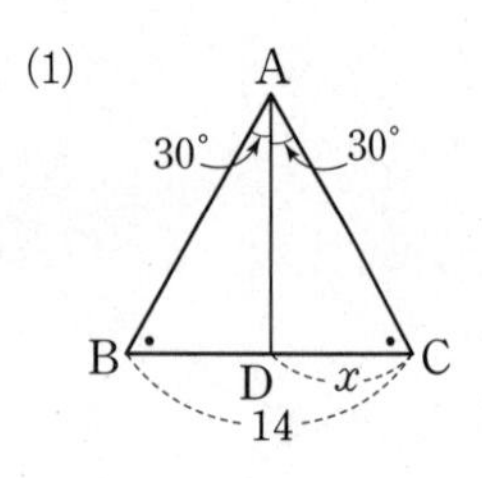

(2) 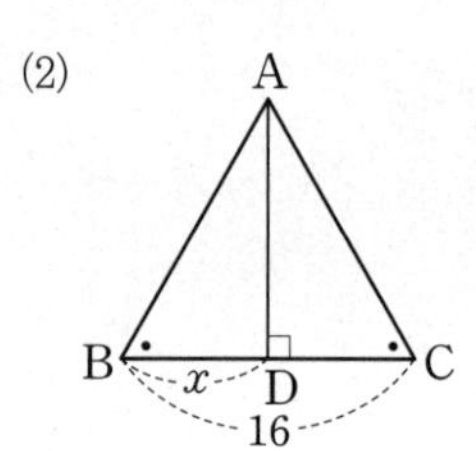

1

다음은 '두 내각의 크기가 같은 삼각형은 이등변삼각형이다.'를 설명하는 과정이다. (가) ~ (라)에 알맞은 것을 구하시오.

> $\angle B=\angle C$인 $\triangle ABC$에서 $\angle A$의 이등분선과 $\overline{BC}$의 교점을 D라 하면
> $\triangle ABD$와 $\triangle ACD$에서
> $\angle BAD=$ (가) … ㉠
> $\overline{AD}$는 공통 … ㉡
> 이때 삼각형의 세 내각의 크기의 합은 $180°$이고,
> $\angle B=$ (나) 이므로 $\angle ADB=$ (다) … ㉢
> ㉠~㉢에서 $\triangle ABD\equiv\triangle ACD$ (ASA 합동)이므로
> $\overline{AB}=$ (라)
> 따라서 $\triangle ABC$는 이등변삼각형이다.

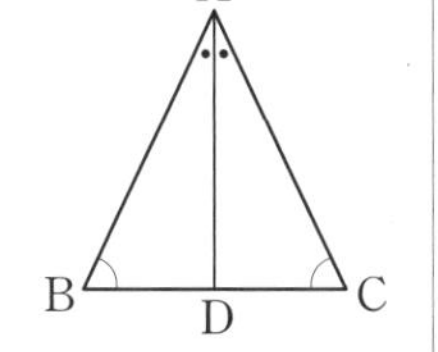

2

오른쪽 그림과 같은 $\triangle ABC$에서 $\angle A=\angle B$일 때, x의 값을 구하시오.

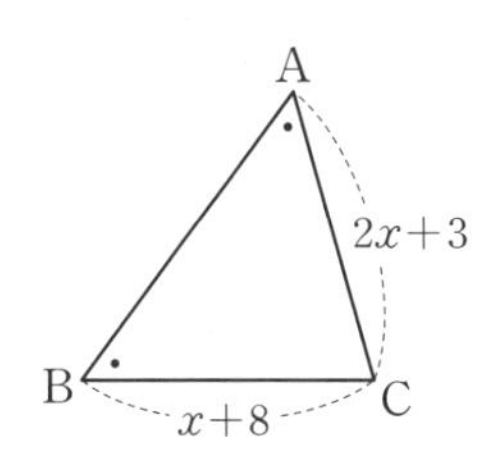

3

오른쪽 그림과 같은 $\triangle ABC$에서 $\angle B=\angle C$이고 $\overline{BC}=8\,cm$이다. $\triangle ABC$의 둘레의 길이가 $34\,cm$일 때, $\overline{AC}$의 길이를 구하시오.

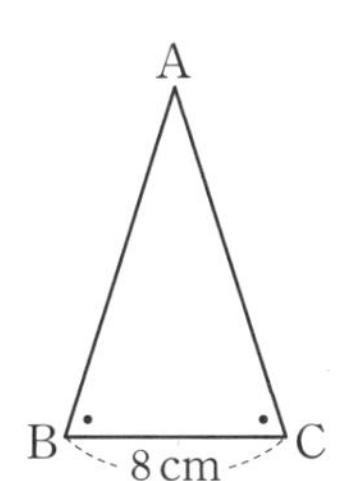

4

오른쪽 그림과 같은 $\triangle ABC$에서 $\angle B=\angle C$, $\angle BAD=20°$이고 $\overline{BD}=\overline{CD}$일 때, $\angle CAD$의 크기는?

① $10°$　② $15°$
③ $20°$　④ $25°$
⑤ $30°$

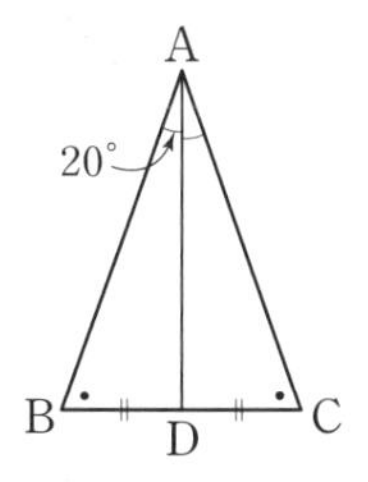

5

오른쪽 그림과 같이 $\overline{AB}=\overline{AC}$인 이등변삼각형 ABC에서 $\angle B$의 이등분선과 $\overline{AC}$의 교점을 D라 하자. $\angle C=72°$이고, $\overline{BC}=9\,cm$일 때, 다음을 구하시오.

(1) $\angle A$의 크기
(2) $\angle BDC$의 크기
(3) $\overline{BD}$의 길이
(4) $\overline{AD}$의 길이

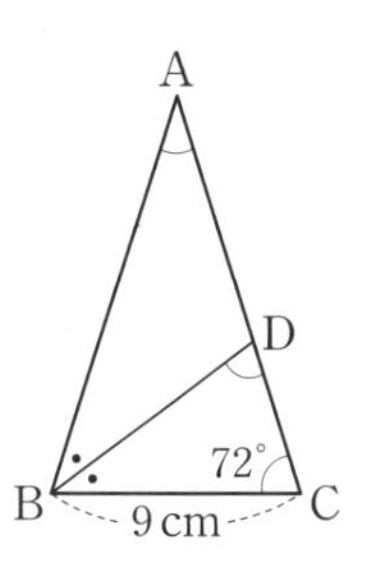

6 · 생각이 자라는 창의·융합

오른쪽 그림은 강의 폭을 구하기 위하여 측정한 것을 나타낸 것이다. $\angle CAB=30°$, $\angle ABD=60°$이고 $\overline{AB}=3\,km$일 때, 강의 폭인 $\overline{BC}$의 길이를 구하시오. (단, 점 D는 $\overline{CB}$의 연장선 위의 점이다.)

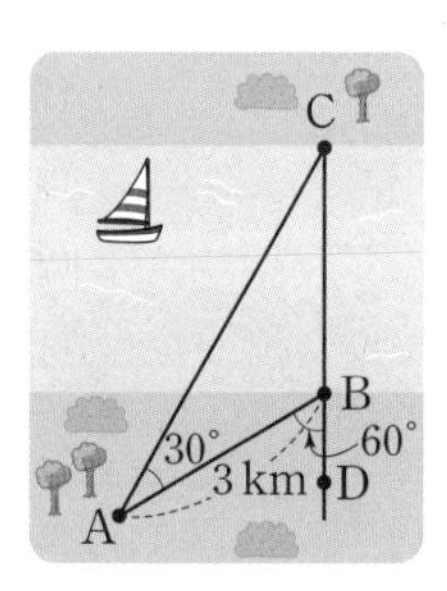

▶ 문제 속 개념 도출

- 두 내각의 크기가 같은 삼각형은 ① ________ 이다.
- 이등변삼각형은 두 ② ___ 의 길이가 같은 삼각형이다.

개념 04 직각삼각형의 합동 조건

되짚어 보기 [초3~4] 직각삼각형 [중1] 삼각형의 합동 조건

두 직각삼각형은 다음의 각 경우에 합동이다.

(1) 빗변의 길이와 한 예각의 크기가 각각 같을 때 (RHA 합동)

➡ $\angle C=\angle F=90^\circ$, $\overline{AB}=\overline{DE}$, $\angle B=\angle E$이면
$\triangle ABC\equiv\triangle DEF$

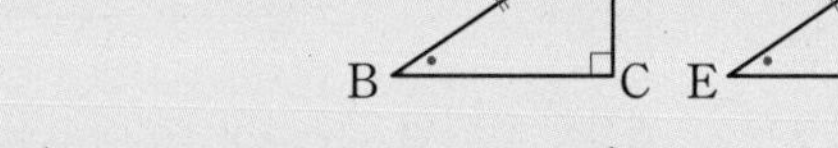

(2) 빗변의 길이와 다른 한 변의 길이가 각각 같을 때 (RHS 합동)

➡ $\angle C=\angle F=90^\circ$, $\overline{AB}=\overline{DE}$, $\overline{AC}=\overline{DF}$이면
$\triangle ABC\equiv\triangle DEF$

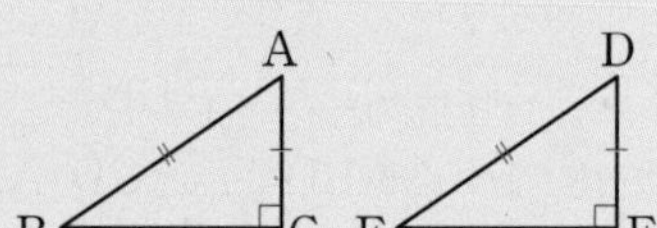

주의 직각삼각형의 합동 조건을 이용할 때는 빗변의 길이가 같은지 반드시 확인해야 한다.

개념 확인

● 정답 및 해설 4쪽

1 다음 그림과 같은 두 직각삼각형이 합동임을 기호를 사용하여 나타내고, 합동 조건을 말하시오.

(1)

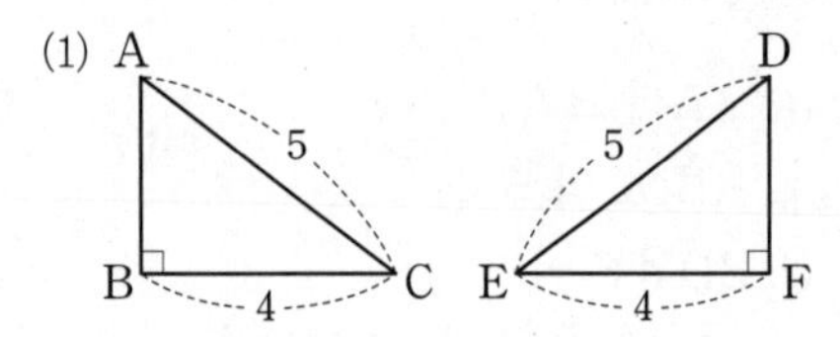

(2)

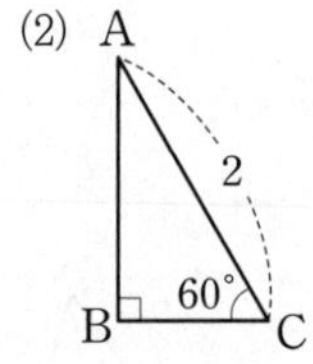

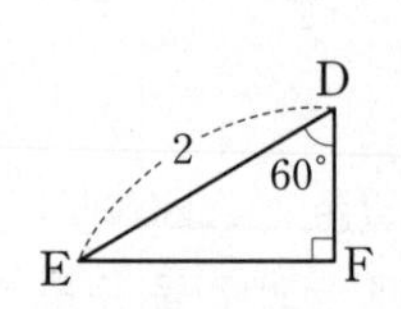

2 다음 중 오른쪽 그림과 같이 $\angle B=\angle E=90^\circ$인 두 직각삼각형 ABC, DEF가 합동이 되는 조건인 것은 ○표, 조건이 아닌 것은 ×표를 ( ) 안에 쓰시오.

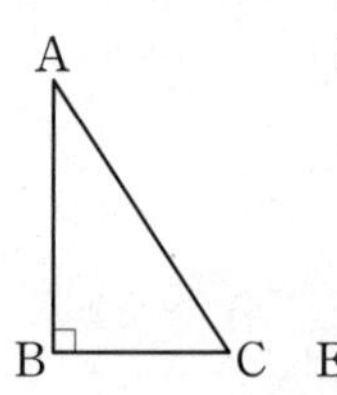

(1) $\overline{AB}=\overline{DE}$, $\overline{AC}=\overline{DF}$ ( )

(2) $\angle A=\angle D$, $\angle C=\angle F$ ( )

(3) $\overline{BC}=\overline{EF}$, $\angle C=\angle F$ ( )

(4) $\overline{AC}=\overline{DF}$, $\angle A=\angle D$ ( )

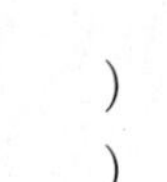

3 다음 그림과 같은 두 직각삼각형에서 x의 값을 구하시오.

(1)

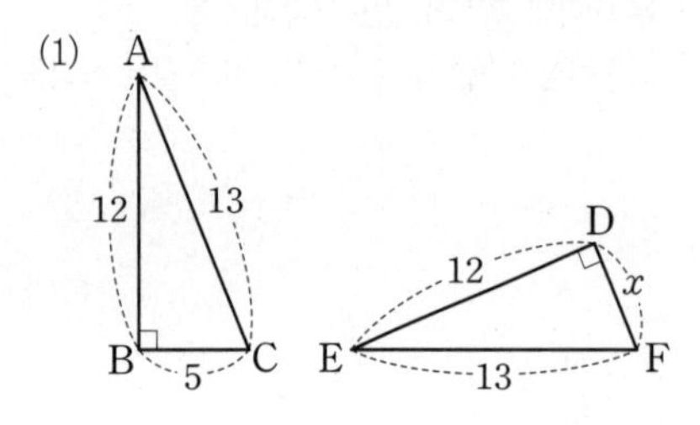

(2)

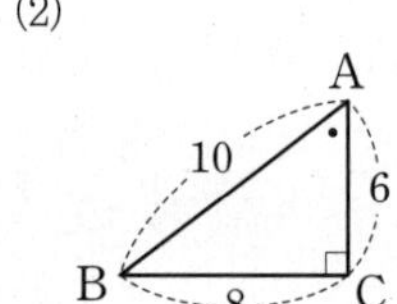

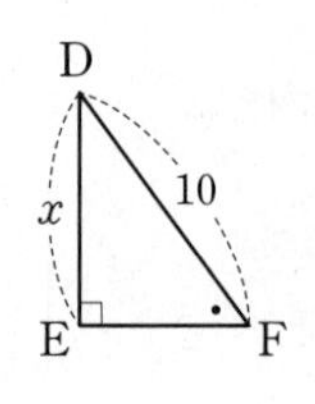

(단, $\angle A=\angle F$)

1 해설 꼭 확인

다음 | 보기 |에서 합동인 두 삼각형과 그 합동 조건을 바르게 짝 지은 것을 모두 고르면? (정답 2개)

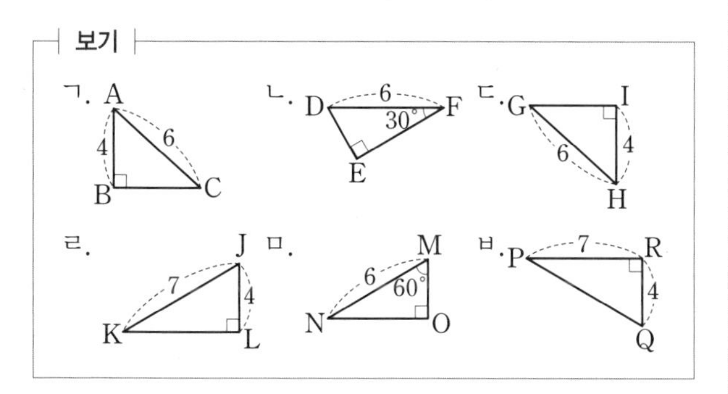

① ㄱ과 ㄴ, RHS 합동 ② ㄱ과 ㄷ, RHS 합동
③ ㄴ과 ㄷ, RHA 합동 ④ ㄴ과 ㅁ, RHA 합동
⑤ ㄹ과 ㅂ, RHS 합동

2

다음 중 아래 그림의 두 직각삼각형 ABC와 DEF가 합동이 되는 조건이 아닌 것은?

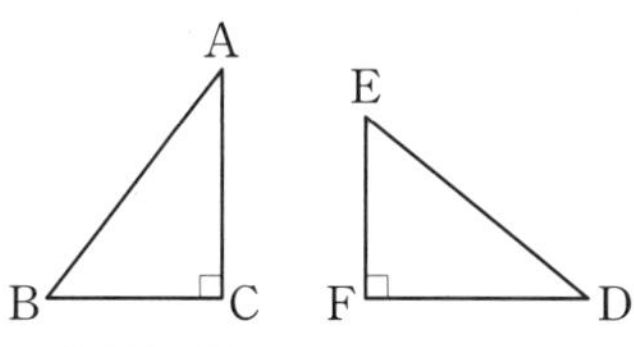

① $\angle A=\angle D$, $\overline{AC}=\overline{DF}$
② $\angle B=\angle E$, $\overline{AB}=\overline{DE}$
③ $\angle A=\angle D$, $\angle B=\angle E$
④ $\overline{AB}=\overline{DE}$, $\overline{AC}=\overline{DF}$
⑤ $\overline{AC}=\overline{DF}$, $\overline{BC}=\overline{EF}$

3

다음 그림과 같이 $\angle C=\angle E=90°$인 두 직각삼각형 ABC와 DEF에서 $\overline{EF}$의 길이를 구하시오.

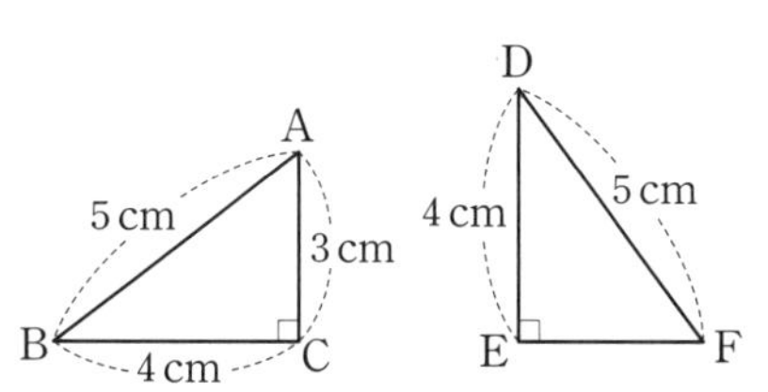

4

다음 그림과 같이 $\overline{AB}$의 양 끝 점 A, B에서 $\overline{AB}$의 중점 P를 지나는 직선 l에 내린 수선의 발을 각각 C, D라 하자. $\overline{BD}=8\text{ cm}$, $\angle CAP=50°$일 때, $x+y$의 값을 구하시오.

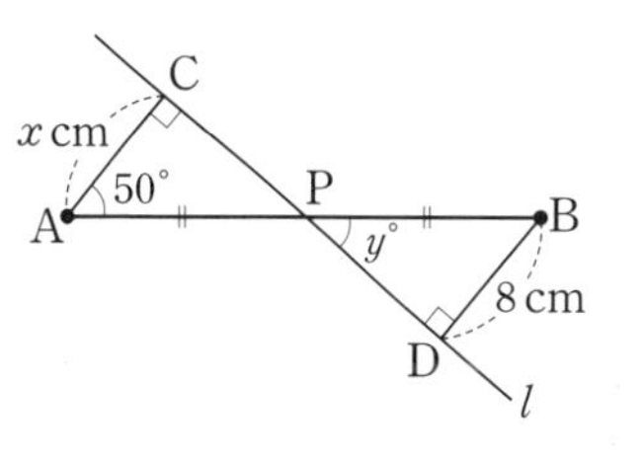

5

오른쪽 그림과 같이 $\angle C=90°$인 직각삼각형 ABC에서 $\overline{BC}=\overline{BE}$, $\angle BED=90°$이다. $\overline{CD}=3\text{ cm}$일 때, $\overline{DE}$의 길이를 구하시오.

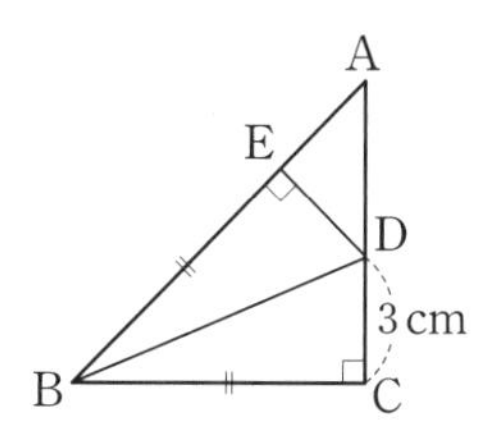

6 생각이 자라는 문제 해결

오른쪽 그림과 같이 $\angle A=90°$이고 $\overline{AB}=\overline{AC}$인 직각삼각형 ABC의 꼭짓점 A를 지나는 직선 l이 있다. 두 꼭짓점 B, C에서 직선 l에 내린 수선의 발을 각각 D, E라 할 때, 사각형 DBCE의 넓이를 구하려고 한다. 다음 물음에 답하시오.

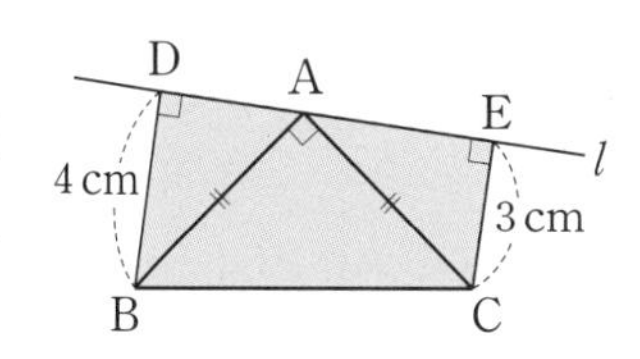

(1) $\triangle ADB$와 합동인 삼각형을 말하시오.
(2) $\overline{DE}$의 길이를 구하시오.
(3) 사각형 DBCE의 넓이를 구하시오.

▶ 문제 속 개념 도출

• 두 직각삼각형이 빗변의 길이와 한 예각의 크기가 각각 같으면 ①______ 합동이다.
• (사다리꼴의 넓이)
$=\frac{1}{2}\times\{(\text{윗변의 길이})+(\text{아랫변의 길이})\}\times(②\_\_\_\_\_\_)$

개념 05 직각삼각형의 합동 조건의 응용 – 각의 이등분선

되짚어 보기 [중2] 직각삼각형의 합동 조건

(1) 각의 이등분선 위의 한 점에서 그 각을 이루는 두 변까지의 거리는 같다.

➡ $\angle AOP=\angle BOP$이면 $\overline{PQ}=\overline{PR}$

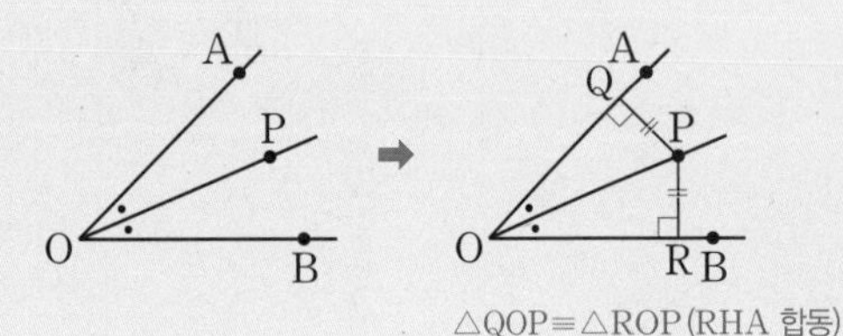

△QOP≡△ROP (RHA 합동)

(2) 각을 이루는 두 변에서 같은 거리에 있는 점은 그 각의 이등분선 위에 있다.

➡ $\overline{PQ}=\overline{PR}$이면 $\angle AOP=\angle BOP$

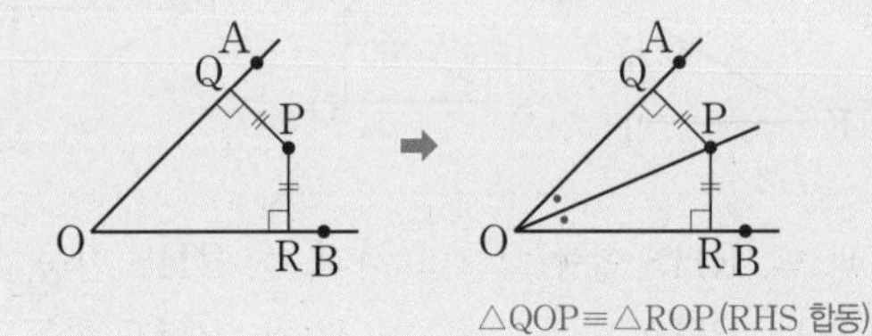

△QOP≡△ROP (RHS 합동)

개념 확인

● 정답 및 해설 5쪽

1

오른쪽 그림에서 $\overline{OX}\perp\overline{PA}$, $\overline{OY}\perp\overline{PB}$이고 $\angle AOP=\angle BOP$일 때, □ 안에 알맞은 것을 쓰시오.

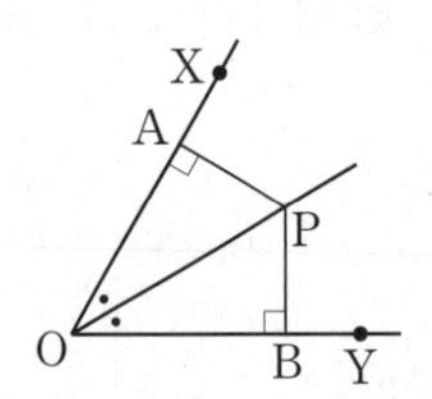

△AOP와 △BOP에서
$\angle PAO=$ □ $=90°$,
□는 공통, $\angle AOP=$ □이므로
△AOP≡△BOP (□ 합동)
∴ $\overline{PA}=$ □

2

다음 그림에서 $\angle AOP=\angle BOP$일 때, x의 값을 구하시오.

(1)

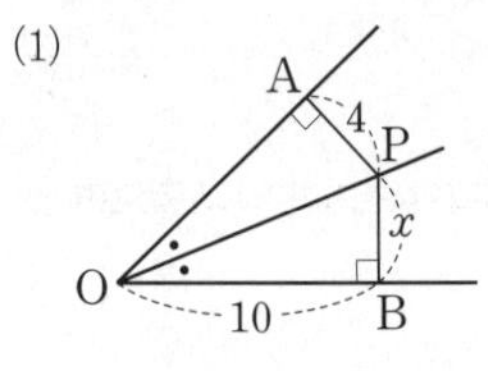

(2)

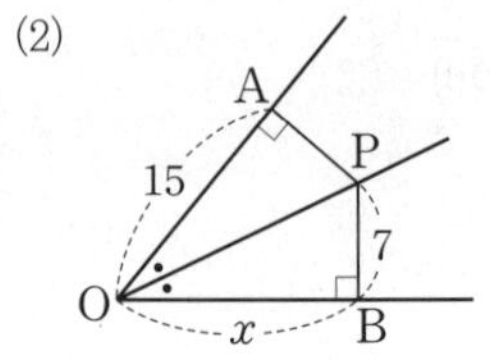

3

오른쪽 그림에서 $\overline{OX}\perp\overline{PA}$, $\overline{OY}\perp\overline{PB}$이고 $\overline{PA}=\overline{PB}$일 때, □ 안에 알맞은 것을 쓰시오.

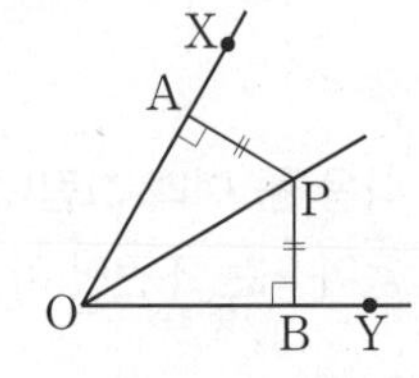

△AOP와 △BOP에서
$\angle PAO=$ □ $=90°$,
□는 공통, $\overline{PA}=$ □이므로
△AOP≡△BOP (□ 합동)
∴ $\angle AOP=$ □

4

다음 그림에서 $\overline{PA}=\overline{PB}$일 때, $\angle x$의 크기를 구하시오.

(1)

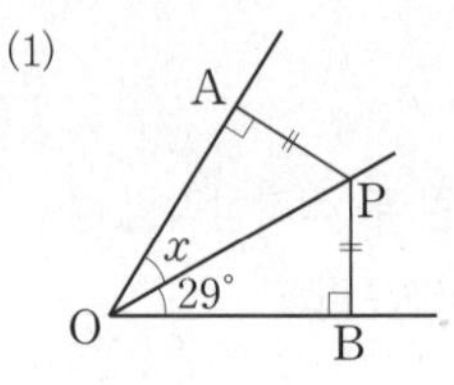

(2)

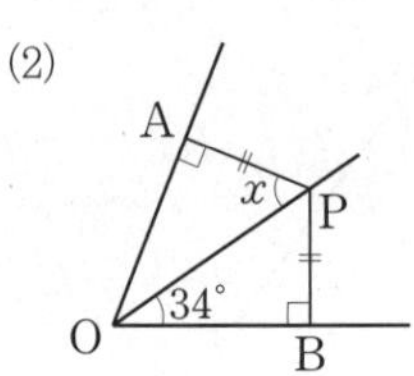

1

다음 그림에서 $\overline{OP}$는 $\angle AOB$의 이등분선이고 $\angle PAO=\angle PBO=90^\circ$이다. $\angle AOP=32^\circ$, $\overline{PB}=6\,cm$일 때, x, y의 값을 각각 구하시오.

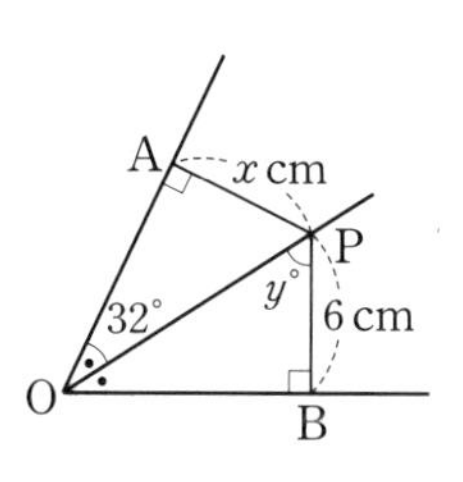

2

다음 그림과 같이 $\angle AOB$의 내부의 점 P에서 두 변 OA, OB에 내린 수선의 발을 각각 C, D라 하자. $\angle AOB=58^\circ$, $\overline{PC}=\overline{PD}$일 때, $\angle OPC$의 크기를 구하시오.

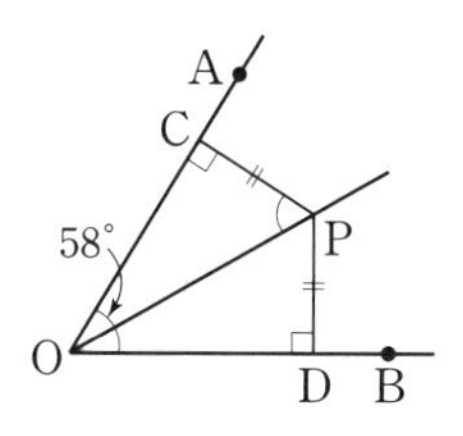

3

오른쪽 그림에서 $\overline{OX}\perp\overline{PA}$, $\overline{OY}\perp\overline{PB}$이고, $\overline{PA}=\overline{PB}$일 때, 다음 | 보기 | 중 옳은 것을 모두 고른 것은?

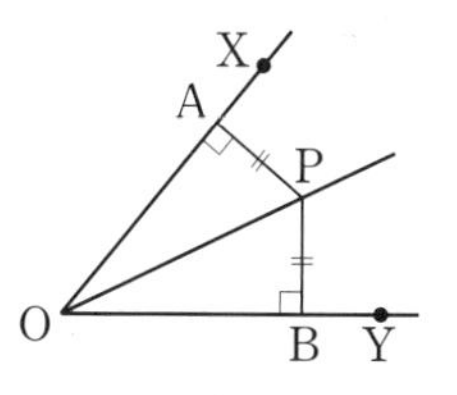

| 보기 |

ㄱ. $\overline{AO}=\overline{PO}=\overline{BO}$　　ㄴ. $\angle APO=\angle BPO$

ㄷ. $\angle AOB=2\angle AOP$　　ㄹ. $\triangle AOP\equiv\triangle BOP$

① ㄱ, ㄴ　② ㄱ, ㄹ　③ ㄱ, ㄴ, ㄷ

④ ㄱ, ㄷ, ㄹ　⑤ ㄴ, ㄷ, ㄹ

4 생각이 자라는 문제 해결

다음 그림과 같이 $\angle C=90^\circ$인 직각삼각형 ABC에서 $\angle A$의 이등분선이 $\overline{BC}$와 만나는 점을 D라 할 때, $\triangle ABD$의 넓이를 구하려고 한다. 물음에 답하시오.

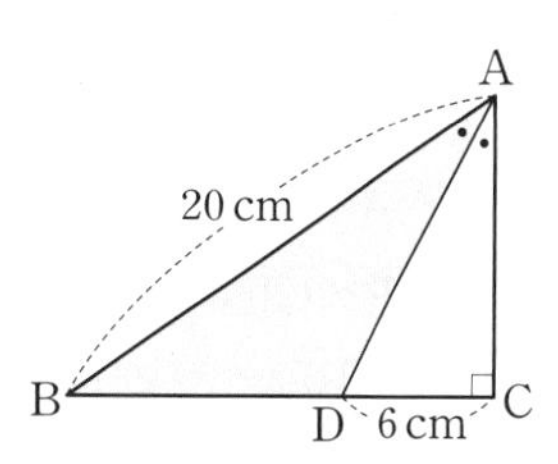

(1) 점 D에서 $\overline{AB}$에 내린 수선의 발 E를 위의 그림에 나타내고, $\overline{DE}$의 길이를 구하시오.

(2) $\triangle ABD$의 넓이를 구하시오.

▶ 문제 속 개념 도출

•

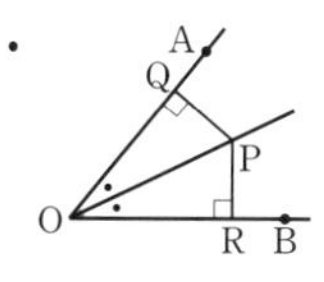

➡ $\triangle QOP\equiv\triangle ROP$(① ______ 합동)이므로 $\overline{PQ}=$② ______

• 직교하는 두 직선은 서로 수직이고, 이때 한 직선이 다른 직선의 ③ ______ 이다.

삼각형의 외심

되짚어 보기 [중1] 원과 부채꼴 [중2] 이등변삼각형의 성질 / 직각삼각형의 합동 조건

(1) **외접원과 외심:** △ABC에서 세 꼭짓점이 모두 원 O 위에 있을 때, 원 O는 △ABC에 외접한다고 하고, 원 O를 △ABC의 외접원, 외접원의 중심을 외심이라 한다.

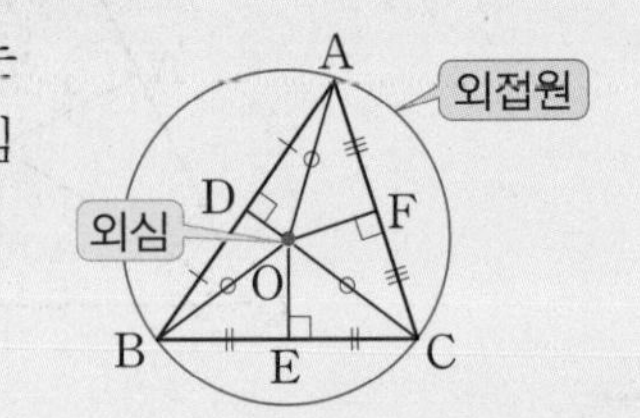

(2) **삼각형의 외심의 성질**

① 삼각형의 세 변의 수직이등분선은 한 점(외심)에서 만난다.

② 삼각형의 외심에서 세 꼭짓점에 이르는 거리는 같다.

➡ $\overline{OA}=\overline{OB}=\overline{OC}=$(외접원의 반지름의 길이)

(3) **삼각형의 외심의 위치**

① 예각삼각형 ➡ 삼각형의 내부

② 직각삼각형 ➡ 빗변의 중점

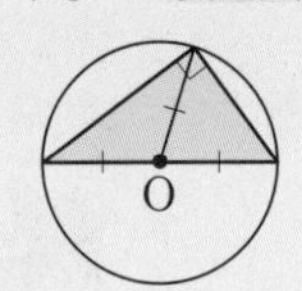

③ 둔각삼각형 ➡ 삼각형의 외부

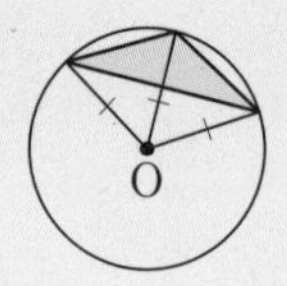

개념 확인

● 정답 및 해설 6쪽

1 오른쪽 그림에서 점 O가 △ABC의 외심일 때, 다음 중 옳은 것은 ○표, 옳지 않은 것은 ×표를 ( ) 안에 쓰시오.

(1) $\overline{OA}=\overline{OC}$ ( )
(2) $\overline{AD}=\overline{AF}$ ( )
(3) $\overline{BE}=\overline{CE}$ ( )
(4) $\angle OBD=\angle OBE$ ( )
(5) $\angle OBE=\angle OCE$ ( )
(6) $\triangle OAF\equiv\triangle OCF$ ( )

2 다음 그림에서 점 O가 △ABC의 외심일 때, x의 값을 구하시오.

(1)

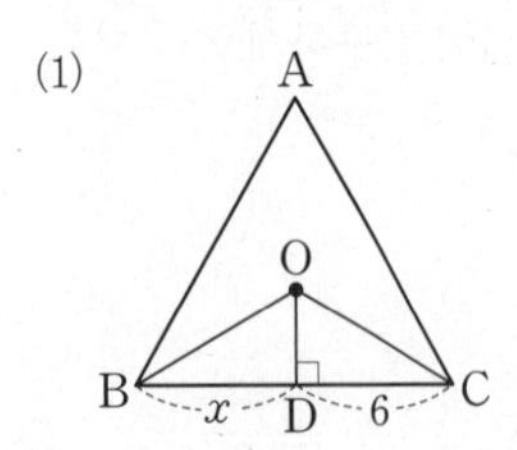

(2)

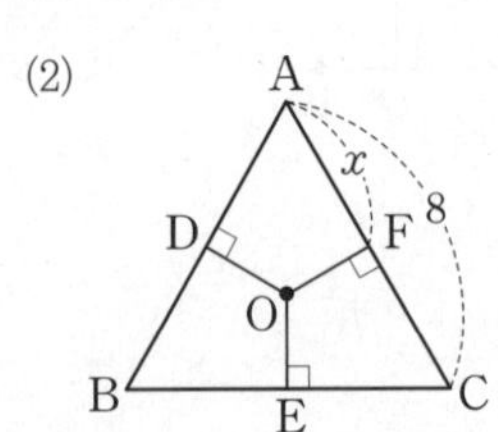

3 다음 그림에서 점 O가 △ABC의 외심일 때, x의 값을 구하시오.

(1)

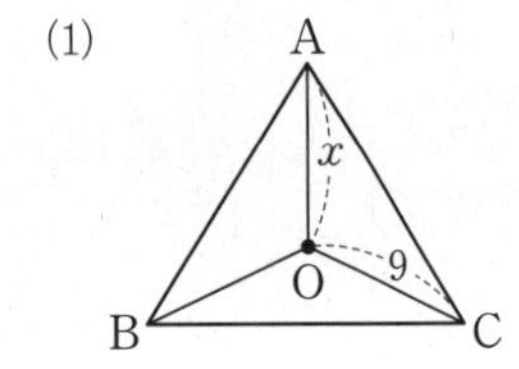

(2)

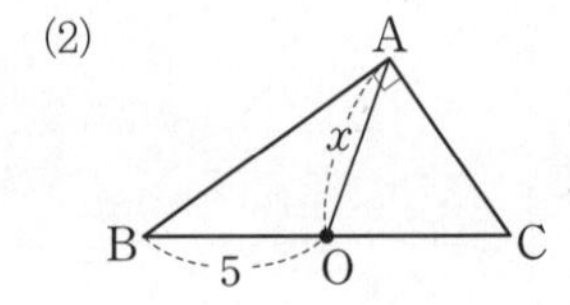

(3)

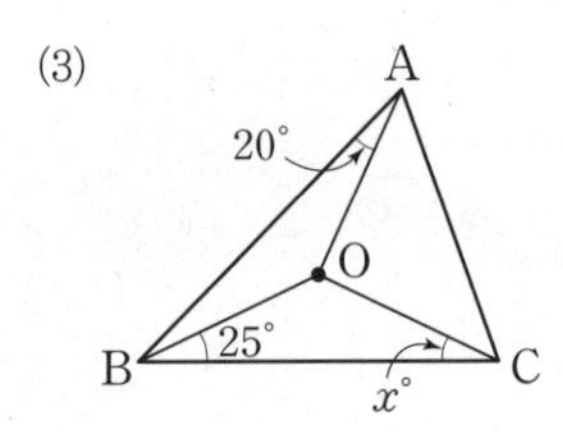

1

다음은 '삼각형의 세 변의 수직이등분선은 한 점에서 만난다.'를 설명하는 과정이다. (가)~(라)에 알맞은 것을 구하시오.

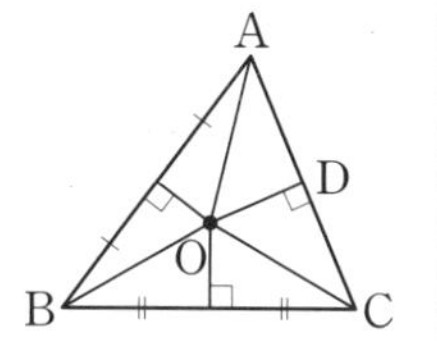

△ABC에서 $\overline{AB}$, $\overline{BC}$의 수직이등분선의 교점을 O라 하자.
점 O는 $\overline{AB}$, $\overline{BC}$의 수직이등분선 위의 점이므로
$\overline{OA}=\overline{OB}$, $\overline{OB}=\overline{OC}$
이때 점 O에서 $\overline{AC}$에 내린 수선의 발을 D라 하면
△OAD와 △OCD에서
∠ODA=∠ODC=90°, $\overline{OA}$= (가) ,
(나) 는 공통이므로
△OAD≡△OCD ((다) 합동)
∴ $\overline{AD}$= (라)
따라서 $\overline{OD}$는 $\overline{AC}$의 수직이등분선이므로 △ABC의 세 변의 수직이등분선은 한 점 O에서 만난다.

2

오른쪽 그림에서 점 O는 △ABC의 외심이다. 다음 중 옳지 않은 것은?

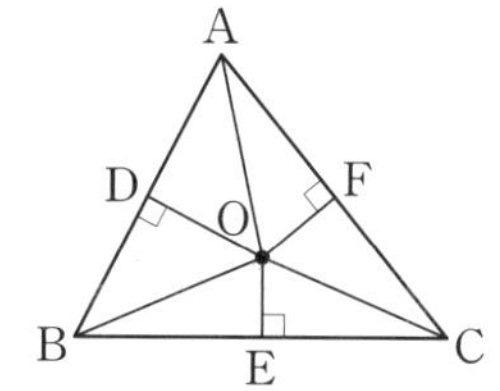

① $\overline{OA}=\overline{OB}=\overline{OC}$
② $\overline{OD}=\overline{OE}=\overline{OF}$
③ △OAD≡△OBD
④ ∠OAF=∠OCF
⑤ $\overline{BC}=2\overline{CE}$

3

오른쪽 그림에서 점 O는 △ABC의 외심이다. $\overline{AD}$=6 cm, $\overline{AF}$=5 cm, $\overline{BE}$=7 cm일 때, △ABC의 둘레의 길이를 구하시오.

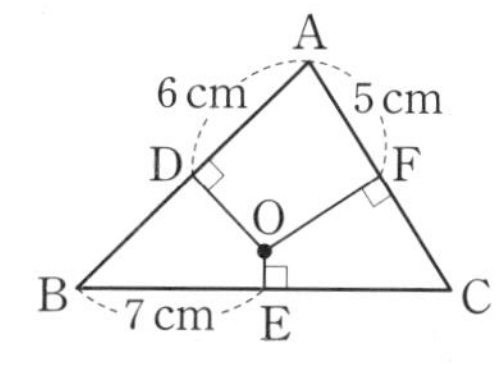

4

오른쪽 그림에서 점 O가 △ABC의 외심이고 ∠OAB=30°, ∠OCB=25°일 때, ∠ABC의 크기를 구하시오.

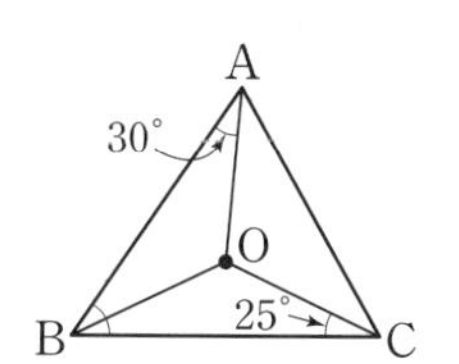

5

직각삼각형의 외심은 빗변의 중점이야.

오른쪽 그림에서 점 O는 ∠C=90°인 직각삼각형 ABC의 외심이다. $\overline{OC}$=7 cm, ∠A=50°일 때, 다음을 구하시오.

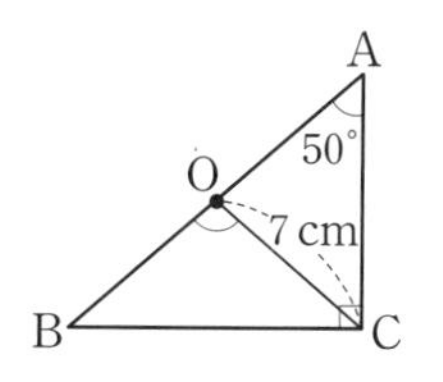

(1) $\overline{AB}$의 길이
(2) ∠BOC의 크기

6

생각이 자라는 **창의·융합**

오른쪽 그림은 경주 영묘사 터에서 발견된 '신라의 미소'라 불리는 수막새의 일부분이다. 이 유물을 원래의 원 모양으로 복원하기 위해 테두리에 세 점 A, B, C를 잡아 원의 중심을 찾으려고 한다. 다음 중 이 원의 중심으로 옳은 것은?

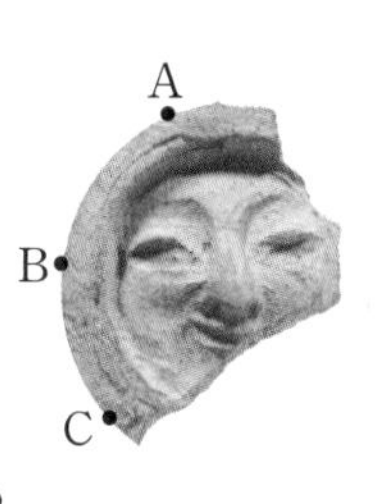

① 점 B에서 $\overline{AC}$에 내린 수선의 발
② △ABC의 세 꼭짓점 A, B, C에서 각 대변에 내린 수선의 교점
③ △ABC에서 세 꼭짓점 A, B, C와 각 대변의 중점을 이은 선분의 교점
④ $\overline{AB}$, $\overline{BC}$, $\overline{AC}$의 수직이등분선의 교점
⑤ ∠ABC, ∠BCA, ∠CAB의 이등분선의 교점

▶ 문제 속 개념 도출
• 삼각형의 세 꼭짓점을 모두 지나는 원의 중심을 삼각형의 ① ______ 이라 한다.
• 삼각형의 외심은 삼각형의 세 변의 ② ______ 의 교점이다.

개념 07 삼각형의 외심의 응용

되짚어 보기 [중2] 삼각형의 외심

점 O가 △ABC의 외심일 때

(1)

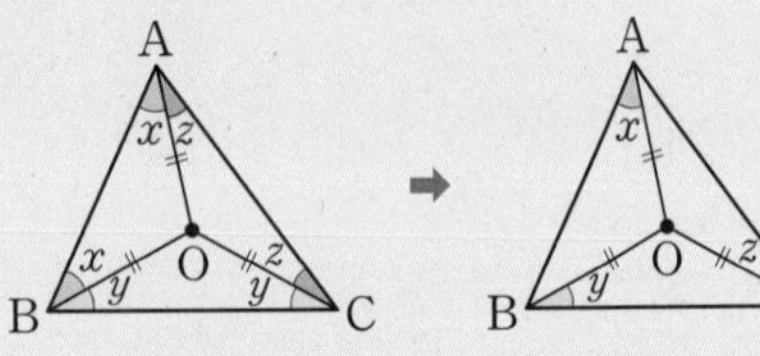

$\angle x+\angle y+\angle z=90^\circ$

참고 $\overline{OA}=\overline{OB}=\overline{OC}$이므로 △ABC에서

$2\angle x+2\angle y+2\angle z=180^\circ \quad \therefore \angle x+\angle y+\angle z=90^\circ$

(2)

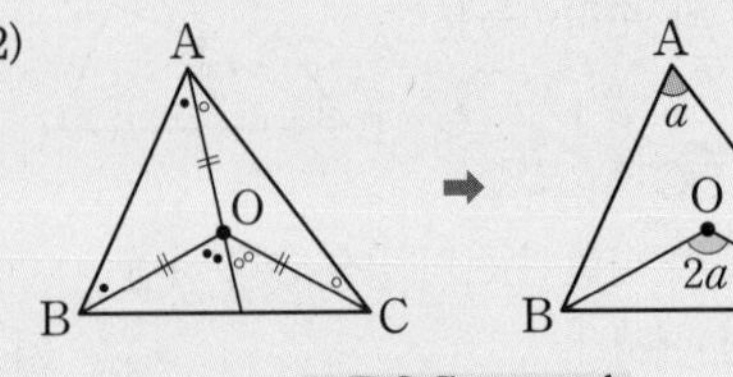

$\angle BOC=2\angle A$

참고 ∠BOC=●+●+○+○=2(●+○)
=2∠A

개념 확인

● 정답 및 해설 7쪽

1 다음 그림에서 점 O가 △ABC의 외심일 때, $\angle x$의 크기를 구하시오.

(1)

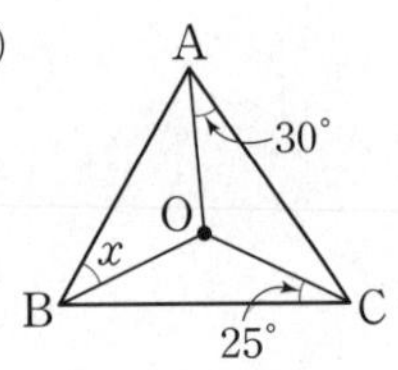

(2)

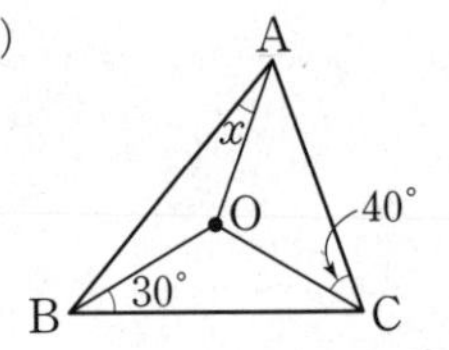

(3)

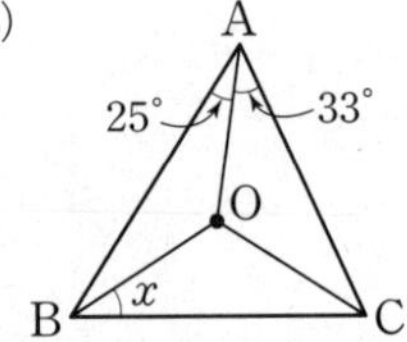

2 다음 그림에서 점 O가 △ABC의 외심일 때, $\angle x$의 크기를 구하시오.

(1)

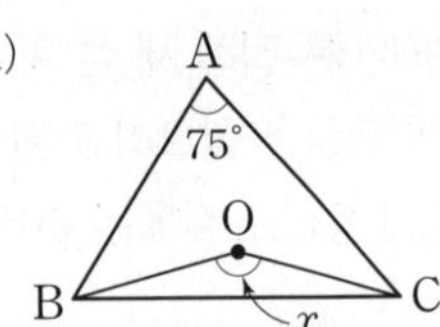

(2)

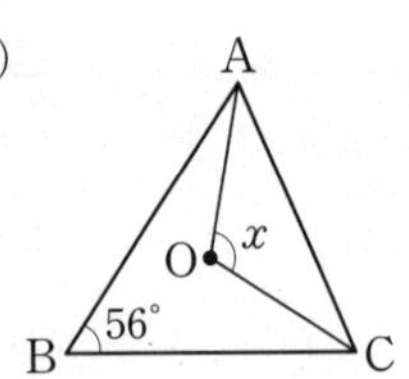

(3)

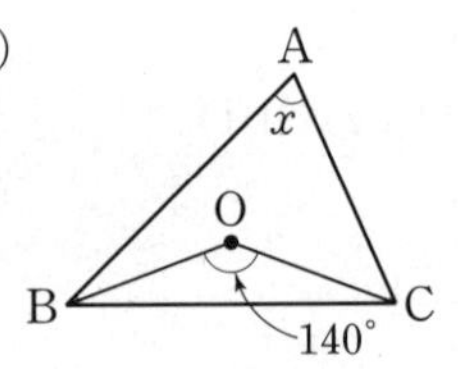

3 다음 그림에서 점 O가 △ABC의 외심일 때, $\angle x$의 크기를 구하시오.

(1)

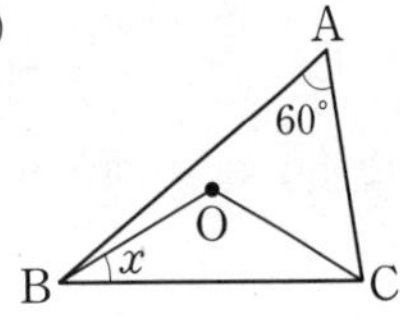

(2)

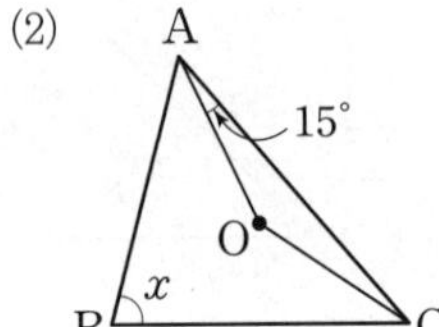

1

오른쪽 그림에서 점 O는 $\triangle ABC$의 외심이다. $\angle OCA=42°$, $\angle OCB=28°$일 때, $\angle ABO$의 크기를 구하시오.

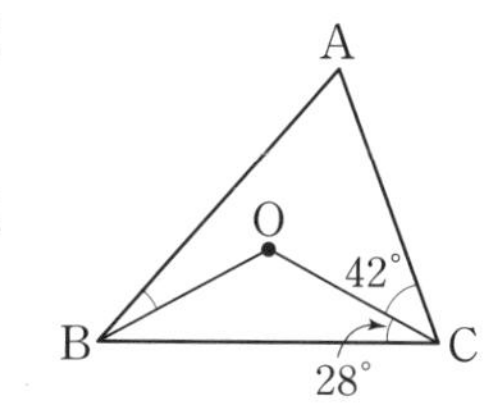

2

오른쪽 그림에서 점 O는 $\triangle ABC$의 외심이다. $\angle BAO=30°$, $\angle OBC=34°$일 때, $\angle x$의 크기를 구하시오.

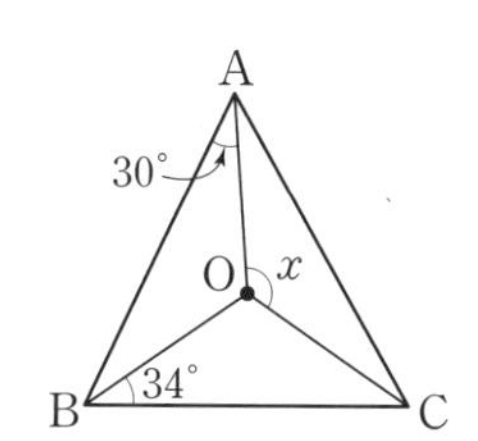

3

오른쪽 그림에서 점 O는 $\triangle ABC$의 외심이다. $\angle BOC=114°$, $\angle OCA=35°$일 때, $\angle BAO$의 크기는?

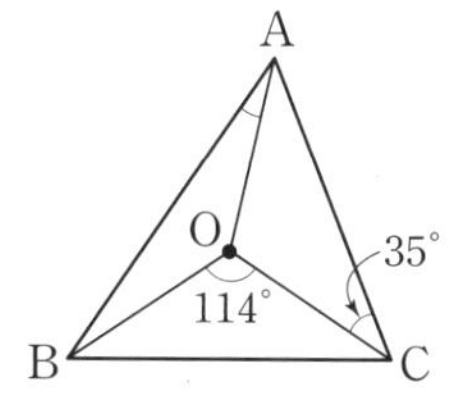

① 22° ② 24°
③ 31° ④ 32°
⑤ 33°

4

외심에서 꼭짓점 A까지 선분을 그어 봐.

오른쪽 그림에서 점 O는 $\triangle ABC$의 외심이다. $\angle OCA=25°$일 때, $\angle x$의 크기를 구하시오.

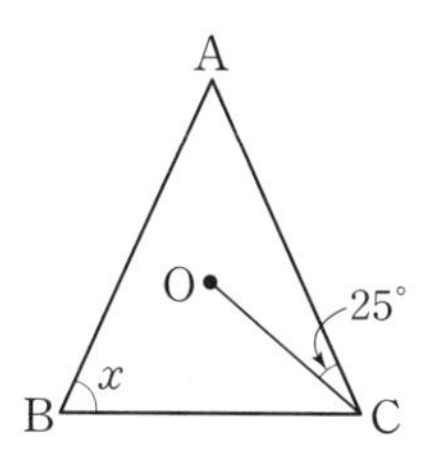

5

오른쪽 그림에서 점 O는 $\triangle ABC$의 외심이다. $\angle BAO=28°$, $\angle CAO=30°$일 때, $\angle B$, $\angle C$의 크기를 각각 구하시오.

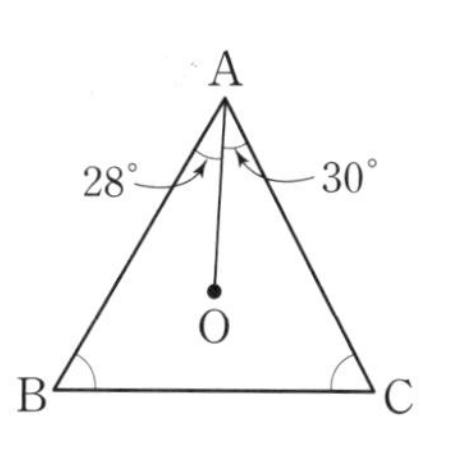

6

오른쪽 그림에서 세 점 A, B, C는 원 O 위에 있다. $\angle ABO=35°$, $\angle ACO=45°$, $\overline{OA}=4$ cm일 때, 부채꼴 BOC의 넓이를 구하려고 한다. 다음을 구하시오.

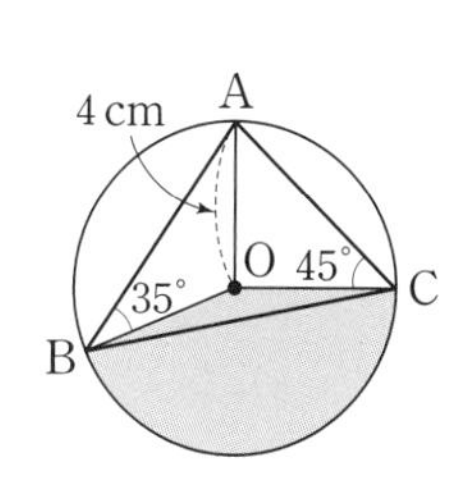

(1) $\angle BOC$의 크기

(2) 부채꼴 BOC의 넓이

▶ 문제 속 개념 도출

- 삼각형의 외심에서 세 ① ______ 에 이르는 거리는 같다.
- 이등변삼각형의 두 ② ____ 의 크기는 같다.
- 반지름의 길이가 r, 중심각의 크기가 $x°$인 부채꼴에서
  ➡ (넓이)$=$③ ____ $\times \frac{x}{360}$

개념 07에 대한 이해도를 표시해 보세요. 0 50 100

개념 08 삼각형의 내심

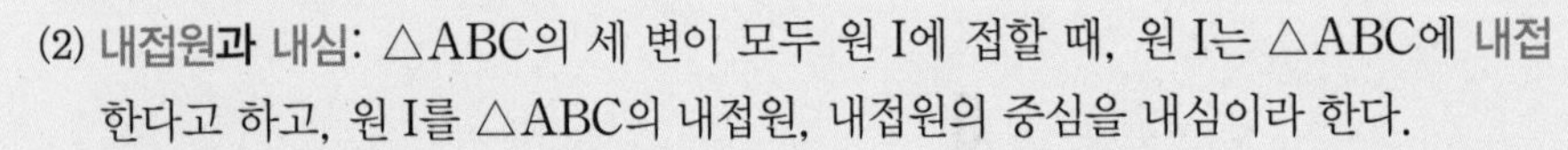

되짚어 보기 [중1] 원과 부채꼴 [중2] 직각삼각형의 합동 조건

(1) 접선과 접점

직선이 원과 한 점에서 만날 때, 이 직선은 원에 접한다고 한다.

① 접선: 원과 한 점에서 만나는 직선

② 접점: 원과 접선이 만나는 점

➡ 원의 접선은 그 접점을 지나는 반지름과 수직이다.

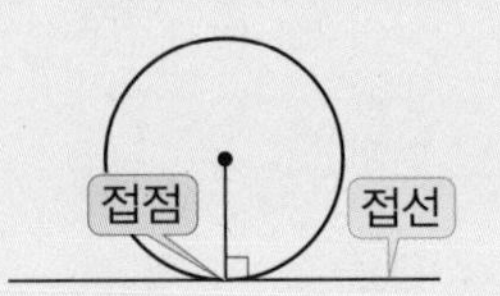

(2) 내접원과 내심: △ABC의 세 변이 모두 원 I에 접할 때, 원 I는 △ABC에 내접한다고 하고, 원 I를 △ABC의 내접원, 내접원의 중심을 내심이라 한다.

(3) 삼각형의 내심의 성질

① 삼각형의 세 내각의 이등분선은 한 점(내심)에서 만난다.

② 삼각형의 내심에서 세 변에 이르는 거리는 같다.

➡ $\overline{ID}=\overline{IE}=\overline{IF}$=(내접원의 반지름의 길이)

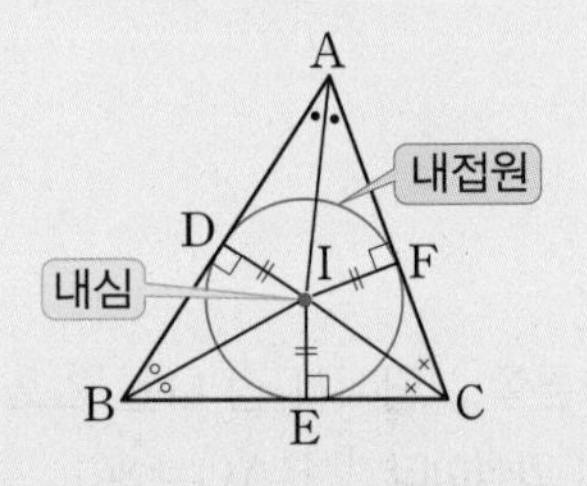

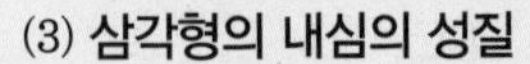

개념 확인 ● 정답 및 해설 8쪽

1 오른쪽 그림에서 점 I가 △ABC의 내심일 때, 다음 중 옳은 것은 ○표, 옳지 않은 것은 ×표를 ( ) 안에 쓰시오.

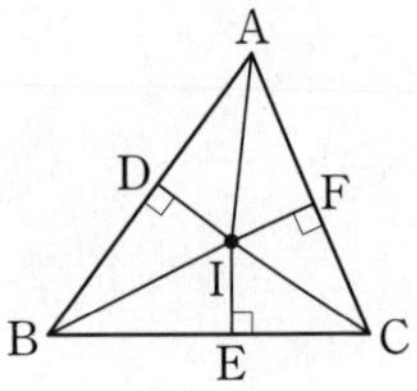

(1) $\overline{ID}=\overline{IF}$ ( )
(2) $\overline{AF}=\overline{CF}$ ( )
(3) $\overline{IA}=\overline{IC}$ ( )
(4) $\angle IAD=\angle IAF$ ( )
(5) $\angle BIE=\angle CIE$ ( )
(6) $\triangle IBD\equiv\triangle IBE$ ( )

2 다음 그림에서 점 I가 △ABC의 내심일 때, $\angle x$의 크기를 구하시오.

(1)
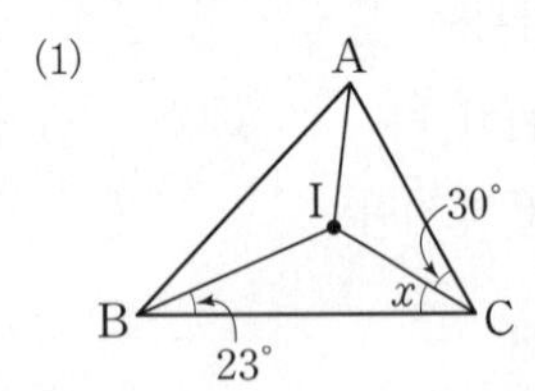

(2)
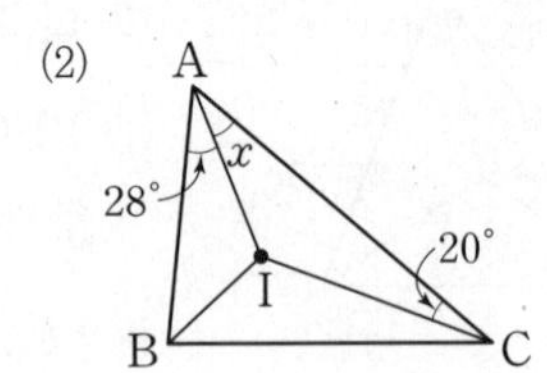

(3)
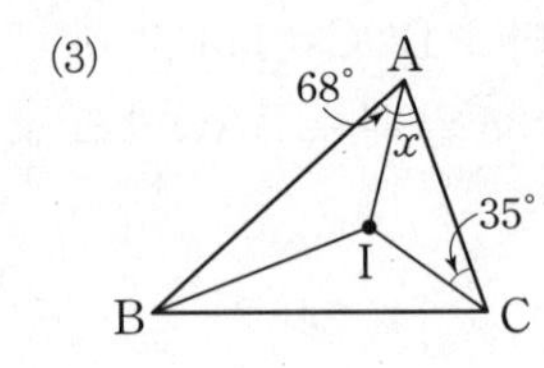

3 다음 그림에서 점 I가 △ABC의 내심일 때, x의 값을 구하시오.

(1)
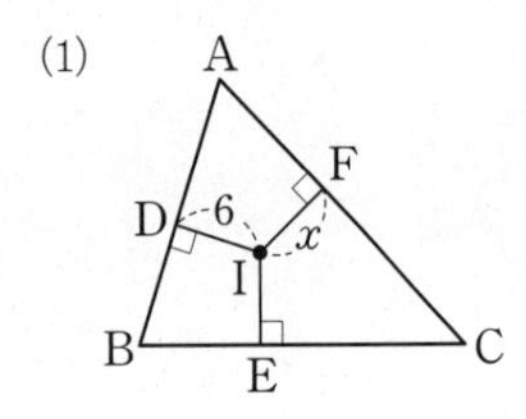

(2)
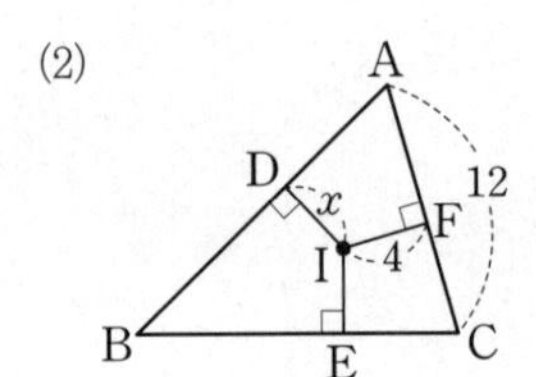

1

다음은 '삼각형의 세 내각의 이등분선은 한 점에서 만난다.'를 설명하는 과정이다. (가)~(마)에 알맞은 것을 구하시오.

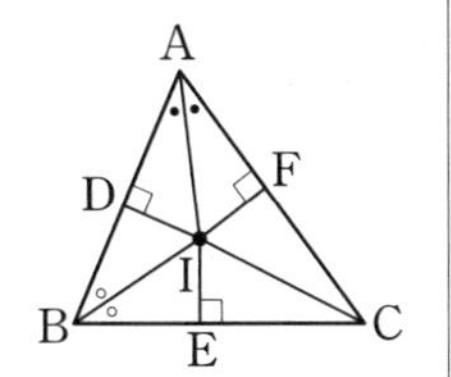

△ABC에서 ∠A, ∠B의 이등분선의 교점을 I라 하고, 점 I에서 $\overline{AB}$, $\overline{BC}$, $\overline{CA}$에 내린 수선의 발을 각각 D, E, F라 하자.
점 I는 ∠A, ∠B의 이등분선 위의 점이므로 $\overline{ID}=\overline{IF}$, $\overline{ID}=\overline{IE}$
△ICE와 △ICF에서
∠IEC= (가) =90°, (나) 는 공통,
(다) $=\overline{IF}$이므로
△ICE≡△ICF((라) 합동)
∴ ∠ICE= (마)
따라서 점 I는 ∠C의 이등분선 위에 있으므로 △ABC의 세 내각의 이등분선은 한 점 I에서 만난다.

2 해설 꼭 확인

오른쪽 그림에서 점 I는 △ABC의 내심이다. 다음 |보기| 중 옳은 것을 모두 고르시오.

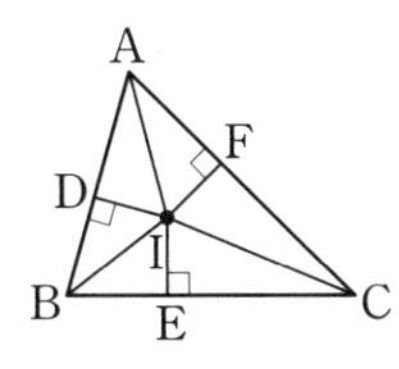

보기

ㄱ. ∠IBE=∠ICE　　ㄴ. ∠DAI=∠FAI
ㄷ. △FCI≡△ECI　　ㄹ. $\overline{BD}=\overline{BE}$
ㅁ. $\overline{ID}=\overline{IE}=\overline{IF}$　　ㅂ. $\overline{IA}=\overline{IB}=\overline{IC}$

3

오른쪽 그림에서 점 I는 △ABC의 내심이다. ∠IAB=26°, ∠IBC=42°일 때, ∠ABC의 크기를 구하시오.

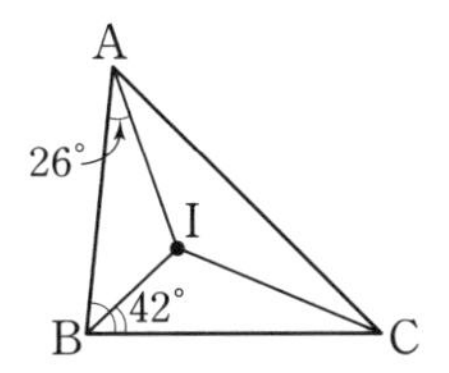

4

오른쪽 그림에서 점 I는 △ABC의 내심이다. ∠ABI=20°, ∠ACI=35°일 때, ∠x의 크기를 구하시오.

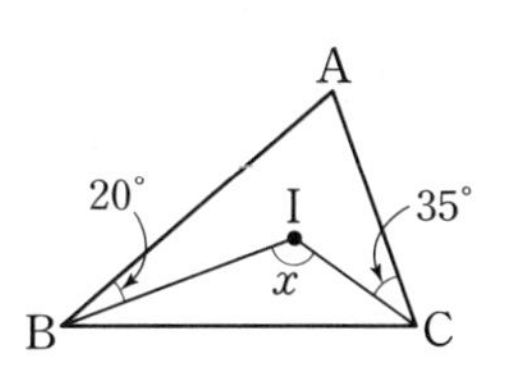

5 평행선의 성질을 생각해 봐.

오른쪽 그림에서 점 I는 △ABC의 내심이다. 점 I를 지나고 $\overline{BC}$에 평행한 직선이 $\overline{AB}$, $\overline{AC}$와 만나는 점을 각각 D, E라 할 때, $\overline{DE}$의 길이를 구하려고 한다. 다음을 구하시오.

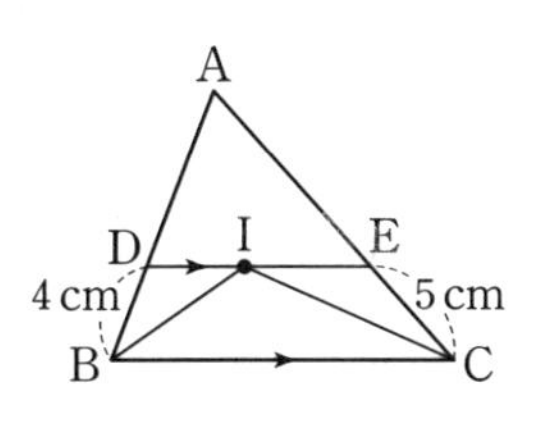

(1) $\overline{DI}$의 길이　　(2) $\overline{EI}$의 길이
(3) $\overline{DE}$의 길이

6 생각이 자라는 창의·융합

오른쪽 그림과 같이 삼각형 모양의 판으로 시계를 만들려고 한다. 분침을 시계 밖으로 나가지 않으면서 최대한 길게 만들 때, 다음 세 학생 중 분침을 고정해야 하는 위치를 바르게 찾은 학생을 말하시오.

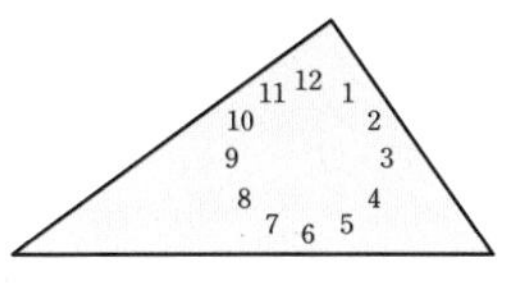

태준: 삼각형의 세 변의 수직이등분선의 교점
현우: 삼각형의 세 내각의 이등분선의 교점
세정: 삼각형의 세 꼭짓점과 각 대변의 중점을 이은 선분의 교점

▶ 문제 속 개념 도출
- 삼각형의 세 변이 모두 접하는 원의 중심을 삼각형의 ① ____ 이라 한다. ➡ 삼각형의 내심에서 세 ② ____ 에 이르는 거리는 같다.
- 삼각형의 내심은 삼각형의 세 내각의 ③ ____ 의 교점이다.

삼각형의 내심의 응용(1)

되짚어 보기 [중2] 삼각형의 내심

점 I가 △ABC의 내심일 때

(1)

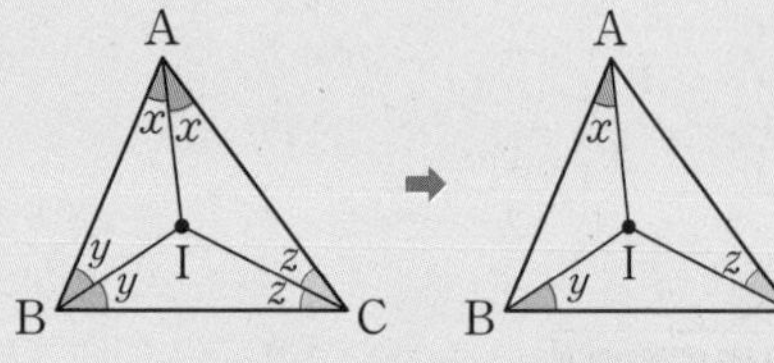

$\angle x+\angle y+\angle z=90°$

참고 △ABC의 세 내각의 크기의 합은 180°이므로

$2\angle x+2\angle y+2\angle z=180°$

$\therefore \angle x+\angle y+\angle z=90°$

(2)

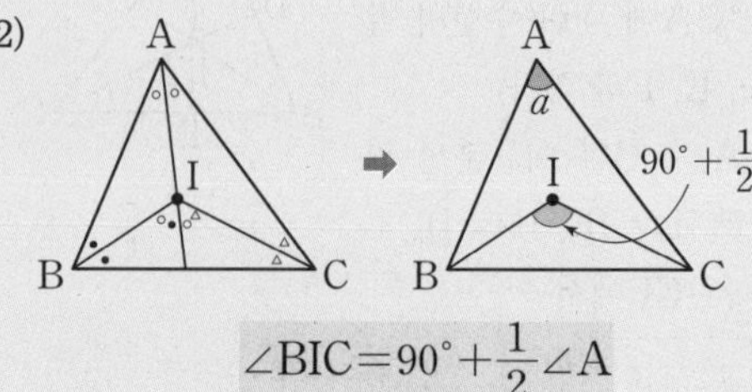

$\angle BIC=90°+\frac{1}{2}\angle A$

참고 $\angle BIC=(\circ+\bullet)+(\triangle+\circ)$

$=(\circ+\bullet+\triangle)+\circ=90°+\frac{1}{2}\angle A$

개념 확인

● 정답 및 해설 9쪽

1 다음 그림에서 점 I가 △ABC의 내심일 때, $\angle x$의 크기를 구하시오.

(1)

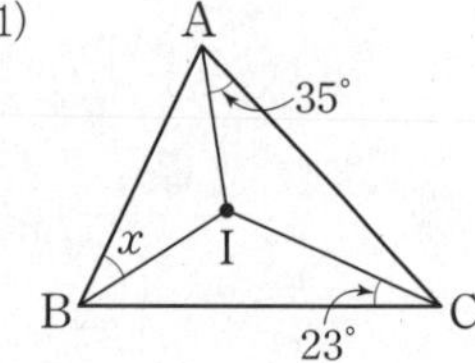

(2)

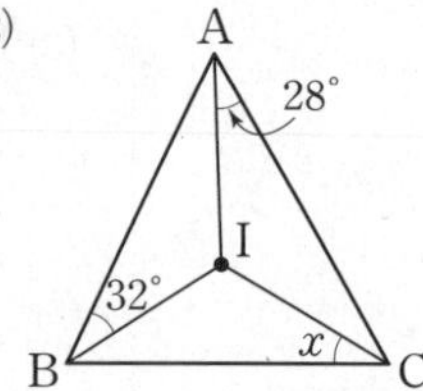

(3)

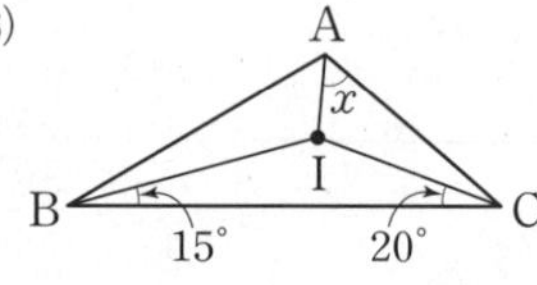

2 다음 그림에서 점 I가 △ABC의 내심일 때, $\angle x$의 크기를 구하시오.

(1)

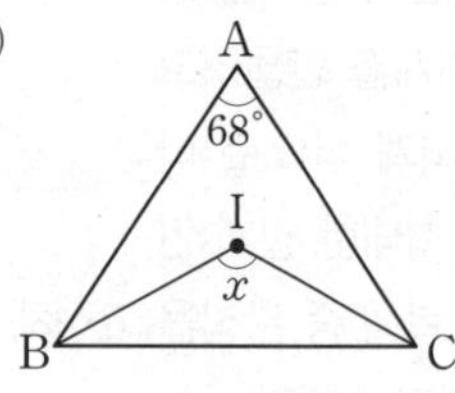

(2)

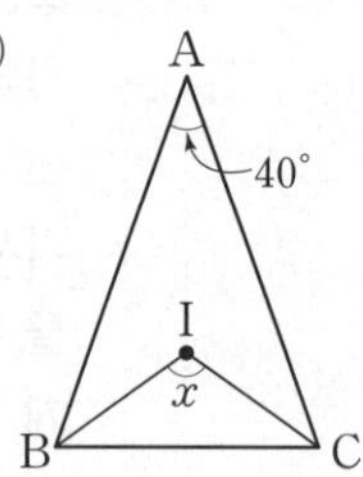

(3)

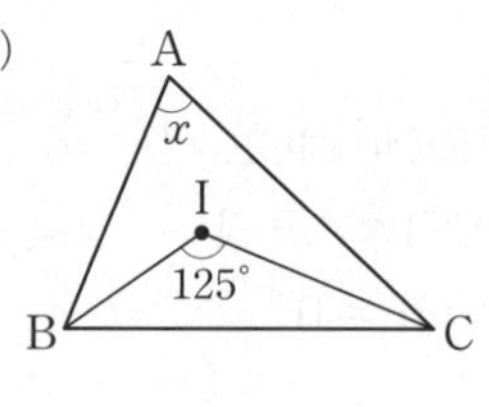

3 다음 그림에서 점 I가 △ABC의 내심일 때, $\angle x$의 크기를 구하시오.

(1)

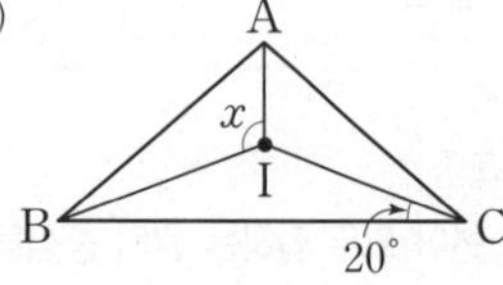

(2)

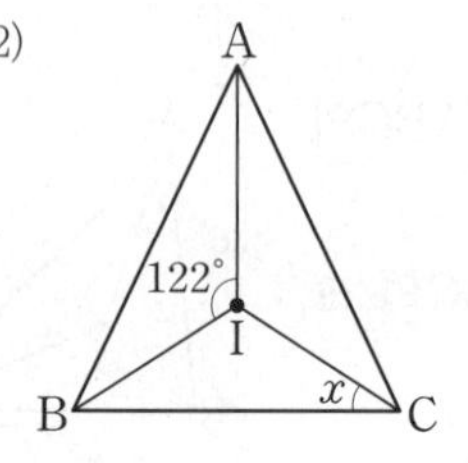

교과서 문제로 개념 다지기

1

오른쪽 그림에서 점 I는 $\triangle ABC$의 내심이다. $\angle IBC=26°$, $\angle ICA=30°$일 때, $\angle x$, $\angle y$의 크기를 각각 구하시오.

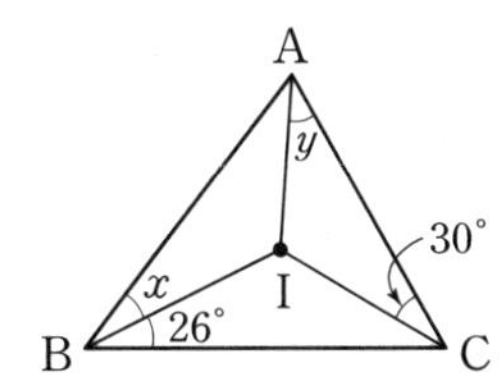

2

오른쪽 그림에서 점 I는 $\triangle ABC$의 내심이다. $\angle IBC=25°$, $\angle C=74°$일 때, $\angle x$의 크기는?

① 28°　② 29°　③ 30°　④ 31°　⑤ 32°

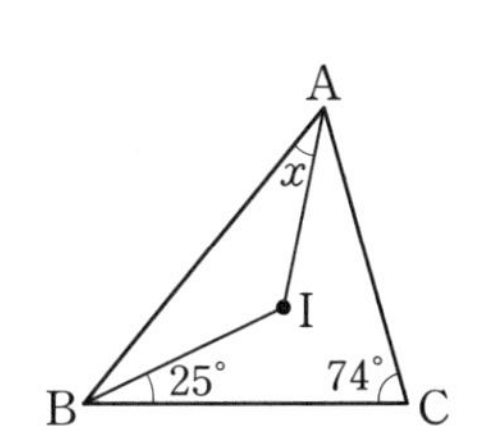

3

오른쪽 그림에서 점 I는 $\angle B$의 이등분선과 $\angle C$의 이등분선의 교점이다. $\angle IAB=46°$일 때, $\angle x$의 크기는?

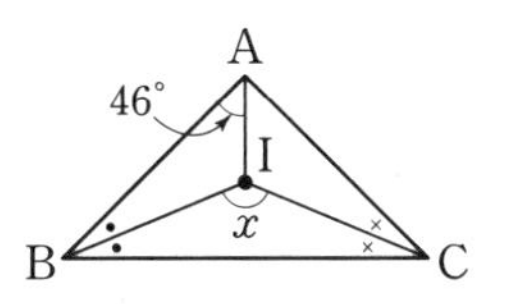

① 130°　② 132°　③ 134°　④ 136°　⑤ 138°

4

오른쪽 그림에서 점 I는 $\triangle ABC$의 내심이다. $\angle IAC=40°$, $\angle IBA=20°$일 때, $\angle x+\angle y$의 값을 구하시오.

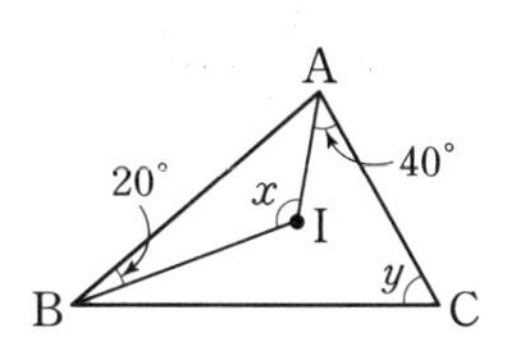

5

오른쪽 그림에서 점 I는 $\overline{AB}=\overline{AC}$인 이등변삼각형 ABC의 내심이다. $\angle IAC=32°$일 때, $\angle AIC$의 크기를 구하려고 한다. 다음을 구하시오.

(1) $\angle B$의 크기
(2) $\angle AIC$의 크기

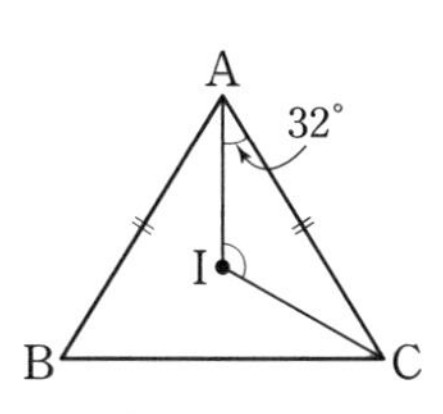

6 생각이 자라는 문제 해결

오른쪽 그림에서 점 I는 $\triangle ABC$의 내심이고, 점 I′은 $\triangle IBC$의 내심이다. $\angle IAC=26°$일 때, $\angle x$의 크기를 구하시오.

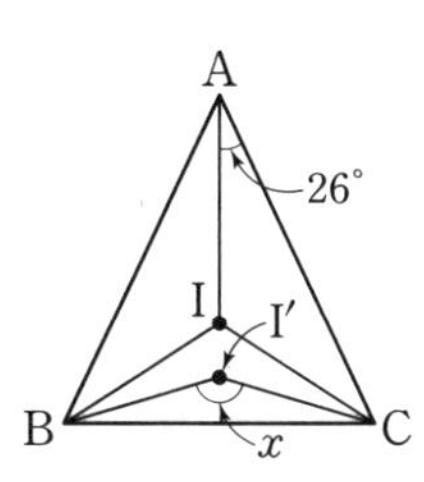

▶ 문제 속 개념 도출

• 삼각형의 내심은 세 ①_____의 이등분선의 교점이다.

• 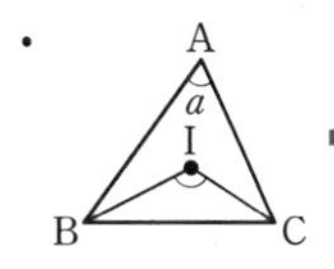

➡ $\angle BIC=$ ②_____ $+\frac{1}{2}\angle a$

삼각형의 내심의 응용 (2)

되짚어 보기 [중2] 삼각형의 내심

(1) 삼각형의 넓이와 내접원의 반지름의 길이

점 I가 △ABC의 내심일 때, △ABC의 내접원의 반지름의 길이를 r라 하면

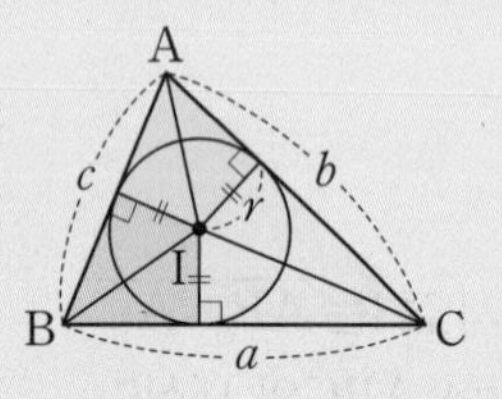

➡ $\triangle ABC = \triangle IBC + \triangle ICA + \triangle IAB$

$= \frac{1}{2}r(a+b+c)$ ← $\frac{1}{2}ar + \frac{1}{2}br + \frac{1}{2}cr$

(2) 삼각형의 내접원과 선분의 길이

점 I가 △ABC의 내심일 때, △ABC의 내접원과 $\overline{AB}$, $\overline{BC}$, $\overline{CA}$의 접점을 각각 D, E, F라 하면

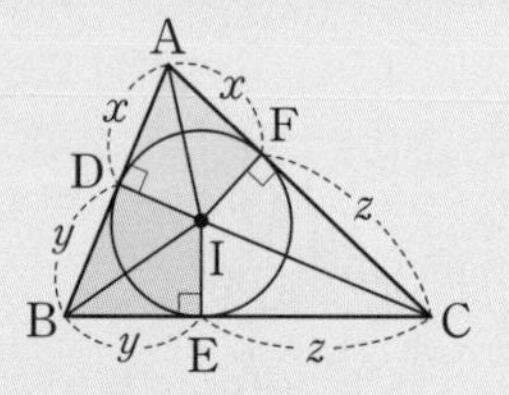

➡ $\overline{AD} = \overline{AF}$, $\overline{BD} = \overline{BE}$, $\overline{CE} = \overline{CF}$

참고 △IAD≡△IAF, △IBD≡△IBE, △ICE≡△ICF

개념 확인 • 정답 및 해설 10쪽

1 다음 그림에서 점 I가 △ABC의 내심일 때, △ABC의 넓이를 구하시오.

(1)

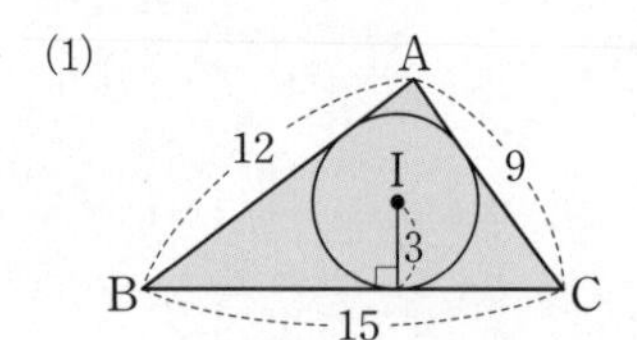

(2)

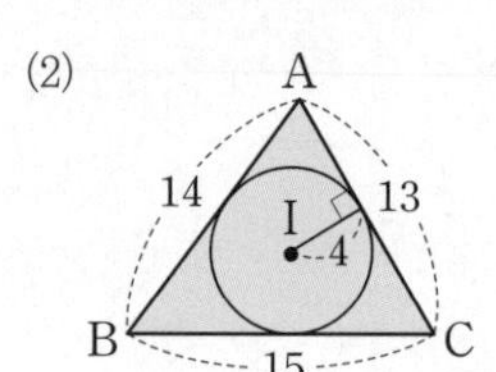

2 다음 그림에서 점 I가 △ABC의 내심일 때, △ABC의 내접원의 반지름의 길이를 구하시오.

(1) △ABC의 넓이: 12

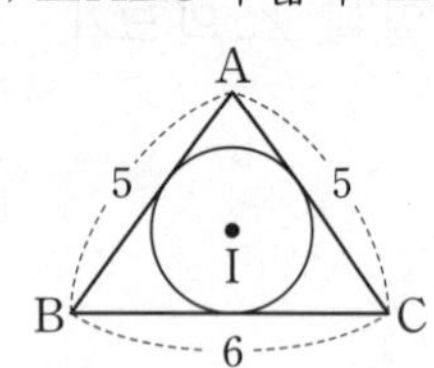

(2) △ABC의 넓이: 30

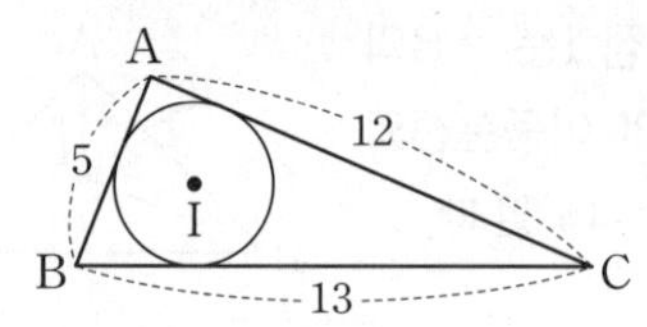

3 다음 그림에서 점 I가 △ABC의 내심이고, 세 점 D, E, F는 각각 내접원과 $\overline{AB}$, $\overline{BC}$, $\overline{CA}$의 접점일 때, x의 값을 구하시오.

(1)

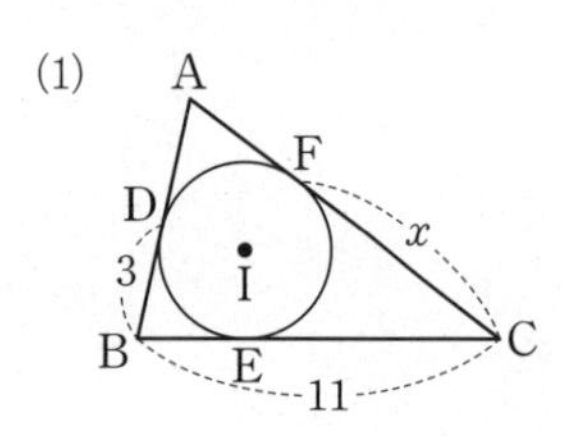

(2)

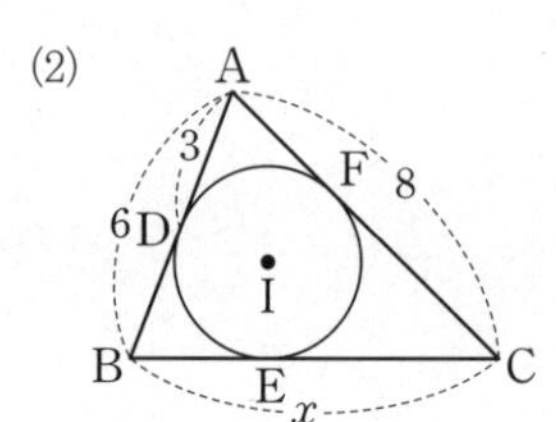

교과서 문제로 개념 다지기

1

오른쪽 그림에서 점 I는 △ABC의 내심이다. △ABC의 내접원의 반지름의 길이가 3 cm이고 △ABC의 둘레의 길이가 34 cm일 때, △ABC의 넓이를 구하시오.

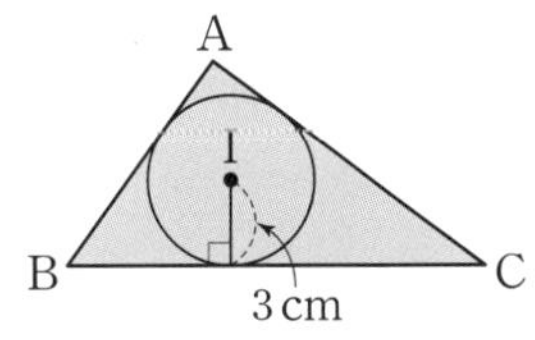

2

오른쪽 그림에서 점 I는 △ABC의 내심이고, 세 점 D, E, F는 각각 내접원과 $\overline{AB}$, $\overline{BC}$, $\overline{CA}$의 접점이다. $\overline{AD}=2$ cm, $\overline{BD}=5$ cm, $\overline{CE}=3$ cm일 때, △ABC의 둘레의 길이는?

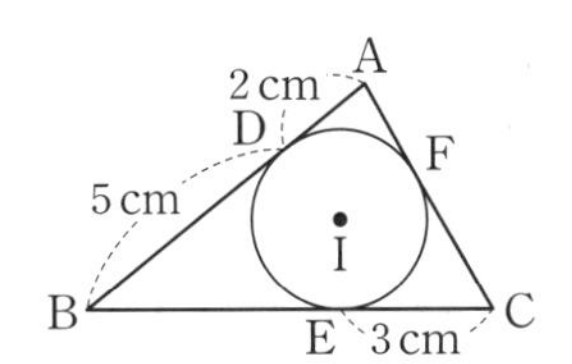

① 12 cm ② 14 cm ③ 16 cm
④ 18 cm ⑤ 20 cm

3

오른쪽 그림에서 점 I는 직각삼각형 ABC의 내심이다. $\overline{AB}=20$ cm, $\overline{BC}=16$ cm, $\overline{CA}=12$ cm일 때, △ABC의 내접원의 반지름의 길이를 구하려고 한다. 다음을 구하시오.

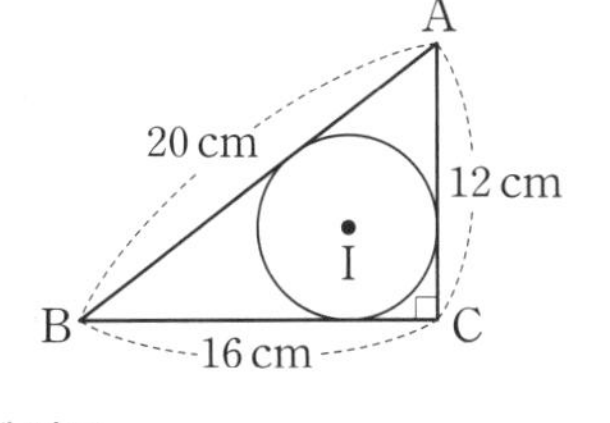

(1) △ABC의 넓이
(2) △ABC의 내접원의 반지름의 길이

4

오른쪽 그림에서 점 I는 △ABC의 내심이고, 세 점 D, E, F는 각각 내접원과 $\overline{AB}$, $\overline{BC}$, $\overline{CA}$의 접점이다. $\overline{AB}=6$ cm, $\overline{BC}=7$ cm, $\overline{CA}=5$ cm일 때, $\overline{AF}$의 길이를 구하려고 한다. 다음 물음에 답하시오.

(1) $\overline{AF}=x$ cm라 할 때, $\overline{BC}$의 길이를 x를 사용한 식으로 나타내시오.
(2) $\overline{AF}$의 길이를 구하시오.

5 생각이 자라는 창의·융합

오른쪽 그림과 같이 밑면이 직각삼각형인 삼각기둥 모양의 수납 상자가 있다. 반지름의 길이가 다음과 같은 다섯 가지의 공 중에서 이 수납 상자에 넣을 수 없는 공을 모두 고르시오. (단, 상자의 두께는 생각하지 않는다.)

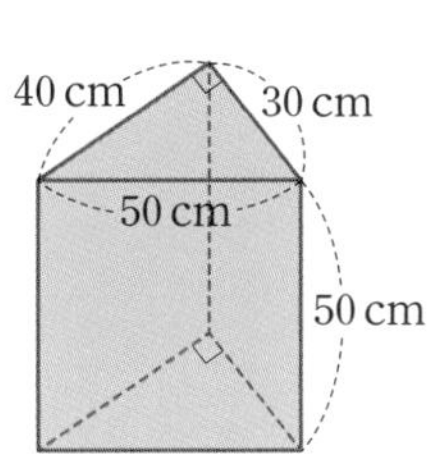

▶ 문제 속 개념 도출
• 삼각형의 내접원의 반지름의 길이가 r이면
➡ (삼각형의 넓이)$=\frac{1}{2}\times r\times$(삼각형의 ① ______ 의 길이)

삼각형의 외심과 내심

되짚어 보기 **[중2]** 삼각형의 외심 / 삼각형의 내심

	삼각형의 외심(O)	삼각형의 내심(I)
뜻	외접원의 중심 ➡ 세 변의 수직이등분선의 교점	내접원의 중심 ➡ 세 내각의 이등분선의 교점
성질	외심에서 세 꼭짓점에 이르는 거리는 같다. └→ 외접원의 반지름의 길이	내심에서 세 변에 이르는 거리는 같다. └→ 내접원의 반지름의 길이
위치	• 예각삼각형: 삼각형의 내부 • 직각삼각형: 빗변의 중점 • 둔각삼각형: 삼각형의 외부	삼각형의 내부
	• 이등변삼각형의 내심과 외심은 꼭지각의 이등분선 위에 있다. • 정삼각형의 내심과 외심은 일치한다.	
응용	• $\angle OBC=\angle OCB$ • $\angle BOC=2\angle A$	• $\angle IBA=\angle IBC$ • $\angle BIC=90°+\frac{1}{2}\angle A$

개념 확인 ● 정답 및 해설 10쪽

1 다음 중 삼각형의 외심과 내심에 대한 설명으로 옳은 것은 ○표, 옳지 않은 것은 ×표를 ( ) 안에 쓰시오.

(1) 삼각형의 외심은 외접원의 중심이다. ( )
(2) 삼각형의 외심에서 세 꼭짓점에 이르는 거리는 같다. ( )
(3) 삼각형의 세 내각의 이등분선이 만나는 점은 외심이다. ( )
(4) 삼각형의 내심에서 세 변에 이르는 거리는 같다. ( )
(5) 삼각형의 세 변의 수직이등분선이 만나는 점은 내심이다. ( )
(6) 모든 삼각형의 외심은 삼각형의 외부에 있다. ( )
(7) 정삼각형의 내심과 외심은 일치한다. ( )
(8) 직각삼각형의 외심에서 한 꼭짓점까지의 거리는 빗변의 길이와 같다. ( )

2 다음 그림에서 두 점 O, I가 각각 $\triangle ABC$의 외심과 내심일 때, $\angle x$, $\angle y$의 크기를 각각 구하시오.

(1)

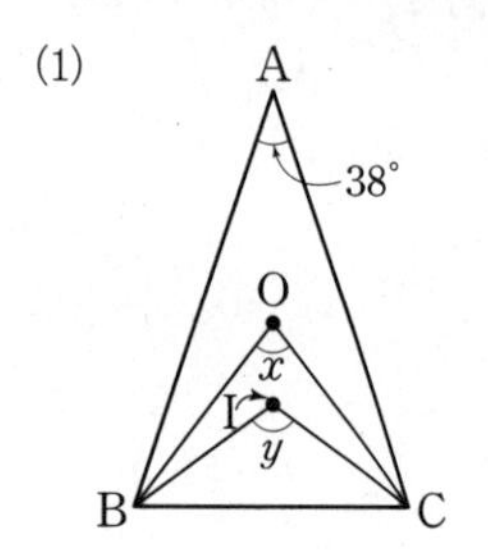

(2)

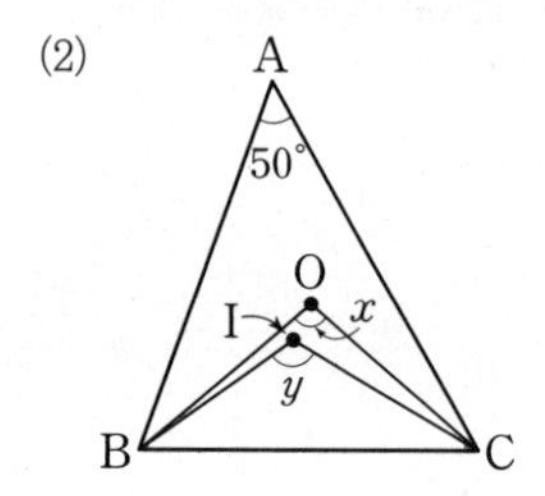

교과서 문제로 개념 다지기

1

오른쪽 그림에서 원 O는 △ABC에 외접하고, 원 I는 △ABC에 내접한다. 다음 | 보기 | 중 두 원의 중심 O, I에 대한 설명으로 옳은 것을 모두 고르시오.

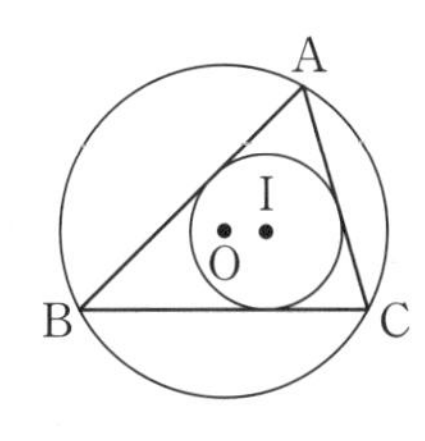

| 보기 |

ㄱ. 점 O는 △ABC의 내심이다.
ㄴ. 점 I는 △ABC의 세 내각의 이등분선의 교점이다.
ㄷ. 점 O는 △ABC의 세 변의 수직이등분선의 교점이다.
ㄹ. △ABC가 직각삼각형이면 두 점 O, I는 일치한다.

2

오른쪽 그림에서 두 점 O, I는 각각 △ABC의 외심과 내심이다. $\angle BOC=104^\circ$일 때, $\angle BIC$의 크기를 구하려고 한다. 다음을 구하시오.

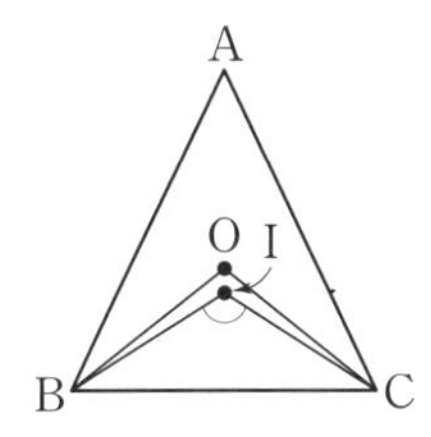

(1) $\angle A$의 크기
(2) $\angle BIC$의 크기

3

오른쪽 그림에서 두 점 O, I는 각각 △ABC의 외심과 내심이다. $\angle BIC=110^\circ$일 때, $\angle BOC$의 크기를 구하려고 한다. 다음을 구하시오.

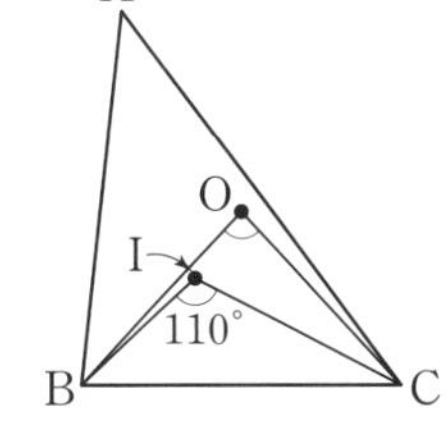

(1) $\angle A$의 크기
(2) $\angle BOC$의 크기

4

오른쪽 그림에서 점 O는 △ABC의 외심이고, 점 I는 △OBC의 내심이다. $\angle BIC=140^\circ$일 때, $\angle A$의 크기를 구하려고 한다. 다음을 구하시오.

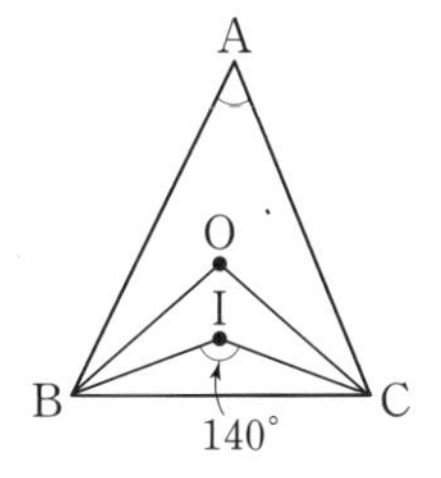

(1) $\angle BOC$의 크기
(2) $\angle A$의 크기

5

오른쪽 그림에서 두 점 O, I는 각각 $\overline{AB}=\overline{AC}$인 이등변삼각형 ABC의 외심과 내심이다. $\angle A=40^\circ$일 때, $\angle OBI$의 크기를 구하려고 한다. 다음을 구하시오.

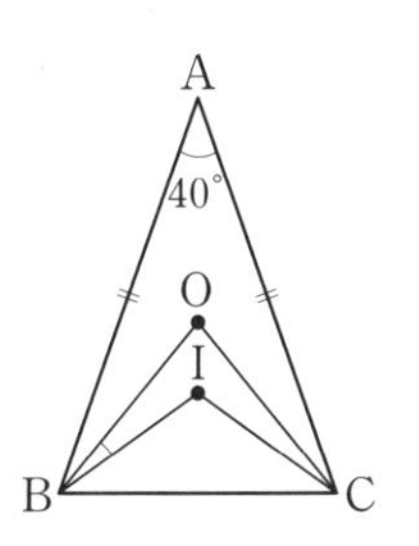

(1) $\angle OBC$의 크기
(2) $\angle IBC$의 크기
(3) $\angle OBI$의 크기

6 생각이 자라는 문제 해결

오른쪽 그림과 같이 △ABC의 외심 O와 내심 I가 일치할 때, $\angle x$의 크기를 구하시오.

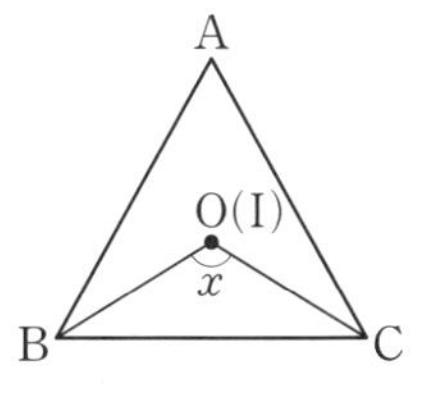

▶ 문제 속 개념 도출

- ① ________ 의 외심과 내심은 일치한다.
- 정삼각형의 세 내각의 크기는 같으므로 한 내각의 크기는 ② ________ 이다.

학교 시험 문제로 단원 마무리

점수 /100점

개념 01

1 오른쪽 그림과 같이 $\overline{AB}=\overline{AC}$인 이등변삼각형 ABC에서 $\angle BAD=\angle CAD$일 때, 다음 중 옳은 것을 모두 고르면? (정답 2개) [10점]

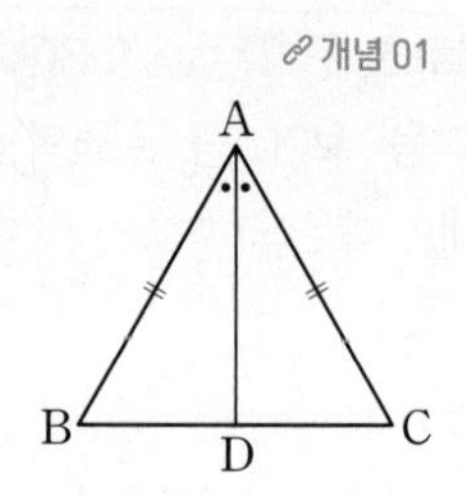

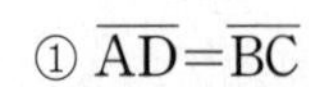

① $\overline{AD}=\overline{BC}$　② $\overline{BD}=\overline{CD}$

③ $\angle A=\angle B$　④ $\overline{AD}\perp\overline{BC}$

⑤ $\angle BAD=28°$일 때, $\angle C=56°$이다.

개념 02

2 오른쪽 그림에서 $\overline{AB}=\overline{AC}=\overline{DC}$이고 $\angle DCE=105°$일 때, $\angle B$의 크기를 구하시오. [15점]

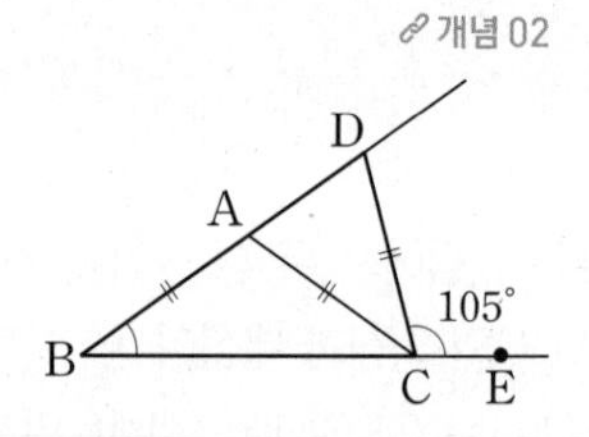

개념 03

3 직사각형 모양의 종이를 오른쪽 그림과 같이 접었다. $\overline{AC}=7\text{cm}$, $\overline{BC}=6\text{cm}$일 때, $\overline{AB}$의 길이를 구하시오. [15점]

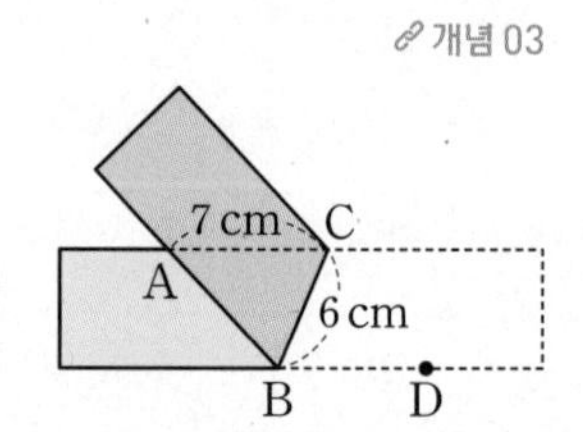

개념 04

4 오른쪽 그림과 같이 $\angle C=90°$인 직각삼각형 ABC에서 $\overline{CA}=\overline{CB}$이고 $\overline{AB}\perp\overline{DE}$, $\overline{AE}=\overline{AC}$일 때, 다음 중 옳지 않은 것은? [10점]

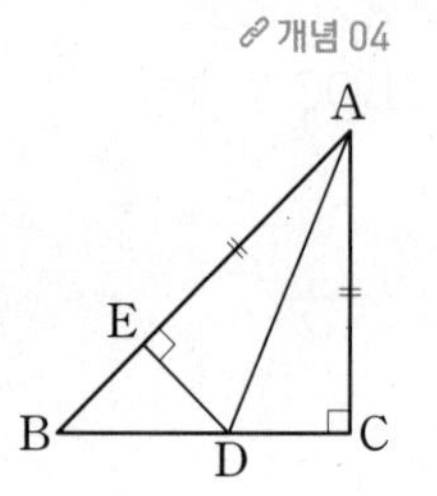

① $\overline{DE}=\overline{DC}$　② $\triangle AED\equiv\triangle ACD$

③ $\overline{BD}=\overline{CD}$　④ $\overline{EB}=\overline{ED}$

⑤ $\angle EDA=\angle CDA$

개념 06, 08, 11

5 다음 |보기| 중 삼각형의 내부의 점이 외심을 나타내는 것과 내심을 나타내는 것을 각각 모두 고르시오. [10점]

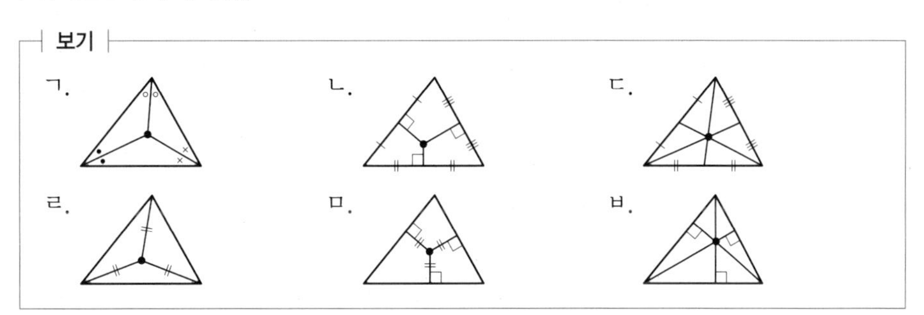

개념 07

6 오른쪽 그림에서 점 O가 △ABC의 외심일 때, x의 값을 구하시오. [10점]

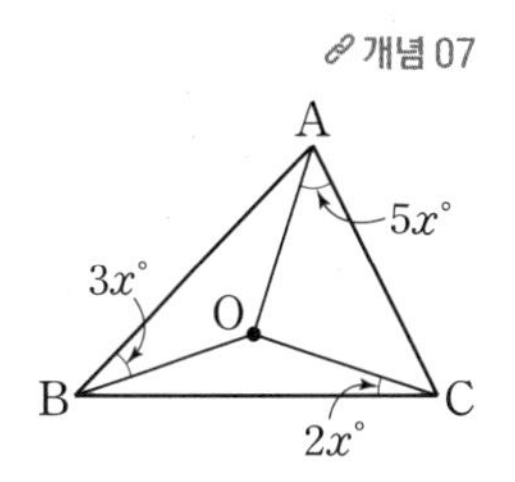

개념 08

7 오른쪽 그림에서 점 I가 △ABC의 내심일 때, 점 I를 지나고 $\overline{BC}$에 평행한 직선이 $\overline{AB}$, $\overline{AC}$와 만나는 점을 각각 D, E라 하자. $\overline{AB}=11\,cm$, $\overline{AC}=12\,cm$일 때, △ADE의 둘레의 길이를 구하시오. [20점]

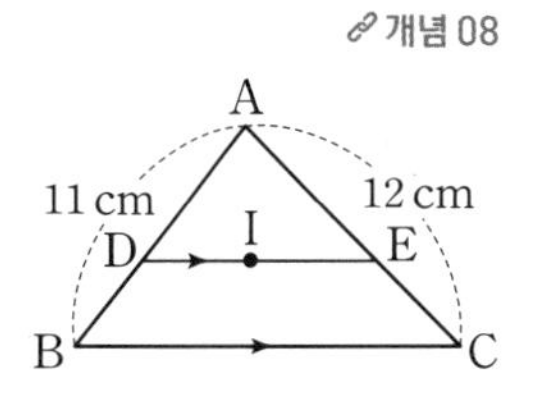

개념 09

8 오른쪽 그림에서 점 I는 △ABC의 내심이다. $\angle IAC=24°$일 때, $\angle x$의 크기를 구하시오. [10점]

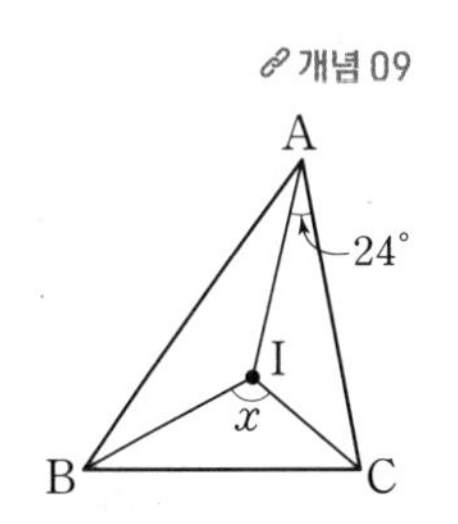

배운 내용 돌아보기

마인드맵으로 정리하기

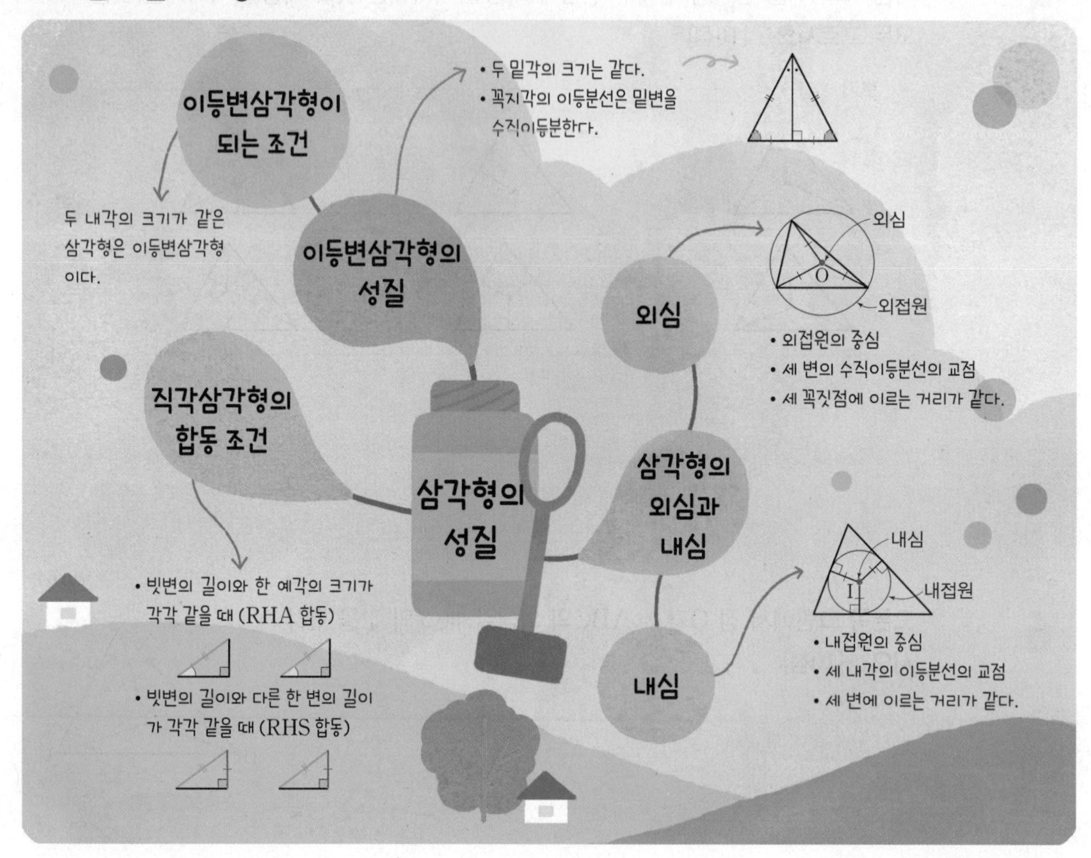

OX 문제로 확인하기

옳은 것은 ○, 옳지 않은 것은 X를 택하시오. ● 정답 및 해설 12쪽

❶ 이등변삼각형의 꼭지각의 이등분선은 밑변을 수직이등분한다. O X

❷ 세 내각의 크기가 40°, 70°, 70°인 삼각형은 이등변삼각형이다. O X

❸ 빗변의 길이가 같은 두 직각삼각형에서 한 예각의 크기가 같으면 두 직각삼각형은 RHA 합동이다. O X

❹ 한 변의 길이가 $15\,\mathrm{cm}$이고, 다른 한 변의 길이가 $9\,\mathrm{cm}$인 두 직각삼각형은 합동이다. O X

❺ 각을 이루는 두 변에서 같은 거리에 있는 점은 그 각의 이등분선 위에 있다. O X

❻ 삼각형의 모든 꼭짓점이 한 원 위에 있을 때, 그 원은 삼각형에 내접한다. O X

❼ 삼각형의 외심에서 세 꼭짓점에 이르는 거리는 같다. O X

❽ 삼각형의 세 변의 수직이등분선의 교점은 그 삼각형의 내심이다. O X

❾ 삼각형의 내심에서 세 변에 이르는 거리는 같다. O X

2 사각형의 성질

배운 내용	이 단원의 내용	배울 내용

배운 내용

- **초등학교 3~4학년군**
  도형의 기초
  여러 가지 사각형
- **초등학교 5~6학년군**
  평면도형의 둘레와 넓이
- **중학교 1학년**
  기본 도형
  작도와 합동
  평면도형의 성질

이 단원의 내용

◆ 평행사변형의 성질
◆ 여러 가지 사각형의 성질
◆ 평행선과 넓이

배울 내용

- **중학교 3학년**
  삼각비
  원의 성질

학습 내용	학습 날짜	학습 확인	복습 날짜
개념 12 평행사변형의 성질	/	☺ 😐 ☹	/
개념 13 평행사변형이 되는 조건	/	☺ 😐 ☹	/
개념 14 평행사변형과 넓이	/	☺ 😐 ☹	/
개념 15 직사각형의 성질	/	☺ 😐 ☹	/
개념 16 마름모의 성질	/	☺ 😐 ☹	/
개념 17 정사각형의 성질	/	☺ 😐 ☹	/
개념 18 등변사다리꼴의 성질	/	☺ 😐 ☹	/
개념 19 여러 가지 사각형 사이의 관계	/	☺ 😐 ☹	/
개념 20 평행선과 넓이	/	☺ 😐 ☹	/
학교 시험 문제로 단원 마무리	/	☺ 😐 ☹	/

평행사변형의 성질

되짚어 보기 [초3~4] 평행사변형 [중1] 평행선에서 동위각과 엇각 / 다각형

(1) **평행사변형**: 두 쌍의 대변이 각각 평행한 사각형

➡ $\overline{AB} /\!/ \overline{DC}$, $\overline{AD} /\!/ \overline{BC}$

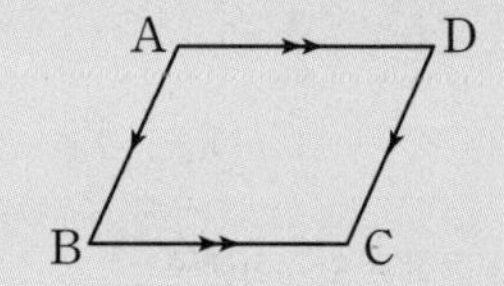

참고 • 사각형 ABCD를 기호로 □ABCD와 같이 나타낸다.
• 사각형에서 마주 보는 변을 대변, 마주 보는 각을 대각이라 한다.

(2) **평행사변형의 성질**

① 두 쌍의 대변의 길이는 각각 같다.

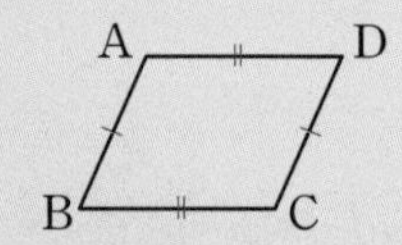

➡ $\overline{AB}=\overline{DC}$, $\overline{AD}=\overline{BC}$

② 두 쌍의 대각의 크기는 각각 같다.

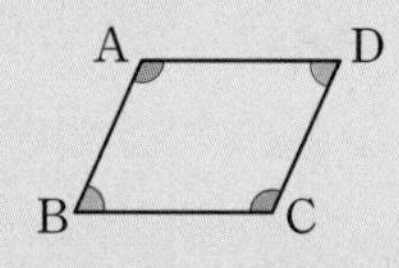

➡ $\angle A=\angle C$, $\angle B=\angle D$

③ 두 대각선은 서로 다른 것을 이등분한다.

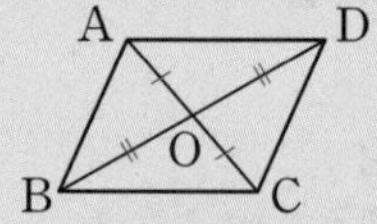

➡ $\overline{OA}=\overline{OC}$, $\overline{OB}=\overline{OD}$

참고 평행사변형에서 이웃하는 두 내각의 크기의 합은 180°이다. ➡ $\angle A+\angle B=180°$

개념 확인

● 정답 및 해설 13쪽

1 다음 그림과 같은 평행사변형 ABCD에서 x, y의 값을 각각 구하시오.

(1)

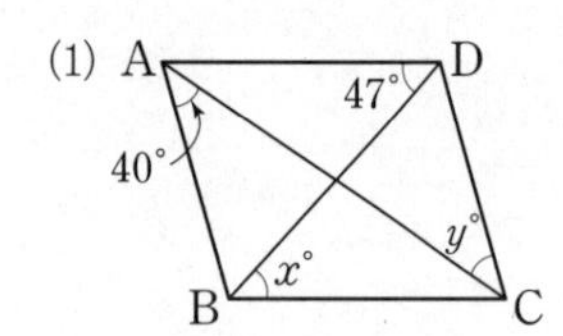

(2)

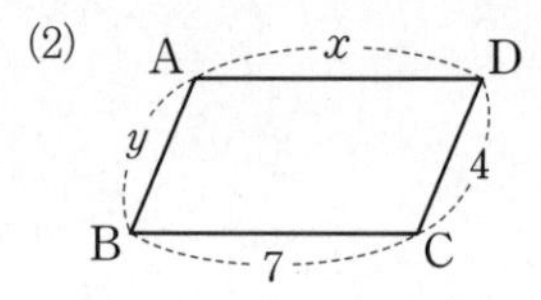

(3)

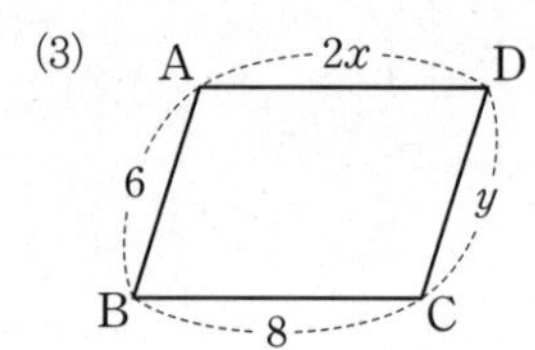

(4)

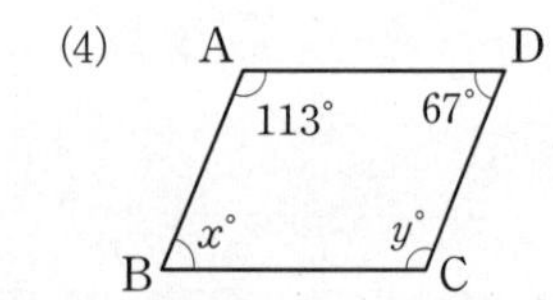

(5)

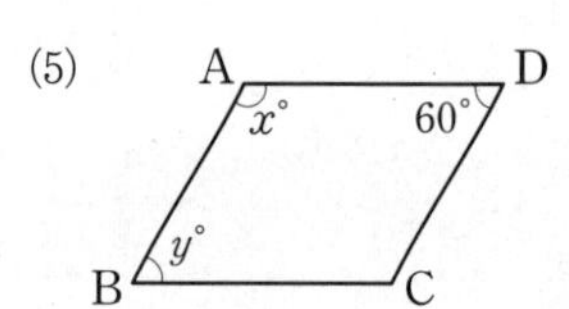

(6)

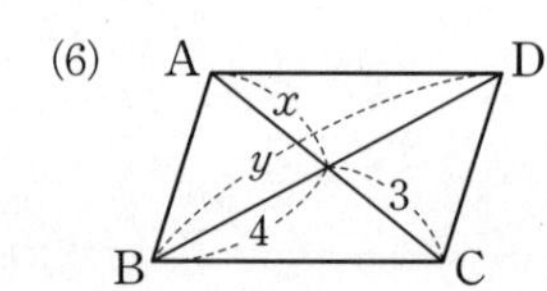

2 오른쪽 그림과 같은 평행사변형 ABCD에서 두 대각선의 교점을 O라 할 때, 다음 중 옳은 것은 ○표, 옳지 않은 것은 ×표를 ( ) 안에 쓰시오.

A D O B C

(1) $\overline{AD}=\overline{BC}$ ( )

(2) $\angle BAD=\angle BCD$ ( )

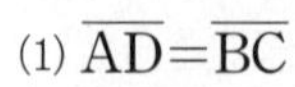

(3) $\overline{BA}=\overline{BO}$ ( )

(4) $\overline{OA}=\overline{OC}$, $\overline{OB}=\overline{OD}$ ( )

(5) $\angle ABC+\angle BCD=180°$ ( )

(6) $\angle ABC+\angle ADC=180°$ ( )

● 정답 및 해설 13쪽

1

오른쪽 그림과 같은 평행사변형 ABCD에서 두 대각선의 교점을 O라 하자. $\angle DAC=50^\circ$, $\angle DBC=30^\circ$일 때, $\angle x$의 크기를 구하시오.

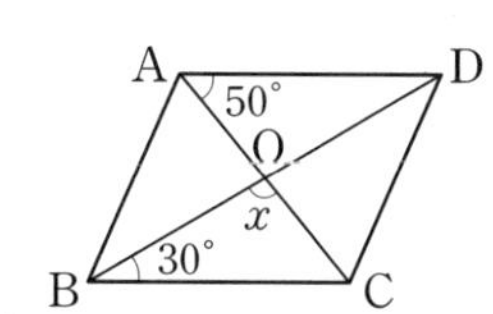

2 해설 꼭 확인

오른쪽 그림과 같은 평행사변형 ABCD에서 $\overline{AB}=10\,cm$, $\overline{AD}=16\,cm$이고 $\angle B=65^\circ$일 때, x, y의 값을 각각 구하시오.

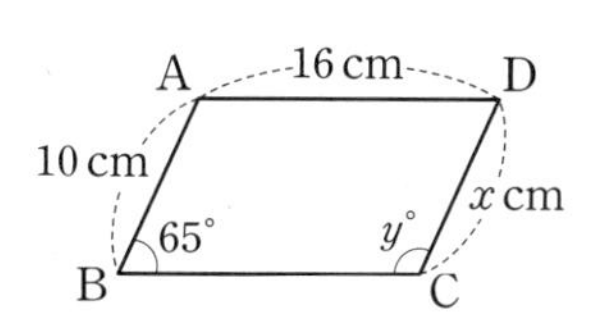

3

오른쪽 그림과 같은 평행사변형 ABCD에서 두 대각선의 교점을 O라 할 때, $x+y$의 값을 구하시오.

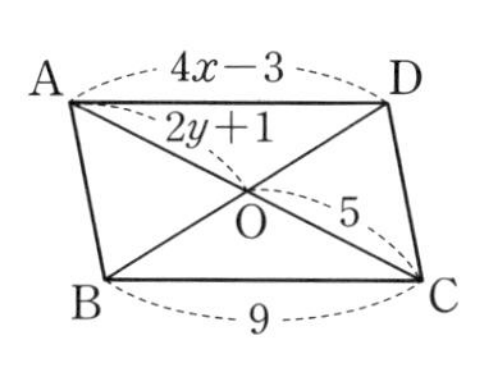

4

오른쪽 그림과 같은 평행사변형 ABCD에서 $\overline{AB}=6\,cm$이고 □ABCD의 둘레의 길이가 22 cm일 때, $\overline{BC}$의 길이를 구하시오.

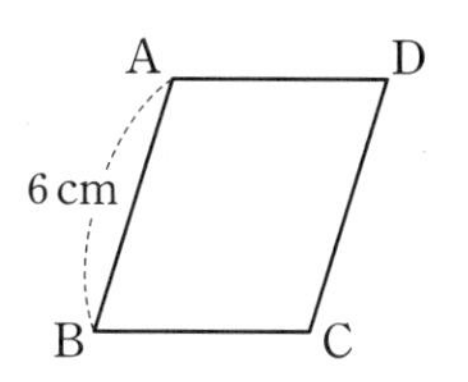

5

오른쪽 그림과 같은 평행사변형 ABCD에서 $\angle AEB=50^\circ$, $\angle C=110^\circ$일 때, $\angle x$, $\angle y$의 크기를 각각 구하시오.

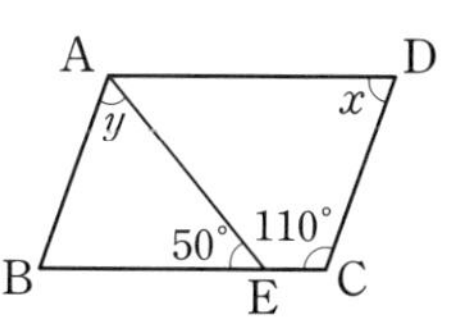

6

오른쪽 그림과 같은 평행사변형 ABCD에서 $\angle A$의 이등분선이 $\overline{BC}$와 만나는 점을 E라 하자. $\overline{AB}=5\,cm$, $\overline{AD}=8\,cm$일 때, $\overline{EC}$의 길이를 구하시오.

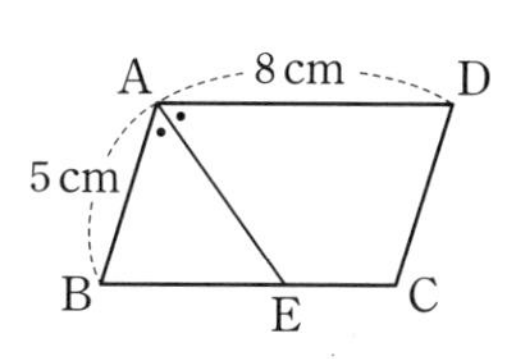

7 생각이 자라는 문제 해결

오른쪽 그림과 같은 평행사변형 ABCD에서 두 대각선의 교점을 O라 하자. $\overline{AD}=9\,cm$이고 $\overline{AC}+\overline{BD}=24\,cm$일 때, △OBC의 둘레의 길이를 구하시오.

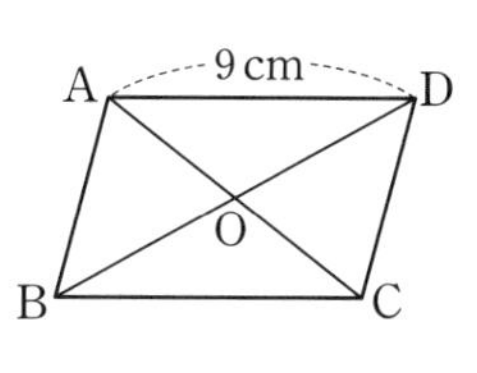

▶ 문제 속 개념 도출

- 평행사변형의 두 쌍의 ①_____ 의 길이는 각각 같다.
- 평행사변형의 두 대각선은 서로 다른 것을 ②_____ 한다.

평행사변형이 되는 조건

되짚어 보기 [중2] 평행사변형의 성질

□ABCD가 다음의 어느 한 조건을 만족시키면 평행사변형이 된다.

(1) 두 쌍의 대변이 각각 평행하다.
➡ $\overline{AB} /\!/ \overline{DC}$, $\overline{AD} /\!/ \overline{BC}$

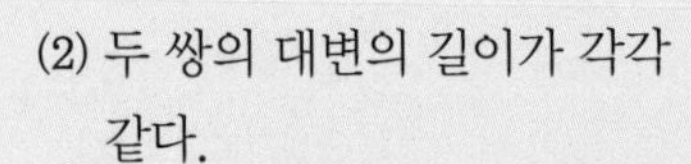

(2) 두 쌍의 대변의 길이가 각각 같다.
➡ $\overline{AB}=\overline{DC}$, $\overline{AD}=\overline{BC}$

(3) 두 쌍의 대각의 크기가 각각 같다.
➡ $\angle A=\angle C$, $\angle B=\angle D$

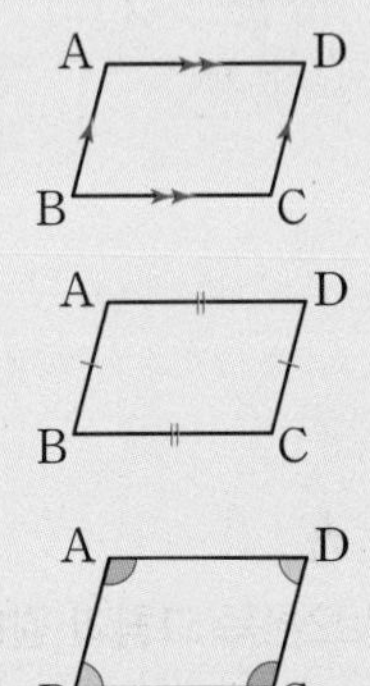

(4) 두 대각선이 서로 다른 것을 이등분한다.
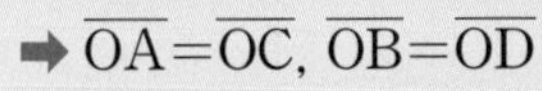
➡ $\overline{OA}=\overline{OC}$, $\overline{OB}=\overline{OD}$
(단, 점 O는 두 대각선의 교점이다.)

(5) 한 쌍의 대변이 평행하고 그 길이가 같다.
➡ $\overline{AD} /\!/ \overline{BC}$, $\overline{AD}=\overline{BC}$

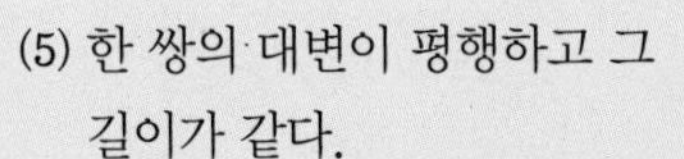

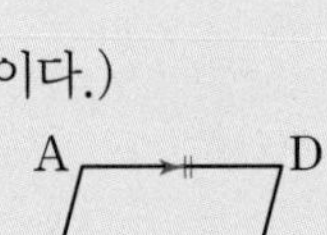

개념 확인

● 정답 및 해설 14쪽

1 다음은 오른쪽 그림의 □ABCD가 평행사변형이 되는 조건이다. □ 안에 알맞은 것을 쓰시오. (단, 점 O는 두 대각선의 교점이다.)

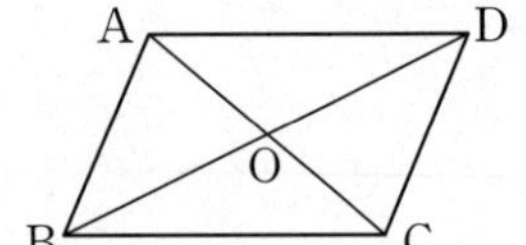

(1) $\overline{AB} /\!/$ □, $\overline{AD} /\!/$ □
(2) $\overline{AB}=$ □, $\overline{AD}=$ □
(3) $\angle BAD=$ □, $\angle ABC=$ □
(4) $\overline{OA}=$ □, $\overline{OB}=$ □
(5) $\overline{AB} /\!/$ □, $\overline{AB}=$ □

2 다음 그림과 같은 □ABCD가 평행사변형인 것은 ○표, 평행사변형이 아닌 것은 ×표를 ( ) 안에 쓰시오.

(1)
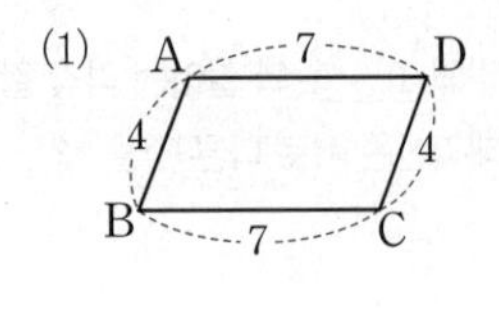

( )

(2)
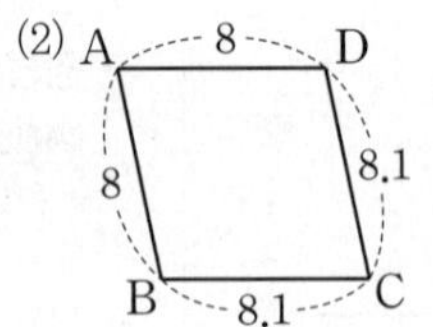

( )

(3)
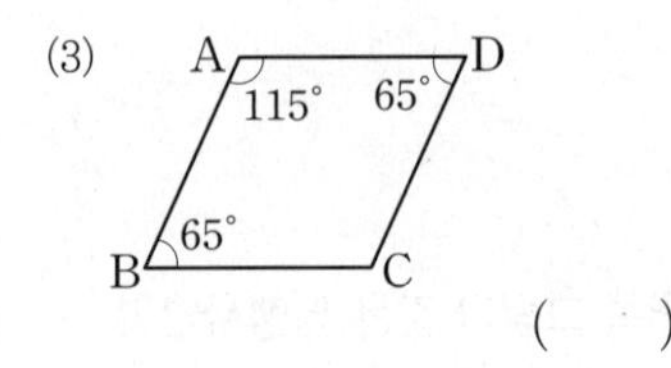

( )

(4)
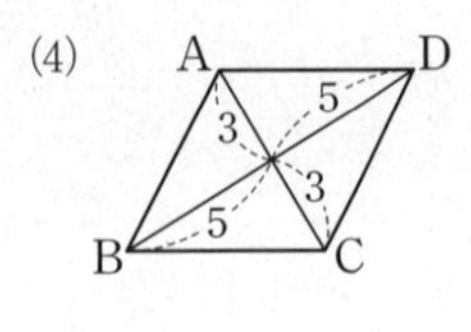

( )

(5)
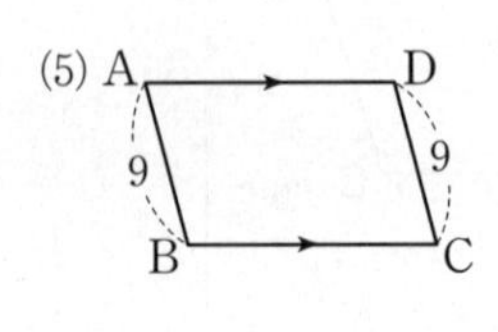

( )

(6)
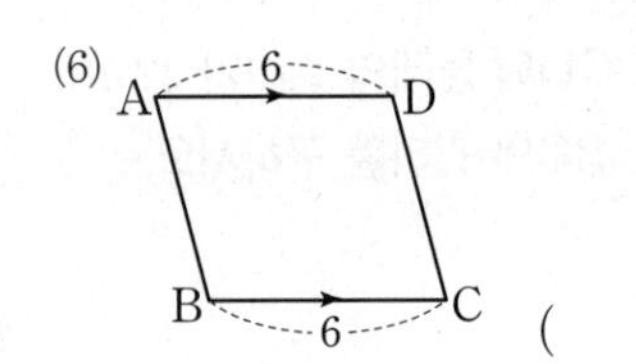

( )

교과서 문제로 개념 다지기

1

다음 사각형 중 평행사변형이 아닌 것은?

① 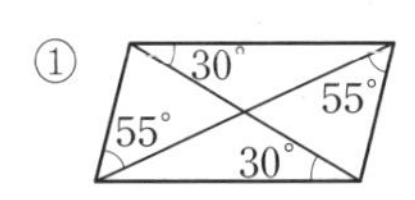

② 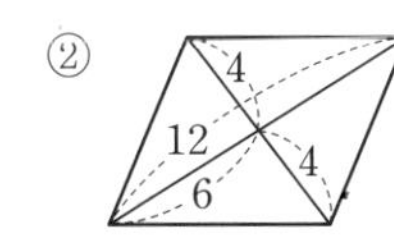

③ 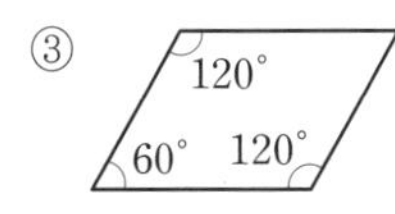

④ 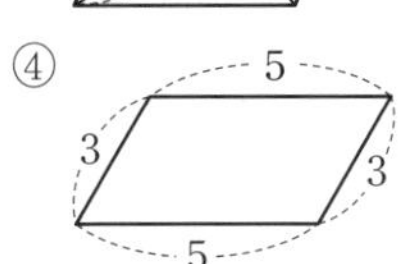

⑤ 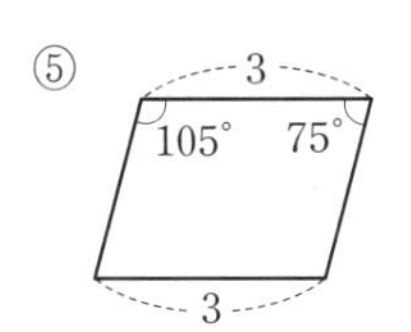

2

다음 그림의 □ABCD가 평행사변형이 되도록 하는 x, y의 값을 각각 구하시오. (단, 점 O는 두 대각선의 교점이다.)

(1) 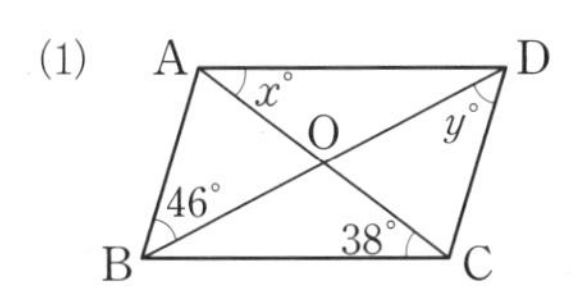

(2) 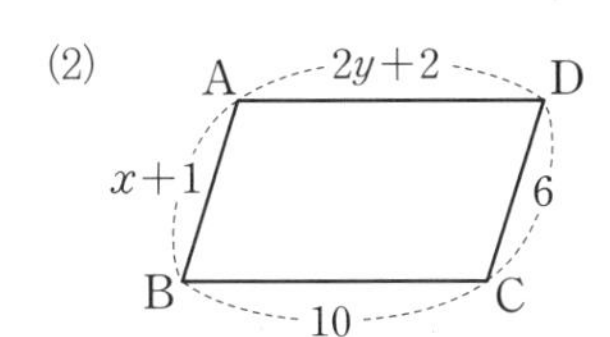

(3) 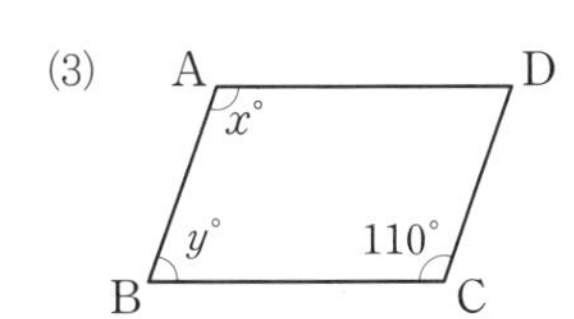

(4) 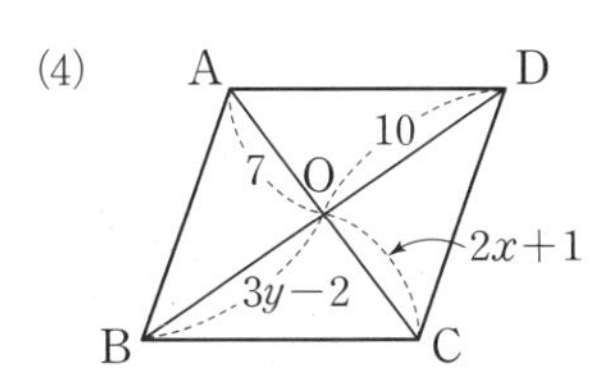

(5) 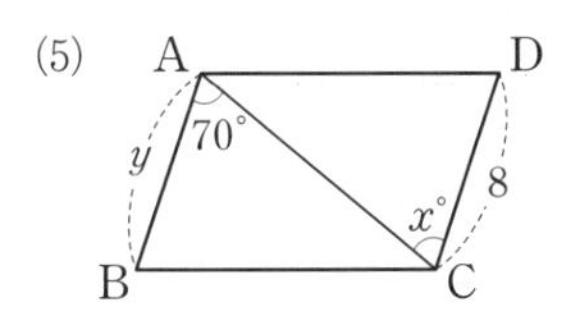

3 해설 꼭 확인

다음 중 □ABCD가 평행사변형인 것은?

(단, 점 O는 두 대각선의 교점이다.)

① $\angle A=100°$, $\angle B=80°$, $\angle C=80°$

② $\overline{AB}/\!/\overline{DC}$, $\overline{AD}=\overline{BC}=3\,\text{cm}$

③ $\overline{AB}=\overline{BC}=4\,\text{cm}$, $\overline{AD}=\overline{DC}=6\,\text{cm}$

④ $\overline{OA}=\overline{OD}=8\,\text{cm}$, $\overline{OB}=\overline{OC}=6\,\text{cm}$

⑤ $\angle DAC=\angle BCA=40°$, $\overline{AD}=\overline{BC}=5\,\text{cm}$

4 생각이 자라는 문제 해결

다음 그림과 같이 평행사변형 ABCD에서 $\overline{AB}$, $\overline{DC}$의 중점을 각각 M, N이라 하자. 삼각형의 합동 조건을 이용하지 않고 □MBND가 평행사변형임을 설명할 때, □MBND가 평행사변형이 되는 조건을 말하시오.

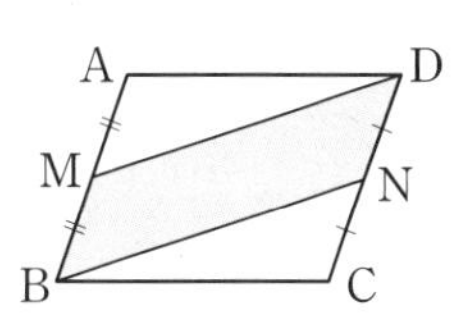

▶ 문제 속 개념 도출

- 두 쌍의 대변이 각각 평행한 사각형
  두 쌍의 대변의 길이가 각각 같은 사각형
  두 쌍의 대각의 크기가 각각 같은 사각형
  두 대각선이 서로 다른 것을 이등분하는 사각형
  한 쌍의 대변이 평행하고 그 길이가 같은 사각형

평행사변형과 넓이

되짚어 보기 [중2] 평행사변형의 성질

(1) 대각선이 주어진 경우

① 평행사변형의 넓이는 한 대각선에 의해 이등분된다.

➡ $\triangle ABC = \triangle CDA = \triangle ABD = \triangle BCD = \frac{1}{2}\square ABCD$

② 평행사변형의 넓이는 두 대각선에 의해 사등분된다.

➡ $\triangle ABO = \triangle BCO = \triangle CDO = \triangle DAO = \frac{1}{4}\square ABCD$ (단, 점 O는 두 대각선의 교점이다.)

(2) 내부의 임의의 한 점이 주어진 경우

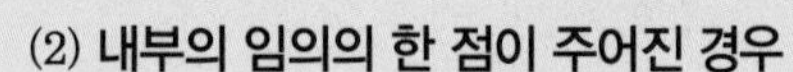

평행사변형의 내부의 임의의 한 점 P와 각 꼭짓점을 연결하였을 때

➡ $\triangle PAB + \triangle PCD = \triangle PDA + \triangle PBC = \frac{1}{2}\square ABCD$

└→ 마주 보는 삼각형의 넓이의 합은 같다.

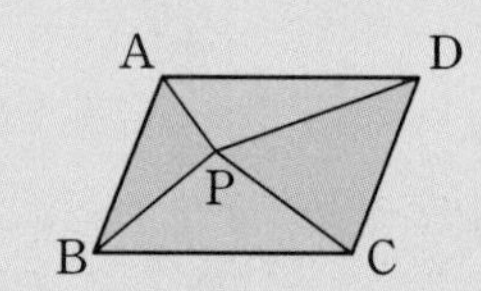

개념 확인 • 정답 및 해설 15쪽

1 다음 그림과 같은 평행사변형 ABCD의 넓이가 36일 때, 색칠한 부분의 넓이를 구하시오. (단, 점 O는 두 대각선의 교점이다.)

(1)
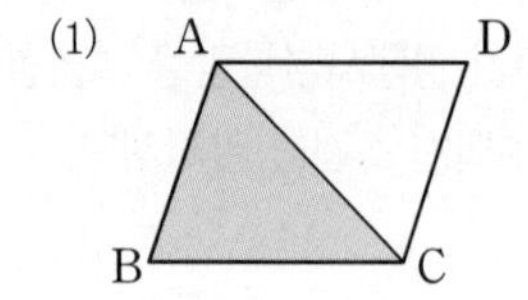

(2)
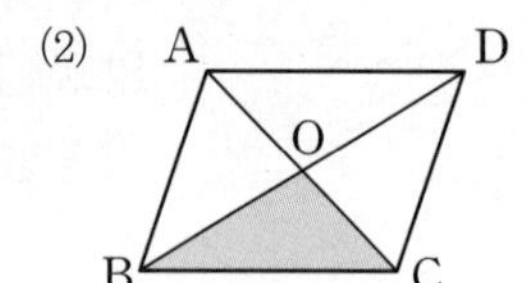

(3)
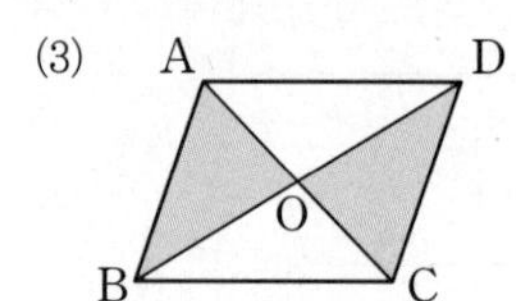

2 오른쪽 그림과 같은 평행사변형 ABCD에서 두 대각선의 교점을 O라 할 때, 다음을 구하시오.

(1) $\square ABCD = 24$일 때, $\triangle BCD$의 넓이

(2) $\square ABCD = 40$일 때, $\triangle ABO$의 넓이

(3) $\triangle ABC = 16$일 때, $\triangle CDO$의 넓이

3 오른쪽 그림과 같이 평행사변형 ABCD의 내부의 한 점 P를 지나고 $\overline{AB}$, $\overline{BC}$에 평행한 직선을 각각 그어 각 삼각형의 넓이를 나타내었다. 다음 물음에 답하시오.

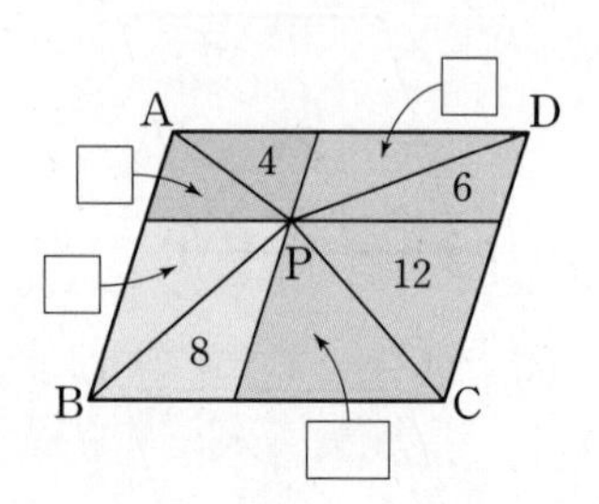

(1) 오른쪽 그림의 □ 안에 삼각형의 넓이를 쓰시오.

(2) $\triangle PAB + \triangle PCD$의 값을 구하시오.

(3) $\triangle PDA + \triangle PBC$의 값을 구하시오.

(4) (2), (3)에서 구한 값을 비교하시오.

교과서 문제로 개념 다지기

1

오른쪽 그림과 같은 평행사변형 ABCD에서 두 대각선의 교점을 O라 하자. △DBC의 넓이가 $18\,\text{cm}^2$일 때, △ABC의 넓이를 구하시오.

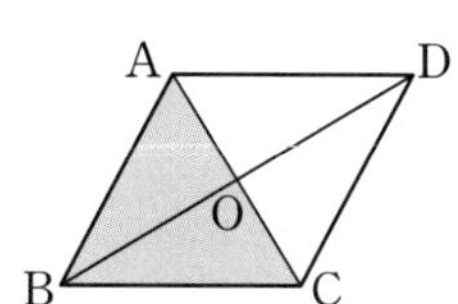

2

오른쪽 그림과 같은 평행사변형 ABCD에서 두 대각선의 교점을 O라 할 때, 다음 중 옳지 않은 것은?

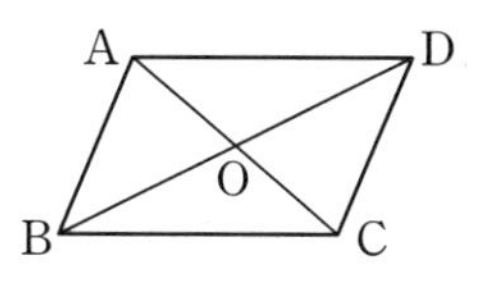

① △ODA=△OBC　② △ODA≡△OBC
③ △OAB=△OBC　④ △OAB≡△OBC
⑤ △OCD=$\frac{1}{4}$□ABCD

3

오른쪽 그림과 같은 평행사변형 ABCD에서 두 대각선의 교점을 O라 하자. △OCD=$12\,\text{cm}^2$일 때, □ABCD의 넓이를 구하시오.

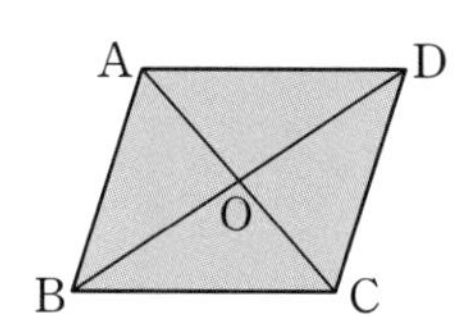

4

오른쪽 그림과 같은 평행사변형 ABCD의 내부의 한 점 P에 대하여 □ABCD의 넓이가 $70\,\text{cm}^2$일 때, △PAB와 △PCD의 넓이의 합을 구하시오.

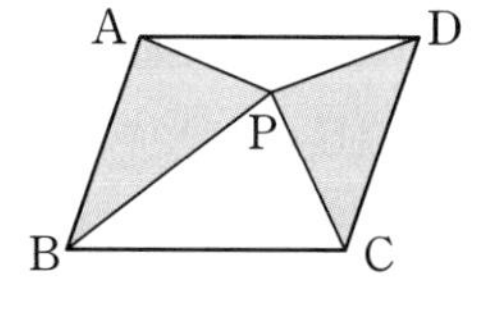

5

오른쪽 그림과 같은 평행사변형 ABCD에서 $\overline{BC}$, $\overline{DC}$의 연장선 위에 $\overline{BC}=\overline{CE}$, $\overline{DC}=\overline{CF}$가 되도록 두 점 E, F를 각각 잡았다. △AOD=$6\,\text{cm}^2$일 때, 다음을 구하시오. (단, 점 O는 □ABCD의 두 대각선의 교점이다.)

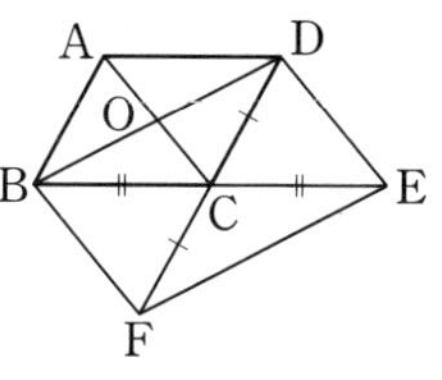

(1) △BCD의 넓이
(2) □BFED의 넓이

6 · 생각이 자라는 창의·융합

오른쪽 그림의 평행사변형 ABCD는 케이크를 위에서 본 모양이다. 다음 | 보기 | 중 케이크를 똑같이 둘로 자르는 방법으로 옳지 않은 것을 고르시오. (단, 케이크의 모양은 사각기둥이고, 바닥면에 수직으로 자른다.)

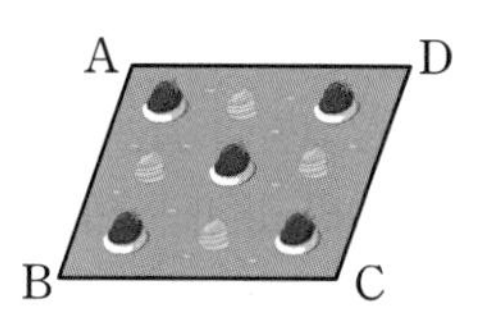

보기

ㄱ. 점 A와 점 C를 지나는 직선으로 자른다.
ㄴ. 점 B와 점 D를 지나는 직선으로 자른다.
ㄷ. $\overline{AB}$와 $\overline{DC}$에 평행한 직선으로 자른다.
ㄹ. $\overline{AD}$의 중점과 $\overline{BC}$의 중점을 지나는 직선으로 자른다.

▶ 문제 속 개념 도출

- 평행사변형 ABCD에서

➡ $a=b=c=d=\frac{1}{4}$□ABCD

➡ $a+b=c+d=a+d=b+c$
$=\frac{1}{2}$□ABCD

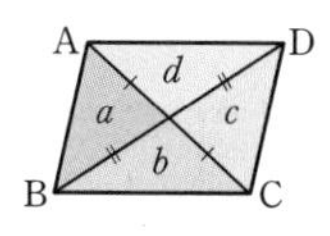

직사각형의 성질

되짚어 보기 [초3~4] 직사각형 [중2] 평행사변형의 성질

(1) **직사각형**: 네 내각의 크기가 같은 사각형
→ 직사각형은 두 쌍의 대각의 크기가 각각 같으므로 평행사변형이다.

(2) **직사각형의 성질**

두 대각선은 길이가 같고, 서로 다른 것을 이등분한다.

➡ $\overline{AC}=\overline{BD}$, $\overline{OA}=\overline{OB}=\overline{OC}=\overline{OD}$

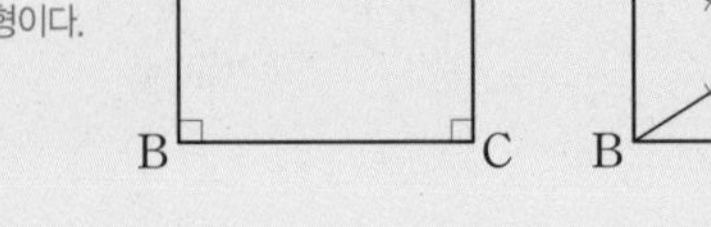

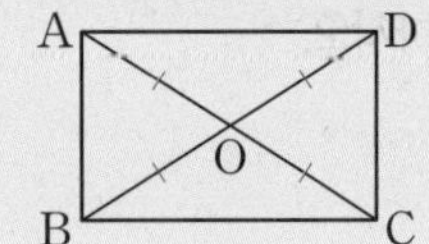

(3) **평행사변형이 직사각형이 되는 조건**

① 한 내각이 직각이다.

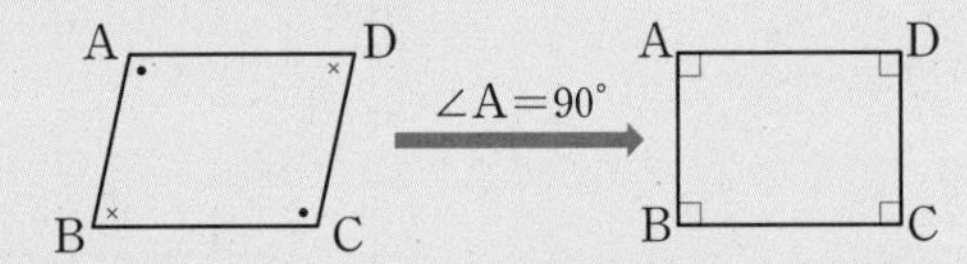

② 두 대각선의 길이가 같다.

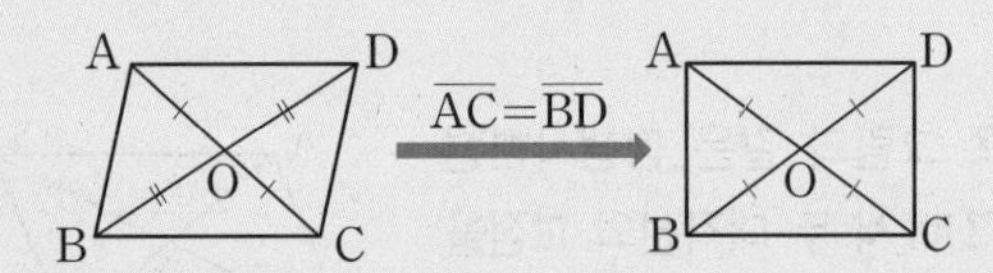

개념 확인

● 정답 및 해설 15쪽

1

다음 그림과 같은 직사각형 ABCD에서 두 대각선의 교점을 O라 할 때, x의 값을 구하시오.

(1)

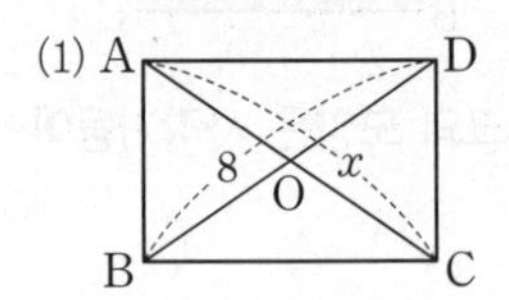

(2)

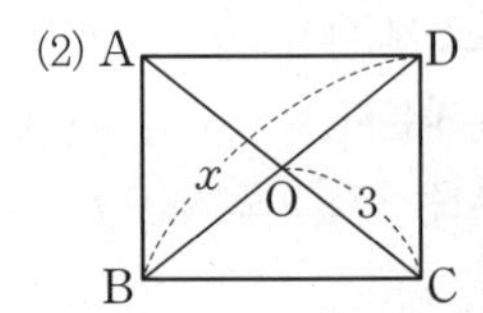

(3)

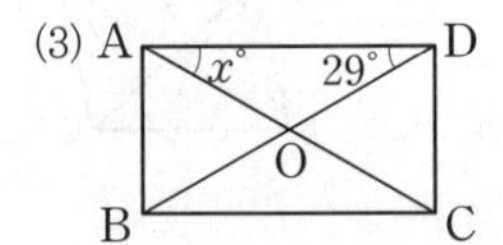

(4)

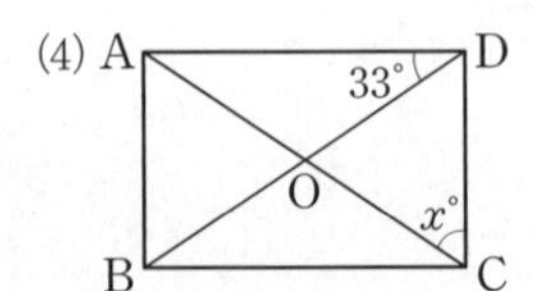

2 (3) 평행사변형에서 이웃하는 두 내각의 크기의 합은 180°임을 생각해 봐.

다음은 오른쪽 그림의 평행사변형 ABCD가 직사각형이 되는 조건이다. □ 안에 알맞은 것을 쓰시오. (단, 점 O는 두 대각선의 교점이다.)

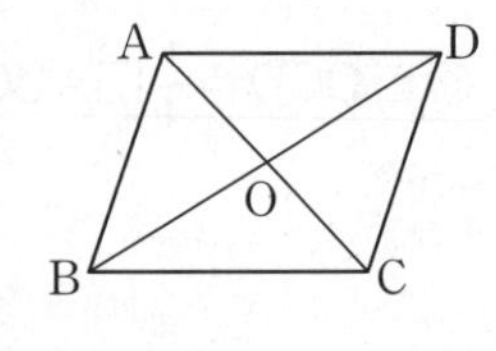

(1) $\angle BAD=$ □°

(2) $\overline{AC}=$ □

(3) $\angle BAD=\angle$ □ 또는 $\angle BAD=\angle$ □

3

다음 중 오른쪽 그림의 평행사변형 ABCD가 직사각형이 되는 조건인 것은 ○표, 조건이 아닌 것은 ×표를 ( ) 안에 쓰시오.

(단, 점 O는 두 대각선의 교점이다.)

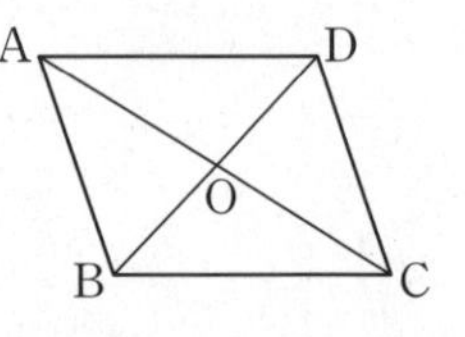

(1) $\angle AOB=90°$ ( )

(2) $\overline{AB}=\overline{AD}$ ( )

(3) $\overline{OA}=\overline{OB}$ ( )

교과서 문제로 개념 다지기

1

오른쪽 그림과 같은 직사각형 ABCD에서 두 대각선의 교점을 O라 하자. $\angle ABD=55^\circ$일 때, $x+y$의 값을 구하시오.

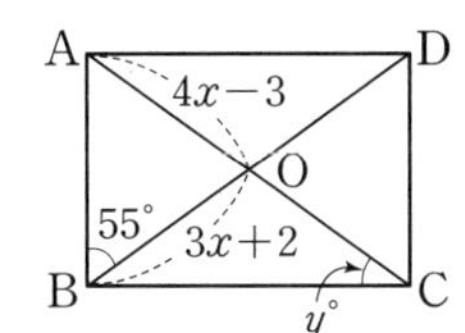

2

오른쪽 그림과 같은 직사각형 ABCD에서 두 대각선의 교점을 O라 하자. $\overline{AO}=5\,\text{cm}$, $\angle BAO=60^\circ$일 때, $y-x$의 값을 구하시오.

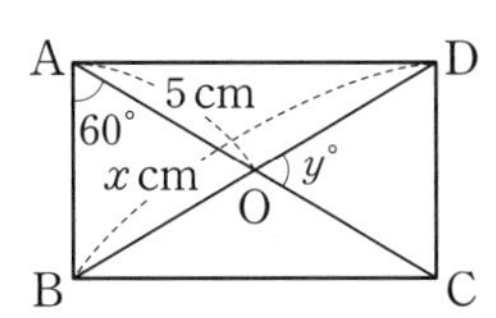

3

오른쪽 그림과 같은 직사각형 ABCD에서 두 대각선의 교점을 O라 하자. $\overline{AB}=9\,\text{cm}$, $\overline{AC}=15\,\text{cm}$일 때, $\triangle ABO$의 둘레의 길이를 구하시오.

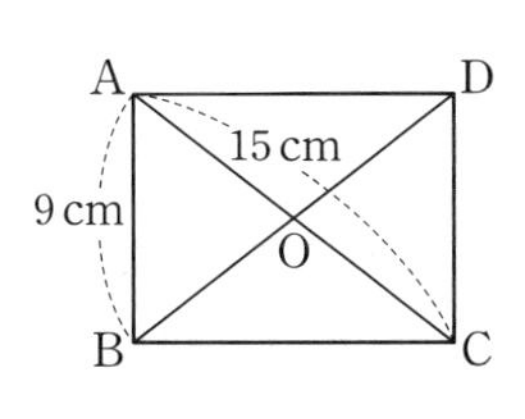

4

오른쪽 그림과 같은 평행사변형 ABCD에서 $\overline{AD}=8\,\text{cm}$, $\overline{BD}=10\,\text{cm}$일 때, 다음 | 보기 | 중 평행사변형 ABCD가 직사각형이 되는 조건을 모두 고르시오.

(단, 점 O는 두 대각선의 교점이다.)

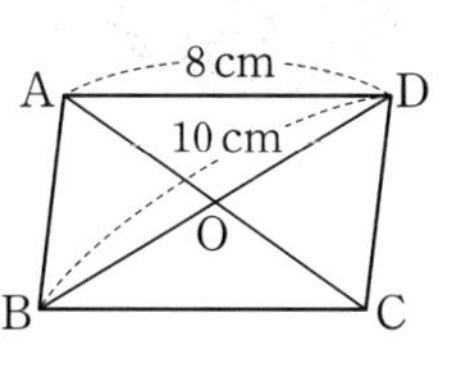

| 보기 |

ㄱ. $\overline{AC}=10\,\text{cm}$　　ㄴ. $\overline{AB}=5\,\text{cm}$

ㄷ. $\angle ADC=90^\circ$　　ㄹ. $\angle AOB=90^\circ$

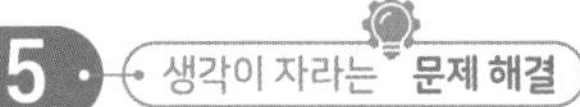

5 · 생각이 자라는 문제 해결

아래 그림과 같이 사분원 위에 점 D가 있고 □ABCD는 직사각형이다. $\overline{AB}=6\,\text{cm}$, $\overline{BC}=8\,\text{cm}$, $\overline{AC}=10\,\text{cm}$일 때, 다음을 구하시오.

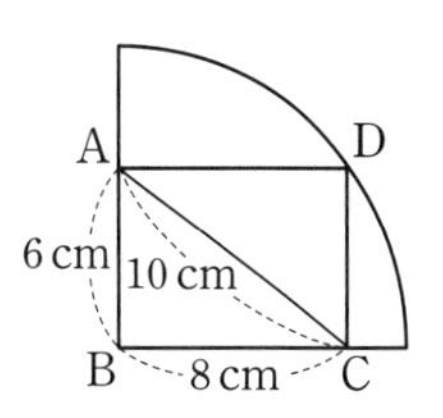

(1) 사분원의 반지름의 길이

(2) 사분원의 넓이

▶ 문제 속 개념 도출

- 직사각형의 두 대각선의 길이는 ①____.
- 반지름의 길이가 r인 원에서
  ➡ (넓이)=②____

개념 16 마름모의 성질

되짚어 보기 [초3~4] 마름모 [중2] 평행사변형의 성질 / 직사각형의 성질

(1) **마름모**: 네 변의 길이가 같은 사각형
→ 마름모는 두 쌍의 대변의 길이가 각각 같으므로 평행사변형이다.

(2) **마름모의 성질**

두 대각선은 서로 다른 것을 수직이등분한다.

➡ $\overline{AC}\perp\overline{BD}$, $\overline{OA}=\overline{OC}$, $\overline{OB}=\overline{OD}$

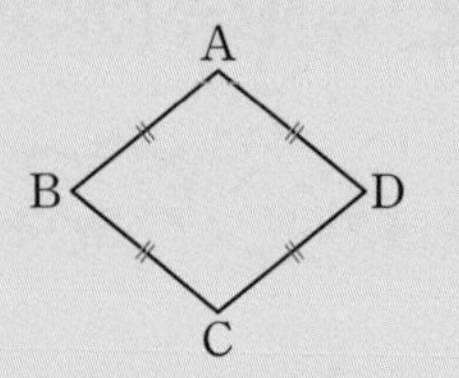

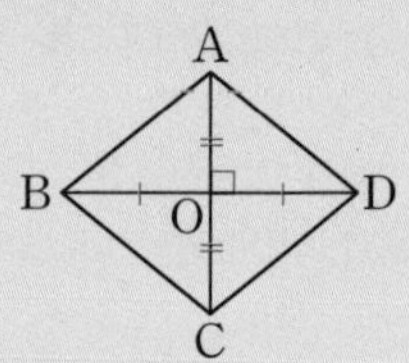

(3) **평행사변형이 마름모가 되는 조건**

① 이웃하는 두 변의 길이가 같다.

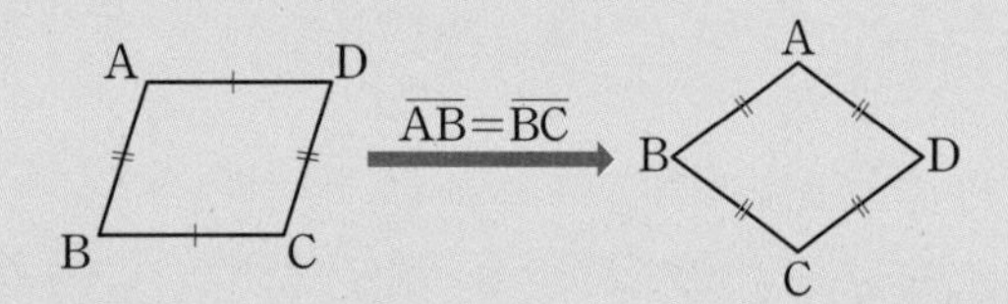

② 두 대각선이 직교한다.

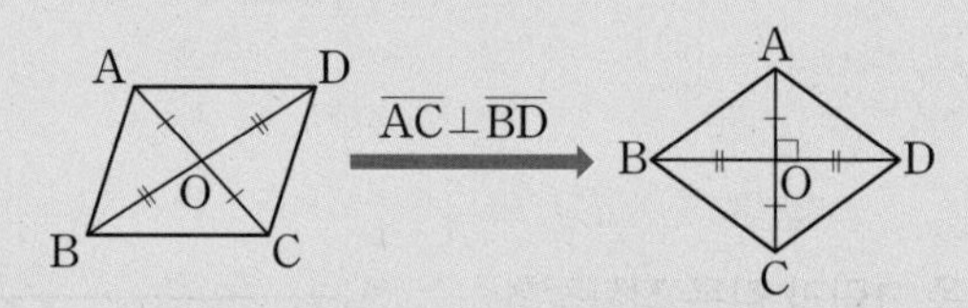

개념 확인

● 정답 및 해설 16쪽

1

다음 그림과 같은 마름모 ABCD에서 두 대각선의 교점을 O라 할 때, x의 값을 구하시오.

(1)

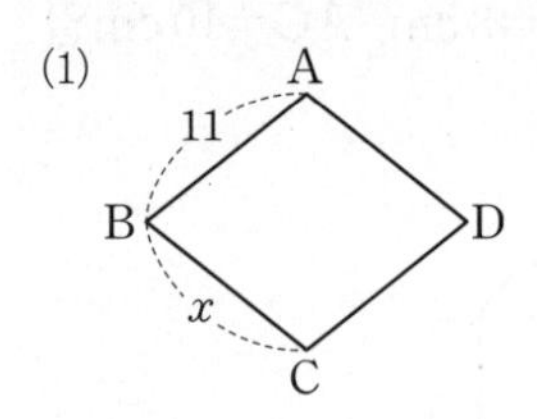

(2)

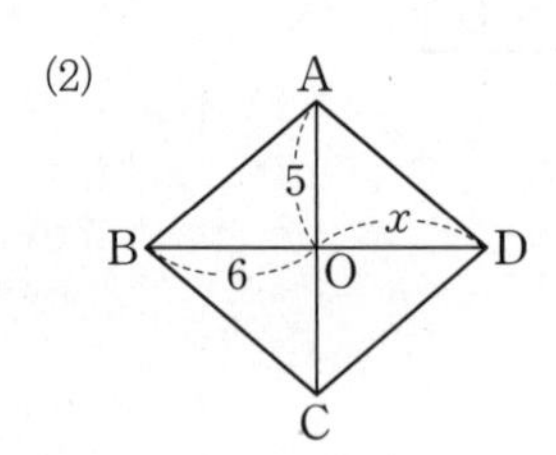

(3)

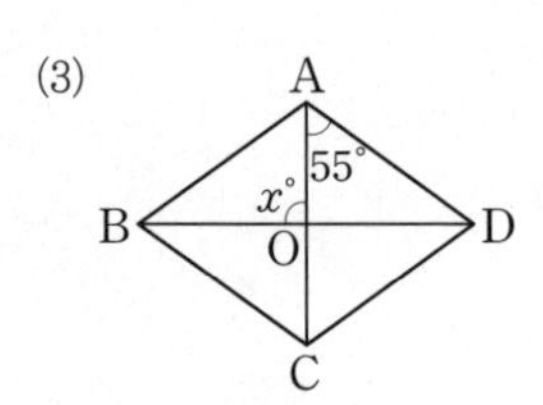

(4)

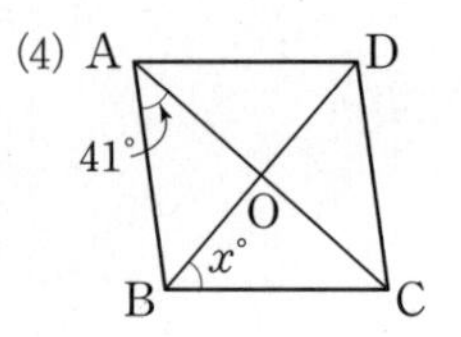

2

다음은 오른쪽 그림의 평행사변형 ABCD가 마름모가 되는 조건이다. □ 안에 알맞은 수를 쓰시오. (단, 점 O는 두 대각선의 교점이다.)

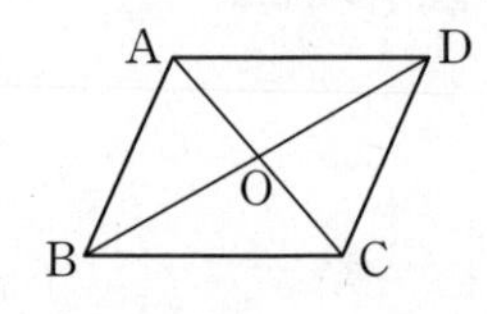

(1) $\overline{AB}=9$일 때, $\overline{AD}=$□

(2) $\angle AOB=$□°

(3) $\angle ABO=25°$일 때, $\angle BAO=$□°

3

다음 중 오른쪽 그림의 평행사변형 ABCD가 마름모가 되는 조건인 것은 ○표, 조건이 아닌 것은 ×표를 ( ) 안에 쓰시오.

(단, 점 O는 두 대각선의 교점이다.)

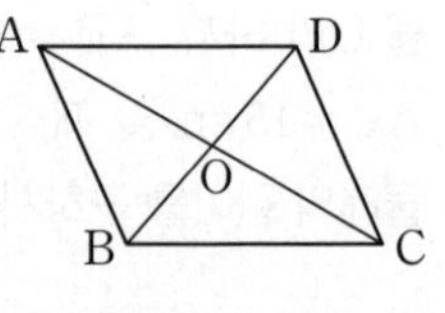

(1) $\overline{BC}=\overline{CD}$ ( )

(2) $\angle ABC=\angle BCD$ ( )

(3) $\overline{AC}=\overline{BD}$ ( )

(4) $\overline{AC}\perp\overline{BD}$ ( )

1 해설 꼭 확인

오른쪽 그림과 같은 마름모 ABCD에서 두 대각선의 교점을 O라 할 때, 다음 중 옳지 않은 것은?

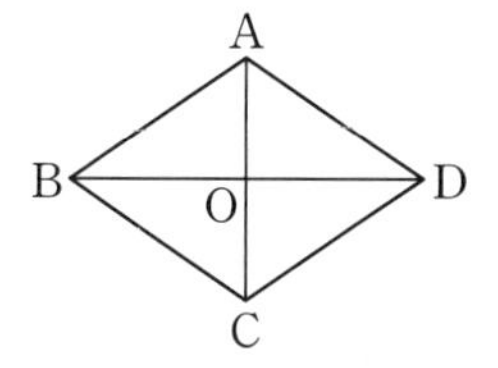

① $\overline{AB}=\overline{DC}$

② $\overline{OA}=\overline{OD}$

③ $\overline{AB}/\!/\overline{DC}$

④ $\overline{AC}\perp\overline{BD}$

⑤ $\angle ABO=\angle CBO$

2

오른쪽 그림과 같은 마름모 ABCD에서 두 대각선의 교점을 O라 하자. $\overline{AB}=10\,cm$, $\angle BDC=24°$일 때, $x+y$의 값을 구하시오.

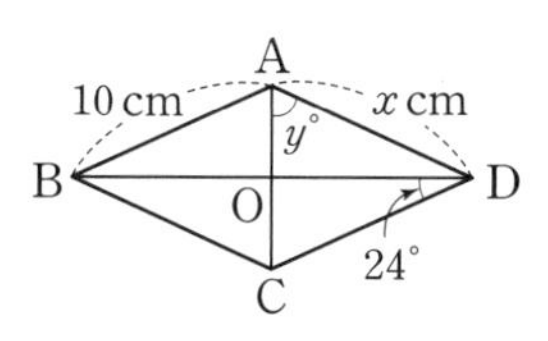

3

오른쪽 그림과 같은 평행사변형 ABCD가 마름모가 되도록 하는 x, y에 대하여 xy의 값을 구하시오.

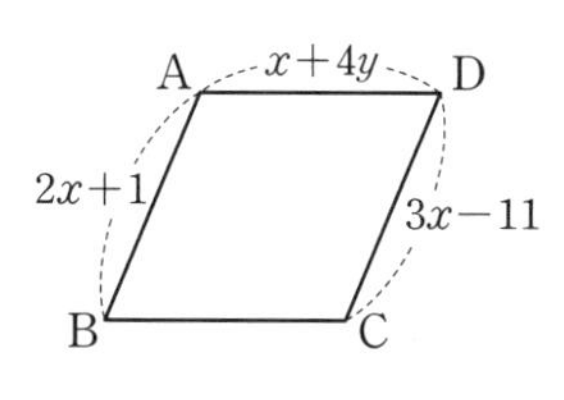

4

다음 중 오른쪽 그림의 평행사변형 ABCD가 마름모가 되는 조건이 아닌 것은? (단, 점 O는 두 대각선의 교점이다.)

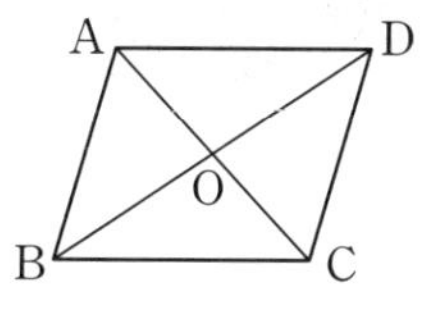

① $\overline{AB}=\overline{AD}$ ② $\overline{BC}=\overline{CD}$

③ $\angle DOC=90°$ ④ $\angle DAC=\angle BCA$

⑤ $\angle CBD=\angle CDB$

5

오른쪽 그림과 같은 마름모 ABCD의 꼭짓점 A에서 $\overline{CD}$에 내린 수선의 발을 E라 하자. $\angle C=140°$일 때, $\angle x$의 크기를 구하려고 한다. 다음을 구하시오.

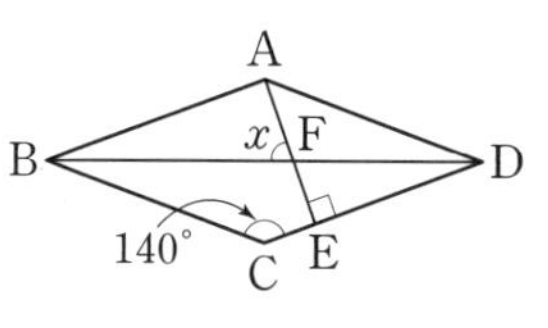

(1) $\angle CDB$의 크기

(2) $\angle x$의 크기

6 생각이 자라는 창의·융합

오른쪽 그림과 같은 고소 작업대에서 □ABCD는 마름모이고 $\overline{AC}$의 연장선과 직선 l이 점 P에서 수직으로 만난다. $\overline{DC}$, $\overline{BC}$의 연장선과 직선 l의 교점을 각각 E, F라 할 때, $\angle x$의 크기를 구하시오.

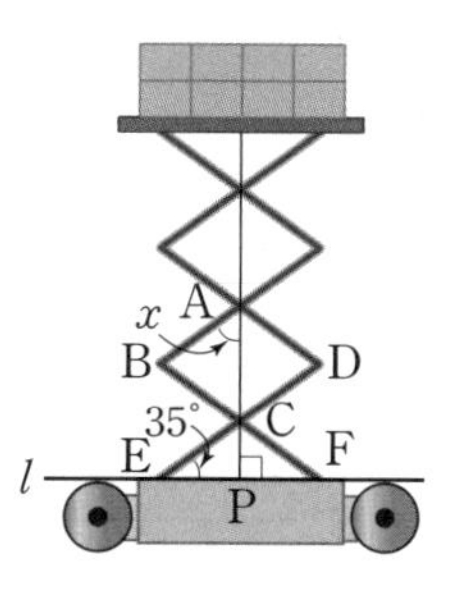

▶ 문제 속 개념 도출

• 마름모는 두 쌍의 대변의 길이가 각각 같으므로 ① ________ 이다.

➡ 마름모는 두 쌍의 대변이 각각 ② ____ 하다.

정사각형의 성질

되짚어 보기 [초3~4] 정사각형 [중2] 평행사변형의 성질 / 직사각형의 성질 / 마름모의 성질

(1) **정사각형**: 네 변의 길이가 같고, 네 내각의 크기가 같은 사각형
→ 정사각형은 네 변의 길이가 모두 같으므로 마름모이고, 네 내각의 크기가 모두 같으므로 직사각형이다.

(2) **정사각형의 성질**
두 대각선은 길이가 같고, 서로 다른 것을 수직이등분한다.
➡ $\overline{AC}=\overline{BD}$, $\overline{AC}\perp\overline{BD}$, $\overline{OA}=\overline{OB}=\overline{OC}=\overline{OD}$

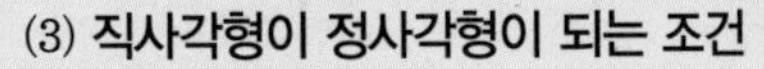

(3) **직사각형이 정사각형이 되는 조건**
① 이웃하는 두 변의 길이가 같다.
② 두 대각선이 직교한다.

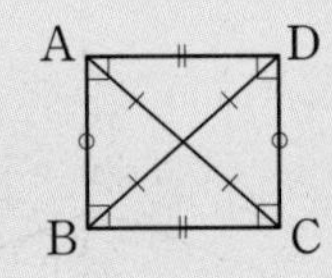

①$\overline{AB}=\overline{BC}$
②$\overline{AC}\perp\overline{BD}$

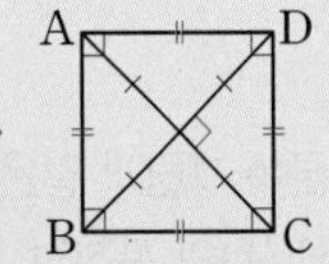

(4) **마름모가 정사각형이 되는 조건**
① 한 내각이 직각이다.
② 두 대각선의 길이가 같다.

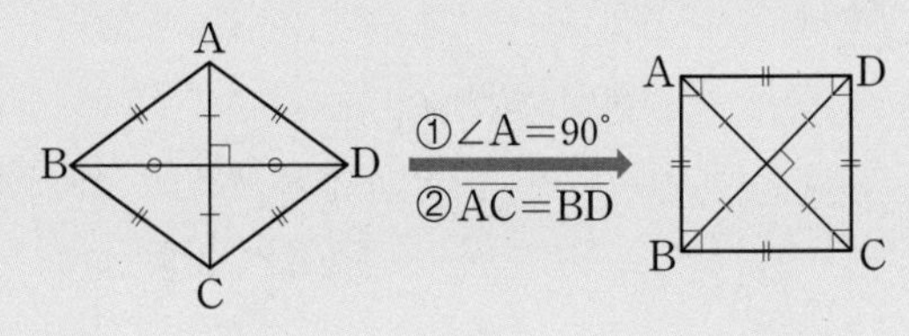

개념 확인 정답 및 해설 17쪽

1

다음 그림과 같은 정사각형 ABCD에서 두 대각선의 교점을 O라 할 때, x, y의 값을 각각 구하시오.

(1)
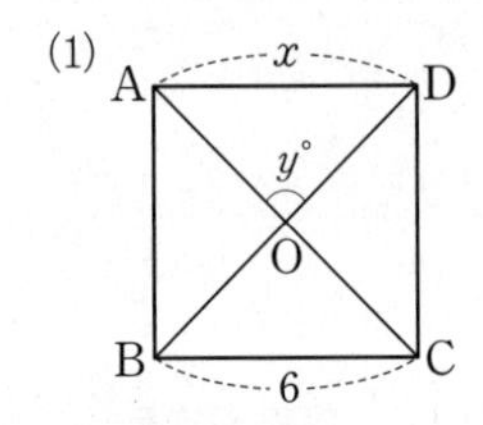

(2)
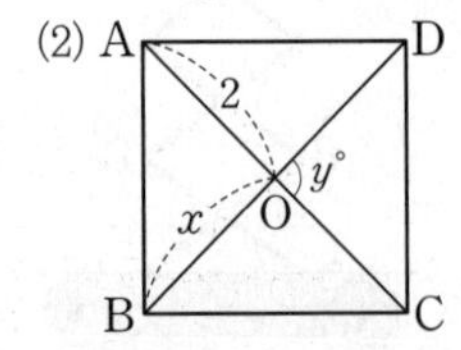

(3)
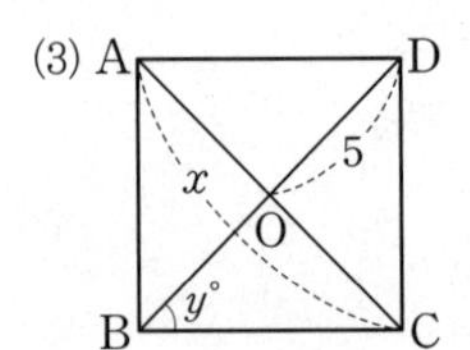

2

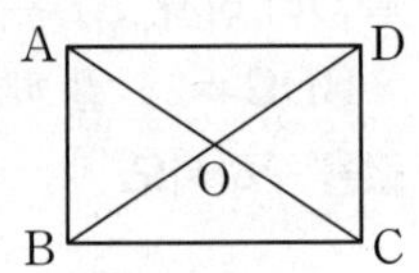

다음 중 오른쪽 그림의 직사각형 ABCD가 정사각형이 되는 조건인 것은 ○표, 조건이 아닌 것은 ×표를 ( ) 안에 쓰시오. (단, 점 O는 두 대각선의 교점이다.)

(1) $\overline{AB}=\overline{AD}$ ( )
(2) $\overline{OA}=\overline{OB}$ ( )
(3) $\angle AOB=90°$ ( )
(4) $\overline{AC}=\overline{BD}$ ( )

3

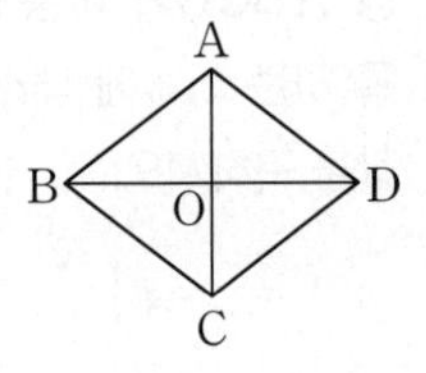

다음 중 오른쪽 그림의 마름모 ABCD가 정사각형이 되는 조건인 것은 ○표, 조건이 아닌 것은 ×표를 ( ) 안에 쓰시오.
(단, 점 O는 두 대각선의 교점이다.)

(1) $\overline{AB}=\overline{BC}$ ( )
(2) $\angle BAD=\angle ABC$ ( )
(3) $\overline{OA}=\overline{OD}$ ( )
(4) $\angle BAC=\angle DAC$ ( )

1

오른쪽 그림과 같은 정사각형 ABCD에서 대각선 BD 위의 한 점 E에 대하여 $\angle DAE=35°$일 때, $\angle x$의 크기를 구하시오.

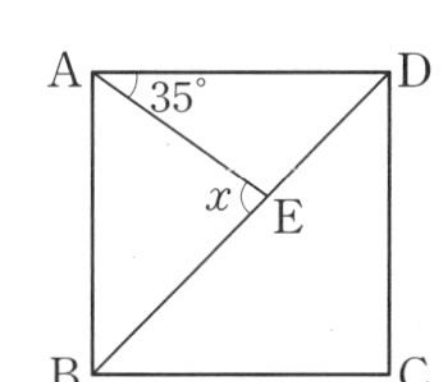

2

오른쪽 그림과 같은 정사각형 ABCD에서 $\overline{AD}=\overline{AE}$, $\angle ABE=27°$일 때, $\angle EAD$의 크기를 구하시오.

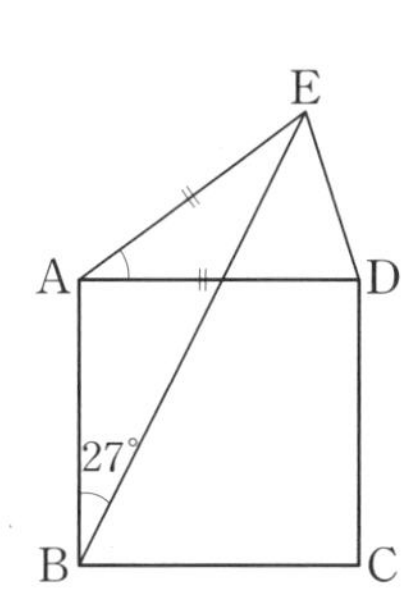

3

다음 중 오른쪽 그림의 평행사변형 ABCD가 정사각형이 되는 조건인 것은 ○표, 조건이 아닌 것은 ×표를 ( ) 안에 쓰시오.

(단, 점 O는 두 대각선의 교점이다.)

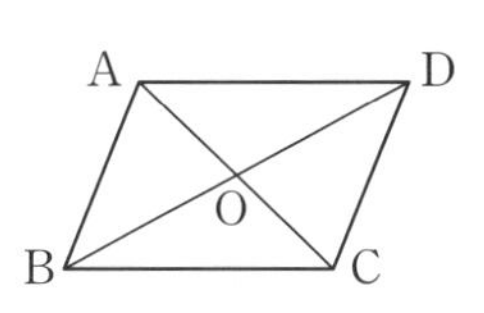

(1) $\overline{AC}=\overline{BD}$, $\overline{AC}\perp\overline{BD}$ ( )

(2) $\angle BAD=90°$, $\overline{AC}=\overline{BD}$ ( )

(3) $\overline{AB}=\overline{BC}$, $\overline{AC}=\overline{BD}$ ( )

(4) $\overline{AB}=\overline{AD}$, $\angle AOD=90°$ ( )

(5) $\angle BAD=\angle ABC$, $\overline{BC}=\overline{CD}$ ( )

(6) $\overline{OA}=\overline{OB}=\overline{OC}=\overline{OD}$ ( )

4

오른쪽 그림과 같은 정사각형 ABCD에서 대각선 BD 위의 한 점 E에 대하여 $\angle DAE=32°$일 때, $\angle x$의 크기를 구하려고 한다. 다음 물음에 답하시오.

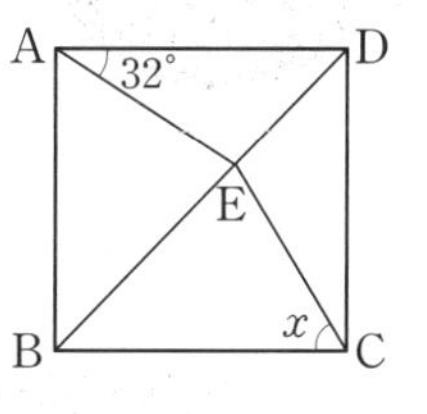

(1) △AED와 합동인 삼각형을 말하시오.

(2) $\angle DCE$의 크기를 구하시오.

(3) $\angle x$의 크기를 구하시오.

5 생각이 자라는 창의·융합

아래 그림은 야구장의 내야를 정사각형 ABCD로 나타낸 것이다. □ABCD의 두 대각선의 교점이 O이고, $\overline{OA}=19.4\,m$일 때, 다음을 구하시오.

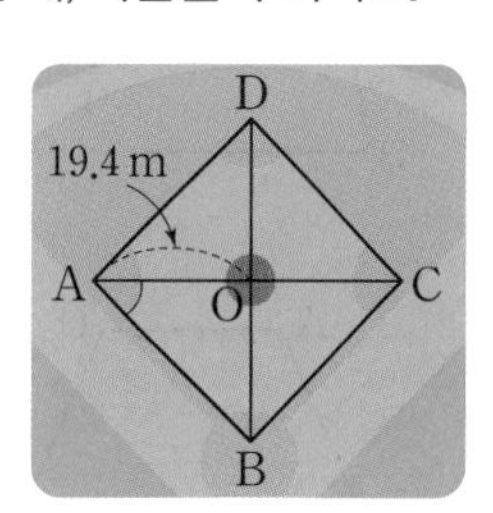

(1) $\overline{BD}$의 길이

(2) $\angle OAB$의 크기

▶ 문제 속 개념 도출

- 정사각형의 두 대각선은 길이가 같고, 서로 다른 것을 ① ________ 한다.
- 이등변삼각형의 두 ② ____ 의 크기는 같다.

개념 18 등변사다리꼴의 성질

되짚어 보기 [초3~4] 사다리꼴 [중2] 이등변삼각형의 성질 / 평행사변형의 성질

(1) **등변사다리꼴**: 아랫변의 양 끝 각의 크기가 같은 사다리꼴

참고 사다리꼴: 한 쌍의 대변이 평행한 사각형

(2) **등변사다리꼴의 성질**

① 평행하지 않은 한 쌍의 대변의 길이가 같다.

➡ $\overline{AB}=\overline{DC}$

② 두 대각선의 길이가 같다.

➡ $\overline{AC}=\overline{BD}$

참고 등변사다리꼴 ABCD에서 $\overline{AD}/\!/\overline{BC}$이므로

$\angle A+\angle B=180^\circ$, $\angle D+\angle C=180^\circ$

➡ $\angle B=\angle C$이므로 $\angle A=180^\circ-\angle B=180^\circ-\angle C=\angle D$

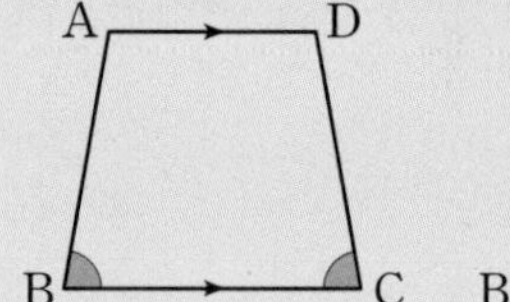

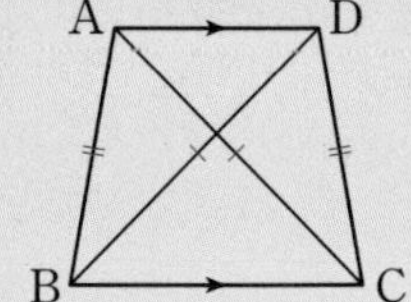

개념 확인

● 정답 및 해설 18쪽

1 다음 그림과 같이 $\overline{AD}/\!/\overline{BC}$인 등변사다리꼴 ABCD에서 두 대각선의 교점을 O라 할 때, x의 값을 구하시오.

(1)
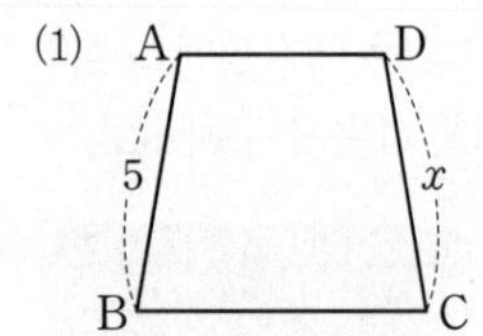

(2)
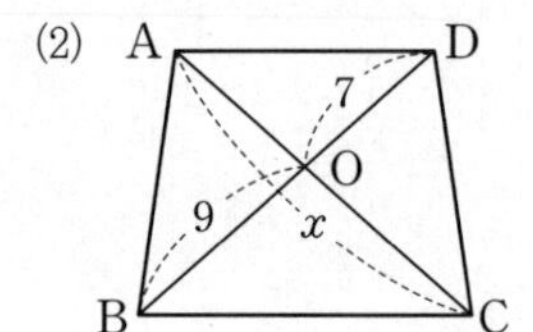

(3)
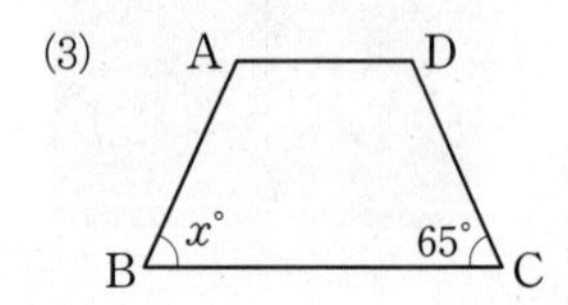

(4)
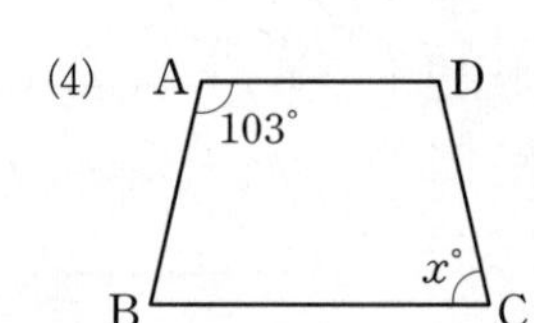

2 오른쪽 그림과 같이 $\overline{AD}/\!/\overline{BC}$인 등변사다리꼴 ABCD에서 두 대각선의 교점을 O라 할 때, 다음 □ 안에 알맞은 것을 쓰시오.

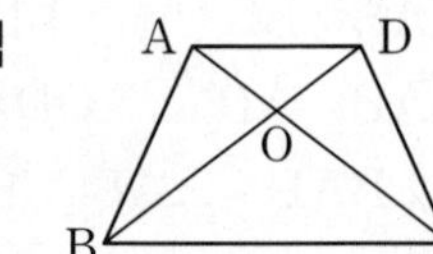

(1) $\overline{AB}=$□

(2) $\overline{AC}=$□

(3) $\angle ABC=$□

(4) $\angle BAD=$□

(5) □$\equiv\triangle DCB$

(6) $\triangle ABD\equiv$□

● 정답 및 해설 18쪽

1

오른쪽 그림과 같이 $\overline{AD}/\!/\overline{BC}$인 등변사다리꼴 ABCD에서 두 대각선 교점을 O라 하자. $\overline{AO}=5\,cm$, $\overline{CO}=3\,cm$, $\angle ABC=110°$일 때, 다음을 구하시오.

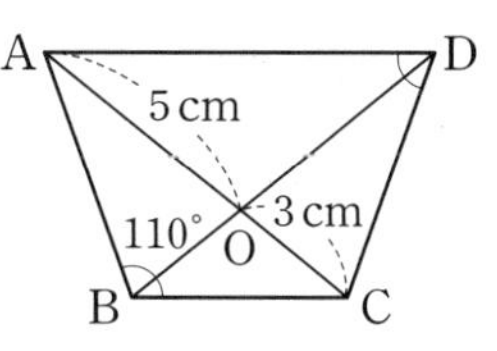

(1) $\overline{BD}$의 길이

(2) $\angle ADC$의 크기

2

평행선의 성질을 생각해 봐.

오른쪽 그림과 같이 $\overline{AD}/\!/\overline{BC}$인 등변사다리꼴 ABCD에서 $\angle ADB=35°$, $\angle C=75°$일 때, $\angle ABD$의 크기는?

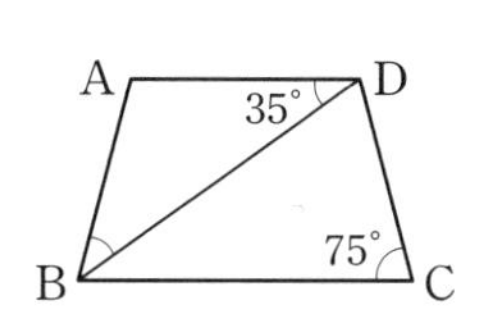

① 30° ② 35° ③ 40° ④ 45° ⑤ 50°

3

다음 그림과 같이 $\overline{AD}/\!/\overline{BC}$인 등변사다리꼴 ABCD에서 $\overline{AD}=\overline{CD}$이고 $\angle ACB=31°$일 때, $\angle x$의 크기를 구하시오.

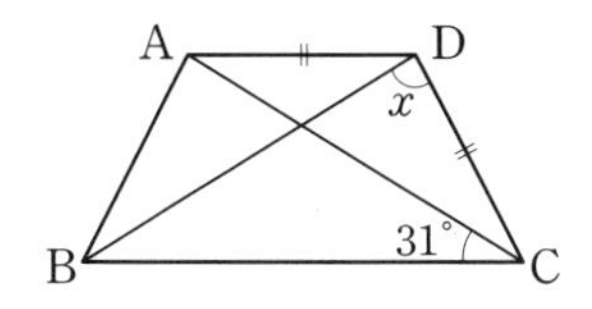

4

오른쪽 그림과 같이 $\overline{AD}/\!/\overline{BC}$인 등변사다리꼴 ABCD에서 두 대각선의 교점을 O라 할 때, 다음 중 옳지 않은 것은?

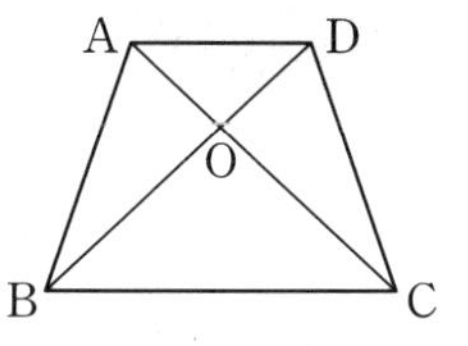

① $\angle BAD=\angle CDA$ ② $\angle ACB=\angle DBC$ ③ $\overline{AC}=\overline{DB}$ ④ $\overline{AO}=\overline{DO}$ ⑤ $\overline{AC}\perp\overline{BD}$

5

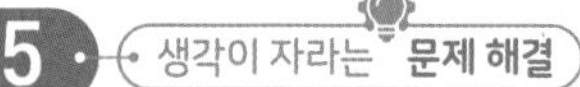

다음 그림과 같이 $\overline{AD}/\!/\overline{BC}$인 등변사다리꼴 ABCD의 꼭짓점 D에서 $\overline{AB}$에 평행한 직선을 그어 $\overline{BC}$와 만나는 점을 E라 하자. $\overline{AB}=\overline{AD}=\overline{CD}$이고 $\overline{BC}=2\overline{AD}$일 때, $\angle x$의 크기를 구하시오.

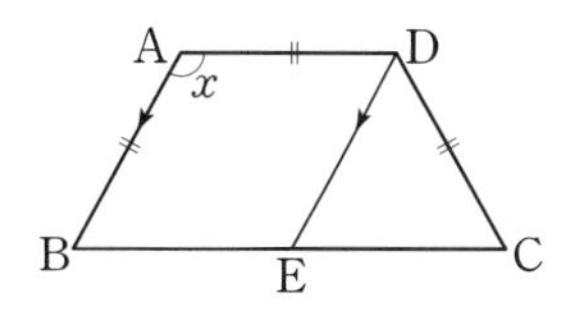

▶ 문제 속 개념 도출

- $\overline{AD}/\!/\overline{BC}$인 등변사다리꼴 ABCD의 꼭짓점 D에서 $\overline{AB}$에 평행한 직선을 그어 $\overline{BC}$와 만나는 점을 E라 하면
  - ➡ □ABED는 평행사변형
  - ➡ △DEC는 이등변삼각형
  - ➡ $\angle ABE=\angle DEC=\angle DCE$

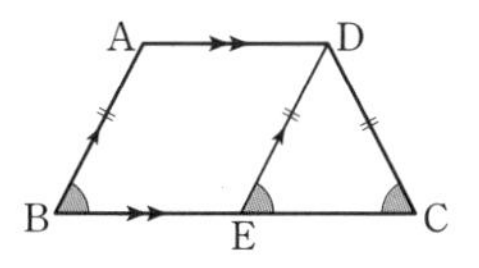

여러 가지 사각형 사이의 관계

되짚어 보기 [초3~4] 여러 가지 사각형 [중2] 여러 가지 사각형의 성질

(1) 여러 가지 사각형 사이의 관계

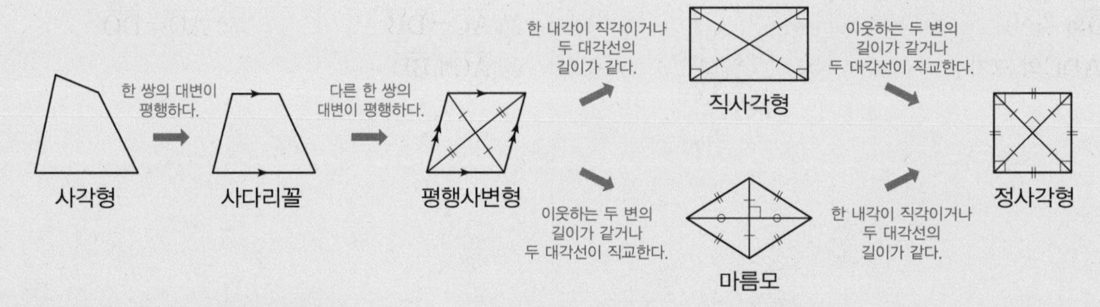

(2) 여러 가지 사각형의 대각선의 성질

① 평행사변형: 두 대각선은 서로 다른 것을 이등분한다.

② 직사각형: 두 대각선은 길이가 같고, 서로 다른 것을 이등분한다.

③ 마름모: 두 대각선은 서로 다른 것을 수직이등분한다.

④ 정사각형: 두 대각선은 길이가 같고, 서로 다른 것을 수직이등분한다.

⑤ 등변사다리꼴: 두 대각선의 길이가 같다.

개념 확인 • 정답 및 해설 19쪽

1 다음 그림과 같이 어떤 사각형에 변 또는 각의 크기에 대한 조건을 추가하면 다른 모양의 사각형이 된다. ①~⑤에 알맞은 조건을 | 보기 |에서 고르시오.

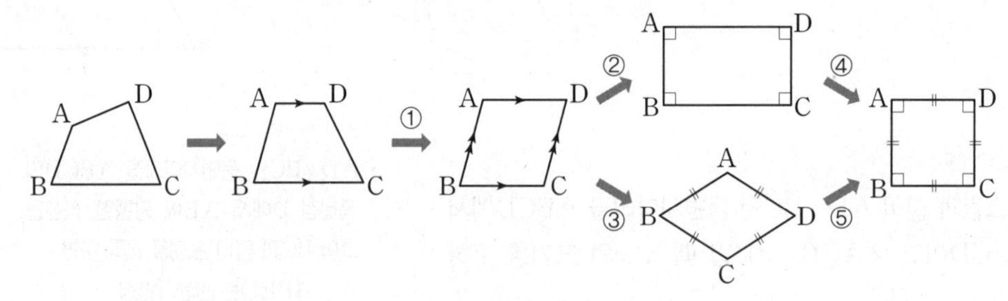

| 보기 |

ㄱ. $\overline{AB}=\overline{BC}$　　ㄴ. $\angle A=90^\circ$　　ㄷ. $\overline{AB}/\!/\overline{DC}$　　ㄹ. $\overline{AD}/\!/\overline{BC}$

2 다음 각 사각형의 대각선에 대한 설명으로 옳은 것은 ○표, 옳지 않은 것은 ×표를 빈칸에 쓰시오.

	평행사변형	직사각형	마름모	정사각형	등변사다리꼴
(1) 두 대각선이 서로 다른 것을 이등분한다.					
(2) 두 대각선의 길이가 같다.					
(3) 두 대각선이 직교한다.					

교과서 문제로 개념 다지기

1

다음 그림은 사각형에 조건이 하나씩 추가되어 여러 가지 사각형이 되는 과정을 나타낸 것이다. ①~⑤에 알맞은 조건으로 옳지 않은 것은?

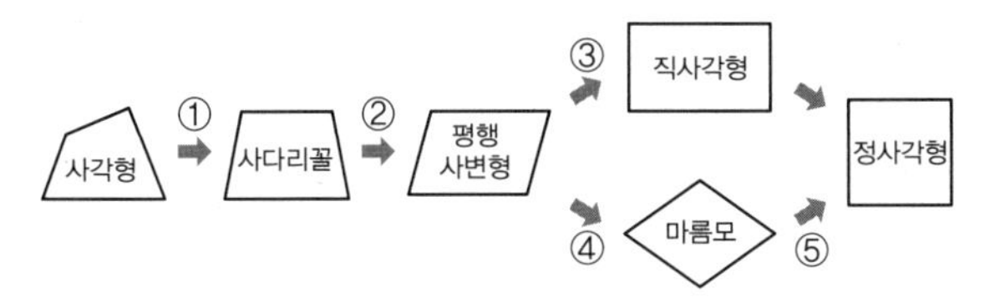

① 한 쌍의 대변이 평행하다.
② 다른 한 쌍의 대변이 평행하다.
③ 한 내각의 크기가 90°이다.
④ 이웃하는 두 변의 길이가 같다.
⑤ 두 대각선이 수직으로 만난다.

2

다음 중 두 대각선이 서로 다른 것을 수직이등분하는 사각형을 모두 고르면? (정답 2개)

① 정사각형　② 직사각형　③ 마름모
④ 평행사변형　⑤ 등변사다리꼴

3 평행사변형이 직사각형, 마름모, 정사각형이 되는 조건을 생각해 봐.

오른쪽 그림과 같은 평행사변형 ABCD에서 두 대각선의 교점을 O라 할 때, 다음 중 옳지 않은 것을 모두 고르면? (정답 2개)

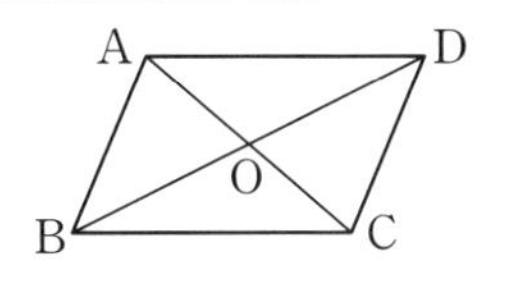

① $\angle BAD=90°$이면 □ABCD는 마름모이다.
② $\overline{AC}=\overline{BD}$이면 □ABCD는 직사각형이다.
③ $\angle ACB=\angle ACD$이면 □ABCD는 마름모이다.
④ $\overline{AB}=\overline{AD}$이면 □ABCD는 직사각형이다.
⑤ $\overline{AO}=\overline{BO}$, $\overline{AC}\perp\overline{BD}$이면 □ABCD는 정사각형이다.

4

다음 중 옳지 않은 것은?

① 한 쌍의 대변이 평행한 사각형은 사다리꼴이다.
② 두 대각선의 길이가 같은 마름모는 정사각형이다.
③ 두 대각선이 수직인 직사각형은 정사각형이다.
④ 이웃하는 두 변의 길이가 같은 직사각형은 정사각형이다.
⑤ 두 대각선의 길이가 같고, 서로 다른 것을 이등분하는 평행사변형은 마름모이다.

5 생각이 자라는 **창의·융합**

다음은 사각형을 어떤 기준으로 분류한 것이다. 알맞은 기준을 | 보기 |에서 고르시오.

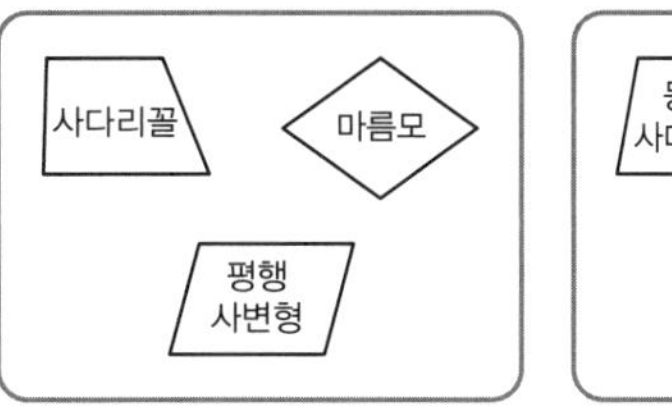

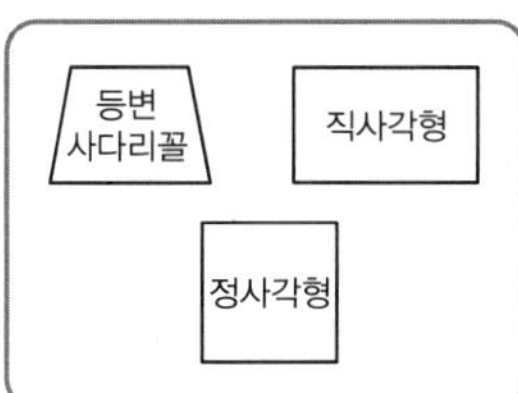

| 보기 |

ㄱ. 두 쌍의 대각의 크기가 각각 같다.
ㄴ. 두 대각선의 길이가 같다.
ㄷ. 네 변의 길이가 모두 같다.
ㄹ. 두 대각선이 서로 다른 것을 수직이등분한다.

▶ 문제 속 개념 도출

- 두 대각선의 길이가 같은 사각형은 등변사다리꼴, ①______, ②______ 이다.
- 두 대각선이 서로 다른 것을 수직이등분하는 사각형은 ③______, 정사각형이다.

개념 20 평행선과 넓이

되짚어 보기 [초3~4] 직선의 수직 관계와 평행 관계 [초5~6] 다각형의 넓이

(1) 평행선과 삼각형의 넓이

두 직선 l과 m이 평행할 때, $\triangle ABC$와 $\triangle DBC$는 밑변 BC가 공통이고 높이는 h로 같으므로 넓이가 서로 같다.

➡ $l /\!/ m$이면 $\triangle ABC = \triangle DBC$

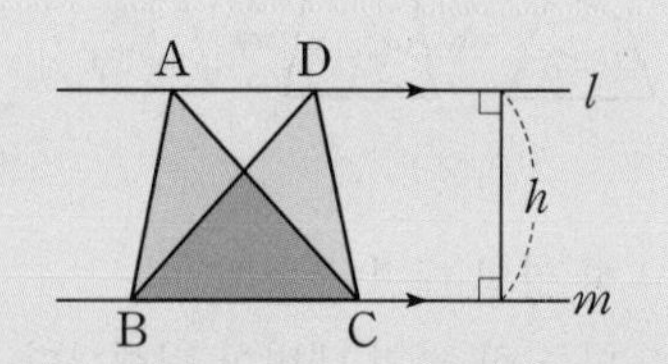

(2) 높이가 같은 두 삼각형의 넓이의 비

높이가 같은 두 삼각형의 넓이의 비는 밑변의 길이의 비와 같다.

➡ $\triangle ABD : \triangle ADC = \overline{BD} : \overline{DC}$

참고 $\triangle ABD : \triangle ADC = \left(\frac{1}{2} \times \overline{BD} \times h\right) : \left(\frac{1}{2} \times \overline{DC} \times h\right) = \overline{BD} : \overline{DC}$

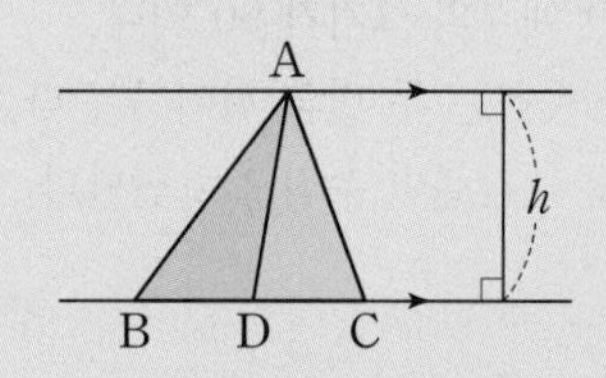

개념 확인 ● 정답 및 해설 19쪽

1 다음 그림에서 $l /\!/ m$일 때, 색칠한 부분의 넓이를 구하시오.

(1)

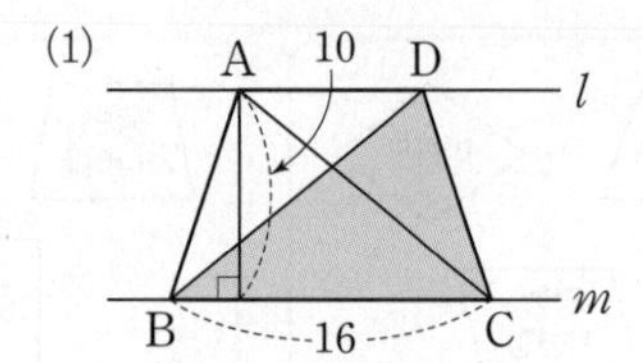

(2)

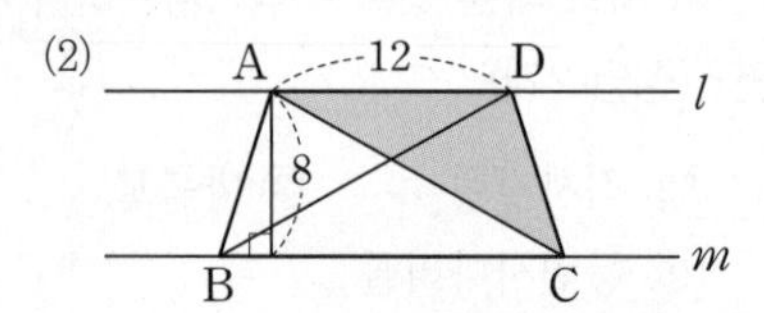

2 다음 그림과 같이 $\overline{AD} /\!/ \overline{BC}$인 사다리꼴 ABCD에서 두 대각선의 교점을 O라 할 때, 색칠한 삼각형과 넓이가 같은 삼각형을 말하시오.

(1)

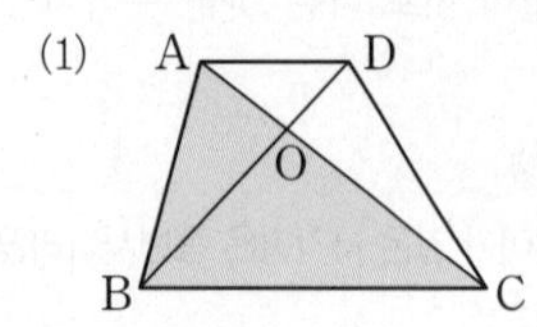

(2)

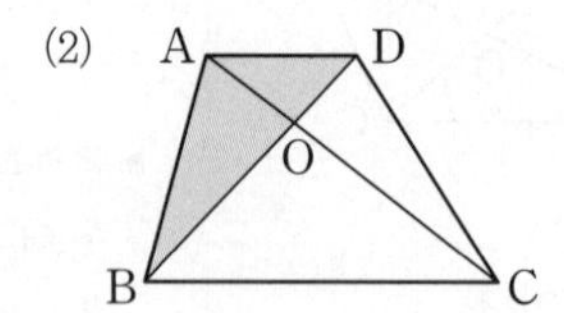

(3)

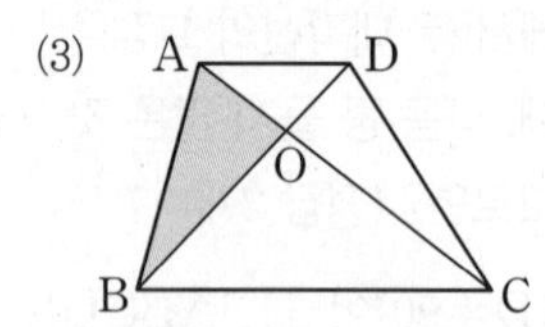

3 오른쪽 그림과 같은 $\triangle ABC$의 넓이가 35이고 $\overline{BP} : \overline{PC} = 3 : 4$일 때, 다음 물음에 답하시오.

(1) $\triangle ABP$와 $\triangle APC$의 넓이의 비를 가장 간단한 자연수의 비로 나타내시오.

(2) $\triangle ABP$의 넓이를 구하시오.

(3) $\triangle APC$의 넓이를 구하시오.

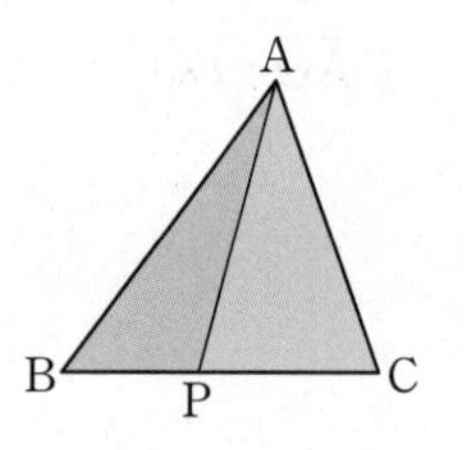

교과서 문제로 개념 다지기

1

오른쪽 그림과 같은 평행사변형 ABCD에서 점 P가 $\overline{BC}$ 위를 움직인다고 할 때, 다음 물음에 답하시오.

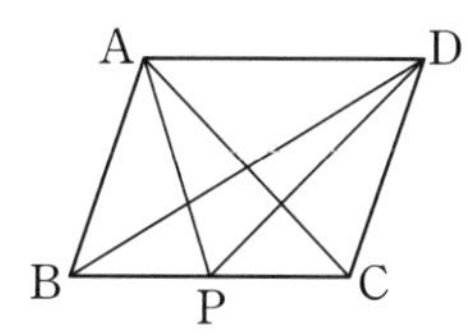

(1) $\overline{AD}$를 밑변으로 하고 △APD와 넓이가 같은 삼각형을 2개 말하시오.

(2) △APD$=20\,\text{cm}^2$일 때, □ABCD의 넓이를 구하시오.

2

오른쪽 그림과 같이 $\overline{AD}/\!/\overline{BC}$인 사다리꼴 ABCD에서 두 대각선의 교점을 O라 하자. △ABC의 넓이가 $10\,\text{cm}^2$, △OBC의 넓이가 $6\,\text{cm}^2$일 때, △DOC의 넓이를 구하시오.

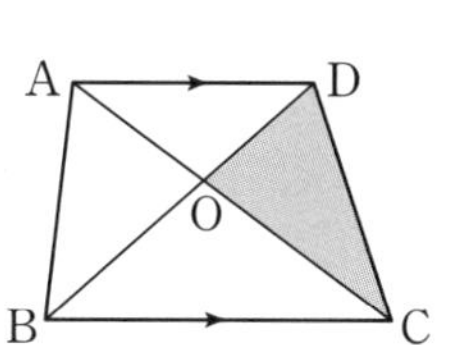

3

오른쪽 그림과 같이 $\overline{AD}/\!/\overline{BC}$인 사다리꼴 ABCD에서 두 대각선의 교점을 O라 하자. △ABC$=15\,\text{cm}^2$, △AOD$=4\,\text{cm}^2$, △OBC$=9\,\text{cm}^2$일 때, □ABCD의 넓이를 구하시오.

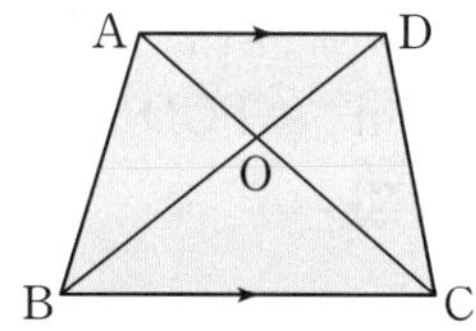

4

오른쪽 그림에서 $\overline{BP}:\overline{PC}=2:3$이고 △ABC$=60\,\text{cm}^2$일 때, △ABP의 넓이는?

A
B
P
C

① $20\,\text{cm}^2$　② $24\,\text{cm}^2$
③ $28\,\text{cm}^2$　④ $32\,\text{cm}^2$
⑤ $36\,\text{cm}^2$

5 생각이 자라는 문제 해결

다음 그림과 같은 □ABCD에서 꼭짓점 D를 지나고 $\overline{AC}$에 평행한 직선이 $\overline{BC}$의 연장선과 만나는 점을 E라 하자. △ABC$=26\,\text{cm}^2$, △ACE$=16\,\text{cm}^2$일 때, □ABCD의 넓이를 구하려고 한다. 물음에 답하시오.

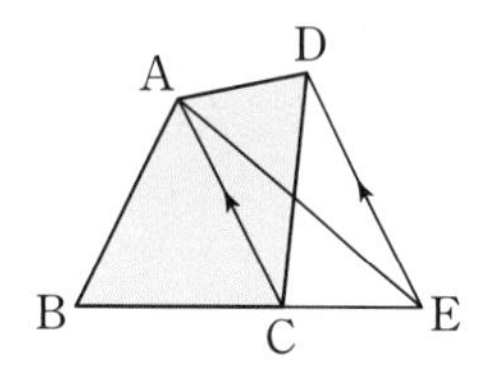

(1) △ACD와 넓이가 같은 삼각형을 말하시오.

(2) □ABCD의 넓이를 구하시오.

▶ 문제 속 개념 도출

- 밑변이 공통이고, ① ______ 가 같은 두 삼각형의 넓이는 같다.
- 평행한 두 직선 사이의 거리는 일정하다.

학교 시험 문제로 **단원 마무리**

점수 /100점

개념 12

1 오른쪽 그림과 같은 평행사변형 ABCD에서 $\angle A : \angle B = 5 : 4$일 때, $\angle C$의 크기를 구하시오. [10점]

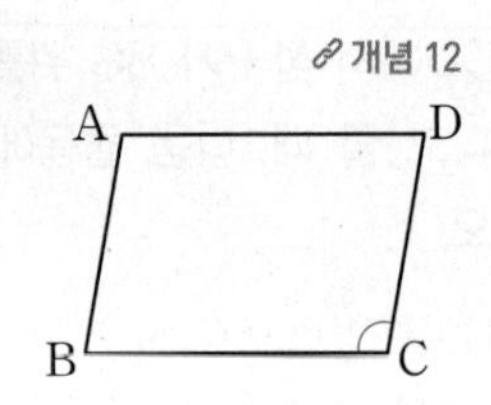

개념 12

2 오른쪽 그림과 같은 평행사변형 ABCD에서 $\angle A$의 이등분선이 $\overline{BC}$와 만나는 점을 E라 하자. $\overline{AB} = 4\,\text{cm}$, $\overline{EC} = 2\,\text{cm}$일 때, $\overline{AD}$의 길이를 구하시오. [10점]

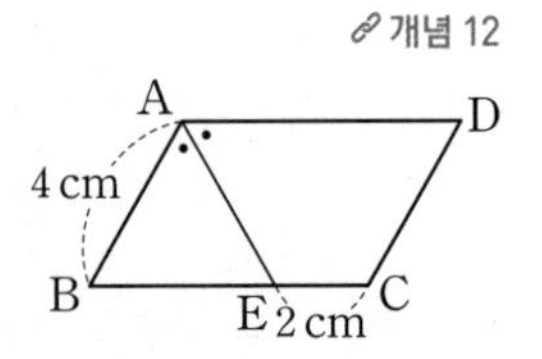

개념 13

3 다음 중 □ABCD가 평행사변형이 되는 조건이 아닌 것은?

(단, 점 O는 두 대각선의 교점이다.) [10점]

① $\overline{AB} /\!/ \overline{DC}$, $\overline{AD} /\!/ \overline{BC}$

② $\overline{AB} = \overline{DC} = 5\,\text{cm}$, $\overline{AD} = \overline{BC} = 8\,\text{cm}$

③ $\angle A = 115^\circ$, $\angle B = 65^\circ$, $\angle C = 115^\circ$

④ $\overline{OA} = 6\,\text{cm}$, $\overline{OB} = 6\,\text{cm}$, $\overline{OC} = 7\,\text{cm}$, $\overline{OD} = 7\,\text{cm}$

⑤ $\overline{AB} /\!/ \overline{DC}$, $\overline{AB} = 4\,\text{cm}$, $\overline{DC} = 4\,\text{cm}$

개념 14

4 오른쪽 그림과 같은 평행사변형 ABCD의 내부의 한 점 P에 대하여 $\triangle PAB = 10\,\text{cm}^2$, $\triangle PBC = 16\,\text{cm}^2$, $\triangle PCD = 19\,\text{cm}^2$일 때, $\triangle PDA$의 넓이를 구하시오. [10점]

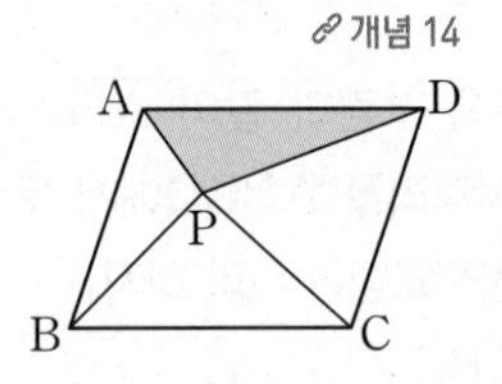

개념 16

5 오른쪽 그림과 같은 마름모 ABCD의 꼭짓점 A에서 $\overline{CD}$에 내린 수선의 발을 H라 하자. $\angle DBC = 38^\circ$일 때, $\angle x + \angle y$의 값을 구하시오. [15점]

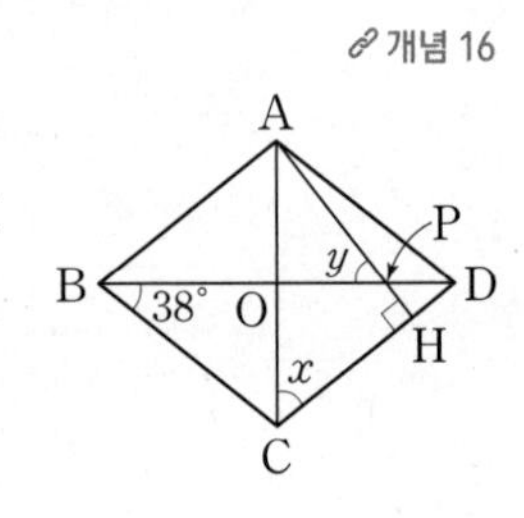

개념 17

6 다음 중 오른쪽 그림과 같은 평행사변형 ABCD가 정사각형이 되는 조건은? (단, 점 O는 두 대각선의 교점이다.) [15점]

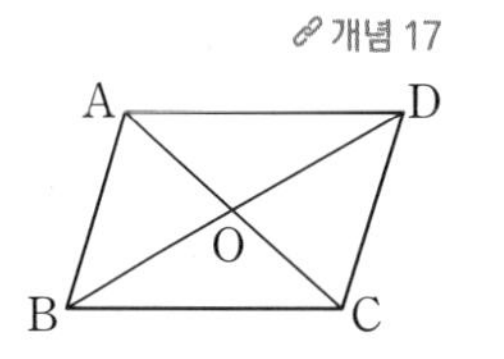

① $\overline{AB}=\overline{AD}$, $\angle AOB=90°$
② $\overline{AC}\perp\overline{BD}$, $\overline{AB}=\overline{BC}$
③ $\overline{AC}\perp\overline{BD}$, $\overline{AO}=\overline{BO}$
④ $\overline{AC}=\overline{BD}$, $\overline{BO}=\overline{CO}$
⑤ $\overline{AO}=\overline{BO}$, $\angle ABC=90°$

개념 19

7 다음 중 ㈎~㈒에 알맞은 사각형의 이름으로 옳지 않은 것은? [10점]

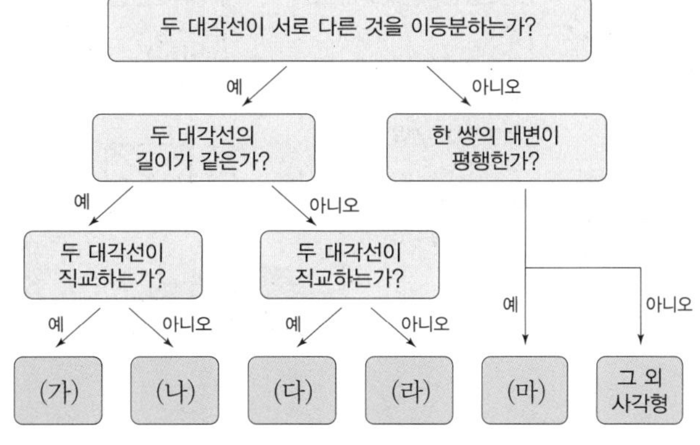

① ㈎ 정사각형 ② ㈏ 등변사다리꼴 ③ ㈐ 마름모
④ ㈑ 평행사변형 ⑤ ㈒ 사다리꼴

개념 20

8 오른쪽 그림과 같은 □ABCD에서 꼭짓점 D를 지나고 $\overline{AC}$에 평행한 직선을 그어 $\overline{BC}$의 연장선과 만나는 점을 E라 하고, $\overline{AE}$와 $\overline{CD}$의 교점을 P라 하자. 다음 중 옳지 않은 것은? [20점]

① $\triangle ACD=\triangle ACE$
② $\triangle AED=\triangle CED$
③ $\triangle APD=\triangle PCE$
④ $\square ABCD=\triangle ABE$
⑤ $\triangle ABC=\triangle DCE$

배운 내용 돌아보기

마인드맵으로 정리하기

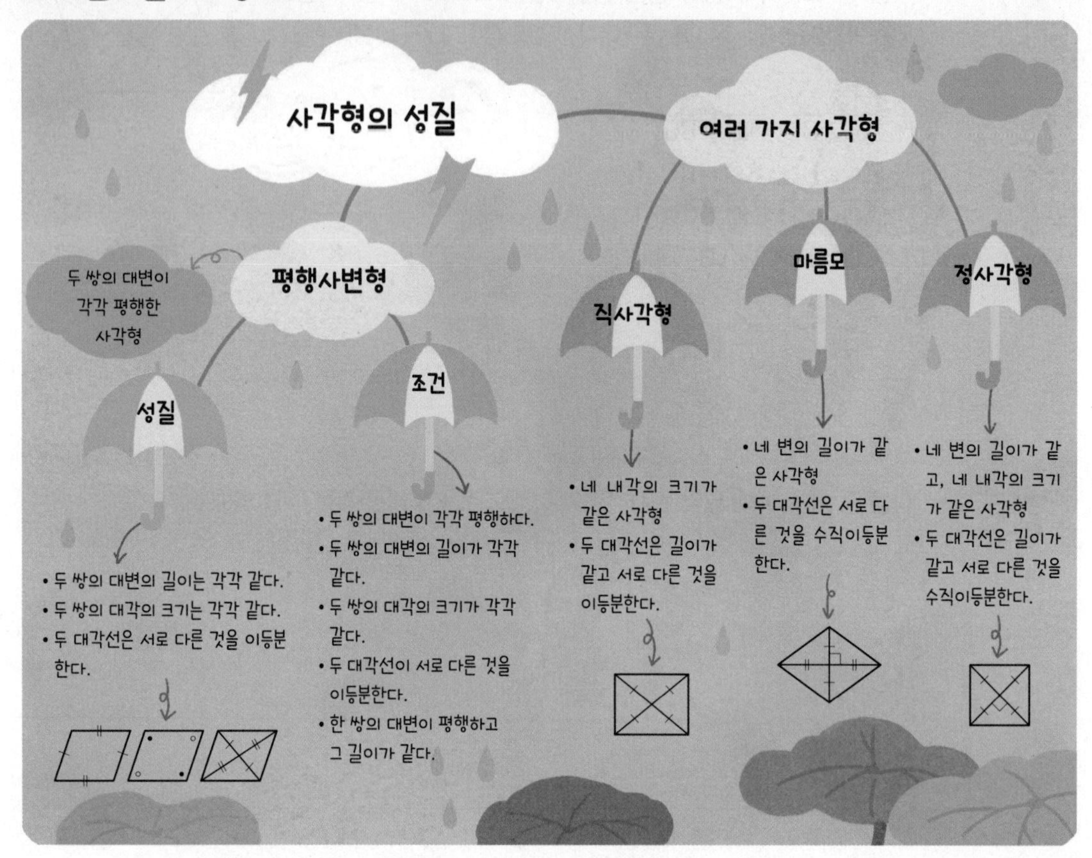

OX 문제로 확인하기

옳은 것은 ○, 옳지 않은 것은 X를 택하시오.

● 정답 및 해설 20쪽

❶ 평행사변형에서 한 변의 길이가 4 cm일 때, 이 변과 마주 보는 변의 길이는 4 cm이다. O | X

❷ 평행사변형에서 한 내각의 크기가 40°일 때, 이 각과 마주 보는 각의 크기는 140°이다. O | X

❸ □ABCD에서 $\angle A=\angle C$이고 $\angle B=\angle D$이면 □ABCD는 평행사변형이다. O | X

❹ □ABCD에서 $\overline{AD}/\!/\overline{BC}$이고 $\overline{AB}=\overline{BC}$이면 □ABCD는 평행사변형이다. O | X

❺ 평행사변형의 넓이는 한 대각선에 의해 사등분된다. O | X

❻ 직사각형의 두 대각선은 길이가 같고 서로 다른 것을 이등분한다. O | X

❼ 두 대각선의 길이가 같은 평행사변형은 직사각형이다. O | X

❽ 마름모의 두 대각선은 길이가 같고 서로 다른 것을 수직이등분한다. O | X

❾ 정사각형은 평행사변형이다. O | X

❿ 한 내각의 크기가 90°인 마름모는 정사각형이다. O | X

3 도형의 닮음

배운 내용

- **초등학교 5~6학년군**
  합동과 대칭
  비와 비율
  비례식과 비례배분
- **중학교 1학년**
  작도와 합동
  입체도형의 성질

이 단원의 내용

◆ 닮은 도형
◆ 삼각형의 닮음 조건

배울 내용

- **중학교 3학년**
  삼각비
  원의 성질

학습 내용	학습 날짜	학습 확인	복습 날짜
개념 21 닮은 도형	/	☺ 😐 ☹	/
개념 22 평면도형에서의 닮음의 성질	/	☺ 😐 ☹	/
개념 23 입체도형에서의 닮음의 성질	/	☺ 😐 ☹	/
개념 24 닮은 도형의 넓이의 비와 부피의 비	/	☺ 😐 ☹	/
개념 25 삼각형의 닮음 조건	/	☺ 😐 ☹	/
개념 26 삼각형의 닮음 조건의 응용	/	☺ 😐 ☹	/
개념 27 직각삼각형의 닮음	/	☺ 😐 ☹	/
학교 시험 문제로 단원 마무리	/	☺ 😐 ☹	/

개념 21 닮은 도형

되짚어 보기 [초5~6] 도형의 합동

(1) 닮음

한 도형을 일정한 비율로 확대하거나 축소한 도형이 다른 도형과 합동일 때, 이 두 도형은 서로 닮음인 관계에 있다고 한다.

(2) 닮은 도형

서로 닮음인 관계에 있는 두 도형

(3) △ABC와 △DEF가 서로 닮은 도형일 때, 기호 ∽를 사용하여 나타낸다.

기호 △ABC∽△DEF

참고 닮은 도형을 기호로 나타낼 때, 두 도형의 꼭짓점은 대응하는 순서대로 쓴다.

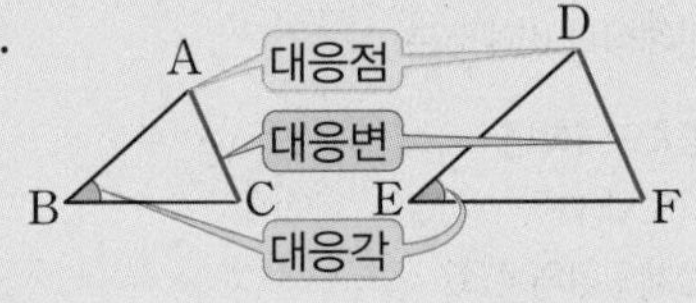

개념 확인

● 정답 및 해설 21쪽

1 오른쪽 그림에서 □ABCD∽□EFGH일 때, 다음을 구하시오.

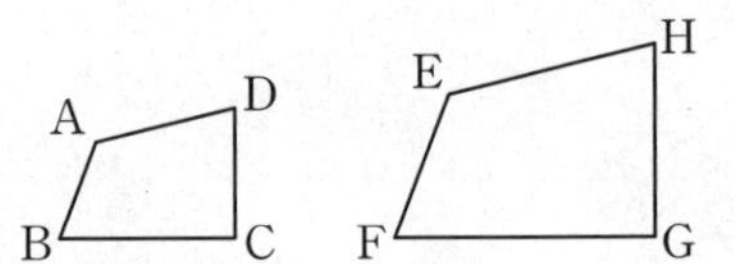

(1) 점 C의 대응점

(2) 점 F의 대응점

(3) $\overline{AB}$의 대응변

(4) $\overline{EH}$의 대응변

(5) ∠D의 대응각

(6) ∠G의 대응각

2 오른쪽 그림에서 두 삼각형은 서로 닮은 도형이다. $\overline{AB}$의 대응변이 $\overline{DF}$일 때, 다음 물음에 답하시오.

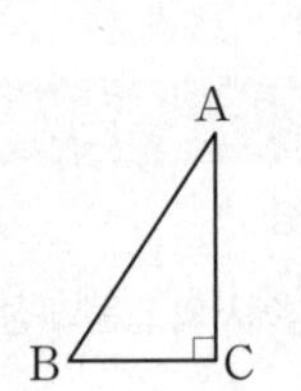

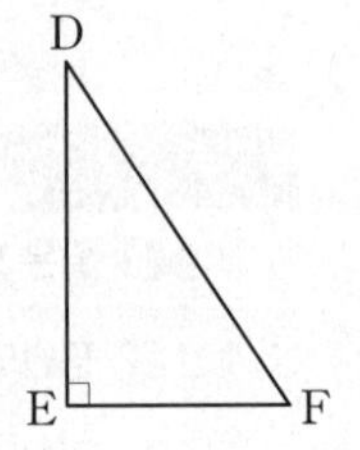

(1) 서로 닮은 두 도형을 기호 ∽를 사용하여 나타내시오.

(2) 점 B의 대응점을 말하시오.

(3) $\overline{DE}$의 대응변을 말하시오.

(4) ∠A의 대응각을 말하시오.

1 해설 꼭 확인

다음 그림에서 서로 닮은 도형을 모두 찾아 기호 ∽를 사용하여 나타내시오.

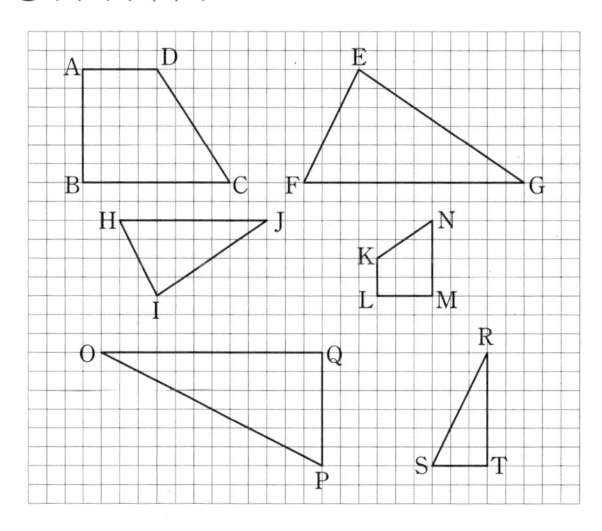

2

다음 그림에서 □ABCD∽□GHEF일 때, 점 A의 대응점, $\overline{BC}$의 대응변, ∠H의 대응각을 차례로 나열한 것은?

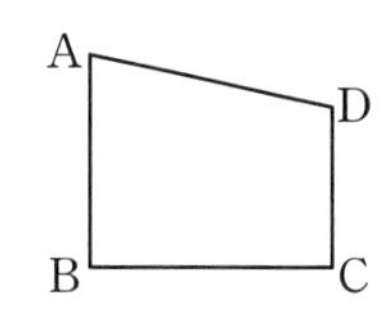

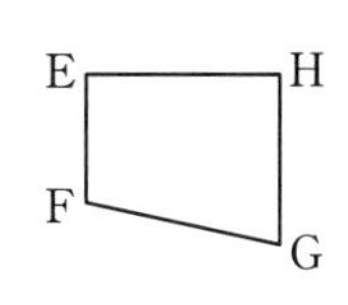

① 점 E, $\overline{FG}$, ∠D
② 점 E, $\overline{HE}$, ∠B
③ 점 G, $\overline{FG}$, ∠D
④ 점 G, $\overline{HE}$, ∠B
⑤ 점 H, $\overline{HE}$, ∠A

3

다음 그림에서 두 사면체가 서로 닮은 도형이고 면 ACD에 대응하는 면이 면 EGH일 때, |보기| 중 옳지 않은 것을 모두 고르시오.

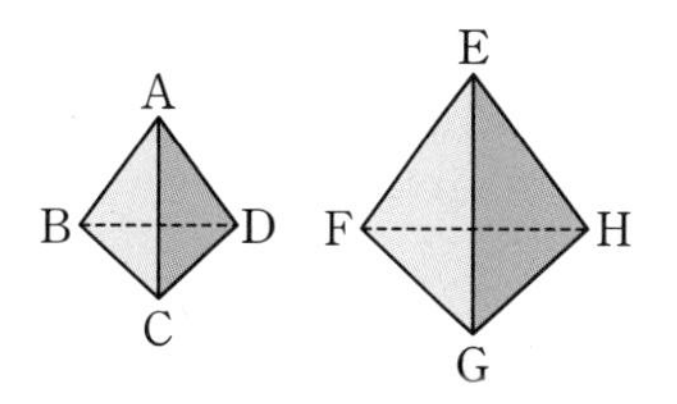

| 보기 |
ㄱ. 점 B의 대응점은 점 F이다.
ㄴ. $\overline{BC}$에 대응하는 모서리는 $\overline{HG}$이다.
ㄷ. $\overline{EH}$에 대응하는 모서리는 $\overline{AD}$이다.
ㄹ. 면 ABD에 대응하는 면은 면 EFG이다.

4 생각이 자라는 문제 해결

다음 |보기| 중 항상 닮은 도형인 것을 모두 고르시오.

| 보기 |
ㄱ. 두 원　　ㄴ. 두 이등변삼각형
ㄷ. 두 정오각형　　ㄹ. 두 정사면체
ㅁ. 두 직육면체　　ㅂ. 두 원기둥
ㅅ. 두 원뿔　　ㅇ. 두 구

▶ 문제 속 개념 도출
• 항상 닮은 도형은 일정한 비율로 확대하거나 축소하여도 모양이 같은 도형이다.

평면도형에서의 닮음의 성질

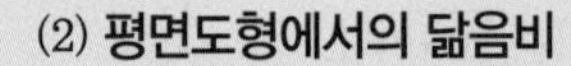

[초5~6] 비와 비율 [중2] 닮은 도형

(1) 평면도형에서의 닮음의 성질

서로 닮은 두 평면도형에서

① 대응변의 길이의 비는 일정하다.

➡ $\overline{AB}:\overline{DE}=\overline{BC}:\overline{EF}=\overline{AC}:\overline{DF}$

② 대응각의 크기는 각각 같다.

➡ $\angle A=\angle D$, $\angle B=\angle E$, $\angle C=\angle F$

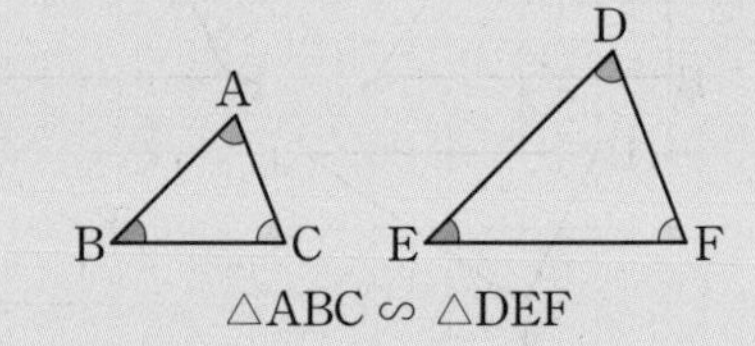

(2) 평면도형에서의 닮음비

서로 닮은 두 평면도형에서 대응변의 길이의 비를 두 도형의 **닮음비**라 한다.

참고 • 닮음비는 가장 간단한 자연수의 비로 나타낸다.
• 닮음비가 1 : 1인 두 도형은 서로 합동이다.

개념 확인

● 정답 및 해설 21쪽

1 오른쪽 그림에서 △ABC∽△DEF일 때, 다음을 구하시오.

(1) △ABC와 △DEF의 닮음비
(2) $\overline{EF}$의 길이
(3) ∠D의 크기

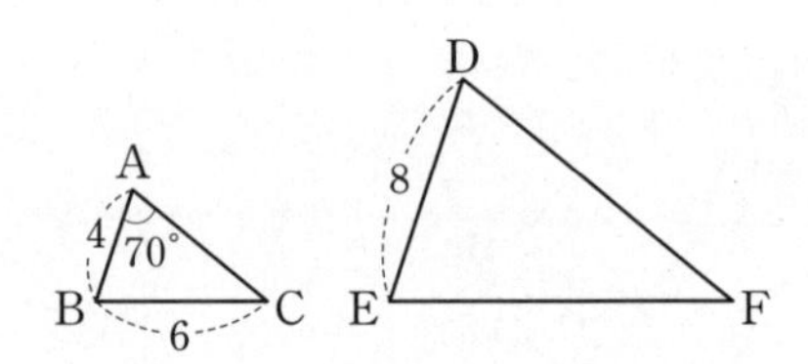

2 오른쪽 그림에서 □ABCD∽□EFGH이고 □ABCD와 □EFGH의 닮음비가 2 : 3일 때, 다음을 구하시오.

(1) $\overline{EF}$의 길이
(2) $\overline{CD}$의 길이
(3) ∠F의 크기
(4) ∠D의 크기

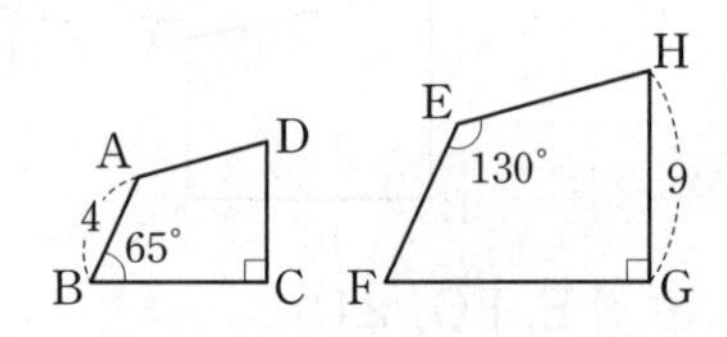

3 오른쪽 그림의 두 원 O와 O′의 닮음비를 구하시오.

두 원의 닮음비는 반지름의 길이의 비와 같아.

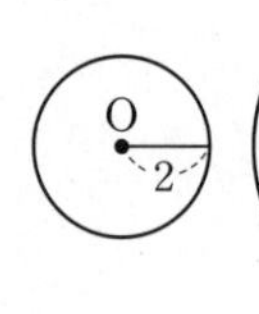

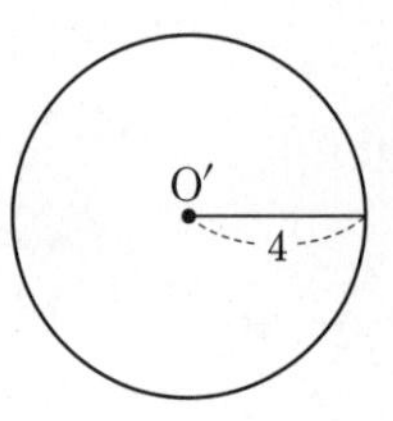

1

다음 그림에서 □ABCD∽□EFGH일 때, □ABCD와 □EFGH의 닮음비는?

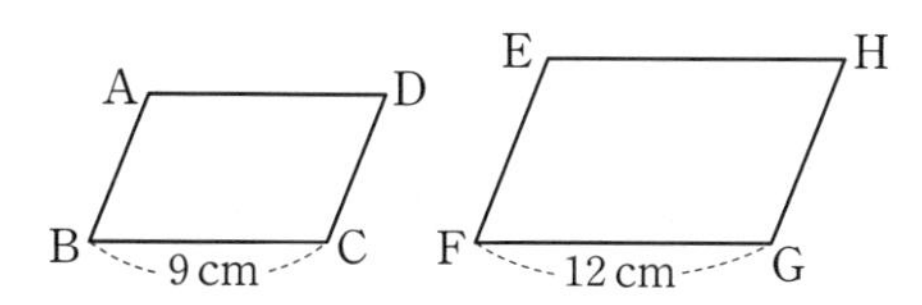

① 1 : 2 ② 1 : 3 ③ 2 : 3
④ 3 : 4 ⑤ 4 : 5

2 해설 꼭 확인

아래 그림에서 △ABC∽△DEF일 때, 다음 중 옳지 않은 것은?

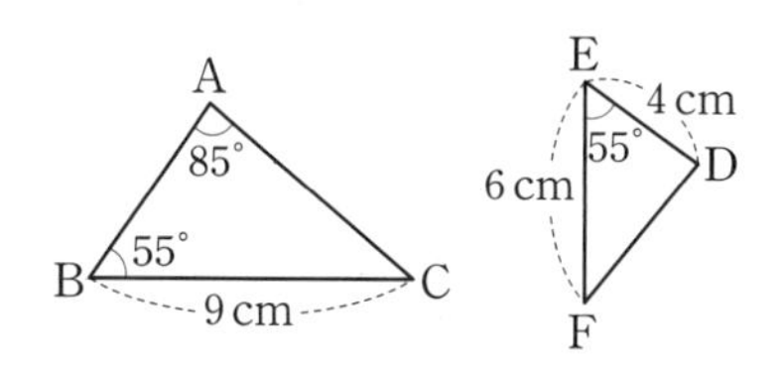

① ∠D=85° ② ∠F=40°
③ $\overline{AB}$=6 cm ④ $\overline{DF}$=4 cm
⑤ $\overline{AC}$: $\overline{DF}$=3 : 2

3

다음 그림에서 △ABC∽△DEF이고 △ABC와 △DEF의 닮음비가 2 : 3일 때, △DEF의 둘레의 길이를 구하시오.

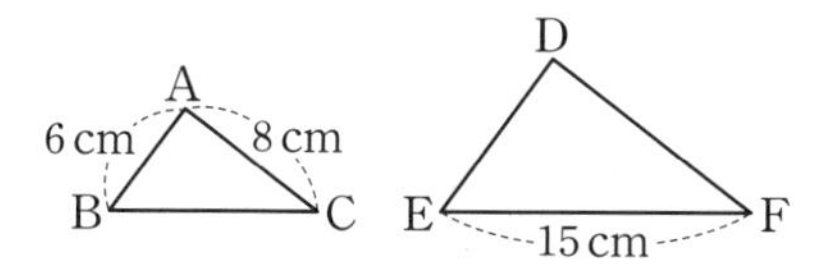

4

두 원 O와 O′의 닮음비가 3 : 5이고 원 O′의 반지름의 길이가 15 cm일 때, 다음을 구하시오.

(1) 원 O의 반지름의 길이
(2) 원 O의 둘레의 길이

5 생각이 자라는 창의·융합

국제 표준 규격인 A0 용지는 다음 그림과 같이 반으로 자를 때마다 A1, A2, A3, ⋯ 용지가 되고, 이때 만들어지는 각 용지들은 모두 닮은 도형이 된다. A0 용지와 A4 용지의 닮음비를 구하시오.

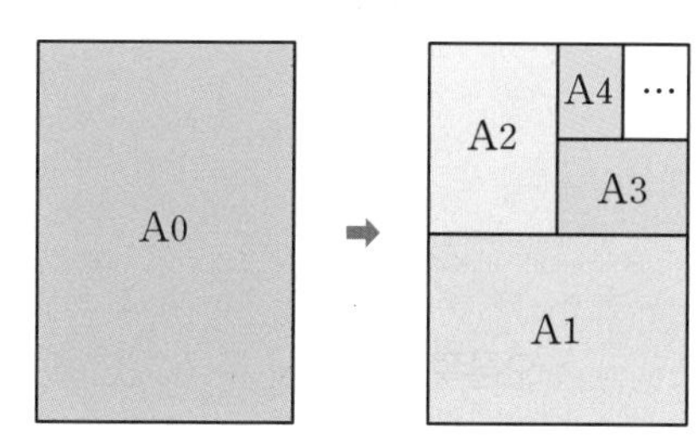

▶ 문제 속 개념 도출

• 서로 닮은 두 평면도형에서의 닮음비는 두 도형의 ① ______ 의 길이의 비이다.

개념 23 입체도형에서의 닮음의 성질

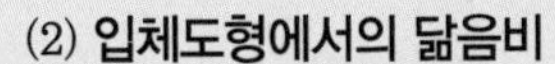

되짚어 보기 [초5~6] 비와 비율 [중2] 닮은 도형

(1) 입체도형에서의 닮음의 성질

서로 닮은 두 입체도형에서

① 대응하는 모서리의 길이의 비는 일정하다.

➡ $\overline{AB}:\overline{EF}=\overline{AC}:\overline{EG}=\overline{AD}:\overline{EH}=\cdots$

② 대응하는 면은 서로 닮은 도형이다.

➡ $\triangle ABC \backsim \triangle EFG$, $\triangle ACD \backsim \triangle EGH$, $\triangle ABD \backsim \triangle EFH$, $\triangle BCD \backsim \triangle FGH$

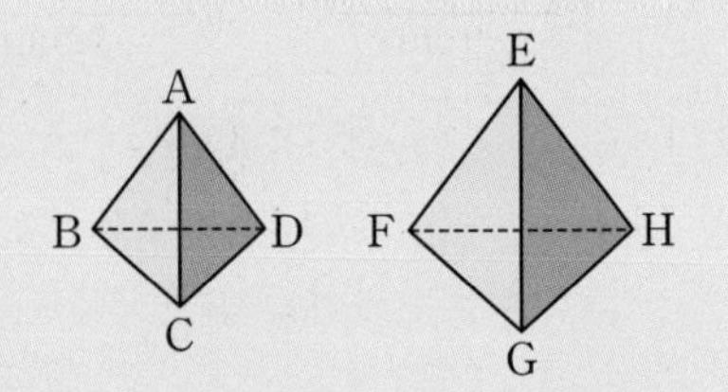

(2) 입체도형에서의 닮음비

서로 닮은 두 입체도형에서 대응하는 모서리의 길이의 비를 두 도형의 닮음비라 한다.

개념 확인

● 정답 및 해설 22쪽

1 오른쪽 그림에서 두 삼각뿔은 서로 닮은 도형이고 $\triangle ABC \backsim \triangle EFG$일 때, 다음을 구하시오.

(1) 두 삼각뿔의 닮음비

(2) $\overline{CD}$의 길이

(3) $\overline{EH}$의 길이

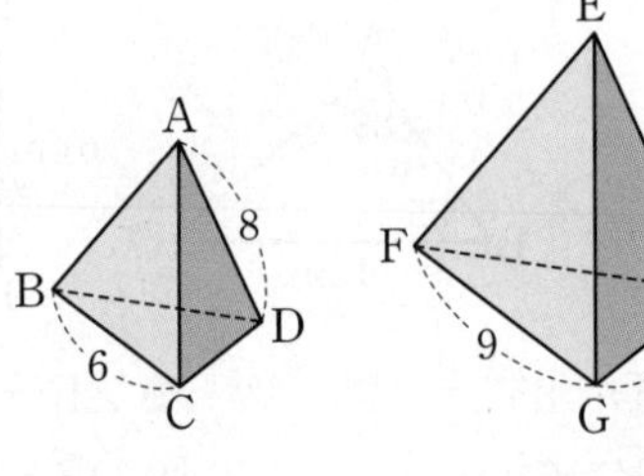

2 오른쪽 그림에서 두 직육면체는 서로 닮은 도형이다. 면 ABCD에 대응하는 면이 면 IJKL이고 닮음비가 $3:4$일 때, 다음을 구하시오.

(1) $\overline{IJ}$의 길이

(2) $\overline{IL}$의 길이

(3) $\overline{BF}$의 길이

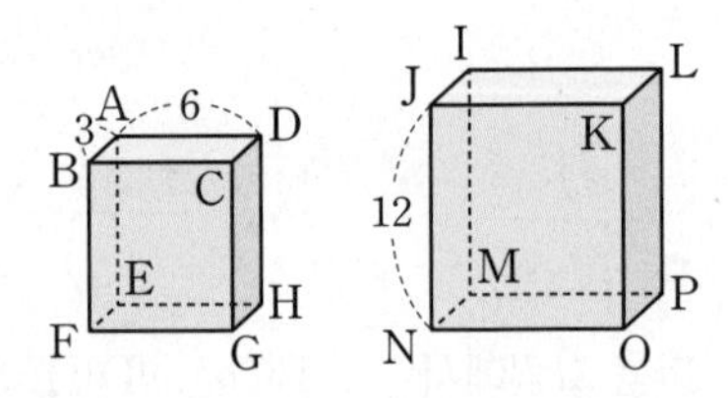

(1) (닮은 두 구의 닮음비)=(반지름의 길이의 비)
(2) (닮은 두 원뿔의 닮음비)=(밑면의 반지름의 길이의 비)=(높이의 비)=(모선의 길이의 비)

3 다음 그림의 두 입체도형이 서로 닮은 도형일 때, 두 도형의 닮음비를 구하시오.

(1)

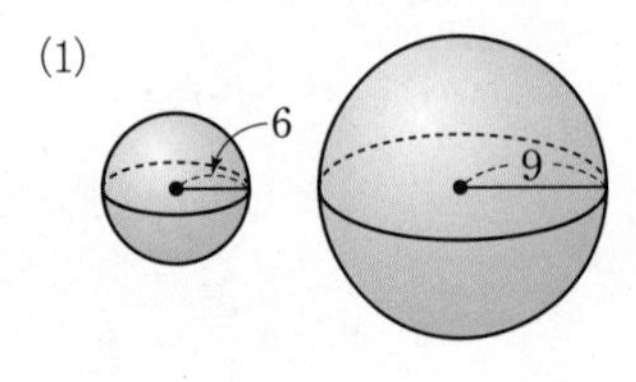

(2)

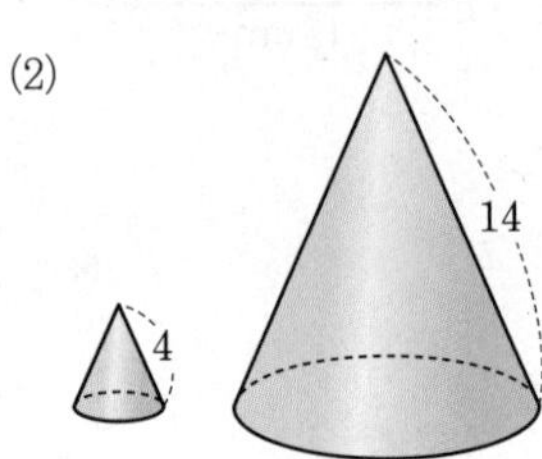

1

다음 그림에서 두 직육면체는 서로 닮은 도형이고 면 CGHD에 대응하는 면이 면 KOPL일 때, $x+y$의 값을 구하시오.

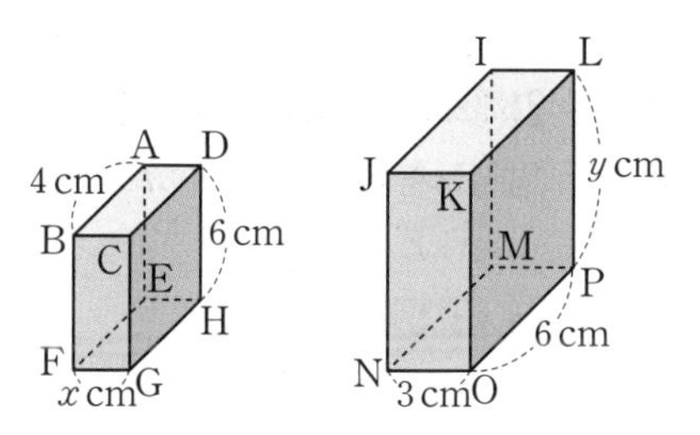

2

아래 그림에서 두 삼각뿔은 서로 닮은 도형이고 △ABC에 대응하는 면이 △EFG일 때, 다음 중 옳지 않은 것은?

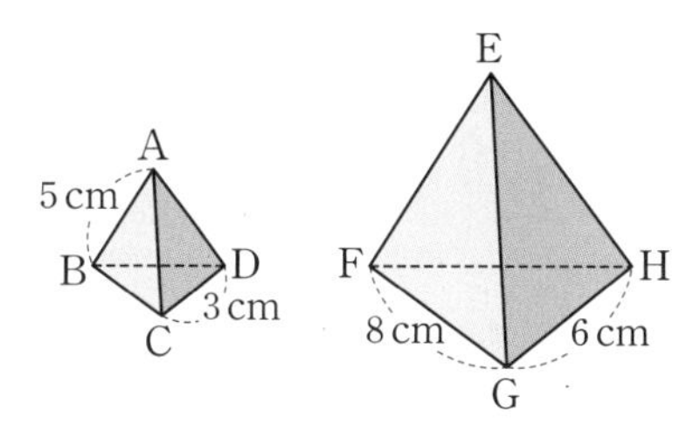

① △BCD∽△FGH
② $\overline{AC}:\overline{EG}=1:2$
③ $\overline{BC}=4\,\text{cm}$
④ $\overline{EF}=10\,\text{cm}$
⑤ $\overline{BD}:\overline{FH}=\overline{BC}:\overline{GH}$

3

아래 그림의 두 원기둥 A와 B가 서로 닮은 도형일 때, 다음을 구하시오.

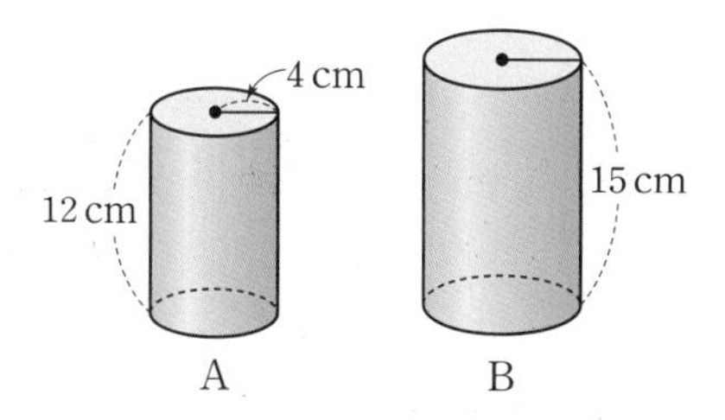

(1) 원기둥 B의 반지름의 길이
(2) 원기둥 B의 부피

4 정육면체의 모서리의 길이는 모두 같아.

두 정육면체 A와 B는 서로 닮은 도형이고, 닮음비가 1 : 2이다. 정육면체 A의 한 모서리의 길이가 4 cm일 때, 정육면체 B의 모든 모서리의 길이의 합을 구하시오.

5 생각이 자라는 창의·융합

오른쪽 그림과 같은 원뿔 모양의 그릇에 그릇 높이의 $\frac{1}{3}$만큼 물을 채웠다. 채워진 물의 높이가 5 cm일 때, 그릇의 높이를 구하시오.

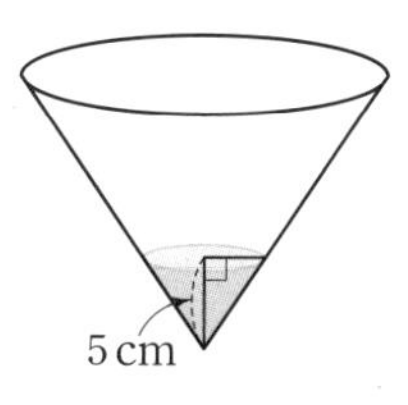

▶ 문제 속 개념 도출
- 원뿔을 밑면에 평행한 평면으로 자를 때 생기는 원뿔은 처음 원뿔과 서로 닮은 도형이다.
- 서로 닮은 두 원뿔에서 높이의 비는 두 원뿔의 ① ______ 이다.

개념 24 닮은 도형의 넓이의 비와 부피의 비

되짚어 보기 [중1] 입체도형의 겉넓이와 부피 [중2] 닮은 도형 / 닮음의 성질

(1) 서로 닮은 두 평면도형의 둘레의 길이와 넓이의 비

서로 닮은 두 평면도형의 닮음비가 $m : n$이면

① 둘레의 길이의 비 ➡ $m : n$

② 넓이의 비 ➡ $m^2 : n^2$

예 다음 그림과 같은 두 정사각형에서

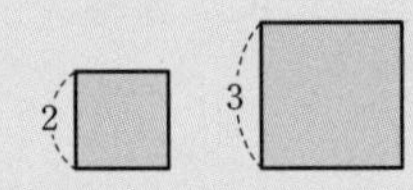

➡ 닮음비는 $2 : 3$

① 둘레의 길이의 비는 $(4\times2) : (4\times3)=2 : 3$

② 넓이의 비는 $2^2 : 3^2=4 : 9$

(2) 서로 닮은 두 입체도형의 겉넓이와 부피의 비

서로 닮은 두 입체도형의 닮음비가 $m : n$이면

① 겉넓이의 비 ➡ $m^2 : n^2$

② 부피의 비 ➡ $m^3 : n^3$

예 다음 그림과 같은 두 정육면체에서

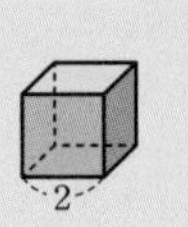

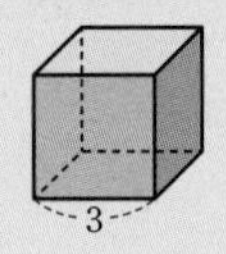

➡ 닮음비는 $2 : 3$

① 겉넓이의 비는 $(6\times2^2) : (6\times3^2)=2^2 : 3^2=4 : 9$

② 부피의 비는 $2^3 : 3^3=8 : 27$

개념 확인

● 정답 및 해설 23쪽

1 오른쪽 그림에서 □ABCD∽□EFGH일 때, 다음을 구하시오.

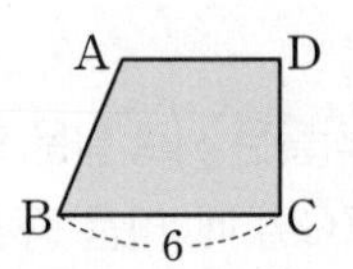

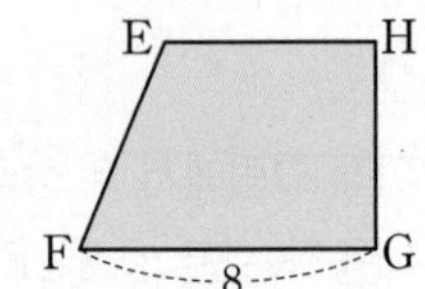

(1) □ABCD와 □EFGH의 닮음비

(2) □ABCD와 □EFGH의 둘레의 길이의 비

(3) □ABCD와 □EFGH의 넓이의 비

(4) □ABCD의 넓이가 27일 때, □EFGH의 넓이

2 오른쪽 그림에서 두 원기둥 A와 B는 서로 닮은 도형이다. 두 원기둥 A와 B의 높이의 비가 $5 : 3$일 때, 다음을 구하시오.

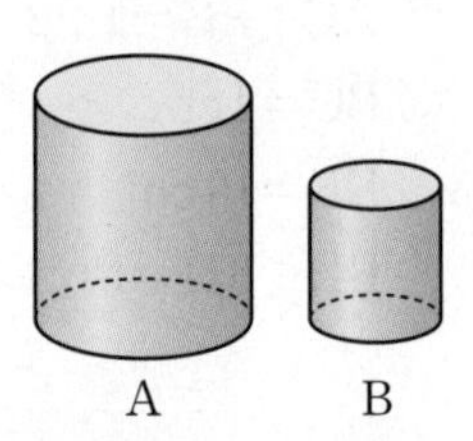

(1) 두 원기둥 A와 B의 닮음비

(2) 두 원기둥 A와 B의 겉넓이의 비

(3) 두 원기둥 A와 B의 부피의 비

(4) 원기둥 A의 겉넓이가 200일 때, 원기둥 B의 겉넓이

(5) 원기둥 B의 부피가 108일 때, 원기둥 A의 부피

1

다음 그림에서 $\triangle ABC \backsim \triangle DEF$이고 $\overline{BC}=4\,cm$, $\overline{EF}=8\,cm$이다. $\triangle ABC$의 넓이가 $8\,cm^2$일 때, $\triangle DEF$의 넓이를 구하시오.

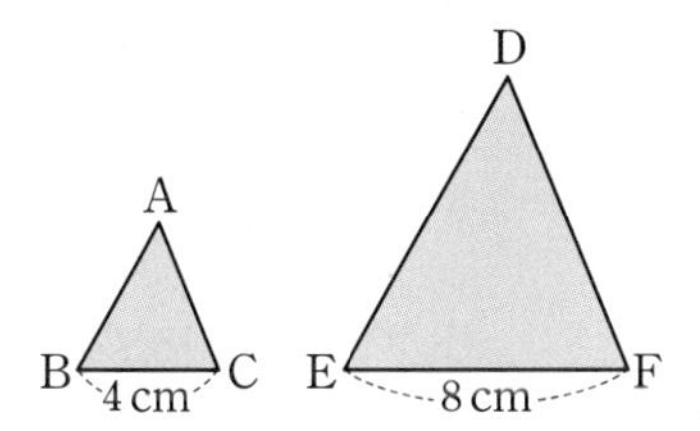

2

다음 그림에서 $\square ABCD \backsim \square EFGH$이고 $\square ABCD$와 $\square EFGH$의 넓이의 비가 $4:9$일 때, $\overline{BC}$의 길이를 구하시오.

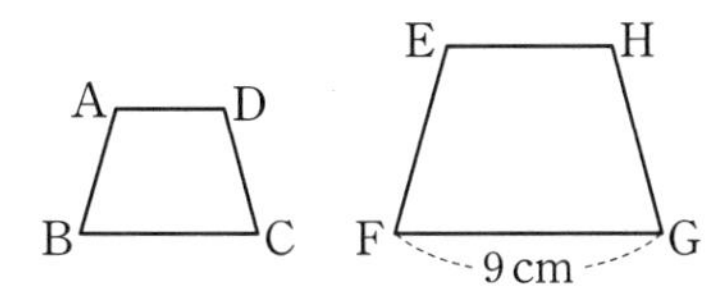

3

다음 그림에서 두 직육면체는 서로 닮은 도형이고, 면 ABCD에 대응하는 면은 면 IJKL이다. $\square BFGC$의 넓이가 $36\,cm^2$, $\square JNOK$의 넓이가 $81\,cm^2$이고 작은 직육면체의 부피가 $72\,cm^3$일 때, 큰 직육면체의 부피를 구하시오.

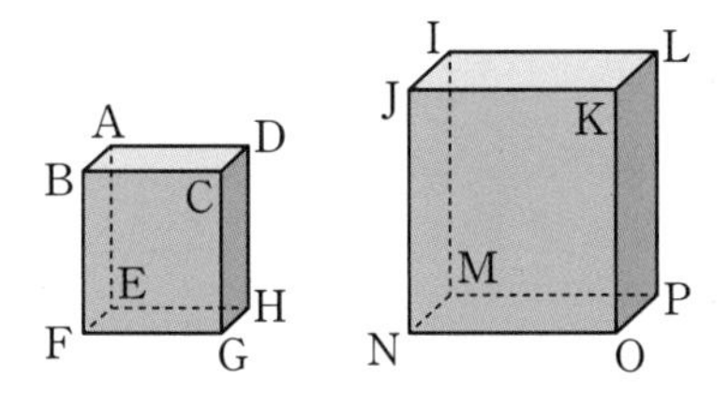

4

아래 그림의 두 구 O와 O′의 반지름의 길이의 비는 $1:2$이다. 구 O의 겉넓이가 $36\pi\,cm^2$이고 부피가 $36\pi\,cm^3$일 때, 다음을 구하시오.

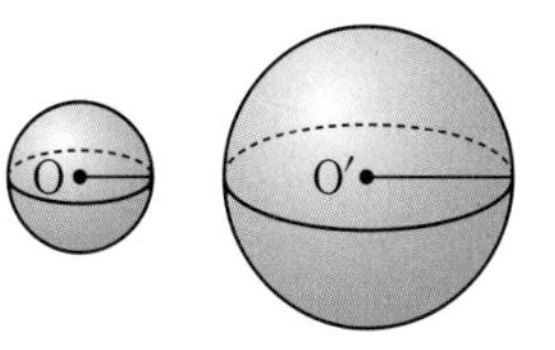

(1) 구 O′의 겉넓이

(2) 구 O′의 부피

5 생각이 자라는 창의·융합

어느 가게에서 판매하는 원기둥 모양의 두 음료 A와 B는 서로 닮은 도형이다. 음료 A는 밑면의 지름의 길이가 $4\,cm$이고 가격은 2000원이며, 음료 B는 밑면의 지름의 길이가 $6\,cm$이고 가격은 6000원이다. 6000원으로 살 수 있는 음료 A 3개와 음료 B 1개 중 어느 것의 양이 더 많은지 말하시오.

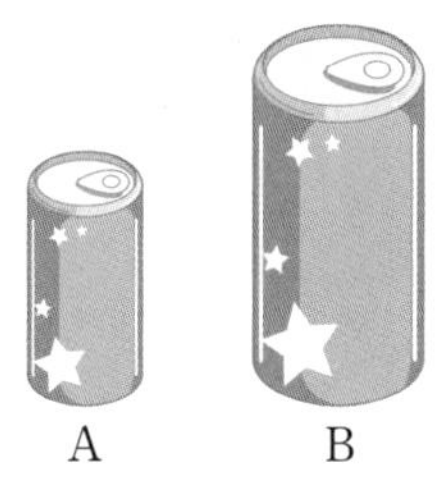

▶ 문제 속 개념 도출

- 서로 닮은 두 입체도형에서 닮음비가 $m:n$이면 부피의 비는
  ➡ ① ________
- 서로 닮은 두 원기둥에서
  ➡ (닮음비)=(밑면의 반지름의 길이의 비)=(높이의 비)

개념 25 삼각형의 닮음 조건

되짚어 보기 [중1] 삼각형의 합동 조건 [중2] 닮은 도형 / 닮음의 성질

두 삼각형 ABC와 A′B′C′은 다음의 각 경우에 서로 닮음이다.

(1) 세 쌍의 대응변의 길이의 비가 같다. (SSS 닮음)

➡ $a:a'=b:b'=c:c'$

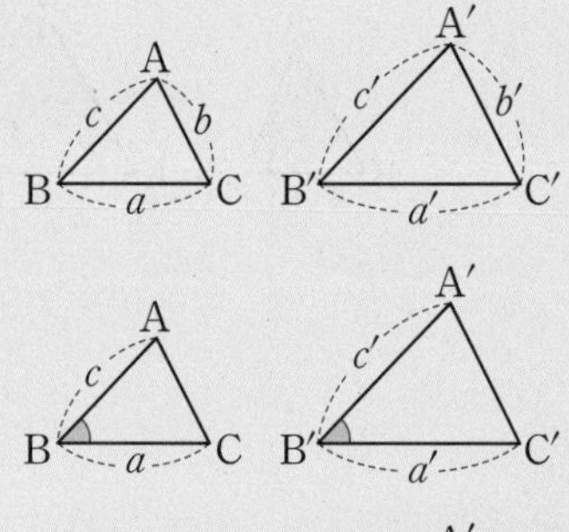

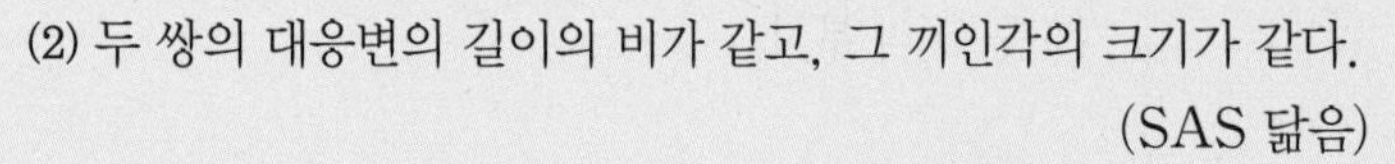

(2) 두 쌍의 대응변의 길이의 비가 같고, 그 끼인각의 크기가 같다. (SAS 닮음)

➡ $a:a'=c:c'$, $\angle B=\angle B'$

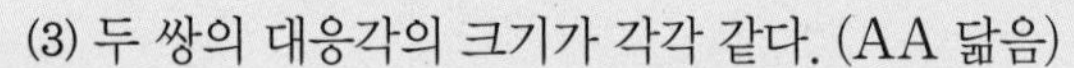

(3) 두 쌍의 대응각의 크기가 각각 같다. (AA 닮음)

➡ $\angle B=\angle B'$, $\angle C=\angle C'$

참고 두 쌍의 대응각의 크기가 각각 같으면 나머지 한 쌍의 대응각의 크기도 같다.

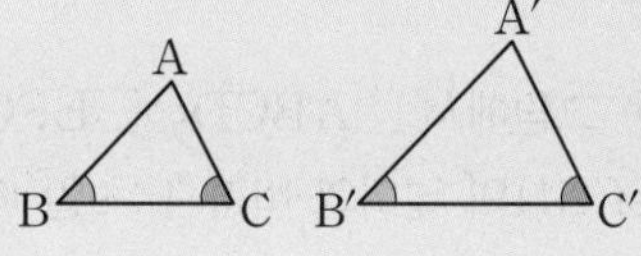

개념 확인

● 정답 및 해설 24쪽

1 다음은 두 삼각형 ABC와 DEF에 대하여 $\triangle ABC \backsim \triangle DEF$임을 설명하는 과정이다. □ 안에 알맞은 것을 쓰시오.

(1)

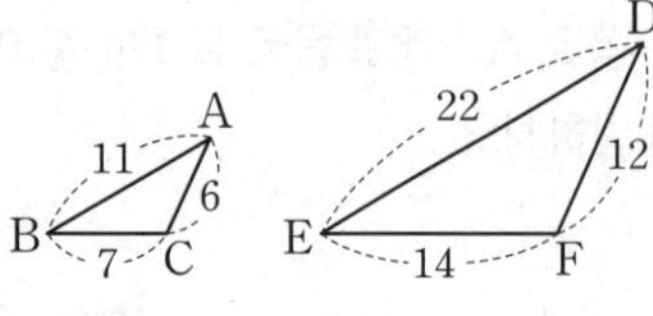

⇨ $\triangle ABC$와 $\triangle DEF$에서

$\overline{AB}:\overline{DE}=11:22=$□:□,

$\overline{BC}:\overline{EF}=7:14=$□:□,

$\overline{AC}:$□$=6:$□$=$□:□

$\therefore \triangle ABC \backsim$□ (□ 닮음)

(2)

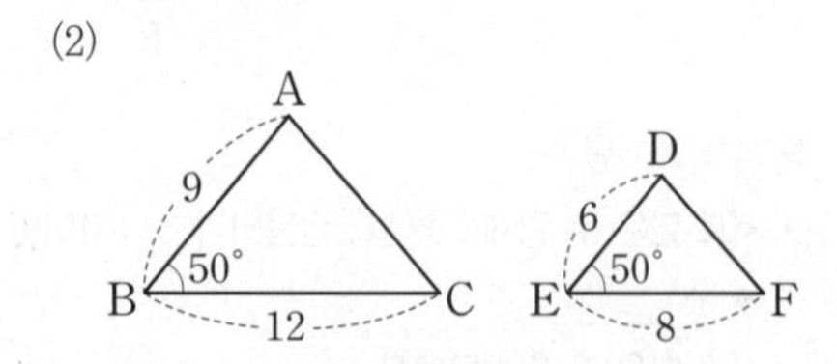

⇨ $\triangle ABC$와 $\triangle DEF$에서

$\overline{AB}:$□$=9:$□$=$□:□,

□$:\overline{EF}=$□$:8=$□:□,

$\angle B=\angle$□$=$□

$\therefore \triangle ABC \backsim$□ (□ 닮음)

(3)

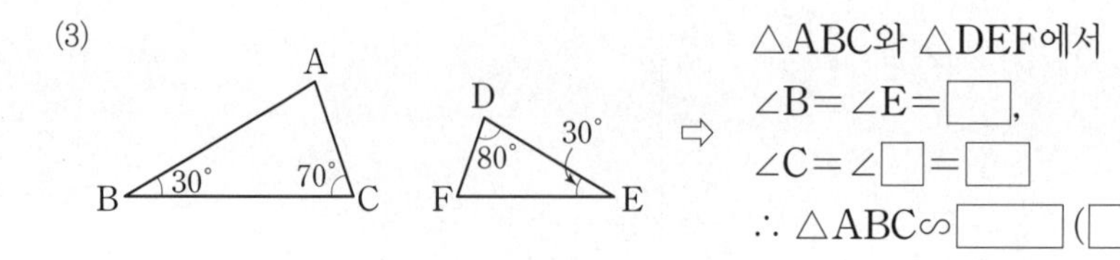

⇨ $\triangle ABC$와 $\triangle DEF$에서

$\angle B=\angle E=$□,

$\angle C=\angle$□$=$□

$\therefore \triangle ABC \backsim$□ (□ 닮음)

교과서 문제로 개념 다지기

1

다음 그림의 두 삼각형이 서로 닮은 도형인지 아닌지 말하고, 닮은 도형이면 기호 ∽를 사용하고 나타내고 닮음 조건을 말하시오.

(1)

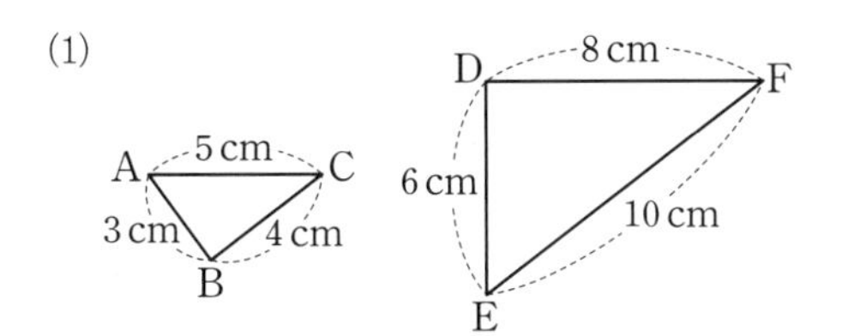

(2)

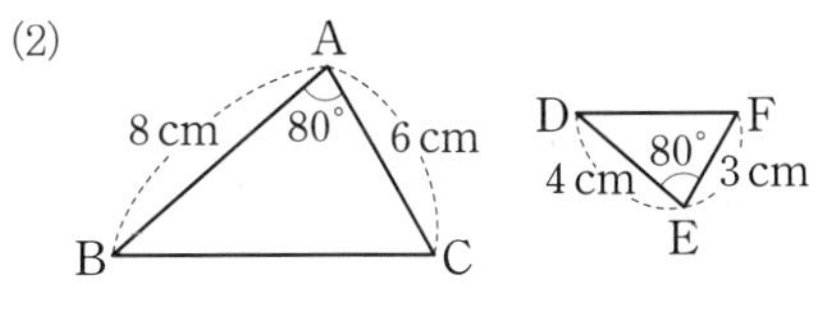

(3)

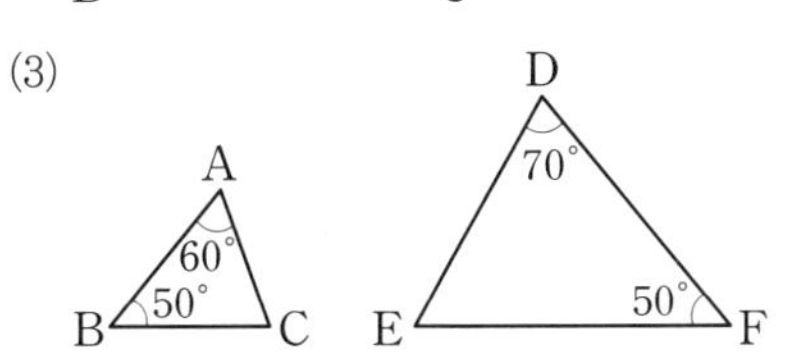

2

다음 | 보기 | 중 서로 닮은 삼각형을 찾아 기호 ∽를 사용하여 바르게 나타낸 것은?

보기

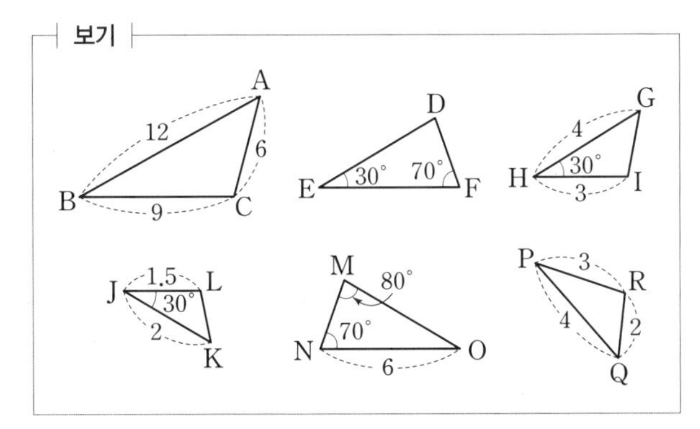

① △ABC∽△GHI ② △ABC∽△KJL
③ △DEF∽△KLJ ④ △DEF∽△MON
⑤ △JKL∽△PQR

3

다음 중 아래 그림의 △ABC와 △DEF가 서로 닮은 도형이 되게 하는 △DEF의 조건으로 알맞은 것은?

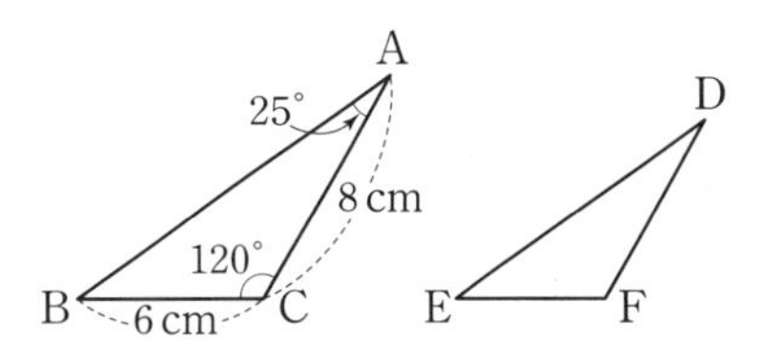

① $\overline{DE}=6\,cm$, $\overline{EF}=3\,cm$, $\overline{DF}=4\,cm$
② $\overline{DF}=3\,cm$, $\overline{EF}=2\,cm$, $\angle F=120^\circ$
③ $\overline{DF}=2\,cm$, $\overline{EF}=1.5\,cm$, $\angle D=25^\circ$
④ $\angle D=30^\circ$, $\angle F=120^\circ$
⑤ $\angle D=25^\circ$, $\angle E=35^\circ$

4 생각이 자라는 창의·융합

시안이네 반 친구들은 오른쪽 그림의 △ABC와 서로 닮은 삼각형을 사용하여 가랜드를 만들려고 한다. 다음 중 아래 그림의 △DEF, △GHI를 가랜드에 사용할 수 있게 만드는 방법을 바르게 설명한 학생을 모두 말하시오.

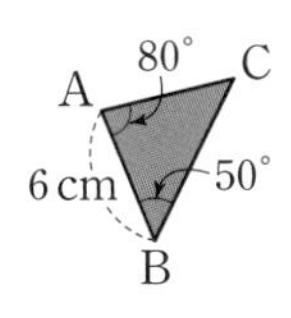

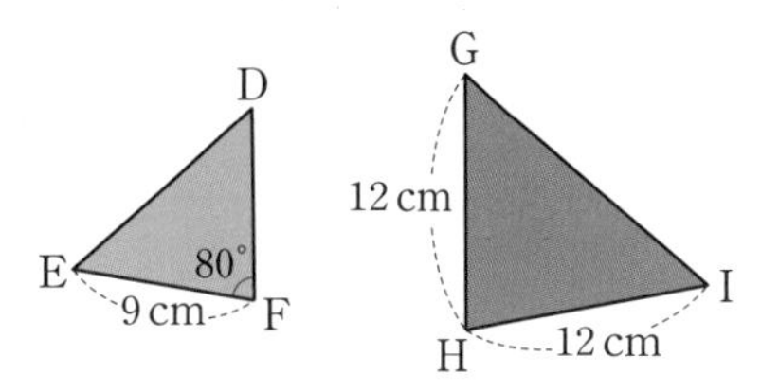

은지: △DEF에서 $\overline{DF}=9\,cm$로 만들어야 해.
도윤: △DEF에서 $\overline{DE}=12\,cm$로 만들어야 해.
민성: △GHI에서 $\angle H=80^\circ$로 만들어야 해.
서진: △GHI에서 $\angle G=80^\circ$로 만들어야 해.

▶ 문제 속 개념 도출

• 삼각형의 닮음 조건은 SSS 닮음, ① ______ 닮음, AA 닮음의 3가지가 있다.

개념 26 삼각형의 닮음 조건의 응용

되짚어 보기 [중2] 삼각형의 닮음 조건

(1) SAS 닮음의 응용

두 쌍의 대응변의 길이의 비가 같고, 그 끼인각의 크기가 같은 두 삼각형을 찾는다.

예 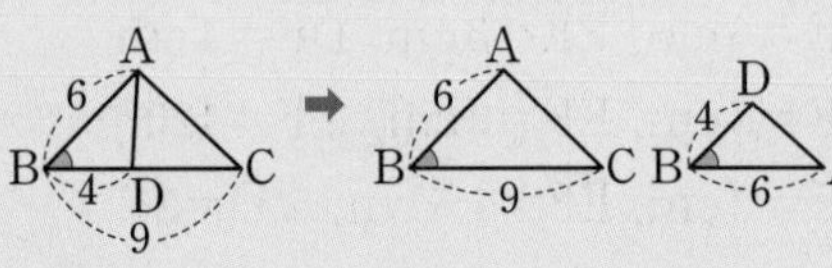

➡ $\overline{AB}:\overline{DB}=\overline{BC}:\overline{BA}=3:2$, ∠B는 공통

∴ △ABC∽△DBA (SAS 닮음)

(2) AA 닮음의 응용

두 쌍의 대응각의 크기가 각각 같은 두 삼각형을 찾는다.

예 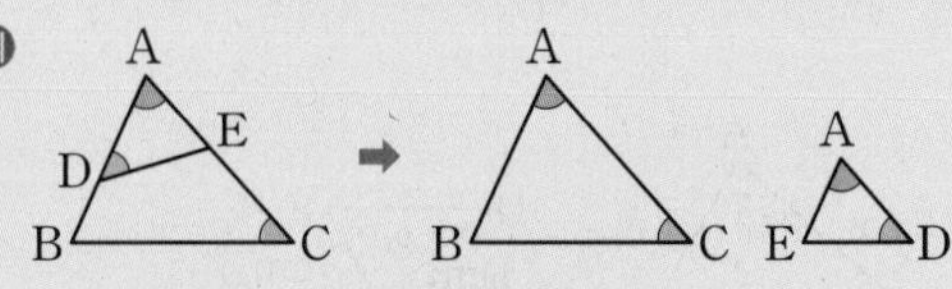

➡ ∠A는 공통, ∠ACB=∠ADE

∴ △ABC∽△AED (AA 닮음)

개념 확인 ● 정답 및 해설 25쪽

1 아래 그림에서 △ABC와 닮은 삼각형을 찾아 기호 ∽를 사용하여 나타내고, 다음을 구하시오.

(1) 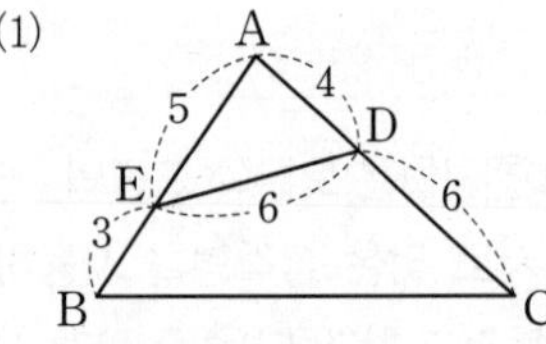

공통인 각: ________ ⇨ △ABC∽☐

① 두 삼각형의 닮음비

② $\overline{BC}$의 길이

(2)

공통인 각: ________ ⇨ △ABC∽☐

① 두 삼각형의 닮음비

② $\overline{DE}$의 길이

2 아래 그림에서 △ABC와 닮은 삼각형을 찾아 기호 ∽를 사용하여 나타내고, 다음을 구하시오.

(1) 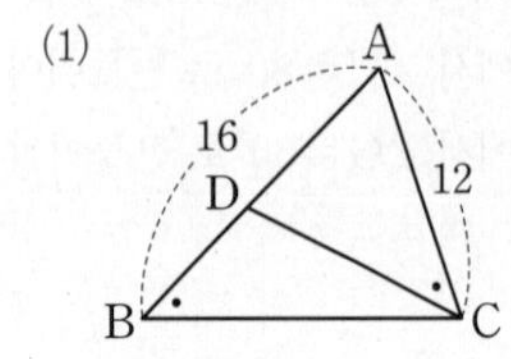

공통인 각: ________ ⇨ △ABC∽☐

① 두 삼각형의 닮음비

② $\overline{AD}$의 길이

(2) 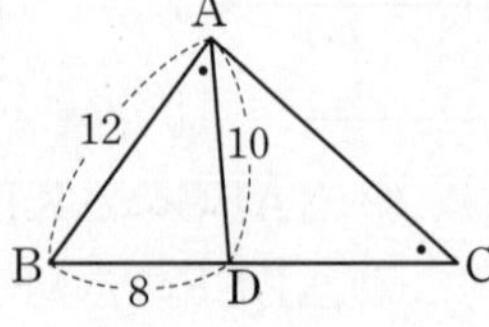

공통인 각: ________ ⇨ △ABC∽☐

① 두 삼각형의 닮음비

② $\overline{AC}$의 길이

1

다음 그림에서 △ABC와 닮은 삼각형을 찾고, x의 값을 구하시오.

(1)
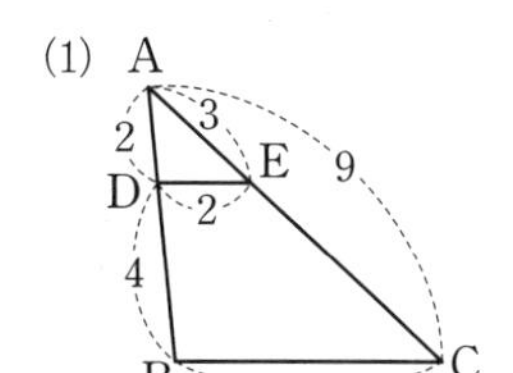

(2)
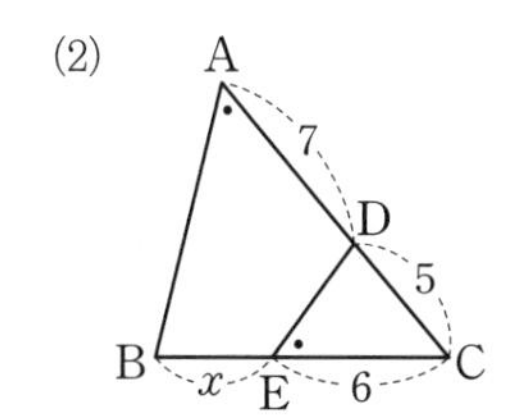

2

다음 그림과 같은 △ABC에서 ∠B=∠EDC일 때, $x+y$의 값을 구하시오.

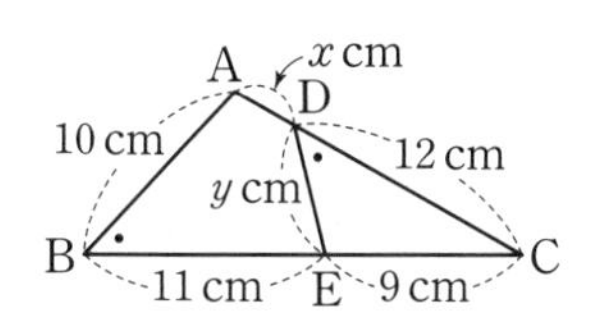

3

다음 그림과 같은 △ABC에서 $\overline{AD}$의 길이를 구하시오.

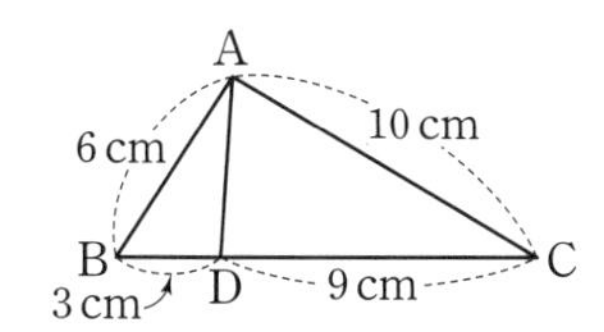

4

맞꼭지각의 크기는 같아.

다음 그림과 같이 $\overline{BE}$와 $\overline{CD}$의 교점을 A라 할 때, $\overline{BC}$의 길이를 구하시오.

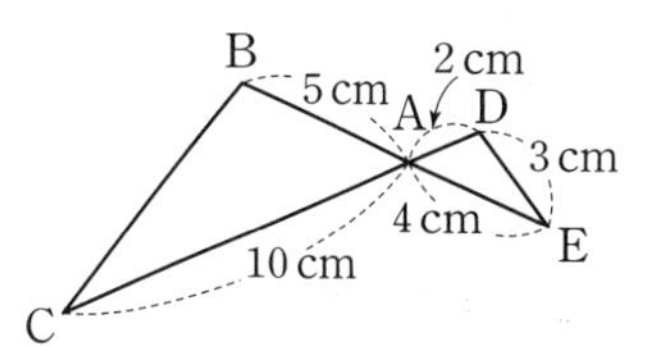

5

오른쪽 그림과 같은 △ABC에서 $\overline{BC}$ // $\overline{DE}$이고, $\overline{AE}=12$ cm, $\overline{EC}=6$ cm이다. △ADE$=72$ cm^{2}일 때, △ABC의 넓이를 구하려고 한다. 다음을 구하시오.

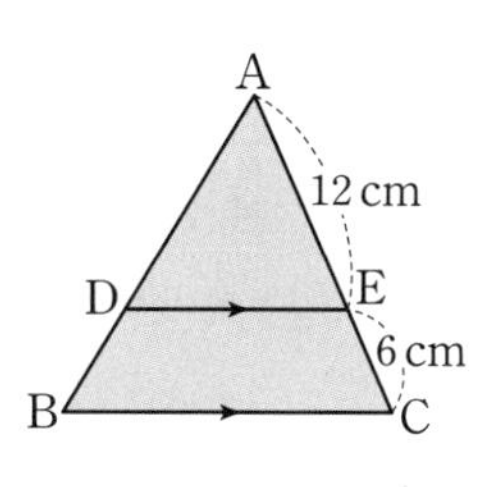

(1) △ADE와 △ABC의 닮음비

(2) △ADE와 △ABC의 넓이의 비

(3) △ABC의 넓이

6 생각이 자라는 문제 해결

오른쪽 그림과 같은 △ABC에서 $\overline{AC}$의 길이가 $\overline{CD}$의 길이보다 3 cm 길 때, $\overline{CD}$의 길이를 구하시오.

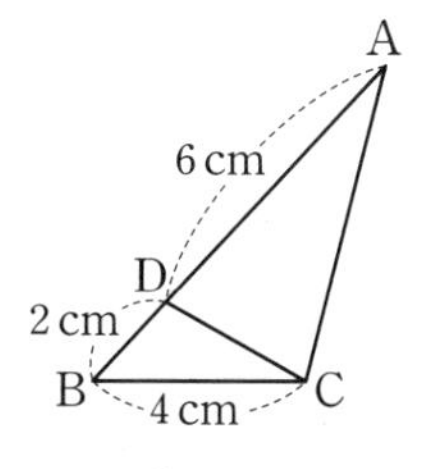

▶ 문제 속 개념 도출

• 두 삼각형에서 두 쌍의 대응변의 길이의 비가 같고, 그 끼인각의 크기가 같으면 서로 닮은 도형이다. (SAS 닮음)

• □보다 3 큰 수는 ① ______ 이다.

직각삼각형의 닮음

되짚어 보기 [중2] 삼각형의 닮음 조건

(1) **직각삼각형의 닮음**

두 직각삼각형에서 한 예각의 크기가 같으면 두 삼각형은 서로 닮은 도형이다. → AA 닮음

(2) **직각삼각형의 닮음의 응용**

$\angle A=90^\circ$인 직각삼각형 ABC의 꼭짓점 A에서 빗변 BC에 내린 수선의 발을 D라 하면

① $\triangle ABC \backsim \triangle DBA$

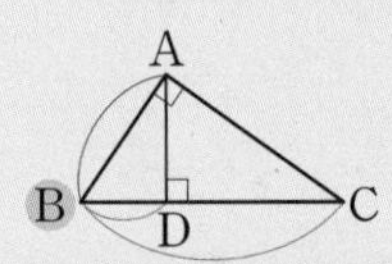

$\overline{AB} : \overline{DB} = \overline{BC} : \overline{BA}$

➡ $\overline{AB}^2 = \overline{BD} \times \overline{BC}$

② $\triangle ABC \backsim \triangle DAC$

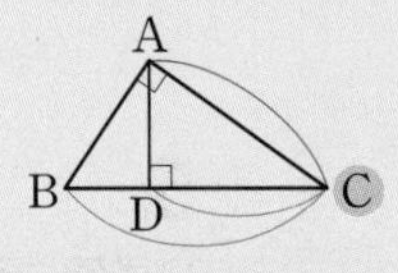

$\overline{AC} : \overline{DC} = \overline{BC} : \overline{AC}$

➡ $\overline{AC}^2 = \overline{CD} \times \overline{CB}$

③ $\triangle DBA \backsim \triangle DAC$

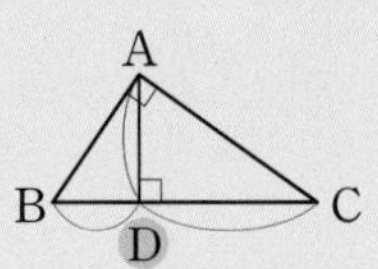

$\overline{DB} : \overline{DA} = \overline{DA} : \overline{DC}$

➡ $\overline{AD}^2 = \overline{DB} \times \overline{DC}$

참고 직각삼각형 ABC의 넓이에서 $\frac{1}{2} \times \overline{AD} \times \overline{BC} = \frac{1}{2} \times \overline{AB} \times \overline{AC}$

➡ $\overline{AD} \times \overline{BC} = \overline{AB} \times \overline{AC}$

개념 확인

● 정답 및 해설 26쪽

1 다음 그림에서 $\triangle ABC$와 닮은 삼각형을 찾고, x의 값을 구하시오.

(1)

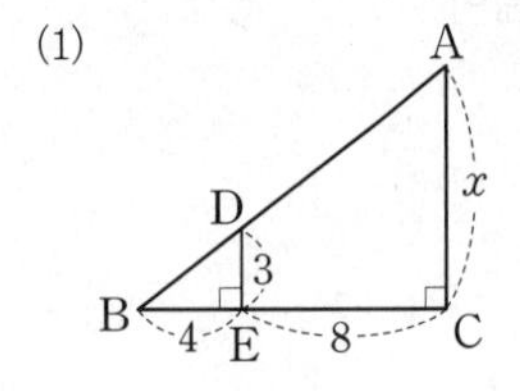

(2)

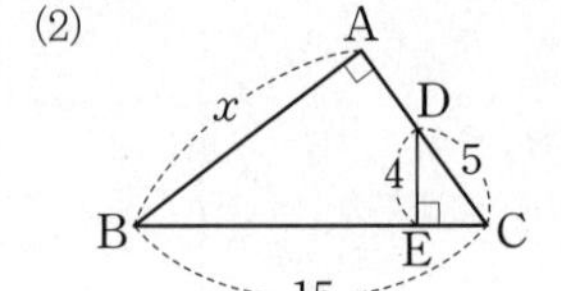

(3)

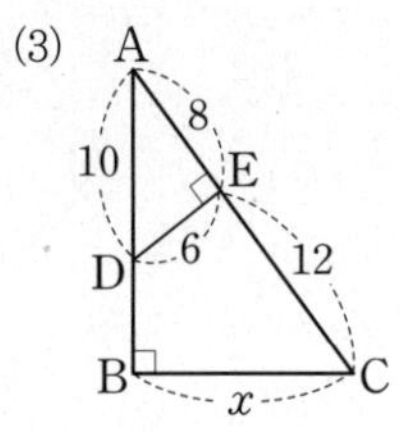

2 다음 그림의 직각삼각형 ABC에서 x의 값을 구하려고 한다. □ 안에 알맞은 것을 쓰고, x의 값을 구하시오.

(1)

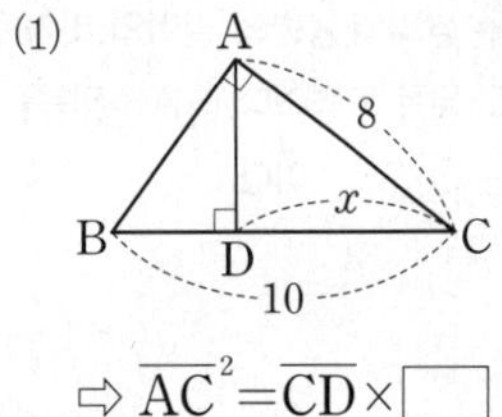

⇨ $\overline{AC}^2 = \overline{CD} \times$ □

(2)

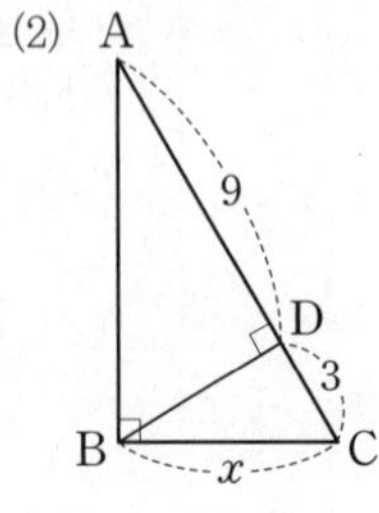

⇨ $\overline{BC}^2 = \overline{CD} \times$ □

(3)

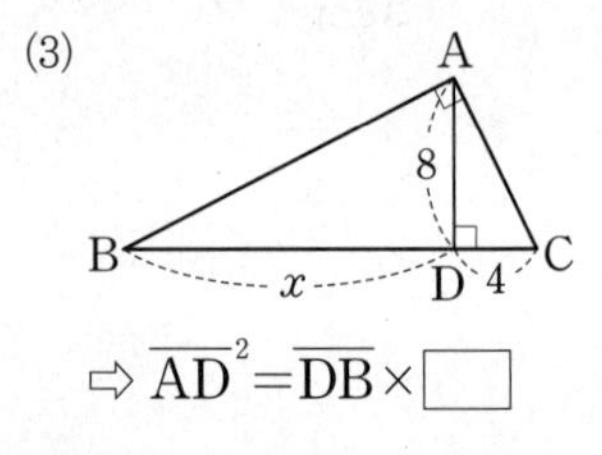

⇨ $\overline{AD}^2 = \overline{DB} \times$ □

● 정답 및 해설 26쪽

1

다음 그림의 직각삼각형 ABC에서 x의 값을 구하시오.

(1)

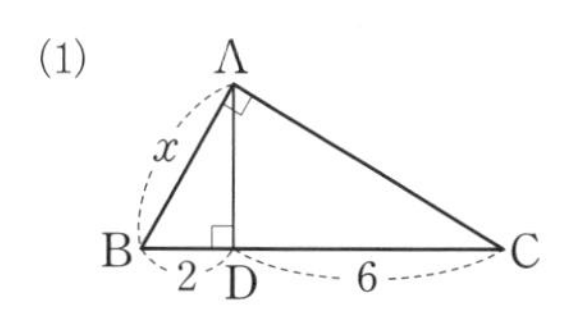

(2)

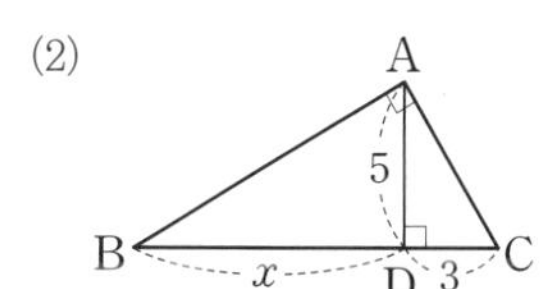

2

오른쪽 그림과 같이 $\angle C=90^{\circ}$인 직각삼각형 ABC에서 $\overline{AB}\perp\overline{ED}$이고 $\overline{AD}=8\,\text{cm}$, $\overline{BD}=4\,\text{cm}$, $\overline{BE}=6\,\text{cm}$일 때, $\overline{CE}$의 길이를 구하시오.

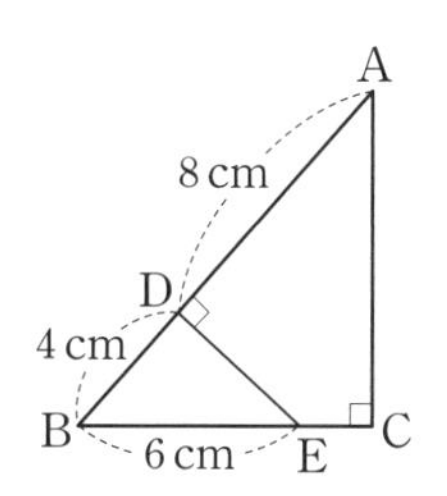

3

오른쪽 그림과 같이 $\angle A=90^{\circ}$인 직각삼각형 ABC에서 $\overline{AH}\perp\overline{BC}$이고 $\overline{AB}=15\,\text{cm}$, $\overline{AH}=12\,\text{cm}$, $\overline{BC}=25\,\text{cm}$일 때, $x+y$의 값을 구하시오.

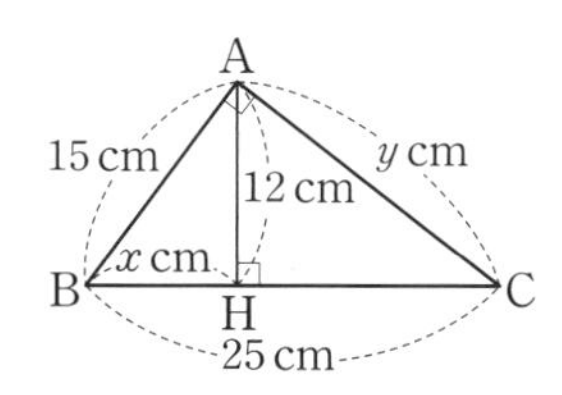

4

오른쪽 그림과 같이 $\angle A=90^{\circ}$인 직각삼각형 ABC에서 $\overline{AD}\perp\overline{BC}$이고 $\overline{AD}=6\,\text{cm}$, $\overline{CD}=3\,\text{cm}$일 때, $\triangle ABC$의 넓이를 구하려고 한다. 다음을 구하시오.

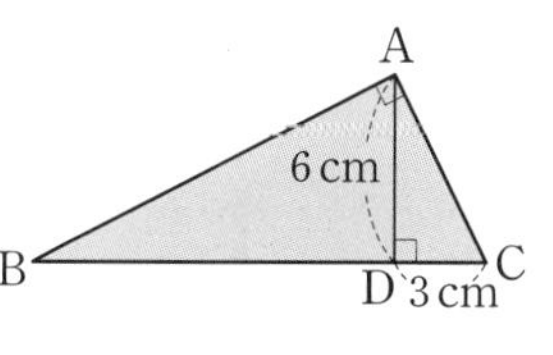

(1) $\overline{DB}$의 길이　　　(2) $\triangle ABC$의 넓이

5

△POD와 닮은 삼각형을 찾아봐.

오른쪽 그림과 같은 직사각형 ABCD에서 대각선 BD의 수직이등분선인 $\overline{PQ}$와 $\overline{BD}$의 교점을 O라 하자. $\overline{BC}=8\,\text{cm}$, $\overline{BO}=5\,\text{cm}$, $\overline{CD}=6\,\text{cm}$일 때, $\overline{PD}$의 길이를 구하시오.

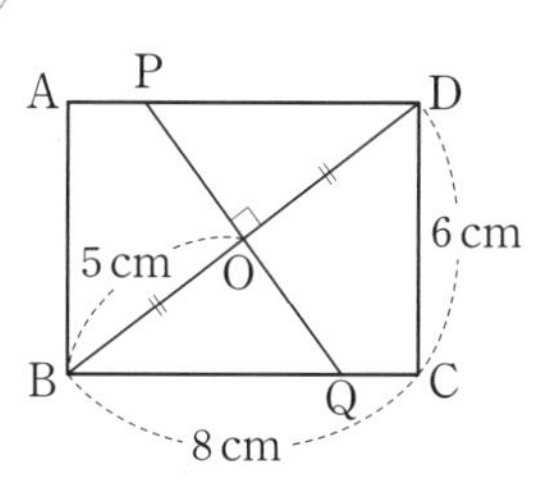

6

생각이 자라는 창의·융합

오른쪽 그림과 같이 키가 1.6 m인 시온이가 국기 게양대로부터 2.7 m 떨어진 곳에 서 있다. 시온이의 그림자의 길이가 1.8 m이고 시온이의 그림자의 끝이 국기 게양대의 그림자의 끝과 일치할 때, 국기 게양대의 높이를 구하시오.

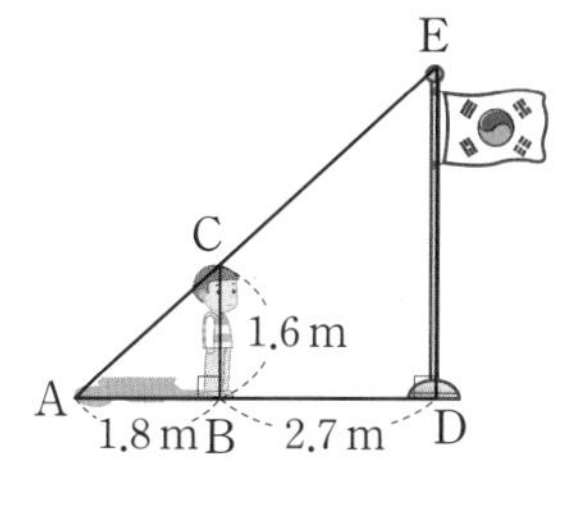

▶ 문제 속 개념 도출

- 닮음을 이용하여 높이 또는 거리를 구하는 순서는 다음과 같다.
  ❶ 서로 닮은 두 도형을 찾는다.
  ❷ 닮음비를 구한다.
  ❸ 비례식을 이용하여 높이 또는 거리를 구한다.

개념 27에 대한 이해도를 표시해 보세요. 0 50 100

학교 시험 문제로 단원 마무리

점수 /100점

개념 21, 22

1 다음 중 옳지 않은 것을 모두 고르면? (정답 2개) [10점]

① 닮은 두 도형 중 한 도형을 확대 또는 축소하면 나머지 도형과 합동이다.
② 닮은 두 도형의 대응변의 길이는 각각 같다.
③ 닮은 두 도형의 대응각의 크기는 각각 같다.
④ 두 부채꼴은 항상 닮은 도형이다.
⑤ 꼭지각의 크기가 같은 두 이등변삼각형은 항상 닮은 도형이다.

개념 22, 24

2 오른쪽 그림에서 □ABCD∽□EFGH이고 □ABCD와 □EFGH의 닮음비가 5 : 3일 때, 다음 중 옳지 않은 것을 모두 고르면? (정답 2개) [10점]

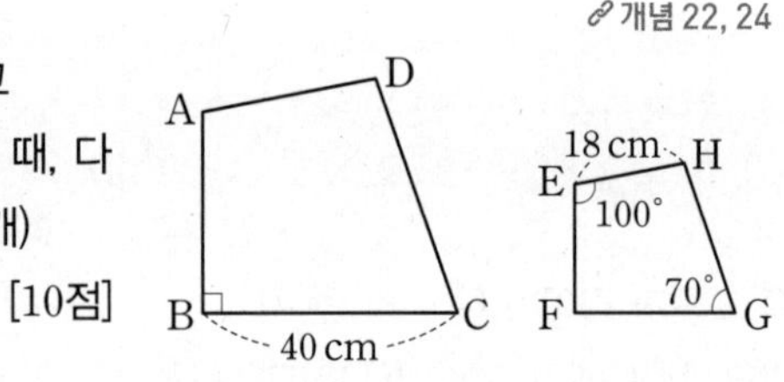

① $\angle F = 90°$ ② $\angle D = 120°$
③ $\dfrac{\overline{AB}}{\overline{EF}} = \dfrac{5}{3}$ ④ $\overline{AD} = 30\,\text{cm}$
⑤ □ABCD와 □EFGH의 둘레의 길이의 비는 25 : 9이다.

개념 22, 24

3 오른쪽 그림과 같이 중심이 일치하는 세 원에서 $\overline{OA} = \overline{AB} = \overline{BC}$이다. 가장 큰 원의 넓이가 $45\pi\,\text{cm}^2$일 때, 가장 작은 원의 넓이를 구하시오. [15점]

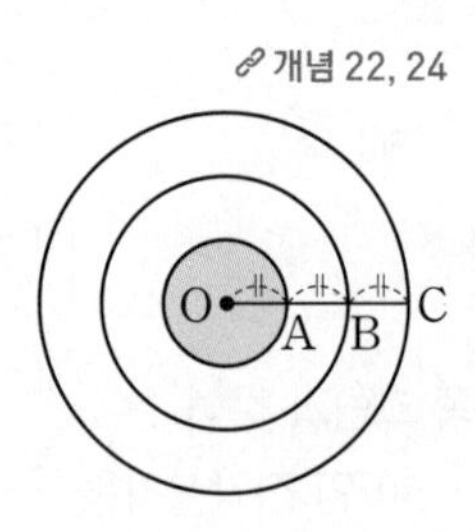

개념 23, 24

4 오른쪽 그림과 같이 큰 사각뿔을 밑면에 평행한 평면으로 $\overline{AB} = 6\,\text{cm}$, $\overline{BC} = 4\,\text{cm}$가 되도록 자를 때, 큰 사각뿔과 작은 사각뿔의 부피의 비는? [10점]

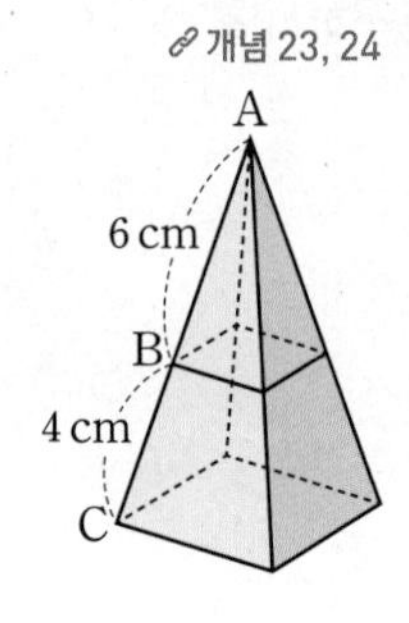

① 5 : 3 ② 9 : 4 ③ 25 : 9
④ 81 : 16 ⑤ 125 : 27

🔗 개념 25

5 다음 중 오른쪽 그림의 △ABC와 △DEF가 서로 닮은 도형이 되게 하는 조건으로 알맞은 것은? [10점]

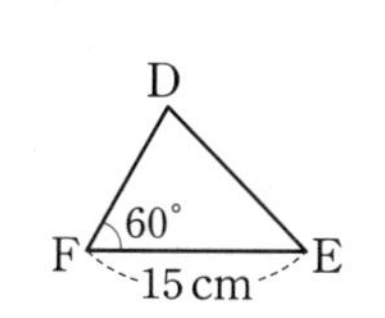

① $\angle A=60^\circ$, $\angle D=60^\circ$
② $\angle A=60^\circ$, $\overline{DF}=6\,\text{cm}$
③ $\angle C=60^\circ$, $\angle D=75^\circ$
④ $\overline{AB}=16\,\text{cm}$, $\overline{DE}=12\,\text{cm}$
⑤ $\overline{AC}=12\,\text{cm}$, $\overline{DF}=8\,\text{cm}$

🔗 개념 26

6 오른쪽 그림과 같은 △ABC에서 $\overline{AB}=16\,\text{cm}$, $\overline{AD}=9\,\text{cm}$, $\overline{AC}=12\,\text{cm}$, $\overline{BC}=20\,\text{cm}$일 때, x의 값을 구하시오. [10점]

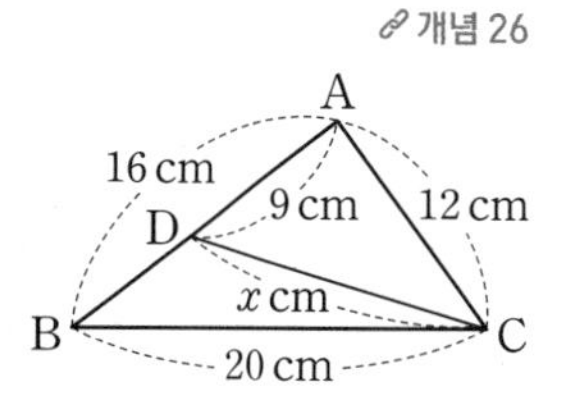

🔗 개념 26, 27

7 오른쪽 그림과 같이 $\angle A=90^\circ$인 직각삼각형 ABC에서 $\overline{DM}$은 $\overline{BC}$의 수직이등분선이다. $\overline{AB}=16\,\text{cm}$, $\overline{BC}=20\,\text{cm}$일 때, $\overline{BD}$의 길이를 구하시오. [15점]

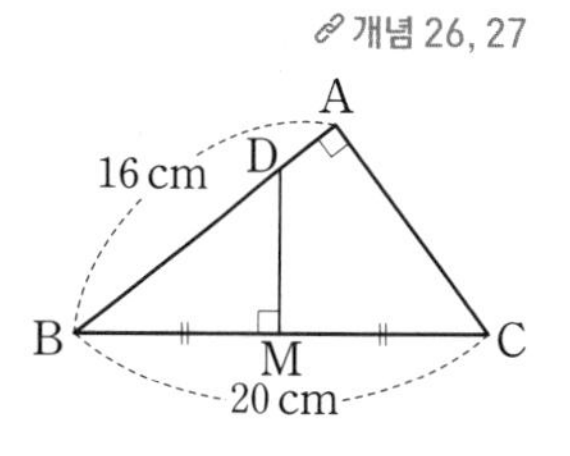

🔗 개념 27

8 해진이가 오른쪽 그림과 같이 거울을 놓고 빛의 입사각과 반사각의 크기가 같음을 이용하여 건물의 높이를 구하려고 한다. 해진이의 눈높이는 1.5 m, 해진이와 거울 사이의 거리는 2.5 m, 거울과 건물 사이의 거리는 20 m일 때, 건물의 높이를 구하시오. (단, 거울의 두께는 생각하지 않는다.) [20점]

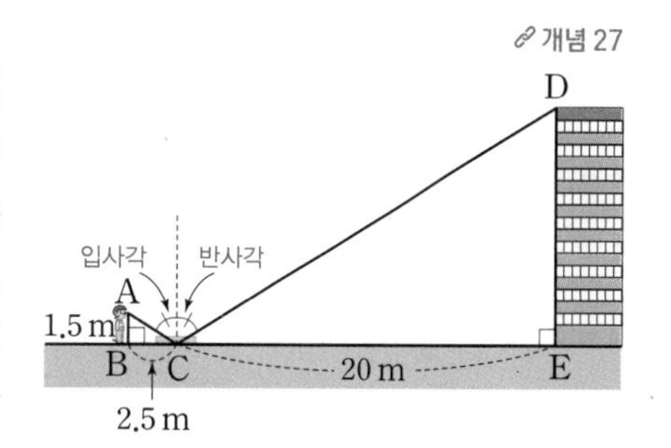

배운 내용 돌아보기

마인드맵으로 정리하기

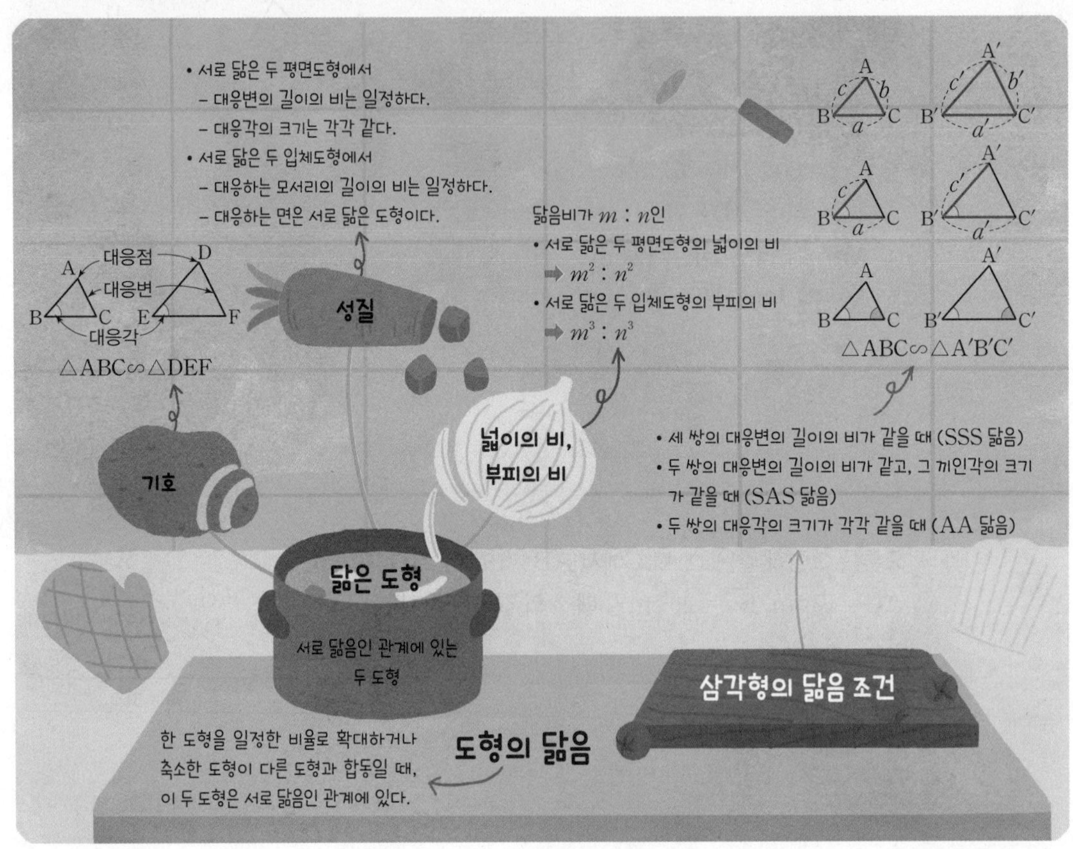

OX 문제로 확인하기

옳은 것은 O, 옳지 않은 것은 X를 택하시오. • 정답 및 해설 27쪽

❶ $\triangle ABC \backsim \triangle DEF$일 때, $\overline{AC}$의 대응변은 $\overline{DF}$이다. O | X

❷ $\triangle ABC \backsim \triangle DEF$일 때, $\angle A=55^\circ$이면 $\angle F=55^\circ$이다. O | X

❸ 서로 닮은 두 평면도형에서 대응변의 길이의 비는 일정하다. O | X

❹ 서로 닮은 두 입체도형에서 대응하는 면은 서로 합동이다. O | X

❺ 닮음비가 $3 : 4$인 서로 닮은 두 입체도형의 겉넓이의 비는 $27 : 64$이다. O | X

❻ 두 쌍의 대응변의 길이의 비가 같은 두 삼각형은 서로 닮은 도형이다. O | X

❼ 두 쌍의 대응각의 크기가 각각 같은 두 삼각형은 서로 닮은 도형이다. O | X

❽ 두 직각삼각형에서 한 예각의 크기가 같으면 두 삼각형은 서로 닮은 도형이다. O | X

4 평행선과 선분의 길이의 비

배운 내용 → **이 단원의 내용** → **배울 내용**

배운 내용

- **초등학교 5~6학년군**
  비와 비율
  비례식과 비례배분
- **중학교 1학년**
  기본 도형
  작도와 합동

이 단원의 내용

◆ 삼각형과 평행선
◆ 삼각형의 두 변의 중점을 연결한 선분의 성질
◆ 평행선 사이의 선분의 길이의 비
◆ 삼각형의 무게중심

배울 내용

- **중학교 3학년**
  삼각비
  원의 성질

학습 내용	학습 날짜	학습 확인	복습 날짜
개념 28 삼각형에서 평행선과 선분의 길이의 비	/	☺ 😐 ☹	/
개념 29 삼각형의 각의 이등분선	/	☺ 😐 ☹	/
개념 30 삼각형의 두 변의 중점을 연결한 선분의 성질	/	☺ 😐 ☹	/
개념 31 삼각형의 두 변의 중점을 연결한 선분의 성질의 응용	/	☺ 😐 ☹	/
개념 32 평행선 사이의 선분의 길이의 비	/	☺ 😐 ☹	/
개념 33 삼각형의 무게중심	/	☺ 😐 ☹	/
개념 34 삼각형의 무게중심과 넓이	/	☺ 😐 ☹	/
개념 35 삼각형의 무게중심의 응용	/	☺ 😐 ☹	/
학교 시험 문제로 단원 마무리	/	☺ 😐 ☹	/

개념 28 삼각형에서 평행선과 선분의 길이의 비

되짚어 보기 [초5~6] 비와 비율 / 비례식 [중1] 평행선에서 동위각과 엇각

△ABC에서 $\overline{AB}$, $\overline{AC}$ 또는 그 연장선 위에 각각 점 D, E가 있을 때

(1) ① $\overline{BC} /\!/ \overline{DE}$이면

$\overline{AB} : \overline{AD} = \overline{AC} : \overline{AE} = \overline{BC} : \overline{DE}$

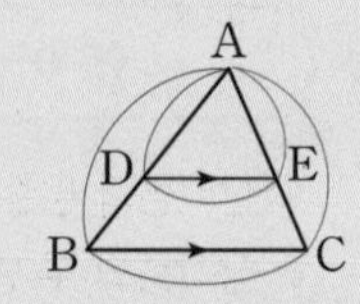
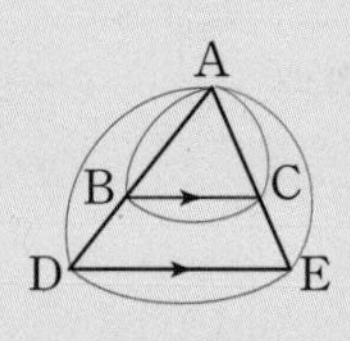
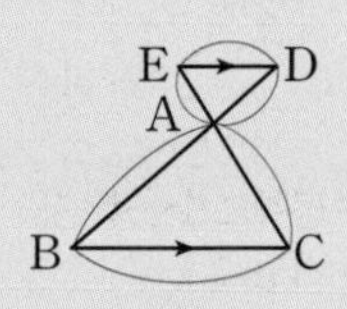

② $\overline{BC} /\!/ \overline{DE}$이면

$\overline{AD} : \overline{DB} = \overline{AE} : \overline{EC}$

주의 $\overline{AD} : \overline{DB} \neq \overline{DE} : \overline{BC}$임에 주의한다.

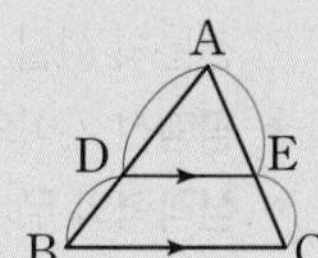
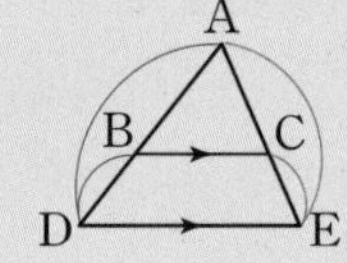
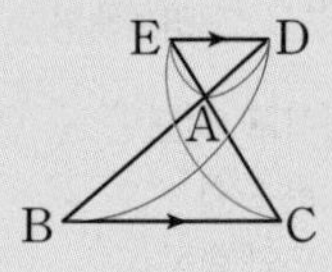

(2) ① $\overline{AB} : \overline{AD} = \overline{AC} : \overline{AE} = \overline{BC} : \overline{DE}$이면 $\overline{BC} /\!/ \overline{DE}$

② $\overline{AD} : \overline{DB} = \overline{AE} : \overline{EC}$이면 $\overline{BC} /\!/ \overline{DE}$

개념 확인

● 정답 및 해설 28쪽

1 다음 그림에서 $\overline{BC} /\!/ \overline{DE}$일 때, x의 값을 구하시오.

(1) (2) (3)

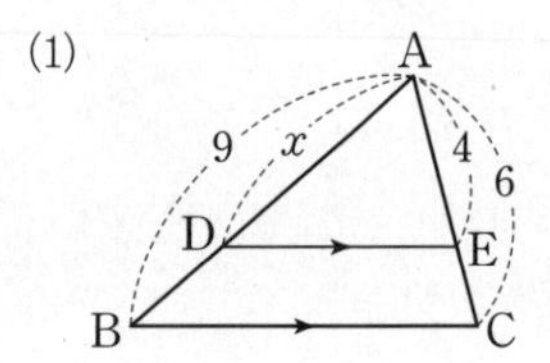
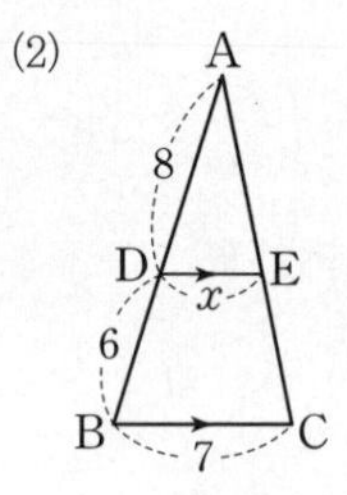
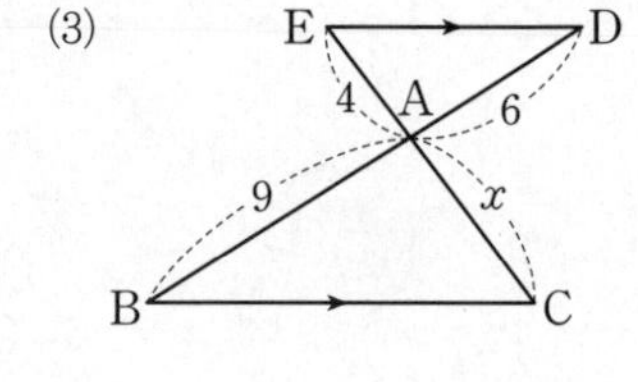

(4) (5) (6)

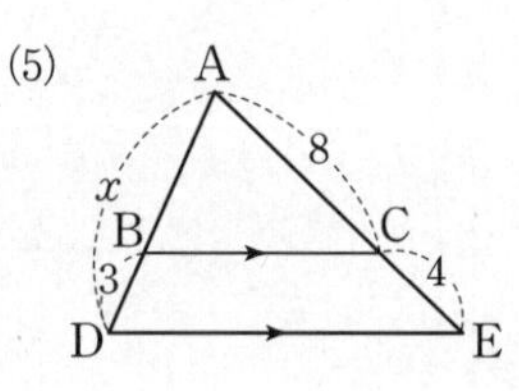
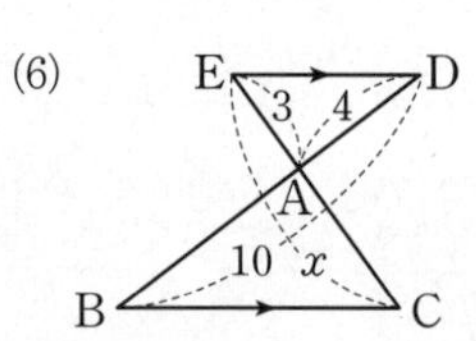

2 다음 그림에서 $\overline{BC} /\!/ \overline{DE}$인 것은 ○표, 아닌 것은 ×표를 ( ) 안에 쓰시오.

(1) ( )

(2) ( )

(3) ( )

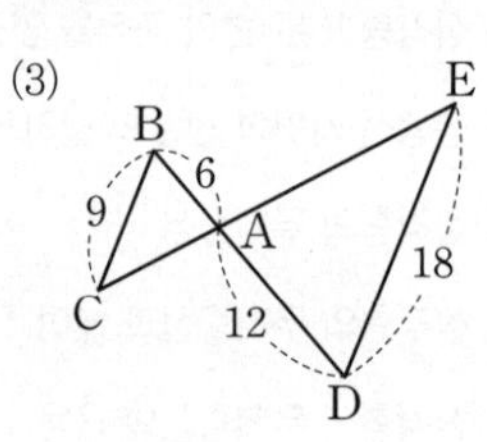

1 해설 꼭 확인

오른쪽 그림과 같은 △ABC에서 $\overline{BC} /\!/ \overline{DE}$일 때, $x+y$의 값은?

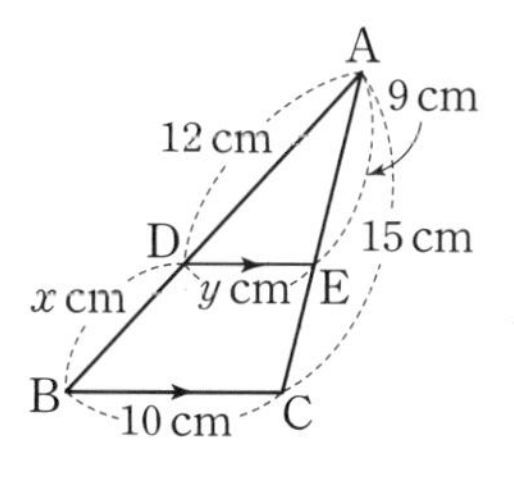

① 8 ② 10
③ 12 ④ 14
⑤ 16

2

오른쪽 그림에서 $\overline{BC} /\!/ \overline{DE}$일 때, △ABC의 둘레의 길이를 구하시오.

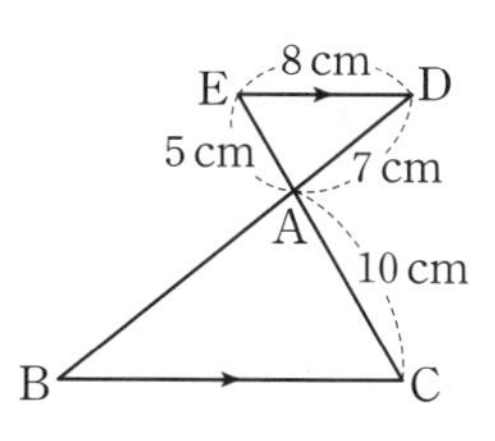

3

다음 | 보기 | 중 $\overline{BC} /\!/ \overline{DE}$인 것을 고르시오.

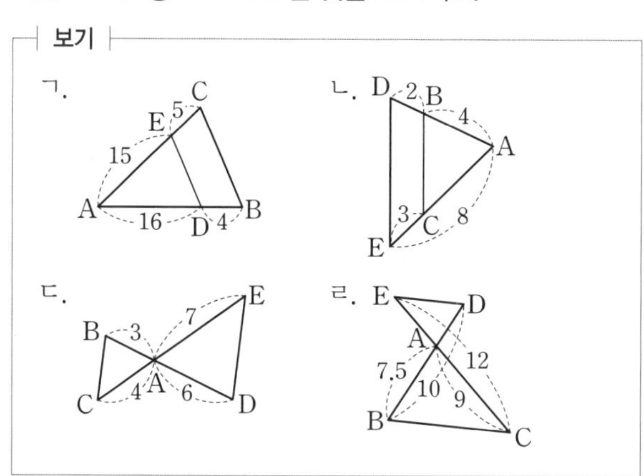

4

오른쪽 그림과 같은 △ABC에서 $\overline{BC} /\!/ \overline{DE}$일 때, 다음 중 옳지 않은 것은?

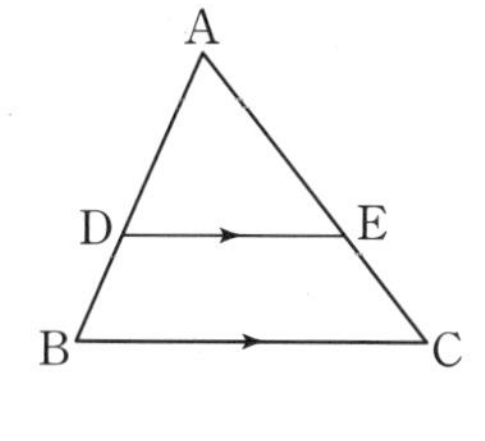

① $\overline{AB} : \overline{AD} = \overline{AC} : \overline{AE}$
② $\overline{DB} : \overline{AD} = \overline{EC} : \overline{AE}$
③ $\overline{AD} : \overline{AB} = \overline{DE} : \overline{BC}$
④ $\dfrac{\overline{DB}}{\overline{AB}} = \dfrac{\overline{EC}}{\overline{AC}}$
⑤ $\dfrac{\overline{DB}}{\overline{AD}} = \dfrac{\overline{BC}}{\overline{DE}}$

5 (1) △ABE에서 생각해 봐.

오른쪽 그림과 같은 △ABC에서 $\overline{BC} /\!/ \overline{DE}$, $\overline{BE} /\!/ \overline{DF}$일 때, $\overline{CE}$의 길이를 구하려고 한다. 다음 물음에 답하시오.

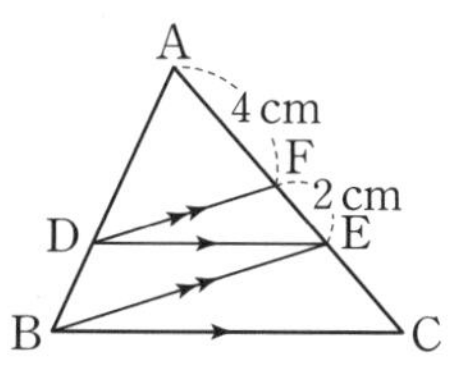

(1) $\overline{AD}$와 $\overline{DB}$의 길이의 비를 가장 간단한 자연수의 비로 나타내시오.

(2) $\overline{CE}$의 길이를 구하시오.

6 생각이 자라는 창의·융합

오른쪽 그림과 같은 삼각형 모양의 꽃밭에 산책길 $\overline{AC}$와 평행한 산책길 $\overline{DE}$를 만들려고 한다. B지점에서 D지점까지의 거리를 구하시오.

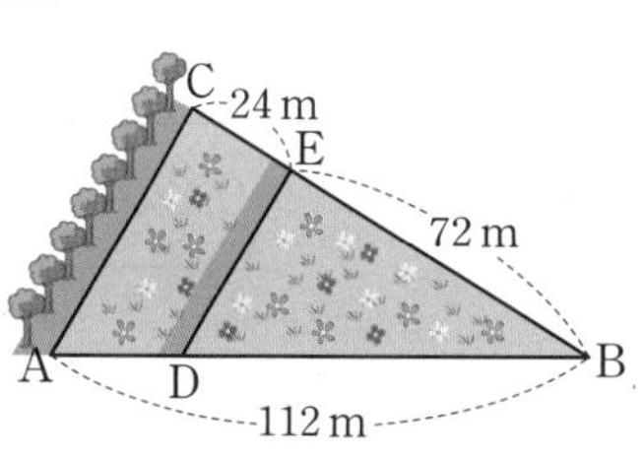

▶ 문제 속 개념 도출

•

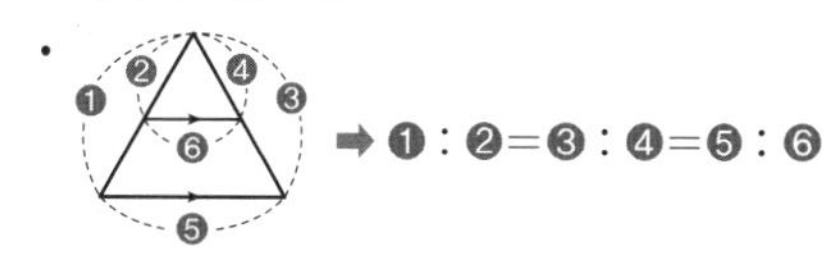

개념 29 삼각형의 각의 이등분선

되짚어 보기 [중2] 평행선과 넓이 / 삼각형에서 평행선과 선분의 길이의 비

$\triangle ABC$에서 $\angle A$의 이등분선이 $\overline{BC}$와 만나는 점을 D라 하면

$\overline{AB} : \overline{AC} = \overline{BD} : \overline{CD}$

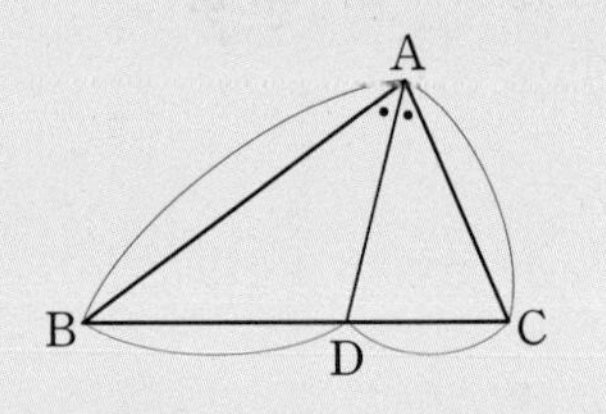

참고

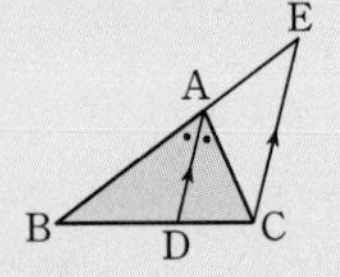

점 C를 지나고 $\overline{AD}$에 평행한 직선과 $\overline{AB}$의 연장선의 교점이 E일 때 ➡ $\overline{AD} /\!/ \overline{EC}$

➡

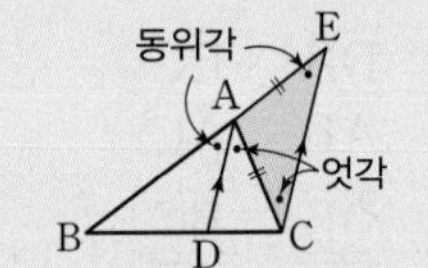

$\angle ACE = \angle AEC$이므로 $\triangle ACE$는 이등변삼각형 ➡ $\overline{AC} = \overline{AE}$

➡

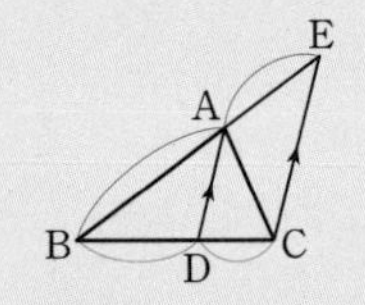

$\triangle BCE$에서 $\overline{BA} : \overline{AE} = \overline{BD} : \overline{DC}$ ➡ $\overline{AB} : \overline{AC} = \overline{BD} : \overline{CD}$

개념 확인

● 정답 및 해설 29쪽

1 오른쪽 그림과 같은 $\triangle ABC$에서 $\overline{AD}$는 $\angle A$의 이등분선이고 점 C를 지나면서 $\overline{AD}$에 평행한 직선이 $\overline{AB}$의 연장선과 만나는 점을 E라 할 때, $\overline{DC}$의 길이를 구하려고 한다. 다음 물음에 답하시오.

(1) $\triangle ACE$는 어떤 삼각형인지 말하시오.

(2) $\overline{AE}$의 길이를 구하시오.

(3) $\overline{DC}$의 길이를 구하시오.

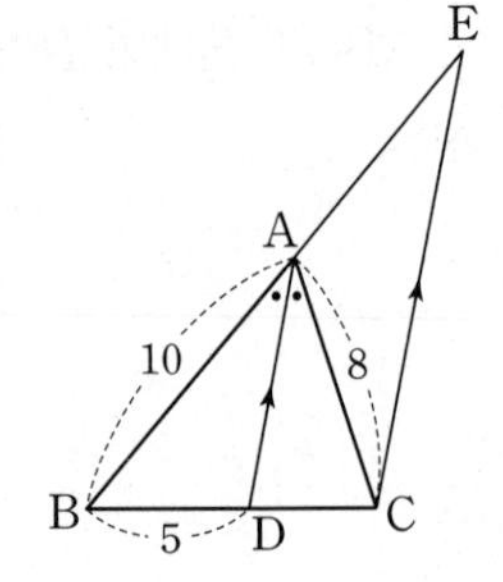

2 다음 그림과 같은 $\triangle ABC$에서 $\overline{AD}$가 $\angle A$의 이등분선일 때, x의 값을 구하시오.

(1)

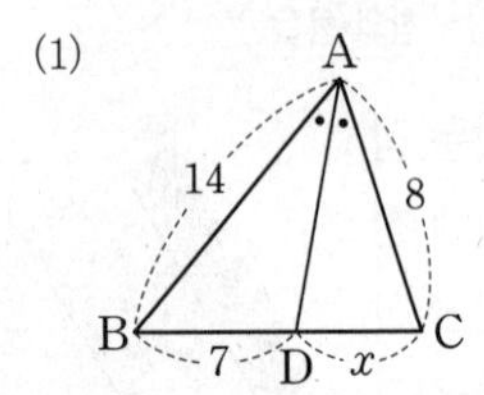

(2)

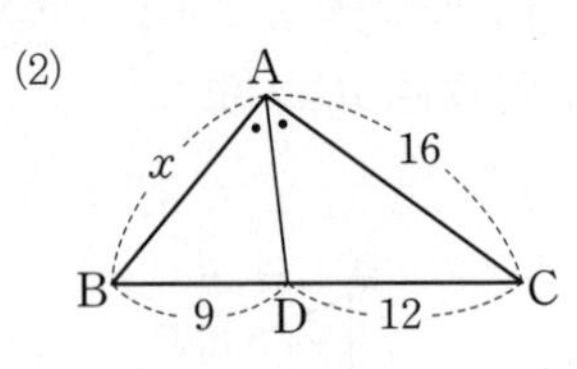

(3)

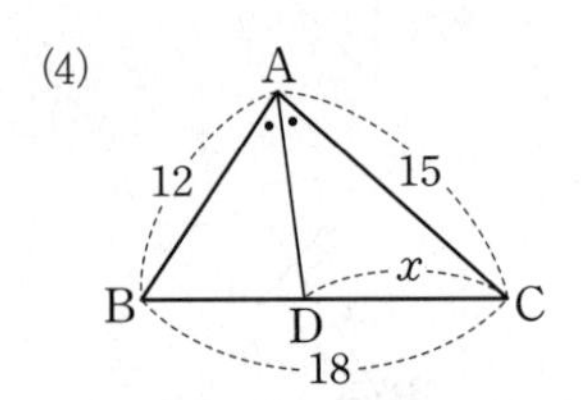

(4)

교과서 문제로 개념 다지기

1

오른쪽 그림과 같은 △ABC에서 ∠BAD=∠CAD이고 $\overline{AB}=9\,cm$, $\overline{AC}=12\,cm$, $\overline{CD}=8\,cm$일 때, $\overline{BD}$의 길이를 구하시오.

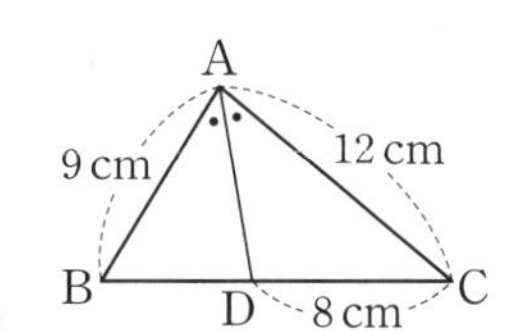

2

다음 그림과 같은 △ABC에서 $\overline{AD}$는 ∠A의 이등분선이고 $\overline{AB}=8\,cm$, $\overline{BC}=9\,cm$, $\overline{CA}=4\,cm$일 때, $\overline{CD}$의 길이를 구하시오.

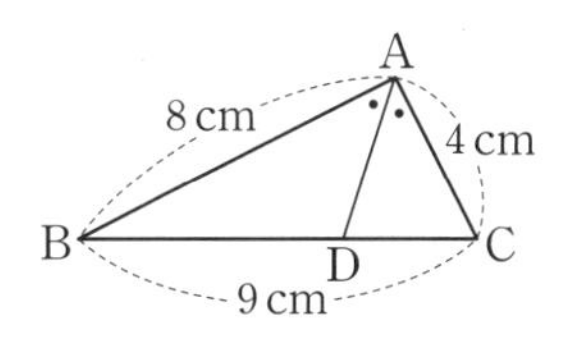

3

오른쪽 그림과 같은 △ABC에서 $\overline{AD}$, $\overline{BE}$는 각각 ∠A, ∠B의 이등분선이다. $\overline{AB}=10\,cm$, $\overline{AC}=15\,cm$, $\overline{BD}=6\,cm$일 때, $x+y$의 값을 구하시오.

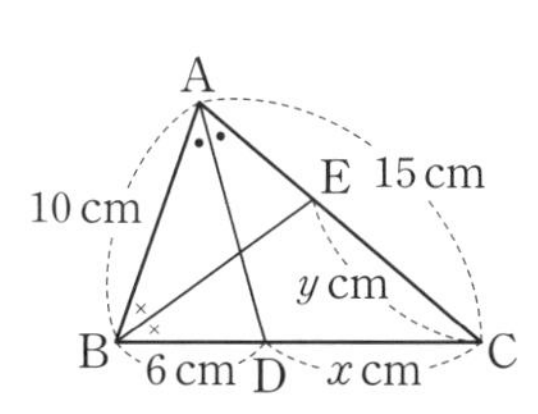

4

다음 그림과 같은 △ABC에서 $\overline{AD}$는 ∠A의 이등분선이고, 점 D를 지나면서 $\overline{AC}$에 평행한 직선이 $\overline{AB}$와 만나는 점을 E라 하자. $\overline{AB}=18\,cm$, $\overline{AC}=6\,cm$일 때, $\overline{DE}$의 길이를 구하려고 한다. 물음에 답하시오.

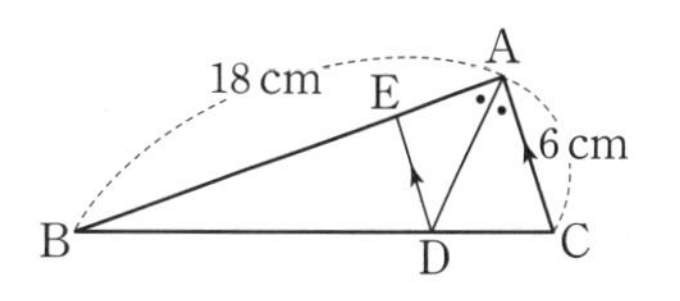

(1) $\overline{BD}$와 $\overline{BC}$의 길이의 비를 가장 간단한 자연수의 비로 나타내시오.

(2) $\overline{DE}$의 길이를 구하시오.

5 생각이 자라는 문제 해결

오른쪽 그림과 같은 △ABC에서 $\overline{AD}$는 ∠A의 이등분선이다. $\overline{AB}=8\,cm$, $\overline{AC}=6\,cm$이고 △ABC의 넓이가 $21\,cm^2$일 때, △ABD의 넓이를 구하시오.

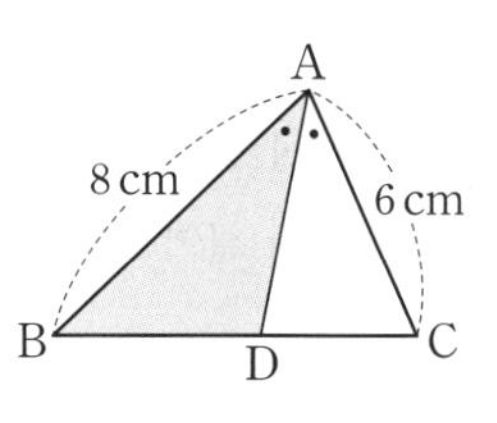

▶ 문제 속 개념 도출

- △ABC에서 $\overline{AD}$가 ∠A의 이등분선이면
  ➡ $a : b=$① ______
  ➡ △ABD : △ADC$=c : d$
  $=$② ______

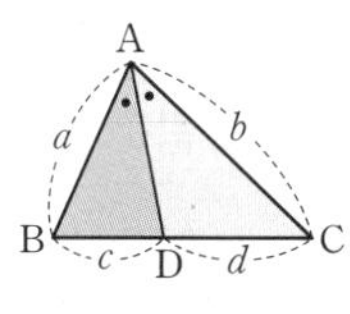

개념 30 삼각형의 두 변의 중점을 연결한 선분의 성질

되짚어 보기 [중2] 삼각형에서 평행선과 선분의 길이의 비

(1) 삼각형의 두 변의 중점을 연결한 선분은 나머지 변과 평행하고, 그 길이는 나머지 변의 길이의 $\frac{1}{2}$이다.

➡ △ABC에서 $\overline{AM}=\overline{MB}$, $\overline{AN}=\overline{NC}$이면

$\overline{MN} /\!/ \overline{BC}$, $\overline{MN}=\frac{1}{2}\overline{BC}$

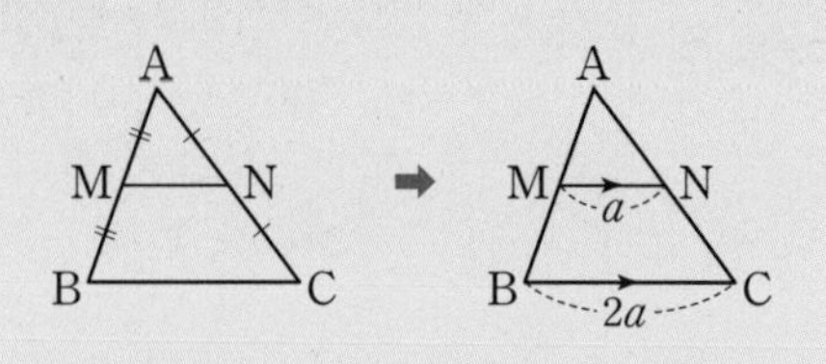

(2) 삼각형의 한 변의 중점을 지나고 다른 한 변에 평행한 직선은 나머지 변의 중점을 지난다.

➡ △ABC에서 $\overline{AM}=\overline{MB}$, $\overline{MN} /\!/ \overline{BC}$이면

$\overline{AN}=\overline{NC}$

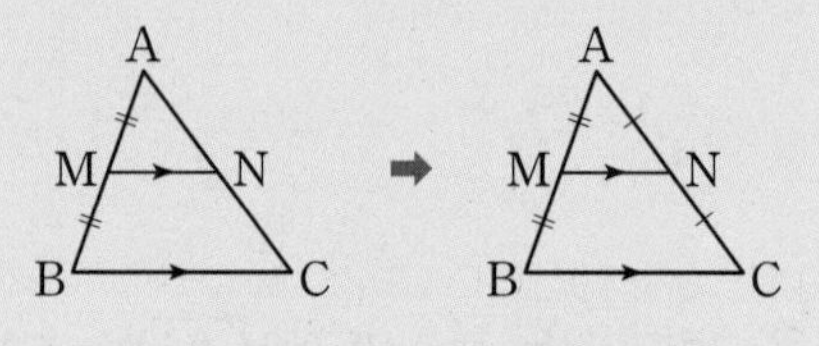

개념 확인

● 정답 및 해설 30쪽

1

오른쪽 그림과 같은 △ABC에서 $\overline{AB}$, $\overline{AC}$의 중점을 각각 M, N이라 하자. ∠B=60°, ∠C=40°이고 $\overline{BC}$=12일 때, 다음을 구하시오.

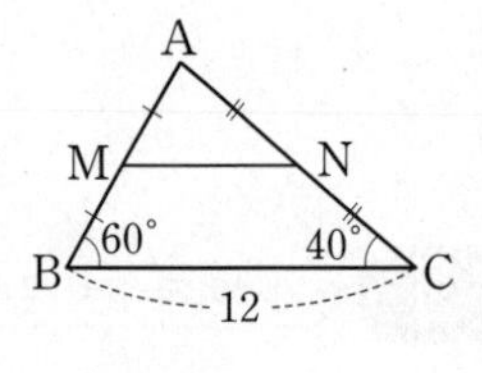

(1) ∠AMN의 크기

(2) $\overline{MN}$의 길이

2

다음 그림과 같은 △ABC에서 x의 값을 구하시오.

(1)

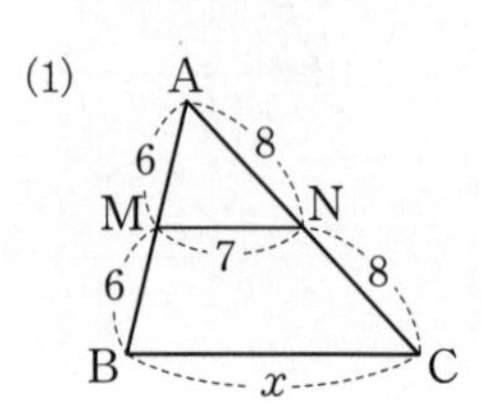

(2)

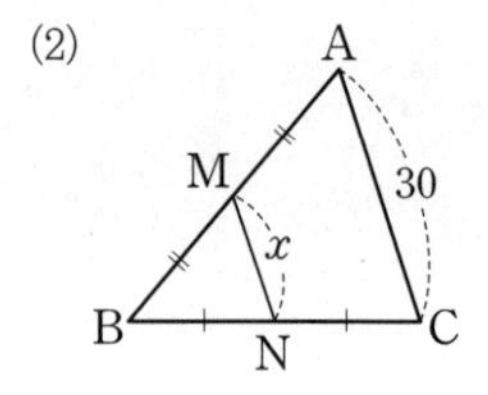

3

오른쪽 그림과 같은 △ABC에서 점 M은 $\overline{AB}$의 중점이고 $\overline{MN} /\!/ \overline{BC}$이다. $\overline{MN}$=8, $\overline{AN}$=7일 때, 다음을 구하시오.

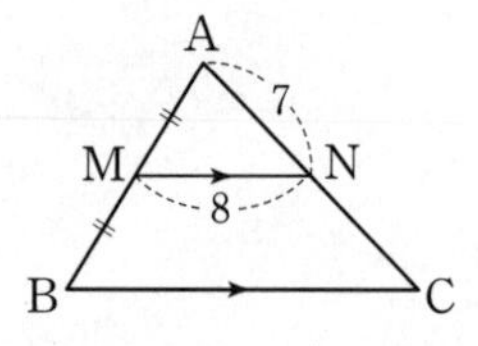

(1) $\overline{NC}$의 길이

(2) $\overline{BC}$의 길이

4

다음 그림과 같은 △ABC에서 x의 값을 구하시오.

(1)

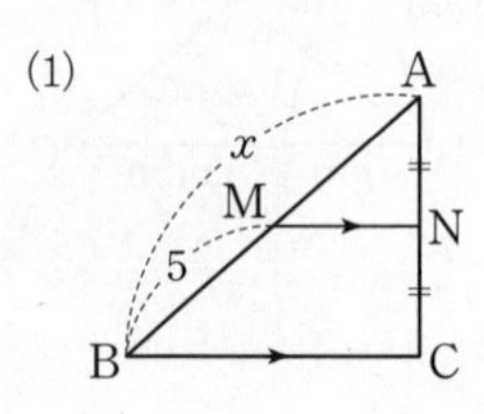

(2)

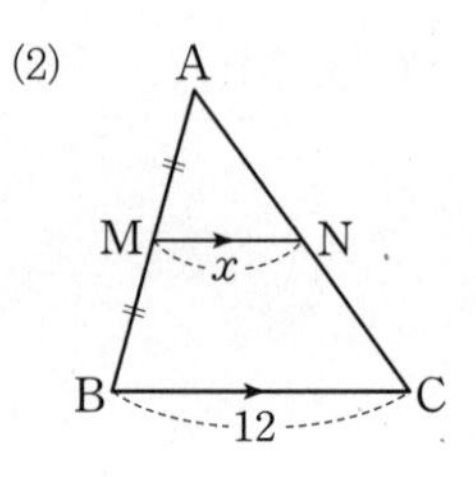

1

오른쪽 그림과 같은 $\triangle ABC$에서 두 점 M, N은 각각 $\overline{AB}$, $\overline{AC}$의 중점이고 $\overline{MN}=4\,\text{cm}$, $\angle B=50°$일 때, $x+y$의 값을 구하시오.

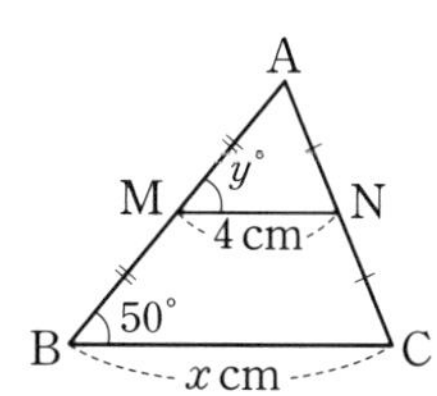

2

오른쪽 그림과 같은 $\triangle ABC$에서 점 M은 $\overline{AB}$의 중점이고 $\overline{MN} /\!/ \overline{BC}$이다. $\overline{AN}=10\,\text{cm}$, $\overline{BC}=24\,\text{cm}$일 때, $x-y$의 값을 구하시오.

3

오른쪽 그림과 같은 $\triangle ABC$에서 점 D는 $\overline{AB}$의 중점이고 $\overline{DE} /\!/ \overline{BC}$, $\overline{AB} /\!/ \overline{EF}$이다. $\overline{DE}=9\,\text{cm}$일 때, $\overline{FC}$의 길이를 구하시오.

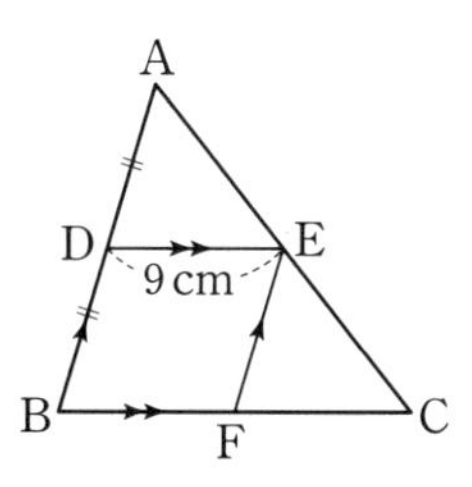

4

△DBC에서 $\overline{BC}$의 길이를 먼저 구해 봐.

오른쪽 그림에서 $\overline{AB}$, $\overline{AC}$, $\overline{BD}$, $\overline{CD}$의 중점을 각각 M, N, P, Q라 하자. $\overline{PQ}=7\,\text{cm}$일 때, $\overline{MN}$의 길이를 구하시오.

5

오른쪽 그림과 같은 $\triangle ABC$에서 두 점 D, E는 $\overline{AB}$의 삼등분점이고, 점 F는 $\overline{AC}$의 중점이다. $\overline{EP}=3\,\text{cm}$일 때, $\overline{CP}$의 길이를 구하려고 한다. 다음을 구하시오.

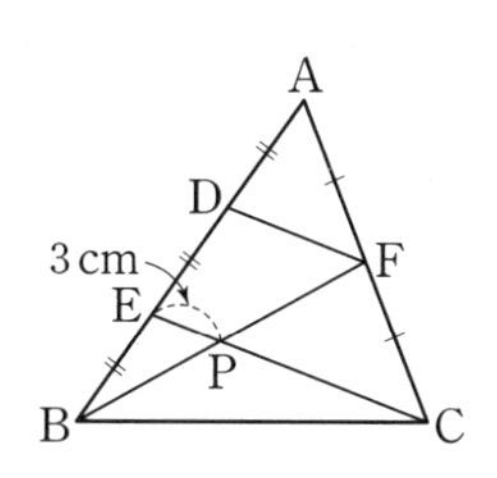

(1) $\overline{DF}$의 길이

(2) $\overline{EC}$의 길이

(3) $\overline{CP}$의 길이

6 · 생각이 자라는 창의·융합

오른쪽 그림과 같이 밑면이 정사각형이고, 옆면이 모두 정삼각형인 피라미드 모양의 건물 모형을 만들었다. 이 건물 모형의 옆면의 각 모서리의 중점을 연결하여 2층 밑면을 만들었을 때, 1층 밑면의 넓이는 2층 밑면의 넓이의 몇 배인지 구하시오.

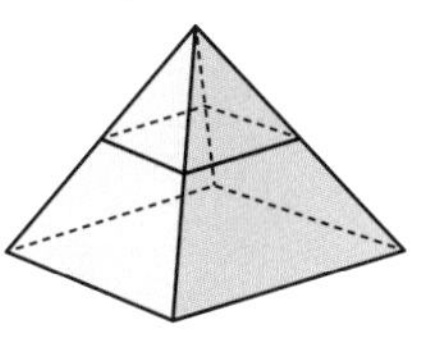

▶ 문제 속 개념 도출

- 삼각형의 두 변의 중점을 연결한 선분은 나머지 변과 평행하고, 그 길이는 나머지 변의 길이의 ① ____ 이다.
- 서로 닮은 두 평면도형의 닮음비가 $m:n$이면 넓이의 비는
  ➡ ② ______

삼각형의 두 변의 중점을 연결한 선분의 성질의 응용

되짚어 보기 [중2] 삼각형의 두 변의 중점을 연결한 선분의 성질

(1) 삼각형의 각 변의 중점을 연결한 삼각형

△ABC의 세 변의 중점을 각각 D, E, F라 하면

① $\overline{FE}=\frac{1}{2}\overline{AB}$, $\overline{DF}=\frac{1}{2}\overline{BC}$, $\overline{ED}=\frac{1}{2}\overline{CA}$

② (△DEF의 둘레의 길이)$=\frac{1}{2}\times$(△ABC의 둘레의 길이)

③ △ADF≡△DBE≡△FEC≡△EFD (SSS 합동)

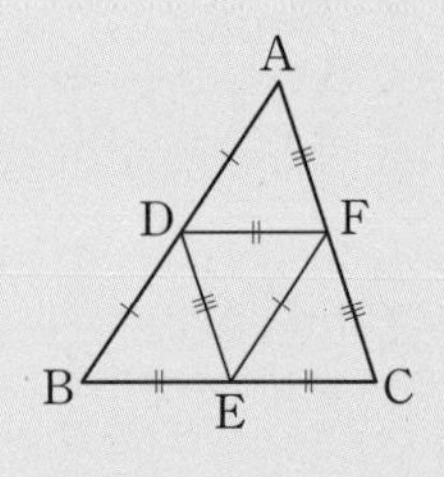

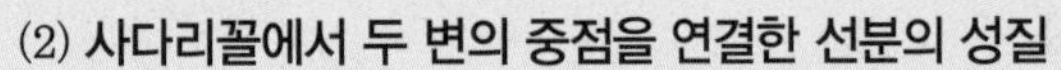

(2) 사다리꼴에서 두 변의 중점을 연결한 선분의 성질

$\overline{AD}/\!/\overline{BC}$인 사다리꼴 ABCD에서 $\overline{AB}$, $\overline{DC}$의 중점을 각각 M, N이라 하면 $\overline{AD}/\!/\overline{MN}/\!/\overline{BC}$

① $\overline{MN}=\overline{MQ}+\overline{QN}$

$=\frac{1}{2}(\overline{BC}+\overline{AD})$

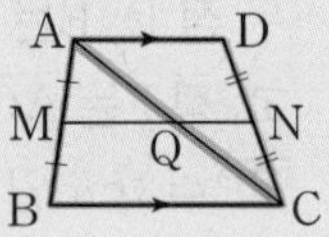

참고 △ABC에서 $\overline{MQ}=\frac{1}{2}\overline{BC}$,

△ACD에서 $\overline{QN}=\frac{1}{2}\overline{AD}$

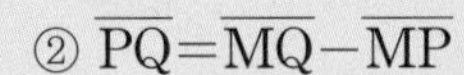
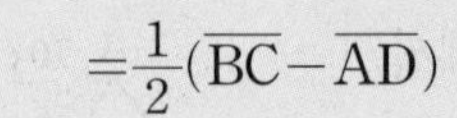
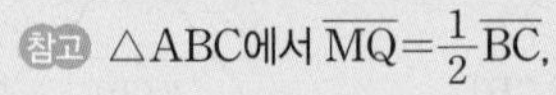

② $\overline{PQ}=\overline{MQ}-\overline{MP}$

$=\frac{1}{2}(\overline{BC}-\overline{AD})$

참고 △ABC에서 $\overline{MQ}=\frac{1}{2}\overline{BC}$,

△ABD에서 $\overline{MP}=\frac{1}{2}\overline{AD}$

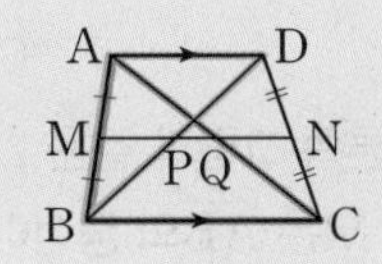

개념 확인

● 정답 및 해설 31쪽

1 오른쪽 그림과 같은 △ABC에서 $\overline{AB}$, $\overline{BC}$, $\overline{CA}$의 중점을 각각 D, E, F라 할 때, △DEF의 둘레의 길이를 구하려고 한다. 다음을 구하시오.

(1) $\overline{DE}$의 길이 (2) $\overline{EF}$의 길이

(3) $\overline{FD}$의 길이 (4) △DEF의 둘레의 길이

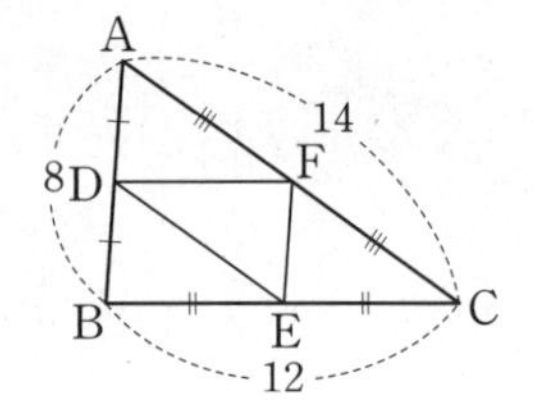

2 오른쪽 그림과 같이 $\overline{AD}/\!/\overline{BC}$인 사다리꼴 ABCD에서 $\overline{AB}$, $\overline{DC}$의 중점을 각각 M, N이라 할 때, $\overline{MN}$의 길이를 구하려고 한다. 다음을 구하시오.

(1) $\overline{MP}$의 길이 (2) $\overline{PN}$의 길이

(3) $\overline{MN}$의 길이

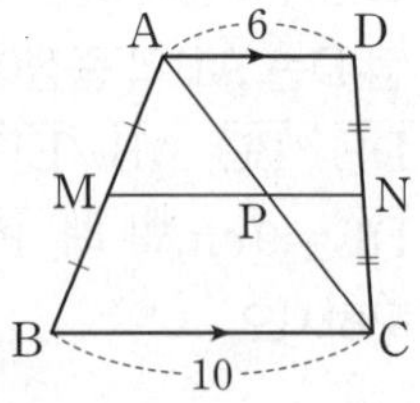

3 오른쪽 그림과 같이 $\overline{AD}/\!/\overline{BC}$인 사다리꼴 ABCD에서 $\overline{AB}$, $\overline{DC}$의 중점을 각각 M, N이라 할 때, $\overline{PQ}$의 길이를 구하려고 한다. 다음을 구하시오.

(1) $\overline{MQ}$의 길이 (2) $\overline{MP}$의 길이

(3) $\overline{PQ}$의 길이

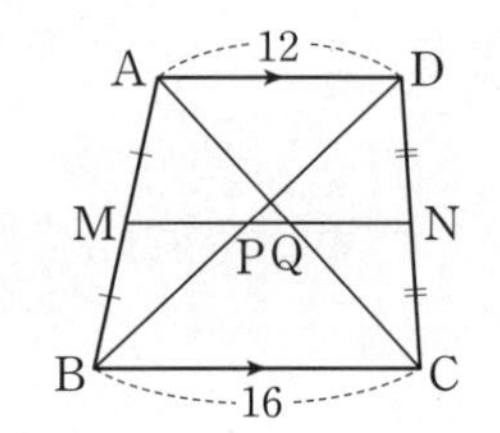

1

오른쪽 그림과 같은 △ABC에서 $\overline{AB}$, $\overline{BC}$, $\overline{CA}$의 중점을 각각 D, E, F라 하자. $\overline{AB}=15\,cm$, $\overline{BC}=9\,cm$, $\overline{CA}=12\,cm$일 때, △DEF의 둘레의 길이를 구하시오.

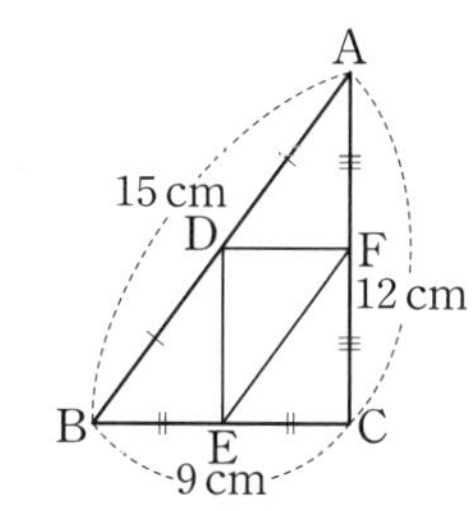

2

오른쪽 그림과 같이 $\overline{AD}/\!/\overline{BC}$인 사다리꼴 ABCD에서 $\overline{AB}$, $\overline{DC}$의 중점을 각각 M, N이라 하자. $\overline{BC}=8\,cm$, $\overline{PN}=3\,cm$일 때, $\overline{AD}+\overline{MP}$의 값을 구하시오.

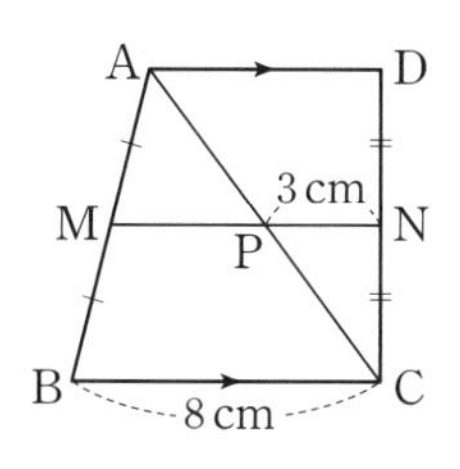

3

오른쪽 그림과 같은 △ABC에서 $\overline{AB}$, $\overline{BC}$, $\overline{CA}$의 중점을 각각 D, E, F라 할 때, 다음 중 옳지 않은 것을 모두 고르면? (정답 2개)

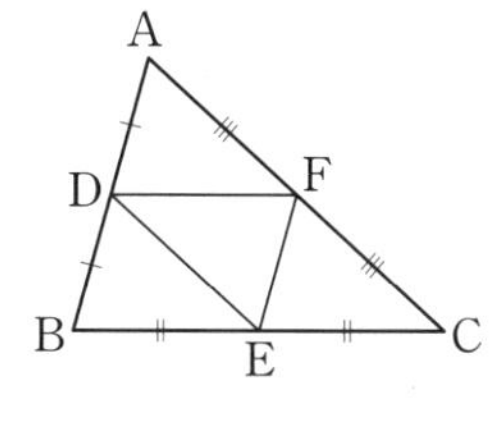

① ∠B=∠EFC
② $\overline{BD}=\overline{EF}$
③ △ABC∽△ADF
④ $\overline{DF}=\overline{CF}$
⑤ △FEC≡△EFD

4

오른쪽 그림과 같이 $\overline{AD}/\!/\overline{BC}$인 사다리꼴 ABCD에서 $\overline{AB}$, $\overline{DC}$의 중점을 각각 M, N이라 하자. $\overline{AD}=6\,cm$, $\overline{BC}=14\,cm$일 때, $\overline{PQ}$의 길이를 구하시오.

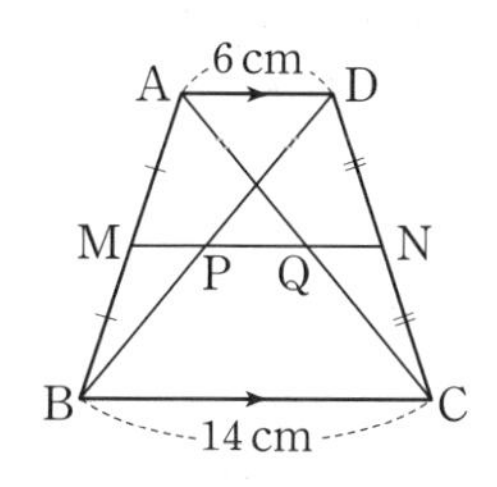

5

사다리꼴에 대각선을 그어 봐.

오른쪽 그림과 같이 $\overline{AD}/\!/\overline{BC}$인 사다리꼴 ABCD에서 $\overline{AB}$, $\overline{DC}$의 중점을 각각 M, N이라 하자. $\overline{AD}=9\,cm$, $\overline{BC}=15\,cm$일 때, $\overline{MN}$의 길이를 구하시오.

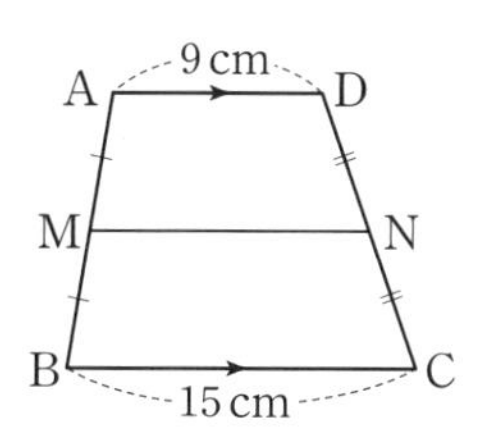

6 생각이 자라는 문제 해결

오른쪽 그림과 같은 사각형 ABCD에서 $\overline{AB}$, $\overline{BC}$, $\overline{CD}$, $\overline{DA}$의 중점을 각각 E, F, G, H라 하자. $\overline{AC}=34\,cm$, $\overline{BD}=26\,cm$일 때, 사각형 EFGH의 둘레의 길이를 구하시오.

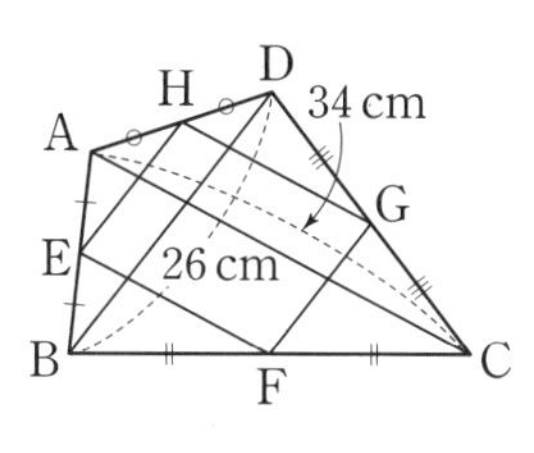

▶ 문제 속 개념 도출

- □ABCD에서 $\overline{AB}$, $\overline{BC}$, $\overline{CD}$, $\overline{DA}$의 중점을 각각 E, F, G, H라 하면
  ➡ $\overline{EF}=\overline{HG}=\frac{1}{2}\overline{AC}$, $\overline{EH}=\overline{FG}=\frac{1}{2}\overline{BD}$

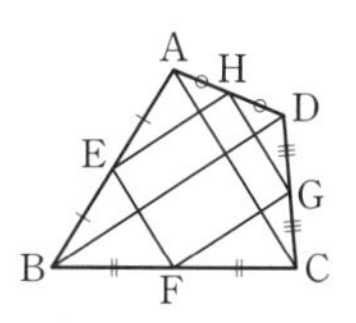

평행선 사이의 선분의 길이의 비

되짚어 보기 [중2] 삼각형에서 평행선과 선분의 길이의 비

세 개의 평행선이 다른 두 직선과 만나서 생기는 선분의 길이의 비는 같다.

➡ $l /\!/ m /\!/ n$이면 $a : b = a' : b'$

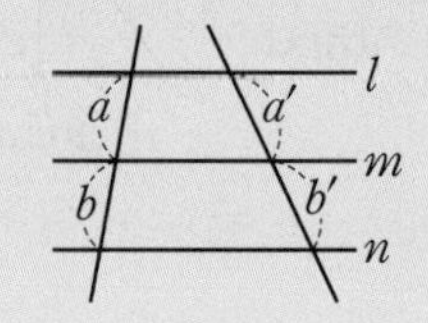

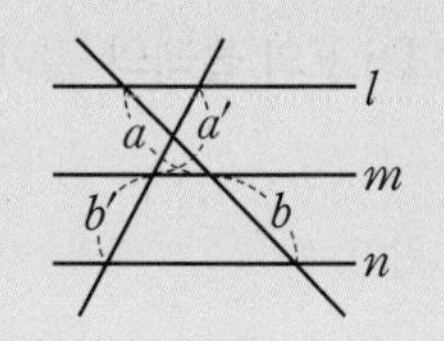

개념 확인

● 정답 및 해설 32쪽

1 다음 그림에서 $l /\!/ m /\!/ n$일 때, x의 값을 구하시오.

(1)

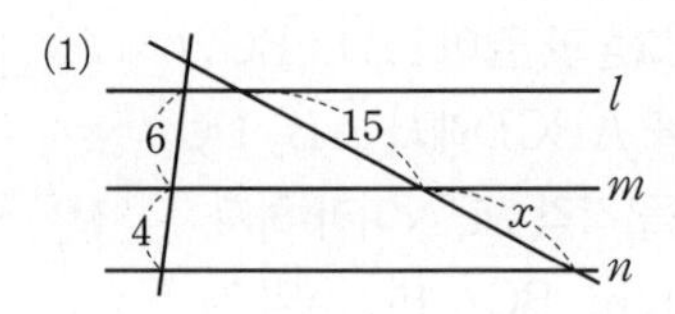

(2)

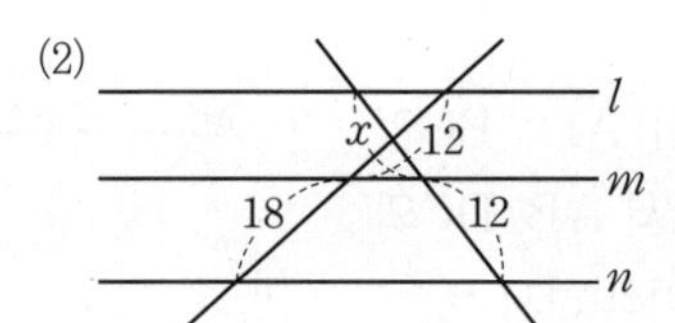

(3)

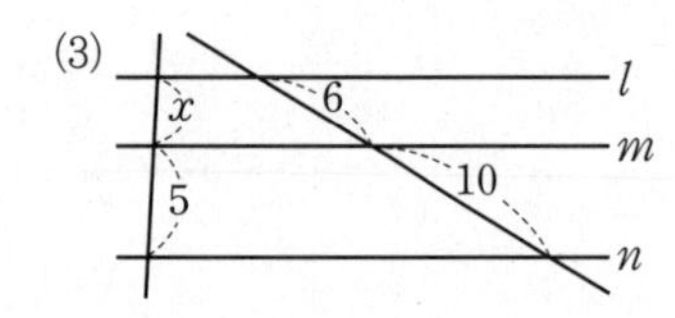

(4)

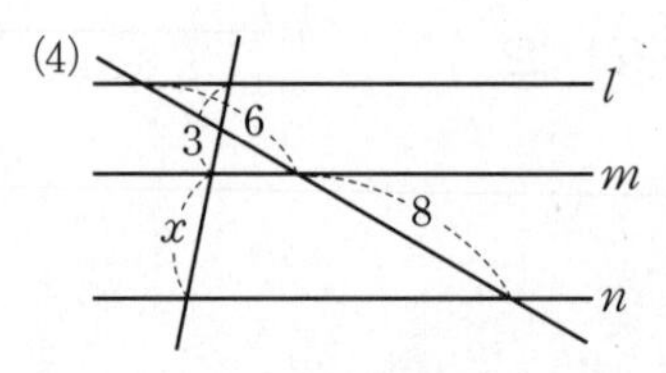

2 오른쪽 그림과 같은 사다리꼴 ABCD에서 $\overline{AD} /\!/ \overline{EF} /\!/ \overline{BC}$이고 $\overline{AH} /\!/ \overline{DC}$일 때, $\overline{EF}$의 길이를 구하려고 한다. 다음을 구하시오.

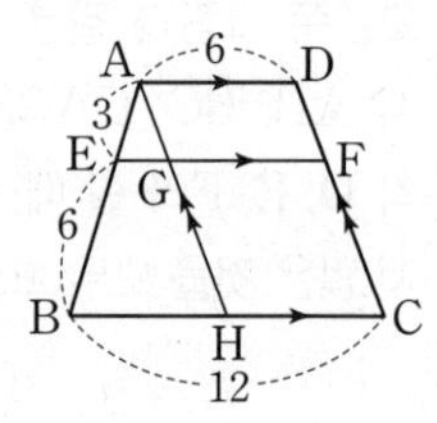

(1) $\overline{BH}$의 길이 (2) $\overline{EG}$의 길이

(3) $\overline{GF}$의 길이 (4) $\overline{EF}$의 길이

3 오른쪽 그림과 같은 사다리꼴 ABCD에서 $\overline{AD} /\!/ \overline{EF} /\!/ \overline{BC}$일 때, $\overline{EF}$의 길이를 구하려고 한다. 다음을 구하시오.

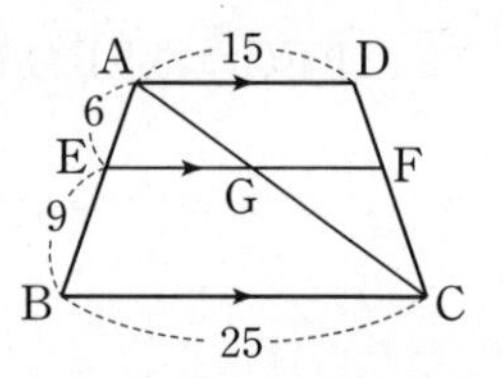

(1) $\overline{EG}$의 길이 (2) $\overline{GF}$의 길이

(3) $\overline{EF}$의 길이

1

오른쪽 그림에서 $l \mathbin{/\!/} m \mathbin{/\!/} n$일 때, x의 값은?

① 7　② 8　③ 9　④ 10　⑤ 11

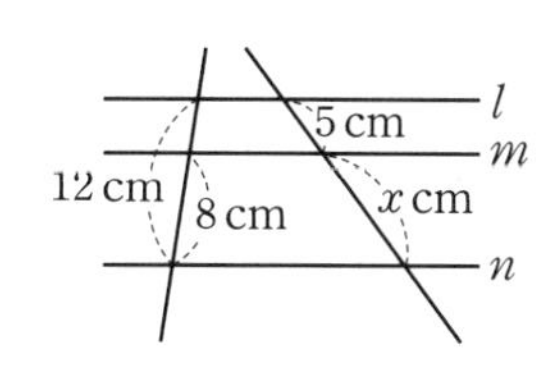

2

다음 그림에서 $l \mathbin{/\!/} m \mathbin{/\!/} n$일 때, $x+y$의 값을 구하시오.

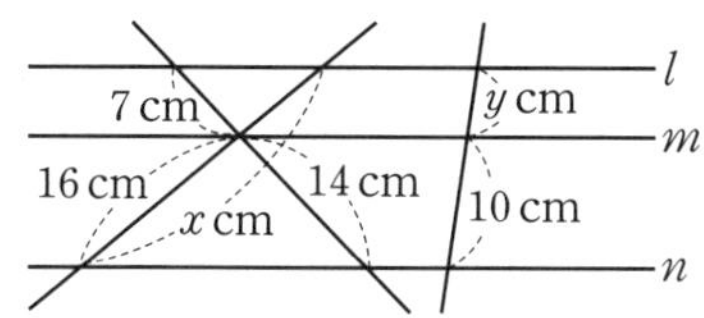
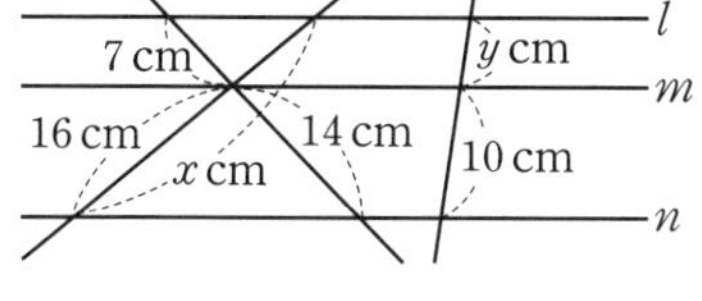

3

오른쪽 그림과 같은 사다리꼴 ABCD에서 $\overline{AD} \mathbin{/\!/} \overline{EF} \mathbin{/\!/} \overline{BC}$일 때, xy의 값을 구하시오.

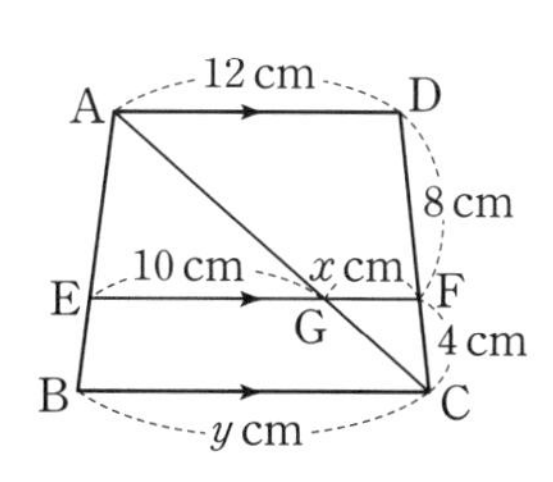

4

점 A를 지나고 $\overline{CD}$에 평행한 직선을 그어 봐.

오른쪽 그림과 같은 사다리꼴 ABCD에서 $\overline{AD} \mathbin{/\!/} \overline{EF} \mathbin{/\!/} \overline{BC}$일 때, $\overline{EF}$의 길이를 구하시오.

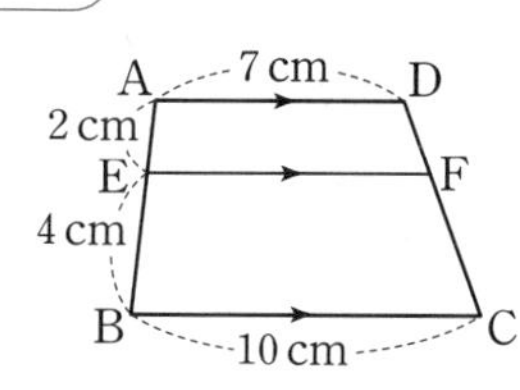

5

오른쪽 그림과 같은 사다리꼴 ABCD에서 $\overline{AD} \mathbin{/\!/} \overline{EF} \mathbin{/\!/} \overline{BC}$일 때, $\overline{MN}$의 길이를 구하려고 한다. 다음을 구하시오.

(1) $\overline{EN}$의 길이
(2) $\overline{EM}$의 길이
(3) $\overline{MN}$의 길이

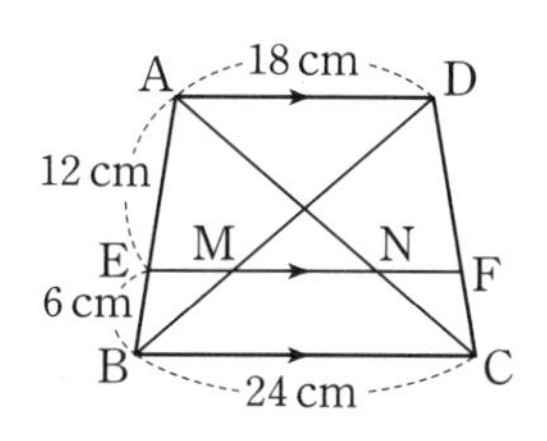

6

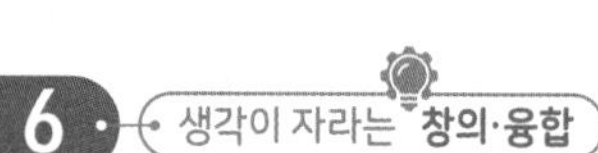

오른쪽 그림은 원근법을 이용하여 어느 건물의 복도를 그린 것이다. $\overline{AB} \mathbin{/\!/} \overline{FC} \mathbin{/\!/} \overline{ED}$이고 $\overline{AF}=10\text{ cm}$, $\overline{FE}=15\text{ cm}$, $\overline{BC}=12\text{ cm}$일 때, $\overline{CD}$의 길이를 구하시오.

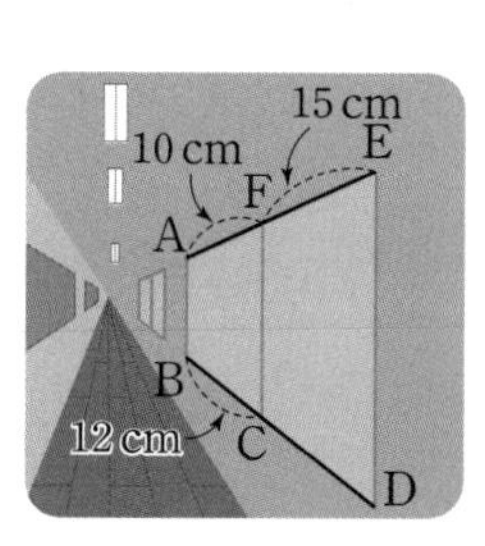

▶ 문제 속 개념 도출

• 세 개의 평행선이 다른 두 직선과 만날 때

➡ $a : b=$①______

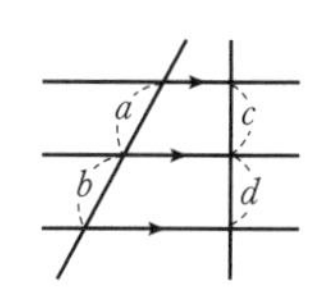

개념 33 삼각형의 무게중심

되짚어 보기 [중2] 삼각형의 외심과 내심

(1) **삼각형의 중선**: 삼각형에서 한 꼭짓점과 그 대변의 중점을 연결한 선분

참고 삼각형의 중선은 그 삼각형의 넓이를 이등분한다.

➡ $\overline{AD}$가 $\triangle ABC$의 중선이면 $\triangle ABD = \triangle ADC = \frac{1}{2}\triangle ABC$

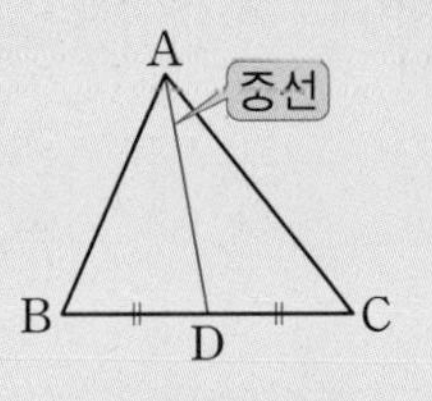

(2) **삼각형의 무게중심**: 삼각형의 세 중선의 교점

(3) **삼각형의 무게중심의 성질**

① 삼각형의 세 중선은 한 점(무게중심)에서 만난다.

② 삼각형의 무게중심은 세 중선의 길이를 각 꼭짓점으로부터 각각 2 : 1로 나눈다.

➡ $\triangle ABC$의 무게중심을 G라 하면

$\overline{AG} : \overline{GD} = \overline{BG} : \overline{GE} = \overline{CG} : \overline{GF} = 2 : 1$

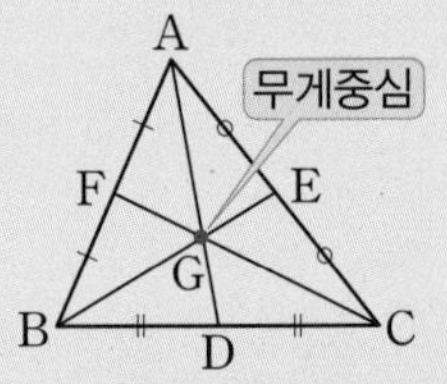

참고 • 정삼각형의 무게중심, 외심, 내심은 모두 일치한다.

• 이등변삼각형의 무게중심, 외심, 내심은 모두 꼭지각의 이등분선 위에 있다.

개념 확인

● 정답 및 해설 33쪽

1 오른쪽 그림에서 $\overline{AD}$가 $\triangle ABC$의 중선일 때, 다음 물음에 답하시오.

(1) $\overline{BC}$의 길이가 12일 때, $\overline{BD}$의 길이를 구하시오.

(2) $\triangle ABC$의 넓이가 30일 때, $\triangle ABD$의 넓이를 구하시오.

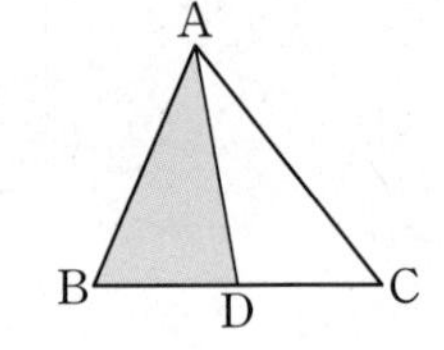

2 다음 그림에서 점 G가 $\triangle ABC$의 무게중심일 때, x의 값을 구하시오.

(1)

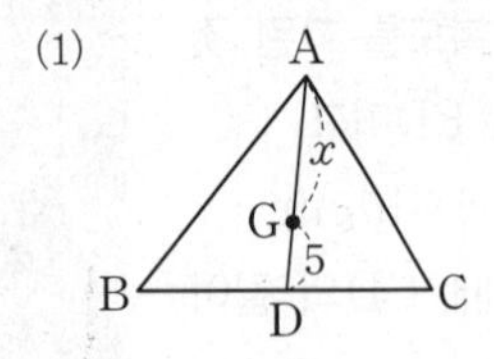

(2)

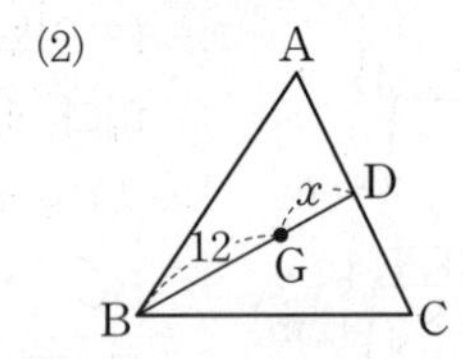

(3)

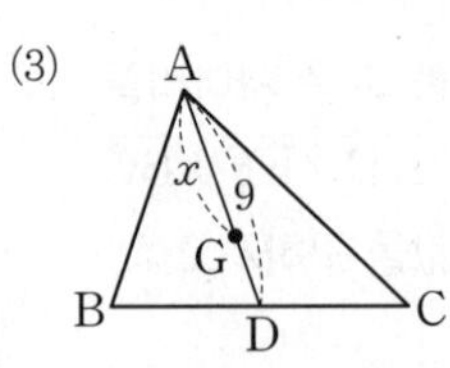

3 다음 그림에서 점 G가 $\triangle ABC$의 무게중심일 때, x, y의 값을 각각 구하시오.

(1)

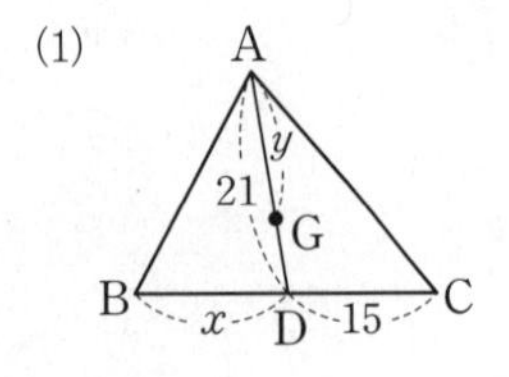

(2)

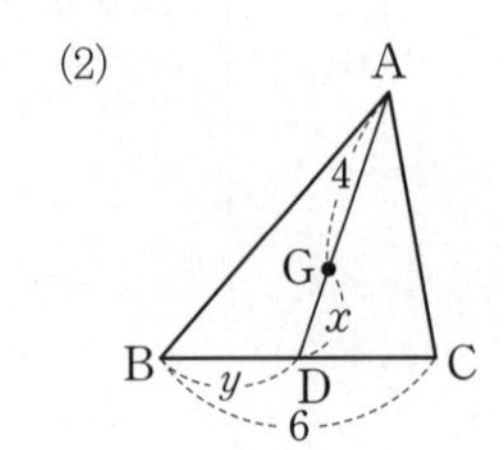

(3)

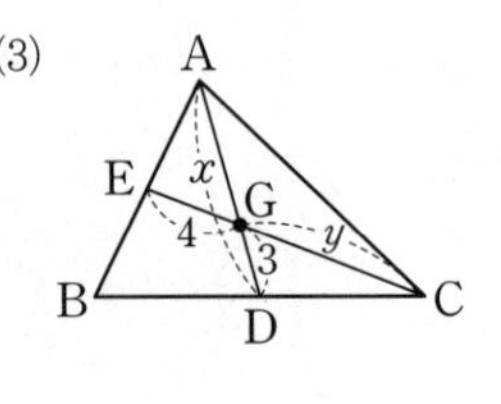

● 정답 및 해설 33쪽

교과서 문제로 개념 다지기

1

오른쪽 그림에서 점 G는 $\triangle ABC$의 무게중심이고 $\overline{BC}=16\,cm$, $\overline{BE}=15\,cm$일 때, $x+y$의 값을 구하시오.

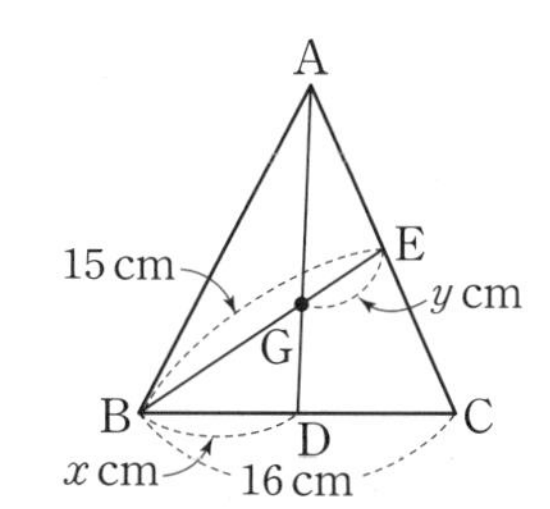

2

오른쪽 그림에서 점 G는 $\triangle ABC$의 무게중심이고 $\overline{AG}=4\,cm$, $\overline{GE}=3\,cm$일 때, $\overline{AD}+\overline{BE}$의 값을 구하시오.

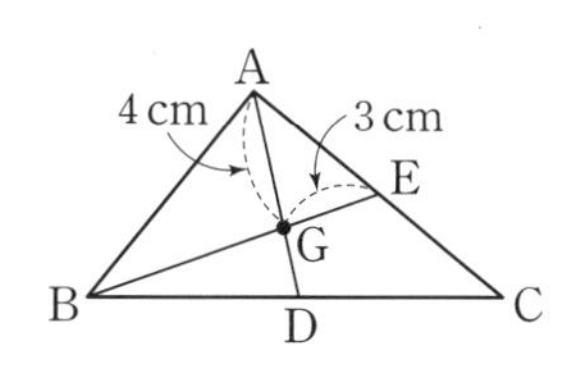

3

오른쪽 그림과 같은 $\triangle ABC$에서 $\overline{BC}$의 중점을 D, $\overline{AD}$의 중점을 E라 하자. $\triangle ABC$의 넓이가 $24\,cm^2$일 때, $\triangle AEC$의 넓이는?

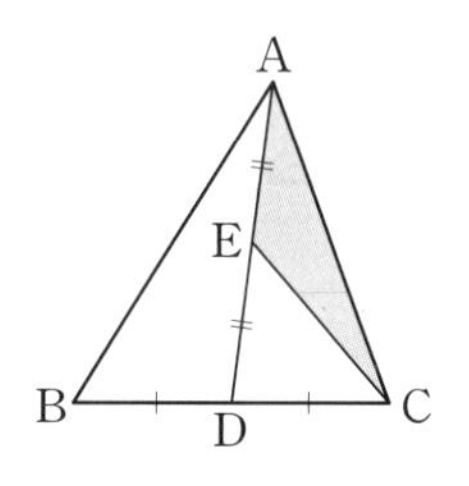

① $4\,cm^2$ ② $5\,cm^2$
③ $6\,cm^2$ ④ $7\,cm^2$
⑤ $8\,cm^2$

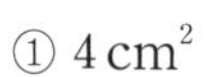

4

오른쪽 그림에서 두 점 G, G′은 각각 $\triangle ABC$, $\triangle GBC$의 무게중심이다. $\overline{AD}=27\,cm$일 때, 다음을 구하시오.

(1) $\overline{GD}$의 길이
(2) $\overline{GG'}$의 길이

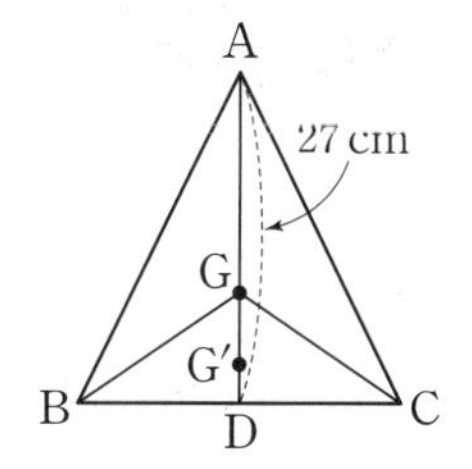

5

직각삼각형의 외심의 위치를 생각해 봐.

오른쪽 그림에서 점 G는 $\angle A=90^\circ$인 직각삼각형 ABC의 무게중심이다. $\overline{BC}=15\,cm$일 때, $\overline{AG}$의 길이를 구하시오.

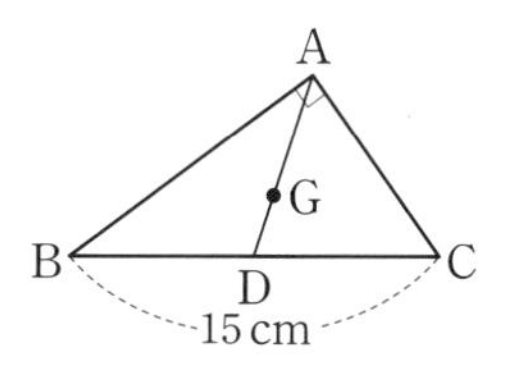

6

생각이 자라는 창의·융합

오른쪽 그림과 같이 이등변삼각형 AOB가 좌표평면 위에 놓여 있다. $\triangle AOB$의 무게중심의 위치를 좌표로 나타내시오. (단, O는 원점이다.)

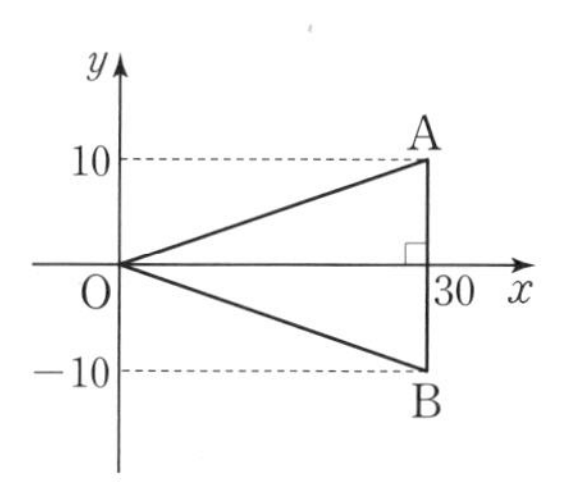

▶ 문제 속 개념 도출

- 삼각형의 무게중심은 세 ① ____ 의 교점으로 그 길이를 각 꼭짓점으로부터 각각 2 : 1로 나눈다.
- x축 위의 점의 좌표는 (x좌표, ② ____)의 꼴로 나타낸다.

개념 33에 대한 이해도를 표시해 보세요. 0 50 100

삼각형의 무게중심과 넓이

되짚어 보기 [중2] 삼각형의 무게중심

△ABC에서 점 G가 무게중심일 때

(1) 삼각형의 세 중선에 의해 나누어진 6개의 삼각형의 넓이는 같다.

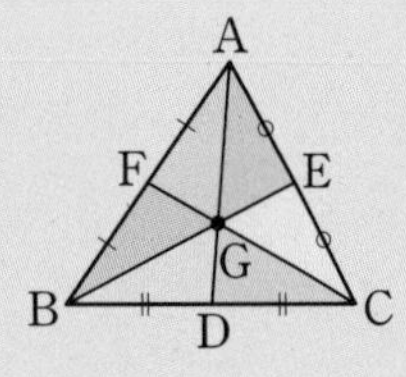

➡ $\triangle GAF=\triangle GFB=\triangle GBD=\triangle GDC=\triangle GCE=\triangle GEA=\frac{1}{6}\triangle ABC$

(2) 삼각형의 무게중심과 세 꼭짓점을 이어서 생기는 세 삼각형의 넓이는 같다.

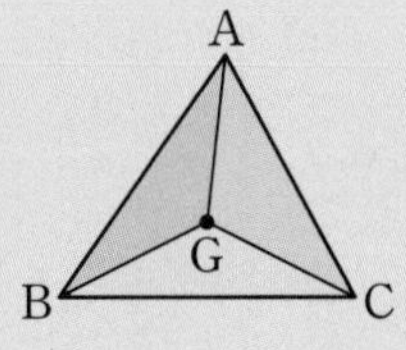

➡ $\triangle GAB=\triangle GBC=\triangle GCA=\frac{1}{3}\triangle ABC$

개념 확인

● 정답 및 해설 34쪽

1 다음 그림에서 점 G는 △ABC의 무게중심이다. △ABC=24일 때, 색칠한 부분의 넓이를 구하시오.

(1)

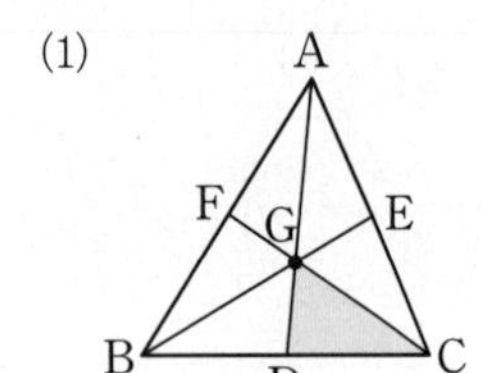

(2)

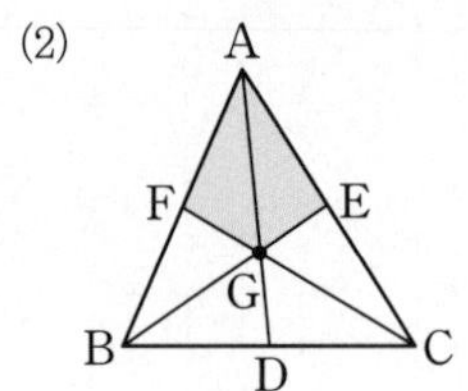

(3)

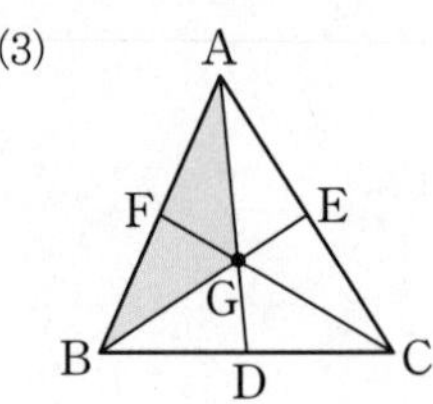

(4)

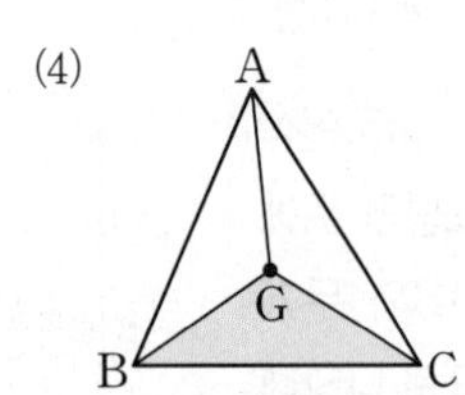

(5)

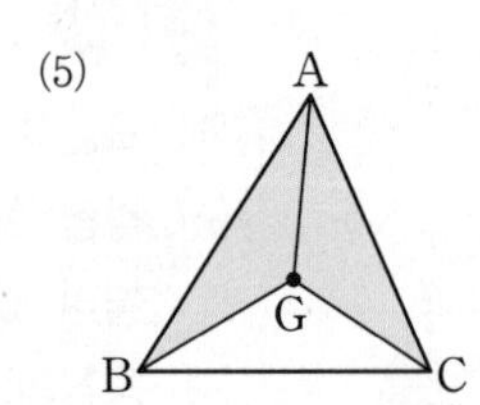

(6)

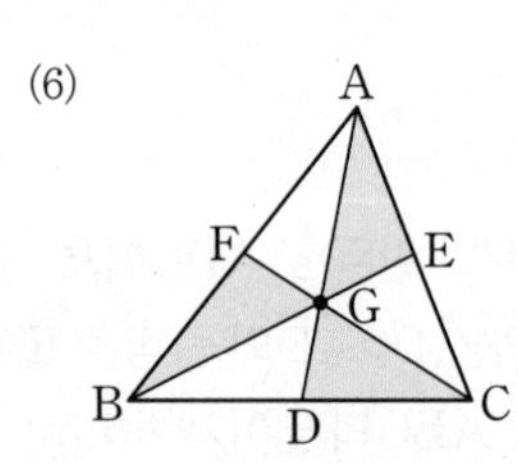

2 다음 그림에서 점 G는 △ABC의 무게중심이다. 주어진 색칠한 부분의 넓이를 이용하여 △ABC의 넓이를 구하시오.

(1)

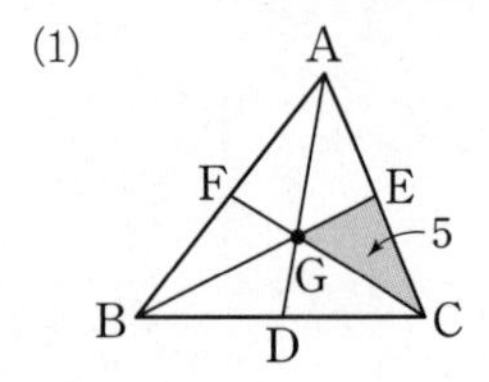

(2)

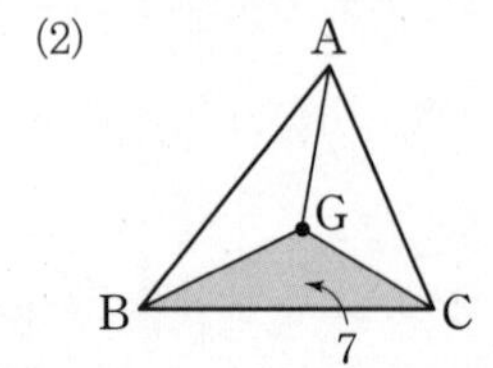

(3)

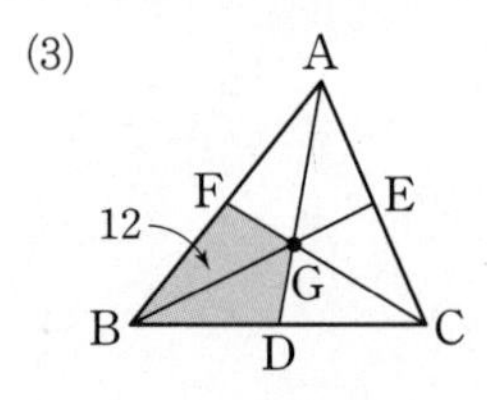

1

오른쪽 그림에서 점 G는 △ABC의 무게중심이다. △GDC의 넓이가 $9\,\text{cm}^2$일 때, △ABC의 넓이를 구하시오.

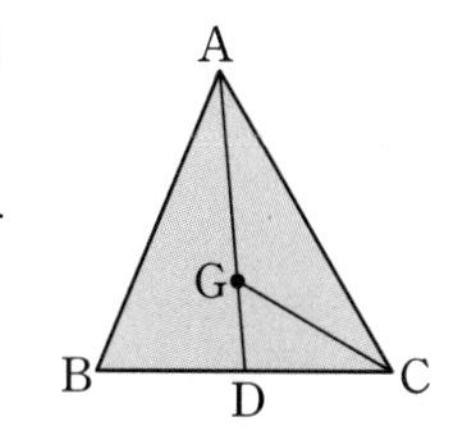

2

오른쪽 그림에서 점 G는 △ABC의 무게중심이다. △AGC의 넓이가 $30\,\text{cm}^2$일 때, △GBD의 넓이를 구하시오.

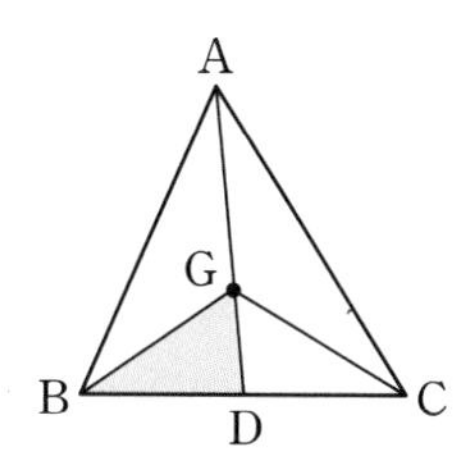

3

오른쪽 그림에서 점 G는 △ABC의 무게중심이다. △ABC의 넓이가 $42\,\text{cm}^2$일 때, □DCEG의 넓이는?

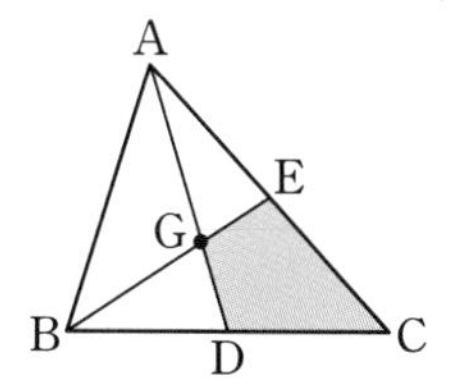

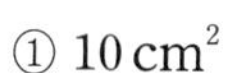

① $10\,\text{cm}^2$ ② $12\,\text{cm}^2$
③ $14\,\text{cm}^2$ ④ $16\,\text{cm}^2$
⑤ $18\,\text{cm}^2$

4

오른쪽 그림에서 두 점 G, G′은 각각 △ABC, △GBC의 무게중심이다. △ABC의 넓이가 $72\,\text{cm}^2$일 때, △GBG′의 넓이를 구하려고 한다. 다음을 구하시오.

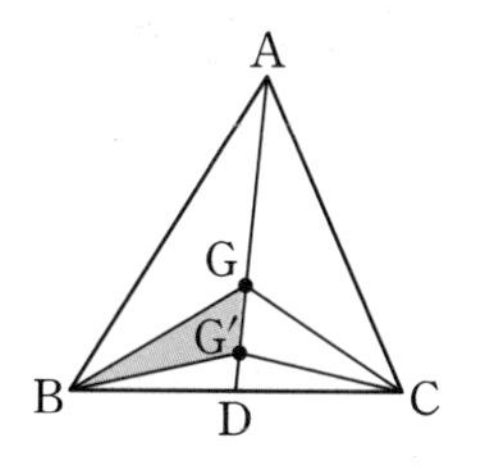

(1) △GBC의 넓이

(2) △GBG′의 넓이

5 생각이 자라는 문제 해결

다음 그림과 같은 평행사변형 ABCD에서 $\overline{BC}$, $\overline{CD}$의 중점을 각각 M, N이라 하고, $\overline{BD}$와 $\overline{AM}$, $\overline{AC}$, $\overline{AN}$의 교점을 각각 P, O, Q라 하자. □ABCD의 넓이가 $60\,\text{cm}^2$일 때, 색칠한 부분의 넓이를 구하시오.

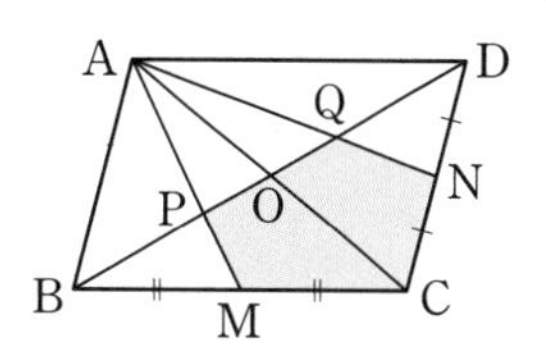

▶ 문제 속 개념 도출

- 삼각형의 세 중선에 의해 나누어진 6개의 삼각형의 넓이는 ① ______ .
- 평행사변형 ABCD에서 두 점 M, N이 각각 $\overline{BC}$, $\overline{CD}$의 중점일 때
  ➡ 점 P는 △ABC의 무게중심이다.
  ➡ 점 Q는 △ACD의 ② ______ 이다.

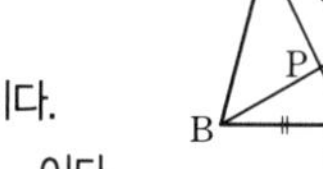

개념 35 삼각형의 무게중심의 응용

되짚어 보기 [중2] 삼각형에서 평행선과 선분의 길이의 비 / 삼각형의 두 변의 중점을 연결한 선분의 성질 / 삼각형의 무게중심

(1) 삼각형의 두 변의 중점을 연결한 선분의 성질 이용

점 G가 △ABC의 무게중심이고 $\overline{AD} /\!/ \overline{EF}$일 때

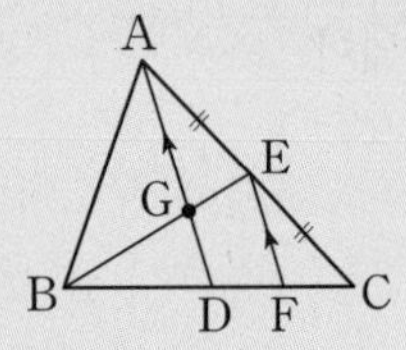

① $\overline{AG} : \overline{GD} = 2 : 1$

② △ADC에서 $\overline{AE} = \overline{EC}$, $\overline{AD} /\!/ \overline{EF}$이므로 $\overline{AD} = 2\overline{EF}$

(2) 평행선과 선분의 길이의 비 이용

점 G가 △ABC의 무게중심이고 $\overline{BC} /\!/ \overline{DE}$일 때

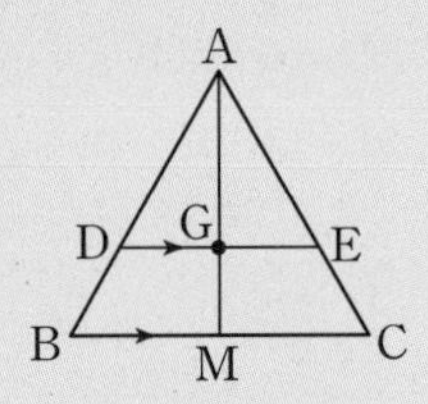

① $\overline{DG} : \overline{BM} = \overline{AG} : \overline{AM} = 2 : 3$

② $\overline{GE} : \overline{MC} = \overline{AG} : \overline{AM} = 2 : 3$

개념 확인

● 정답 및 해설 35쪽

1 오른쪽 그림에서 점 G는 △ABC의 무게중심이다. 다음은 $\overline{AD} /\!/ \overline{EF}$이고 $\overline{EF} = 6$일 때, $\overline{AG}$의 길이를 구하는 과정이다. □ 안에 알맞은 수를 쓰시오.

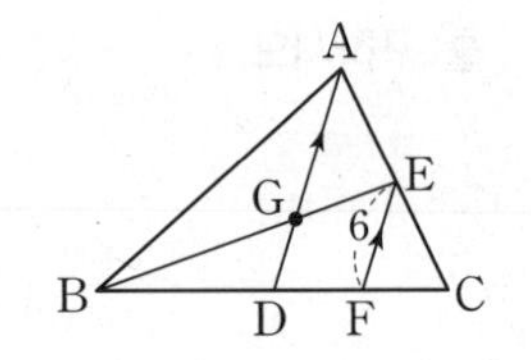

> △ADC에서 $\overline{AE} = \overline{EC}$, $\overline{AD} /\!/ \overline{EF}$이므로
> $\overline{AD} = □\,\overline{EF} = □$
> 이때 점 G가 △ABC의 무게중심이므로 $\overline{AG} : \overline{GD} = 2 : 1$
> $\therefore \overline{AG} = □\,\overline{AD} = □$

2 오른쪽 그림에서 점 G는 △ABC의 무게중심이다. 다음은 $\overline{BC} /\!/ \overline{EF}$이고 $\overline{CF} = 3$, $\overline{GF} = 2$일 때, x, y의 값을 각각 구하는 과정이다. □ 안에 알맞은 것을 쓰시오.

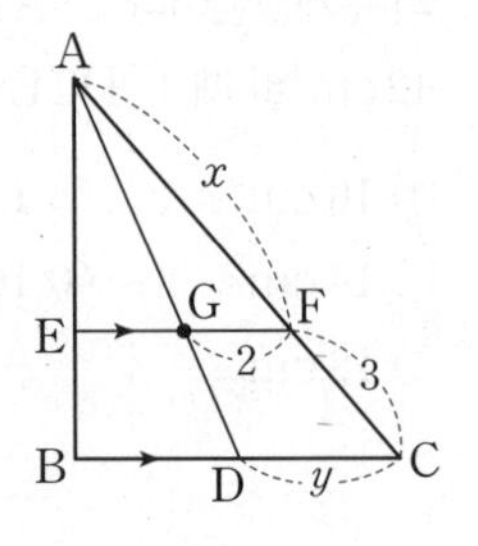

> △ADC에서
> $\overline{AF} : \overline{FC} = \overline{AG} : \overline{GD}$이므로
> $x : 3 = □ : □$ $\quad \therefore x = □$
> 또 $\overline{GF} : \overline{DC} = \overline{AG} : □$이므로
> $2 : y = 2 : □$ $\quad \therefore y = □$

교과서 문제로 개념 다지기

1

오른쪽 그림에서 점 G는 △ABC의 무게중심이다. $\overline{AD} /\!/ \overline{EF}$이고 $\overline{AG}=12\,\text{cm}$일 때, $\overline{EF}$의 길이를 구하려고 한다. 다음을 구하시오.

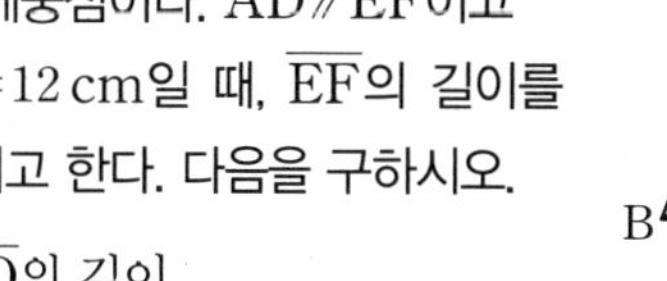

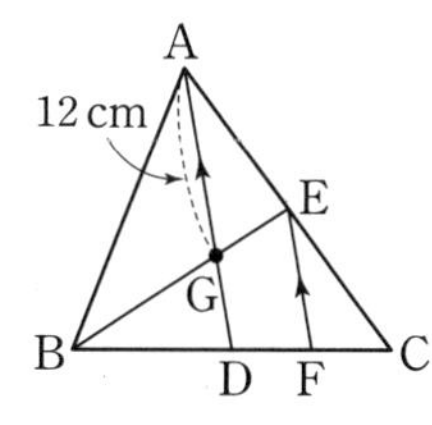

(1) $\overline{AD}$의 길이

(2) $\overline{EF}$의 길이

2

오른쪽 그림에서 점 G는 △ABC의 무게중심이다. $\overline{BC} /\!/ \overline{EG}$이고 $\overline{EG}=5\,\text{cm}$일 때, $\overline{BC}$의 길이를 구하려고 한다. 다음을 구하시오.

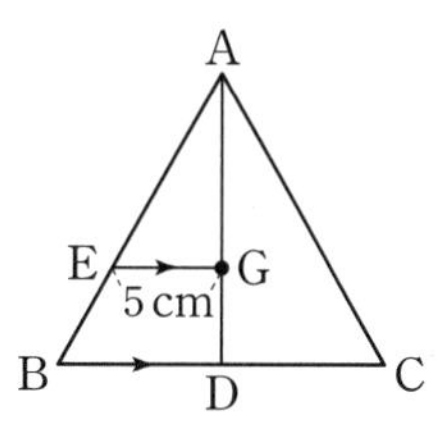

(1) $\overline{BD}$의 길이

(2) $\overline{BC}$의 길이

3

오른쪽 그림에서 점 G는 △ABC의 무게중심이다. $\overline{BE} /\!/ \overline{DF}$이고 $\overline{DF}=12\,\text{cm}$일 때, $\overline{BG}$의 길이는?

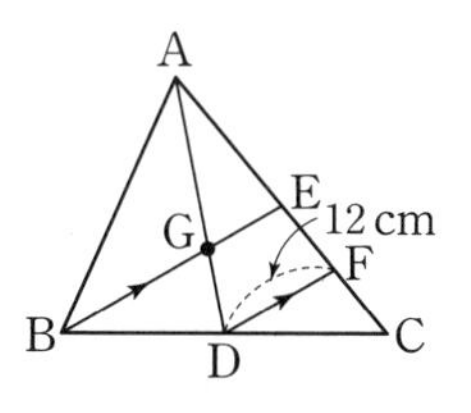

① 13 cm ② 14 cm

③ 15 cm ④ 16 cm

⑤ 17 cm

4

다음 그림에서 점 G는 △ABC의 무게중심이다. $\overline{EF} /\!/ \overline{BC}$이고 $\overline{BD}=6\,\text{cm}$, $\overline{GD}=3\,\text{cm}$일 때, $x-y$의 값을 구하시오.

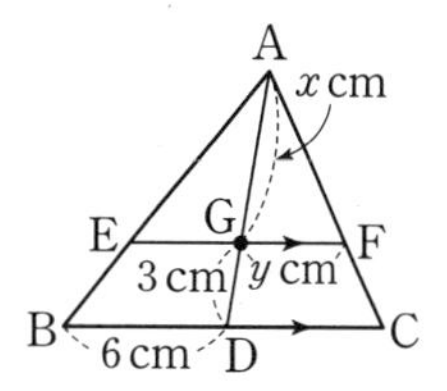

5 생각이 자라는 문제 해결

오른쪽 그림에서 점 G는 △ABC의 무게중심이고 점 H는 $\overline{EF}$와 $\overline{AD}$의 교점이다. $\overline{GH}=3\,\text{cm}$일 때, $\overline{AH}$의 길이를 구하려고 한다. 다음을 구하시오.

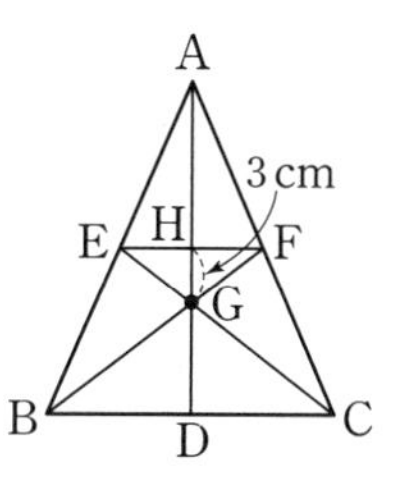

(1) $\overline{GD}$의 길이

(2) $\overline{AH}$의 길이

▶ 문제 속 개념 도출

- 삼각형의 무게중심은 세 중선의 길이를 각 꼭짓점으로부터 각각 ①_____로 나눈다.
- 서로 닮은 두 평면도형에서 대응변의 길이의 비는 일정하다.
  ➡ △ABC∽△DEF일 때, $a:d=b:e=$②_____

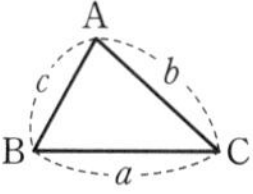

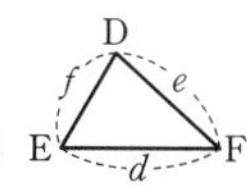

학교 시험 문제로 **단원 마무리**

점수 /100점

개념 28

1

오른쪽 그림과 같은 $\triangle$ABC에서 $\overline{BC} /\!/ \overline{DE}$일 때, $\overline{BF}$의 길이를 구하시오. [10점]

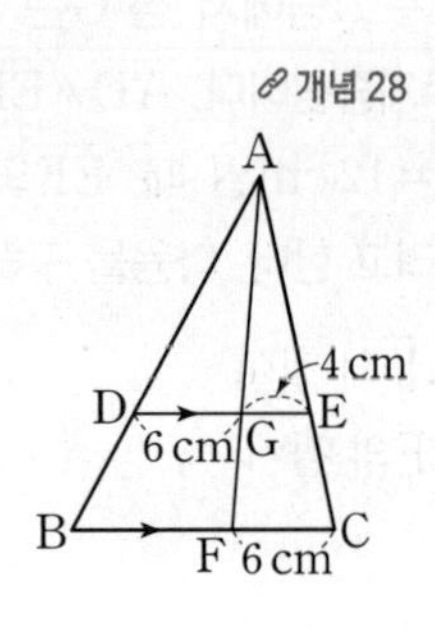

개념 29

2

오른쪽 그림과 같은 $\triangle$ABC에서 $\angle$BAD$=\angle$CAD일 때, $\overline{AC}$의 길이를 구하시오. [10점]

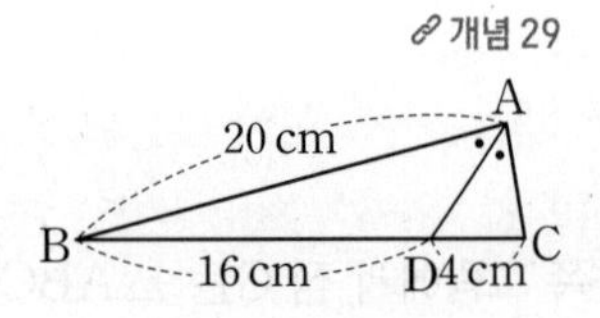

개념 30

3

오른쪽 그림과 같은 $\triangle$ABC에서 두 점 D, E는 $\overline{AB}$의 삼등분점이고, 점 F는 $\overline{BC}$의 중점이다. $\overline{EF}=4$ cm일 때, $\overline{CP}$의 길이를 구하시오. [15점]

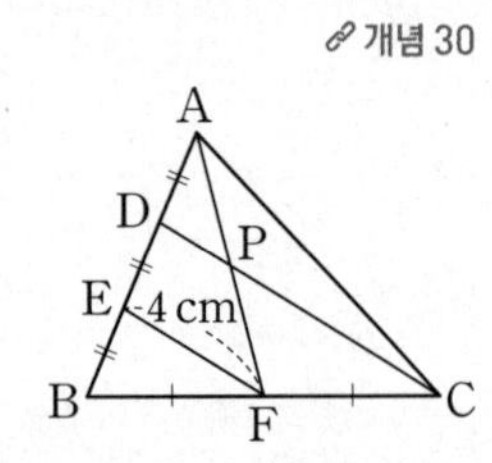

개념 32

4

오른쪽 그림과 같은 사다리꼴 ABCD에서 $\overline{AD} /\!/ \overline{EF} /\!/ \overline{BC}$일 때, $\overline{EF}$의 길이를 구하시오. [15점]

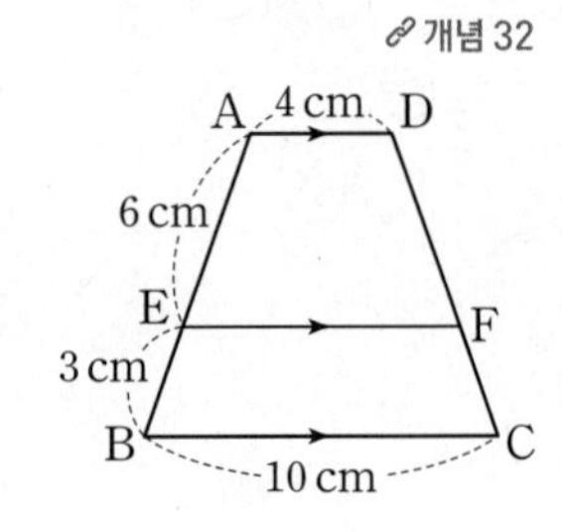

5 오른쪽 그림에서 점 G는 $\triangle ABC$의 무게중심이다. $\overline{AD}=15\,cm$, $\overline{BG}=8\,cm$일 때, x, y의 값을 각각 구하시오. [10점]

개념 33

6 오른쪽 그림에서 점 G가 $\triangle ABC$의 무게중심일 때, 다음 중 옳지 않은 것은? [10점]

개념 33, 34

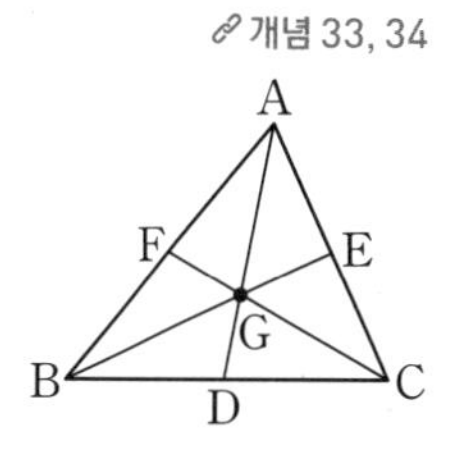

① $\overline{AE}=\overline{CE}$ ② $\overline{FG}:\overline{GC}=1:2$

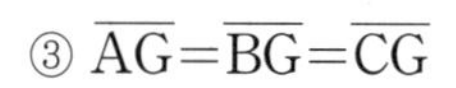
③ $\overline{AG}=\overline{BG}=\overline{CG}$ ④ $\triangle GAB=\frac{1}{3}\triangle ABC$

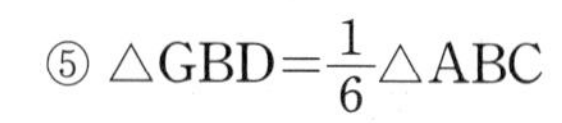
⑤ $\triangle GBD=\frac{1}{6}\triangle ABC$

7 오른쪽 그림에서 점 G는 $\triangle ABC$의 무게중심이다. $\triangle AEG$와 $\triangle GDC$의 넓이의 합이 $15\,cm^2$일 때, $\triangle ABC$의 넓이는? [10점]

개념 34

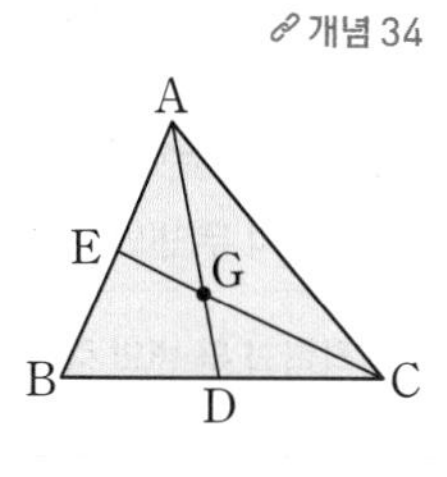

① $30\,cm^2$ ② $35\,cm^2$
③ $45\,cm^2$ ④ $50\,cm^2$
⑤ $60\,cm^2$

8 오른쪽 그림에서 점 G는 $\triangle ABC$의 무게중심이다. $\triangle DGE$의 넓이가 $5\,cm^2$일 때, $\triangle ABC$의 넓이를 구하시오. [20점]

개념 34

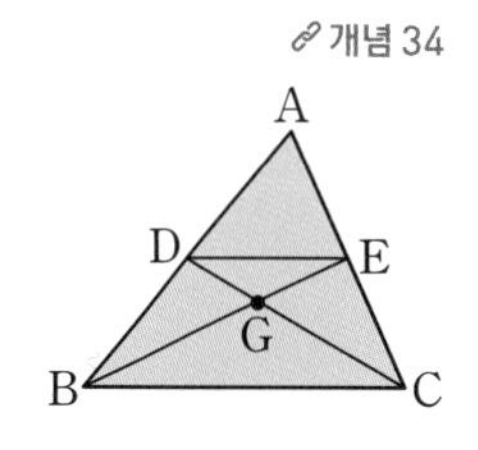

배운 내용 돌아보기

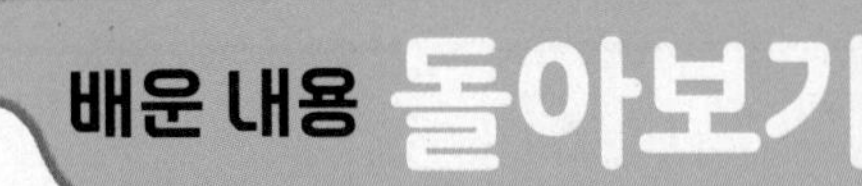

마인드맵으로 정리하기

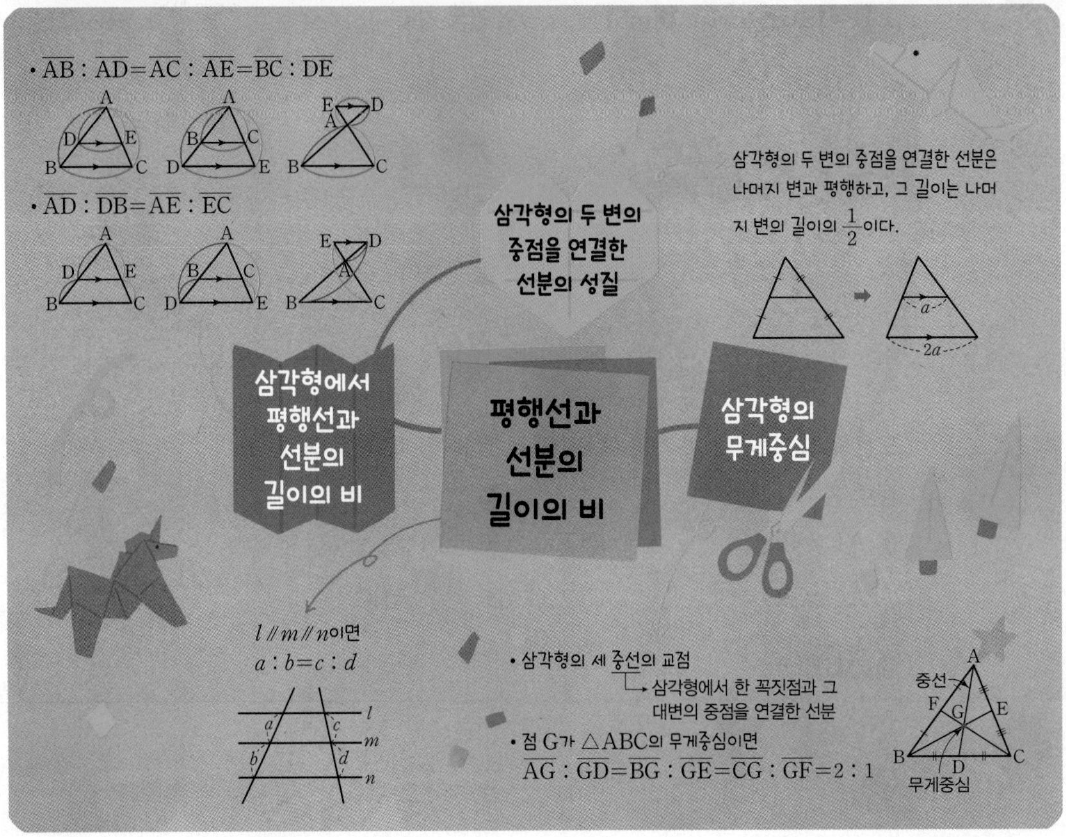

OX 문제로 확인하기

옳은 것은 ○, 옳지 않은 것은 X를 택하시오. ● 정답 및 해설 36쪽

❶ 삼각형의 두 변의 중점을 연결한 선분은 나머지 변과 수직이다. O | X

❷ 삼각형의 두 변의 중점을 연결한 선분의 길이는 나머지 변의 길이의 $\frac{1}{2}$이다. O | X

❸ 삼각형의 한 변의 중점을 지나고 다른 한 변에 평행한 직선은 나머지 변의 중점을 지난다. O | X

❹ 오른쪽 그림에서 $l /\!/ m /\!/ n$일 때, x의 값은 4이다. O | X

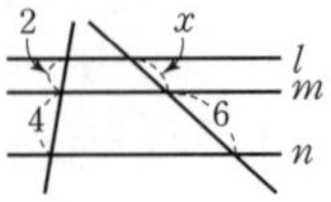

❺ 삼각형의 중선은 한 꼭짓점과 그 대변의 중점을 연결한 선분이다. O | X

❻ 삼각형의 세 중선의 교점은 내심이다. O | X

❼ 삼각형의 무게중심은 세 중선의 길이를 각 꼭짓점으로부터 각각 $2:1$로 나눈다. O | X

❽ 삼각형의 세 중선에 의해 나누어진 6개의 삼각형의 넓이는 각각 처음 삼각형의 넓이의 $\frac{1}{6}$이다. O | X

5 피타고라스 정리

배운 내용

- **초등학교 3~4학년군**
  여러 가지 삼각형
- **중학교 1학년**
  작도와 합동

이 단원의 내용

- ◆ 피타고라스 정리
- ◆ 피타고라스 정리의 활용

배울 내용

- **중학교 3학년**
  삼각비
  원의 성질

학습 내용	학습 날짜	학습 확인	복습 날짜
개념 36 피타고라스 정리	/	☺ 😐 ☹	/
개념 37 피타고라스 정리의 응용	/	☺ 😐 ☹	/
개념 38 피타고라스 정리의 확인 (1) – 유클리드의 방법	/	☺ 😐 ☹	/
개념 39 피타고라스 정리의 확인 (2) – 피타고라스의 방법	/	☺ 😐 ☹	/
개념 40 직각삼각형이 되기 위한 조건	/	☺ 😐 ☹	/
개념 41 피타고라스 정리의 활용	/	☺ 😐 ☹	/
학교 시험 문제로 단원 마무리	/	☺ 😐 ☹	/

개념 36 피타고라스 정리

되짚어 보기 [초3~4] 직각삼각형

피타고라스 정리: 직각삼각형에서 직각을 낀 두 변의 길이를 각각 a, b라 하고, 빗변의 길이를 c라 하면 $a^2+b^2=c^2$이 성립한다.

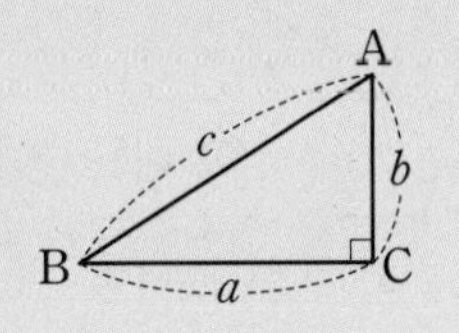

참고 • 변의 길이 a, b, c는 항상 양수이다.
• 직각삼각형에서 두 변의 길이를 알면 피타고라스 정리를 이용하여 나머지 한 변의 길이를 구할 수 있다.
➡ $c^2=a^2+b^2$, $b^2=c^2-a^2$, $a^2=c^2-b^2$

개념 확인

● 정답 및 해설 37쪽

1 다음 그림의 직각삼각형에서 x의 값을 구하려고 한다. □ 안에 알맞은 수를 쓰고, x의 값을 구하시오.

(1)

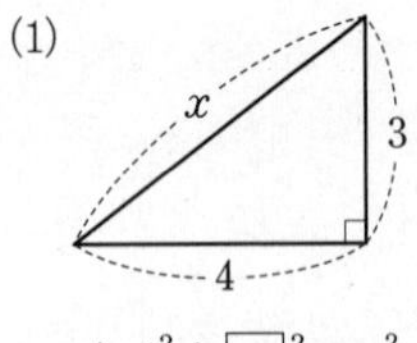

⇨ $4^2+\square^2=x^2$

(2)

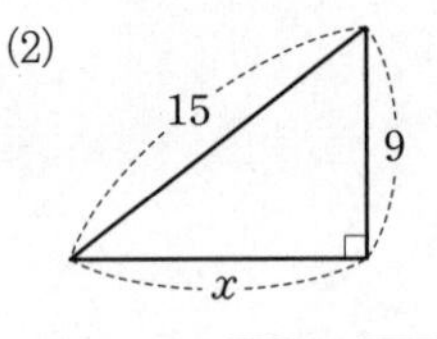

⇨ $x^2+\square^2=\square^2$

2 다음 그림의 직각삼각형에서 x의 값을 구하시오.

(1)

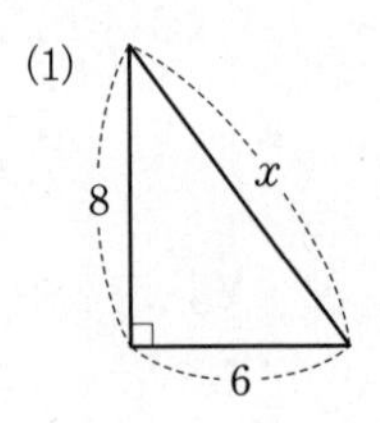

(2)

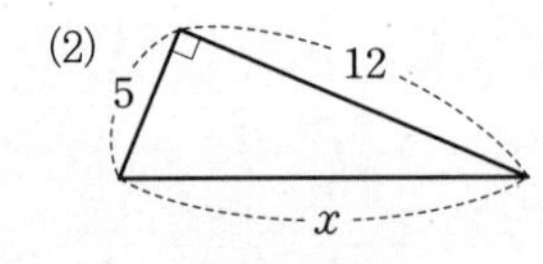

(3)

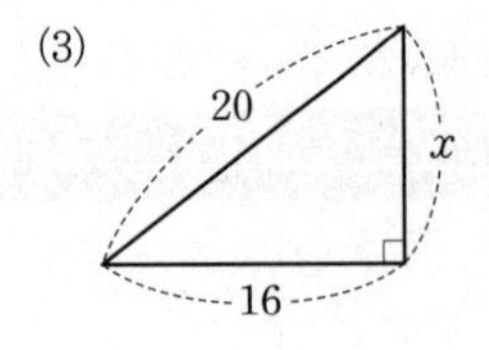

(4)

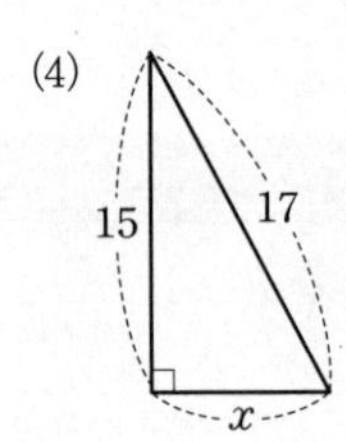

1

오른쪽 그림과 같이 $\angle C=90^\circ$인 직각삼각형 ABC에서 $\overline{AB}=13\,cm$, $\overline{AC}=5\,cm$일 때, $\overline{BC}$의 길이는?

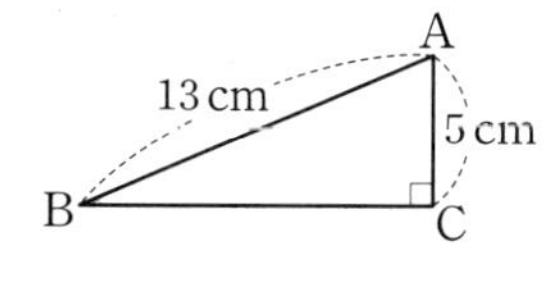

① 8 cm　② 9 cm　③ 10 cm
④ 11 cm　⑤ 12 cm

2

다음 그림과 같이 $\angle A=90^\circ$인 직각삼각형 ABC에서 $\overline{AB}=7\,cm$, $\overline{BC}=25\,cm$일 때, $\triangle ABC$의 둘레의 길이를 구하시오.

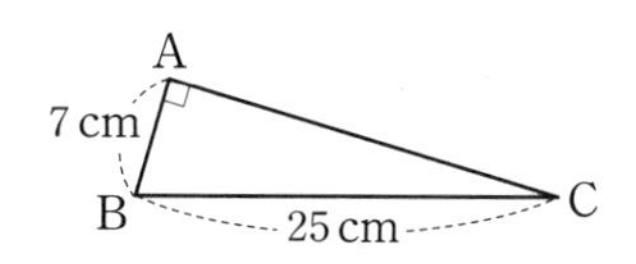

3

△DBC에서 x의 값을 먼저 구해 봐.

오른쪽 그림에서 $\angle BDA=\angle C=90^\circ$이고 $\overline{AB}=17\,cm$, $\overline{BC}=12\,cm$, $\overline{CD}=9\,cm$일 때, $x-y$의 값을 구하시오.

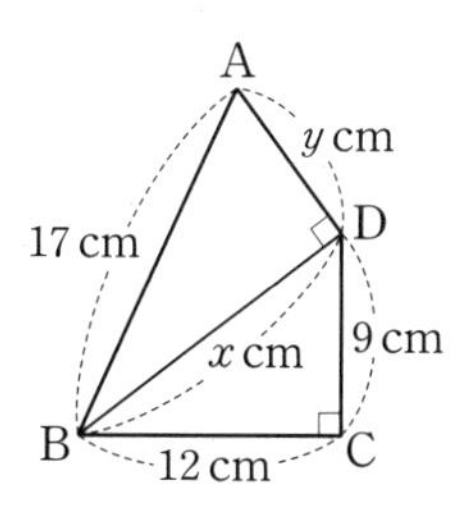

4

오른쪽 그림과 같이 $\angle A=90^\circ$인 직각삼각형 ABC에서 $\overline{AB}=15\,cm$이고 $\triangle ABC$의 넓이가 $60\,cm^2$일 때, $\overline{BC}$의 길이를 구하시오.

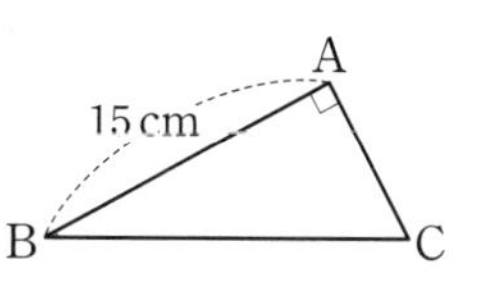

5

이등변삼각형의 꼭짓점에서 밑변에 내린 수선은 밑변을 수직이등분해.

오른쪽 그림과 같이 $\overline{AB}=\overline{AC}$인 이등변삼각형 ABC의 꼭짓점 A에서 $\overline{BC}$에 내린 수선의 발을 D라 하자. $\overline{AD}=6\,cm$, $\overline{BC}=16\,cm$일 때, $\overline{AC}$의 길이를 구하시오.

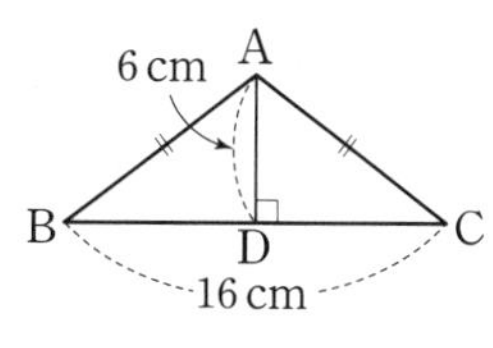

6

생각이 자라는 **문제 해결**

오른쪽 그림과 같이 좌표평면 위에 세 점 $A(1,\,4)$, $B(1,\,1)$, $C(5,\,4)$를 꼭짓점으로 하는 $\triangle ABC$가 있다. $\overline{BC}$의 길이를 구하시오.

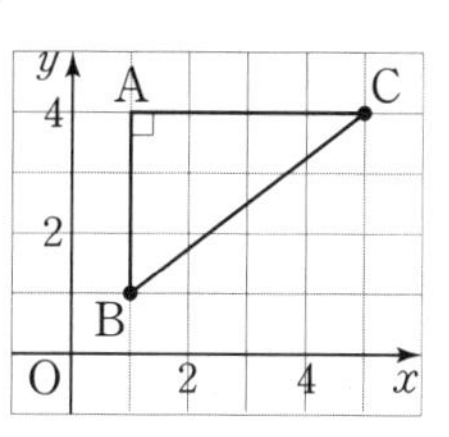

▶ 문제 속 개념 도출

- 직각삼각형에서 빗변의 길이의 제곱은 직각을 낀 두 변의 길이의 제곱의 ①____과 같다.
- 좌표평면 위에서 x좌표 또는 y좌표가 같은 두 점을 이은 선분의 길이는 두 점의 y좌표의 차 또는 x좌표의 차로 구한다.

피타고라스 정리의 응용

되짚어 보기 [중2] 피타고라스 정리

(1) 삼각형에서 피타고라스 정리의 응용

주어진 도형에서 직각삼각형을 찾아 피타고라스 정리를 이용한다.

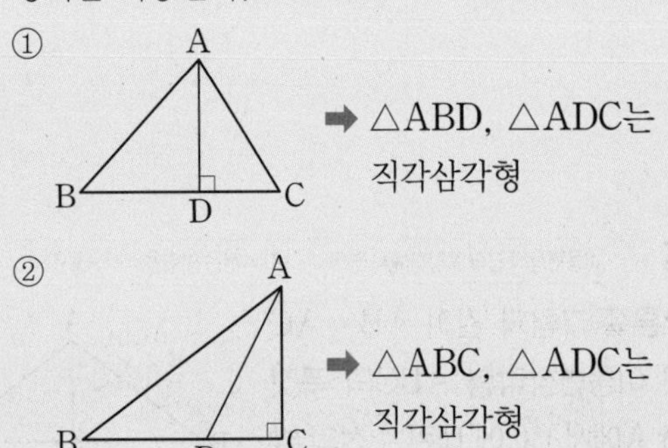

(2) 사각형에서 피타고라스 정리의 응용

사각형에 대각선 또는 수선을 그어 직각삼각형을 만든 후 피타고라스 정리를 이용한다.

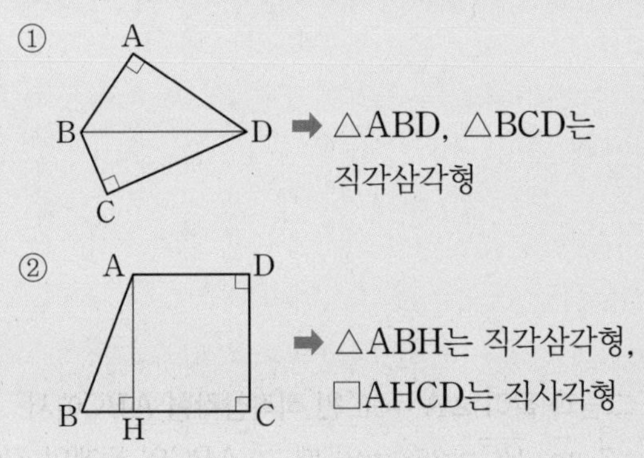

개념 확인

● 정답 및 해설 37쪽

1

오른쪽 그림과 같은 △ABC의 꼭짓점 A에서 $\overline{BC}$에 내린 수선의 발을 D라 하자. $\overline{AB}=15$, $\overline{AC}=20$, $\overline{BD}=9$일 때, $\overline{CD}$의 길이를 구하려고 한다. 다음을 구하시오.

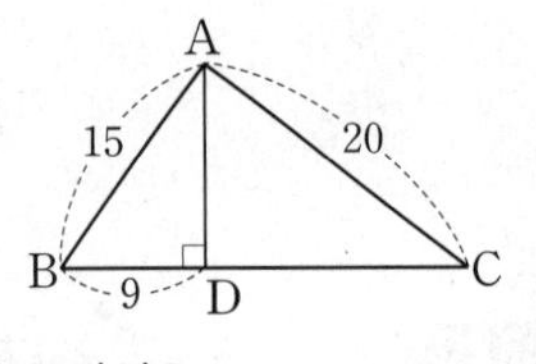

(1) $\overline{AD}$의 길이 (2) $\overline{CD}$의 길이

2

오른쪽 그림과 같이 ∠B=90°인 직각삼각형 ABC에서 $\overline{AB}=15$, $\overline{AD}=17$, $\overline{CD}=12$일 때, $\overline{AC}$의 길이를 구하려고 한다. 다음을 구하시오.

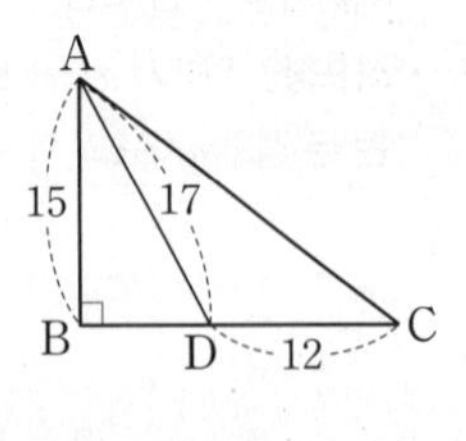

(1) $\overline{BD}$의 길이 (2) $\overline{AC}$의 길이

3

오른쪽 그림과 같은 □ABCD에서 ∠B=∠D=90°이고 $\overline{AB}=15$, $\overline{BC}=20$, $\overline{AD}=24$일 때, $\overline{CD}$의 길이를 구하려고 한다. 다음을 구하시오.

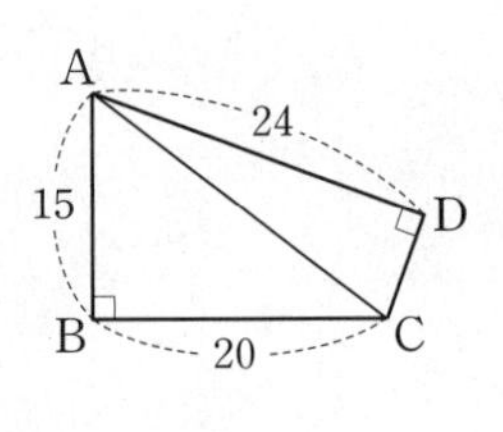

(1) $\overline{AC}$의 길이 (2) $\overline{CD}$의 길이

4

오른쪽 그림과 같이 ∠C=∠D=90°인 사다리꼴 ABCD의 꼭짓점 A에서 $\overline{BC}$에 내린 수선의 발을 H라 하자. $\overline{AD}=7$, $\overline{BC}=16$, $\overline{CD}=12$일 때, $\overline{AB}$의 길이를 구하려고 한다. 다음을 구하시오.

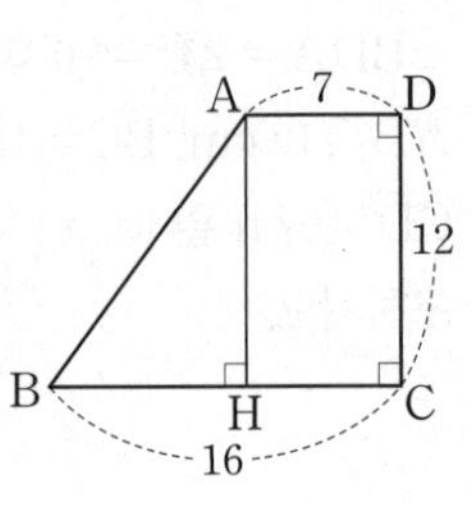

(1) $\overline{AH}$의 길이 (2) $\overline{BH}$의 길이

(3) $\overline{AB}$의 길이

1

오른쪽 그림과 같은 $\triangle ABC$에서 $\overline{AD}\perp\overline{BC}$이고 $\overline{AB}=20\,cm$, $\overline{AD}=12\,cm$, $\overline{BC}=21\,cm$일 때, $\overline{AC}$의 길이는?

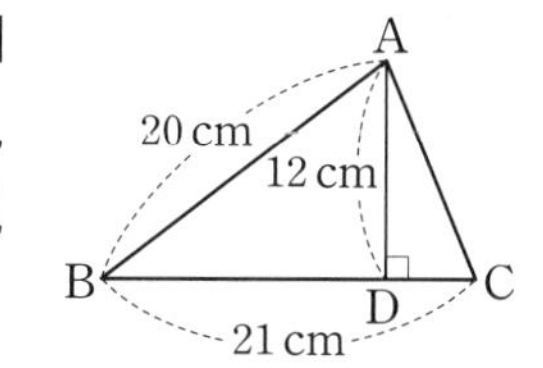

① 11 cm ② 12 cm
③ 13 cm ④ 14 cm
⑤ 15 cm

4

오른쪽 그림과 같은 사다리꼴 ABCD에서 $\overline{AB}=17\,cm$, $\overline{AD}=16\,cm$, $\overline{BC}=24\,cm$일 때, 사다리꼴 ABCD의 넓이를 구하려고 한다. 다음을 구하시오.

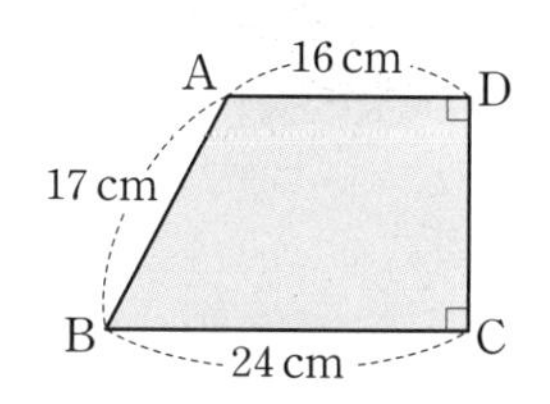

(1) 사다리꼴 ABCD의 높이
(2) 사다리꼴 ABCD의 넓이

2

오른쪽 그림과 같이 $\angle B=90°$인 직각삼각형 ABC에서 $\overline{AC}=17\,cm$, $\overline{BD}=6\,cm$, $\overline{CD}=9\,cm$일 때, $\overline{AD}$의 길이를 구하시오.

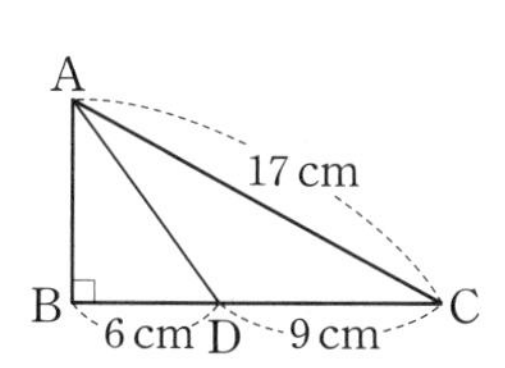

5

오른쪽 그림과 같이 $\angle A=90°$인 직각삼각형 ABC에서 $\overline{AD}\perp\overline{BC}$이고 $\overline{AB}=12\,cm$, $\overline{AC}=9\,cm$일 때, $\overline{AD}$의 길이를 구하시오.

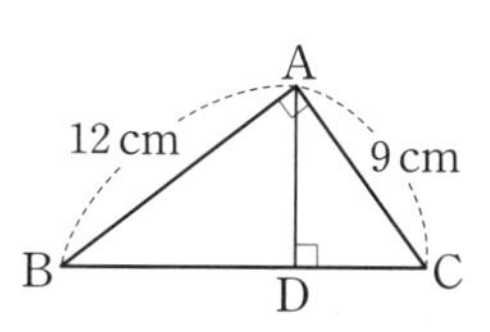

3 사각형에 대각선을 그어 직각삼각형을 만들어 봐.

다음 그림과 같은 □ABCD에서 $\angle B=\angle D=90°$이고 $\overline{AB}=4\,cm$, $\overline{BC}=18\,cm$, $\overline{CD}=12\,cm$일 때, $\overline{AD}$의 길이를 구하시오.

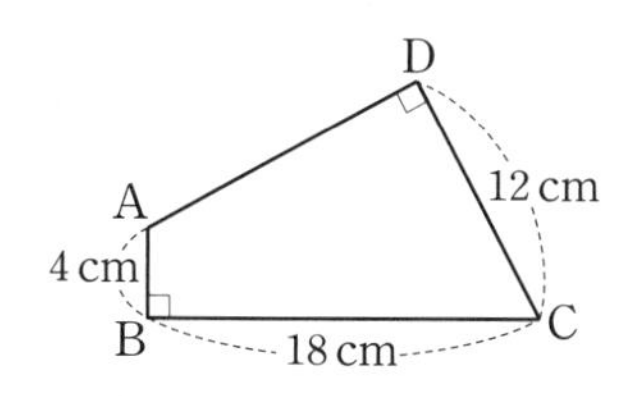

6 생각이 자라는 창의·융합

오른쪽 그림과 같이 높이가 20 m인 나무에서 40 m 떨어진 A지점으로부터 50 m 높이에 새 한 마리가 있다. 이 새가 나무의 꼭대기에 도착하기 위해 날아가야 하는 거리를 구하시오. (단, 새는 최단 거리로 날아간다.)

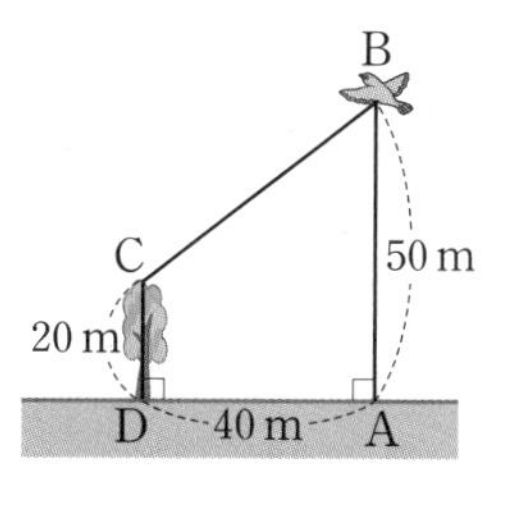

▶ 문제 속 개념 도출

- 사각형에서 피타고라스 정리를 이용하려면 ① ________ 이 생기도록 도형을 나누어야 한다.

피타고라스 정리의 확인(1) – 유클리드의 방법

되짚어 보기 [중1] 삼각형의 합동 조건 [중2] 평행선과 삼각형의 넓이 / 피타고라스 정리

직각삼각형 ABC의 세 변을 각각 한 변으로 하는 정사각형을 그리면

① $\triangle ACE = \triangle ABE = \triangle AFC = \triangle AFL$
➡ $\square ACDE = \square AFML$

- $\overline{AE} /\!/ \overline{BD}$이므로 $\triangle ACE = \triangle ABE$
- $\triangle ABE \equiv \triangle AFC$ (SAS 합동)이므로 $\triangle ABE = \triangle AFC$
- $\overline{AF} /\!/ \overline{CM}$이므로 $\triangle AFC = \triangle AFL$

② $\triangle BCH = \triangle BAH = \triangle BGC = \triangle BGL$
➡ $\square BHIC = \square LMGB$

③ $\square ACDE + \square BHIC = \square AFGB$
➡ $\overline{AC}^2 + \overline{BC}^2 = \overline{AB}^2$

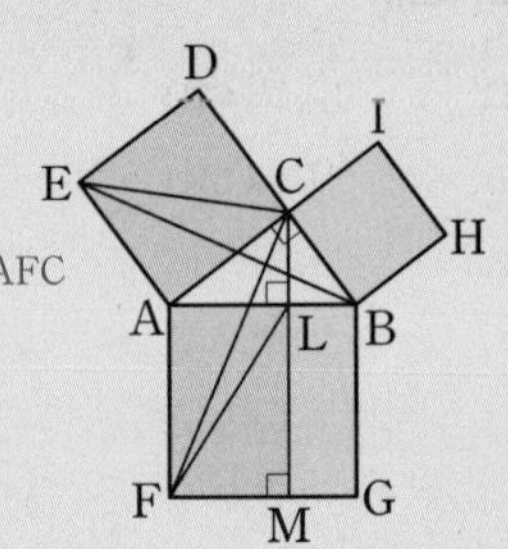

개념 확인 • 정답 및 해설 38쪽

1

다음은 오른쪽 그림과 같이 $\angle C = 90°$인 직각삼각형 ABC의 세 변을 각각 한 변으로 하는 정사각형에서 $\overline{AB} \perp \overline{CM}$일 때, $\square ACDE = \square AFML$임을 설명하는 과정이다. □ 안에 알맞은 것을 쓰시오.

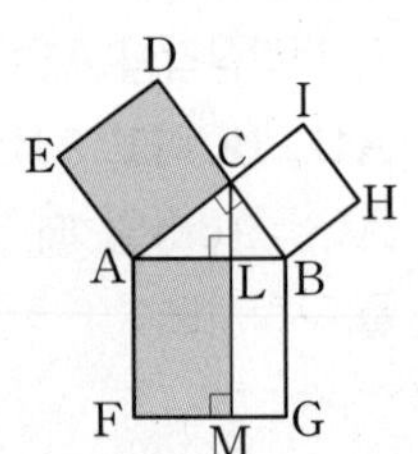

❶ $\triangle ACE$와 $\triangle ABE$는 밑변이 $\overline{AE}$이고 높이가 같으므로
□ $= \triangle ABE$

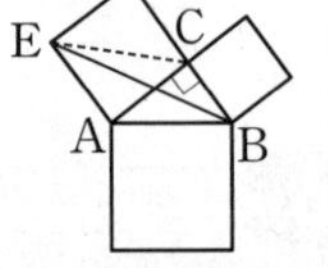

❷ $\triangle ABE$와 $\triangle AFC$에서
$\overline{EA} =$ □, $\angle EAB =$ □,
$\overline{AB} =$ □이므로
$\triangle ABE \equiv \triangle AFC$ (□ 합동)
$\therefore \triangle ABE = \triangle AFC$

❸ $\triangle AFC$와 □은 밑변이 $\overline{AF}$이고 높이가 같으므로
$\triangle AFC =$ □

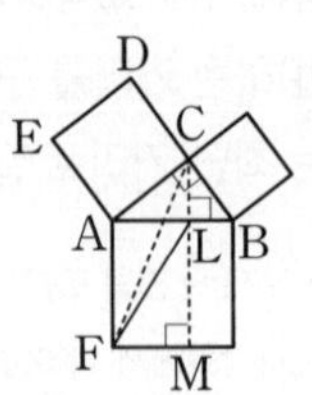

❹ 따라서 ❶~❸에서
□ $= \triangle ABE = \triangle AFC =$ □이므로
$\square ACDE = \square AFML$

2

다음 그림은 $\angle A = 90°$인 직각삼각형 ABC의 세 변을 각각 한 변으로 하는 정사각형을 그린 것이다. 색칠한 부분의 넓이를 구하시오.

(1)

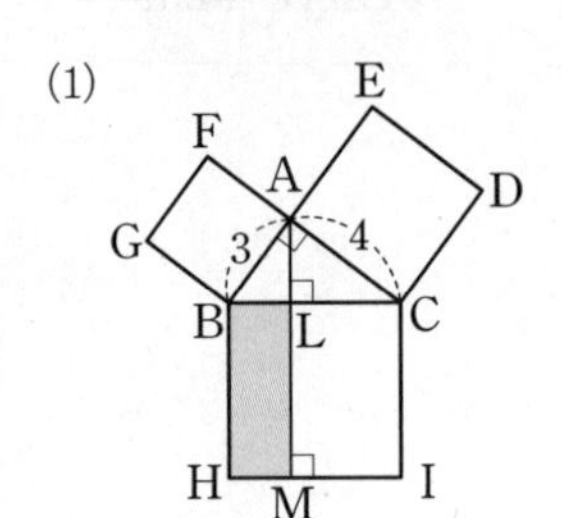

(2)

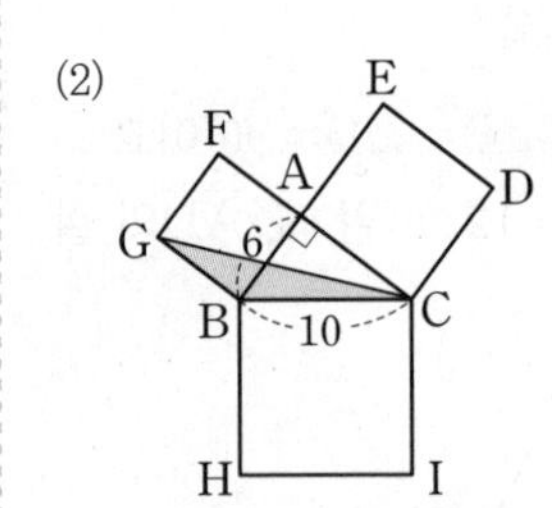

(3)

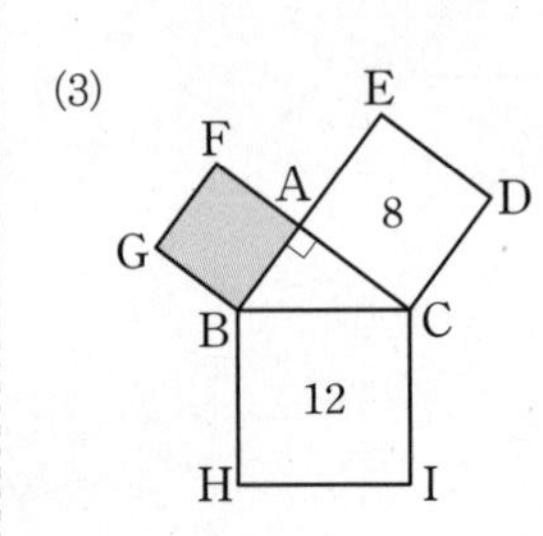

1
오른쪽 그림은 $\angle C=90°$인 직각삼각형 ABC의 세 변을 각각 한 변으로 하는 정사각형을 그린 것이다. $\overline{AB}\perp\overline{CM}$일 때, 다음 | 보기 | 중 $\triangle ABH$와 넓이가 같은 것을 모두 고르시오.

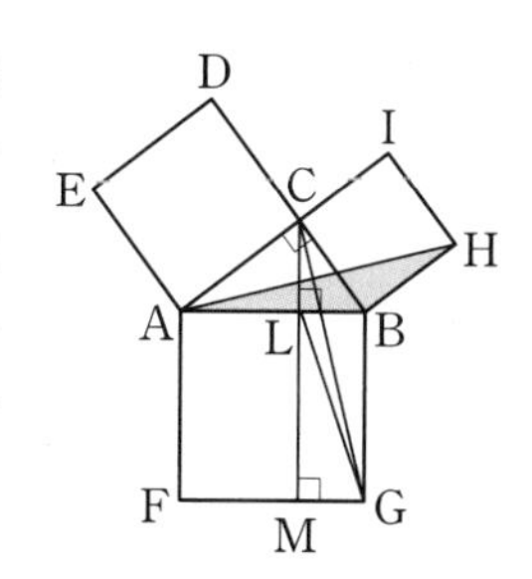

| 보기 |
ㄱ. $\triangle ABC$　　ㄴ. $\triangle GBC$　　ㄷ. $\triangle LGB$

2
오른쪽 그림은 $\angle C=90°$인 직각삼각형 ABC의 세 변을 각각 한 변으로 하는 정사각형을 그린 것이다. □ADEB, □ACHI의 넓이가 각각 $74\,\text{cm}^2$, $25\,\text{cm}^2$일 때, □BFGC의 넓이를 구하시오.

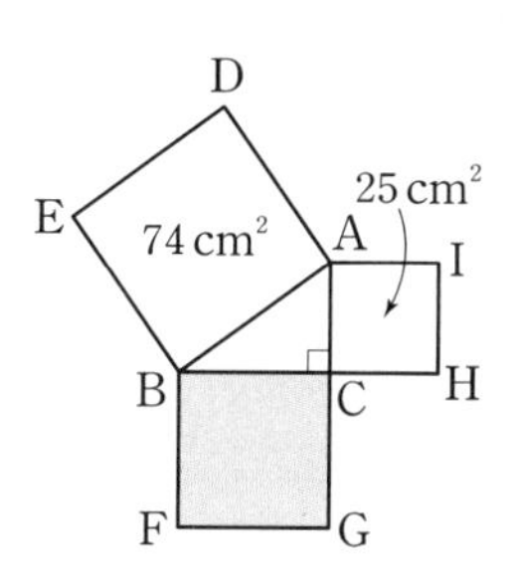

3
오른쪽 그림은 $\angle C=90°$인 직각삼각형 ABC의 세 변을 각각 한 변으로 하는 정사각형을 그린 것이다. $\overline{AB}\perp\overline{CM}$이고 $\overline{AC}=8\,\text{cm}$, $\overline{BC}=10\,\text{cm}$일 때, □ADML의 넓이를 구하시오.

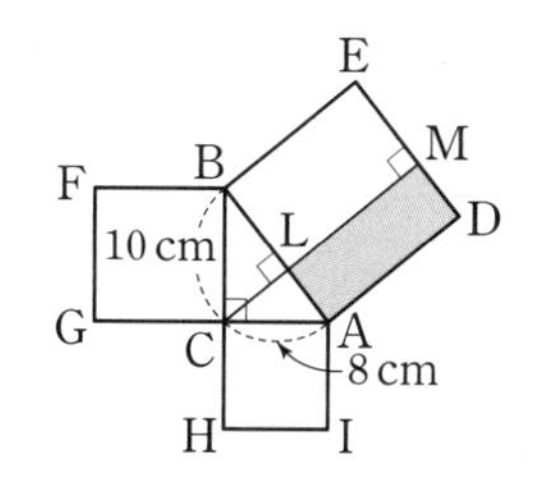

4
오른쪽 그림은 $\angle A=90°$인 직각삼각형 ABC의 세 변을 각각 한 변으로 하는 정사각형을 그린 것이다. $\overline{AC}=9\,\text{cm}$, $\overline{BC}=15\,\text{cm}$일 때, $\triangle ABF$의 넓이를 구하시오.

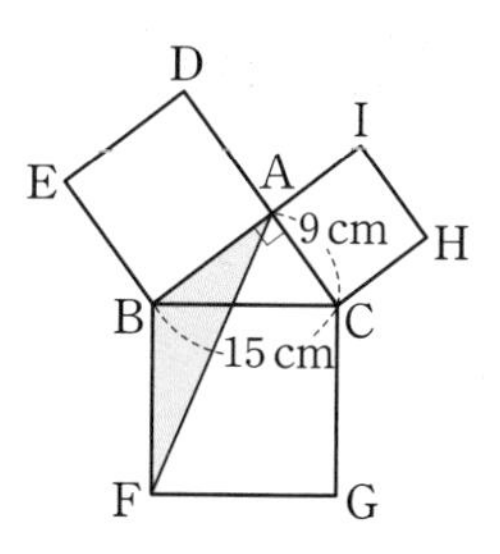

5 생각이 자라는 **창의·융합**

다음 그림과 같이 직각삼각형과 그 세 변을 각각 한 변으로 하는 정사각형을 계속 이어 붙여 그린 나무 모양의 그림을 '피타고라스의 나무'라 한다.

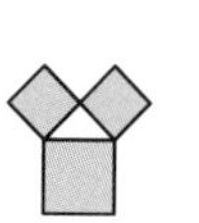

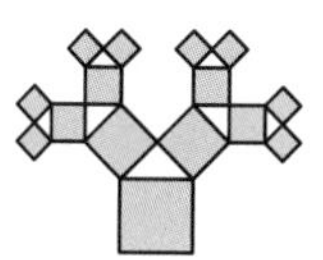
…

오른쪽 그림과 같이 $\overline{AB}=3\,\text{cm}$, $\overline{AC}=4\,\text{cm}$인 직각삼각형 ABC를 이용하여 피타고라스의 나무를 그렸을 때, 색칠한 부분의 넓이를 구하시오. (단, 모든 직각삼각형은 서로 닮은 도형이다.)

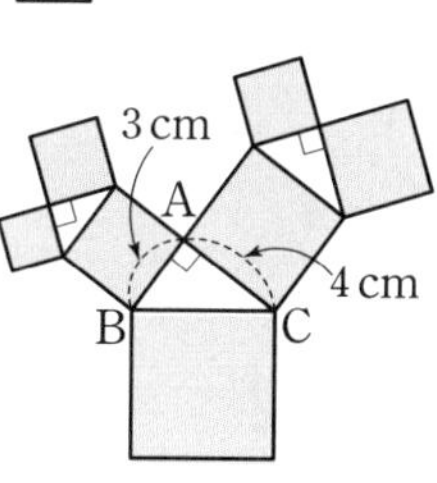

▶ 문제 속 개념 도출
• 직각삼각형의 빗변을 한 변으로 하는 정사각형의 넓이는 나머지 두 변을 각각 한 변으로 하는 두 정사각형의 넓이의 합과 같다.
➡ $b+c=$ ① ____

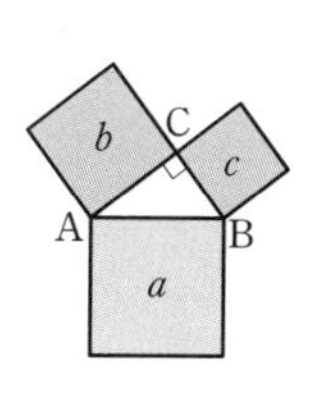

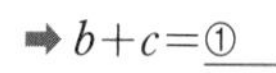

피타고라스 정리의 확인(2) – 피타고라스의 방법

되짚어 보기 [중1] 삼각형의 합동 조건 [중2] 피타고라스 정리

한 변의 길이가 $a+b$인 정사각형을 직각삼각형 ABC와 합동인 3개의 직각삼각형을 이용하여 오른쪽 그림과 같이 두 가지 방법으로 나누어 보면

([그림 1]의 색칠한 부분의 넓이)=([그림 2]의 색칠한 부분의 넓이)

➡ $a^2+b^2=c^2$ ⟶ 색칠한 사각형은 모두 정사각형이다.

참고 • □CDEF, □AGHB는 정사각형이다.
• □CDEF=4△ABC+□AGHB (△ABC≡△GAD≡△HGE≡△BHF)

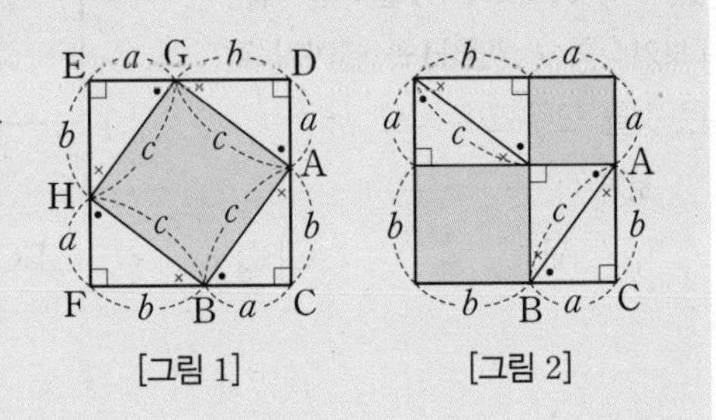

[그림 1] [그림 2]

개념 확인

● 정답 및 해설 39쪽

1 오른쪽 그림에서 □ABCD는 정사각형이고 4개의 직각삼각형은 모두 합동이다. 다음은 $\overline{AE}=5$, $\overline{AH}=12$일 때, □EFGH의 넓이를 구하는 과정이다. □ 안에 알맞은 수를 쓰시오.

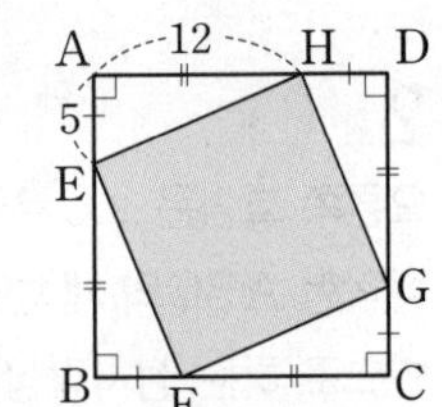

> △AEH에서 $\overline{EH}^2=12^2+\square^2=\square$
> □EFGH는 정사각형이므로
> □EFGH$=\overline{EH}^2=\square$

2 오른쪽 그림에서 □ABCD는 정사각형이고 4개의 직각삼각형은 모두 합동이다. $\overline{AH}=6$, $\overline{HD}=4$일 때, □EFGH의 넓이를 구하려고 한다. 다음을 구하시오.

(1) $\overline{AE}$의 길이
(2) □EFGH의 넓이

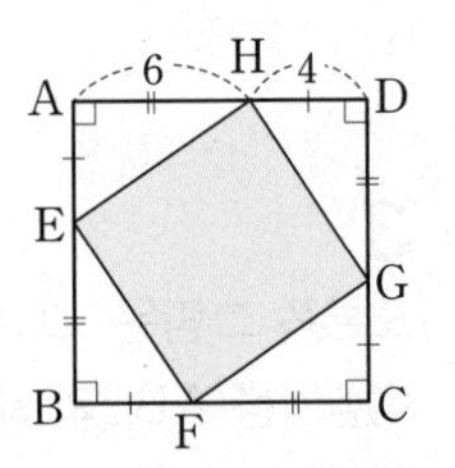

3 오른쪽 그림에서 □ABCD는 정사각형이고 4개의 직각삼각형은 모두 합동이다. □EFGH의 넓이가 25일 때, $\overline{BF}$의 길이를 구하려고 한다. 다음을 구하시오.

(1) $\overline{EF}$의 길이
(2) $\overline{BF}$의 길이

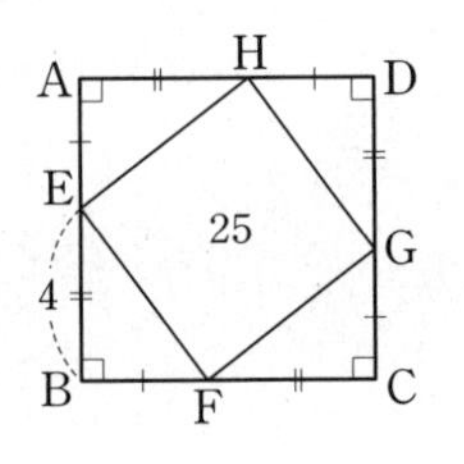

교과서 문제로 개념 다지기

1

다음 그림과 같은 정사각형 ABCD에서 $a^2+b^2=121$일 때, □EFGH의 둘레의 길이를 구하시오.

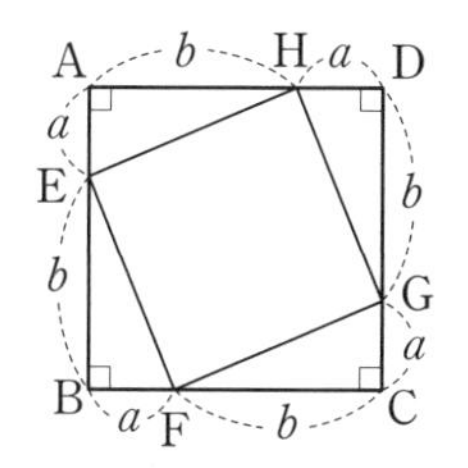

2

오른쪽 그림과 같이 한 변의 길이가 10 cm인 정사각형 ABCD에서

$\overline{AE}=\overline{BF}=\overline{CG}=\overline{DH}=3\,\text{cm}$

일 때, □EFGH의 넓이는?

① $58\,\text{cm}^2$　② $59\,\text{cm}^2$　③ $60\,\text{cm}^2$　④ $61\,\text{cm}^2$　⑤ $62\,\text{cm}^2$

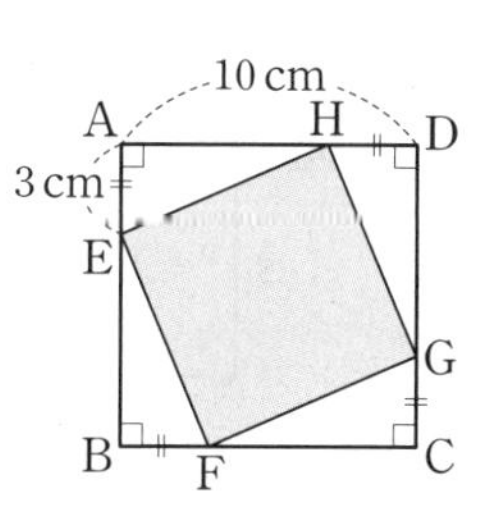

3

오른쪽 그림과 같은 정사각형 ABCD에서

$\overline{AE}=\overline{BF}=\overline{CG}=\overline{DH}=8\,\text{cm}$이고

□EFGH의 넓이가 $289\,\text{cm}^2$일 때, □ABCD의 넓이를 구하려고 한다. 다음을 구하시오.

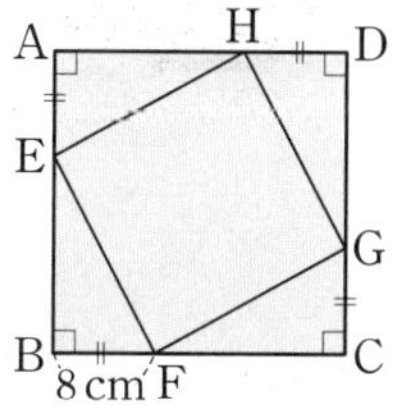

(1) $\overline{BE}$의 길이

(2) $\overline{AB}$의 길이

(3) □ABCD의 넓이

4 생각이 자라는 문제 해결

오른쪽 그림과 같이 한 변의 길이가 $a+b$인 정사각형 ABCD에서 $\overline{EF}$의 길이가 c일 때, 다음 | 보기 | 중 옳지 않은 것을 고르시오.

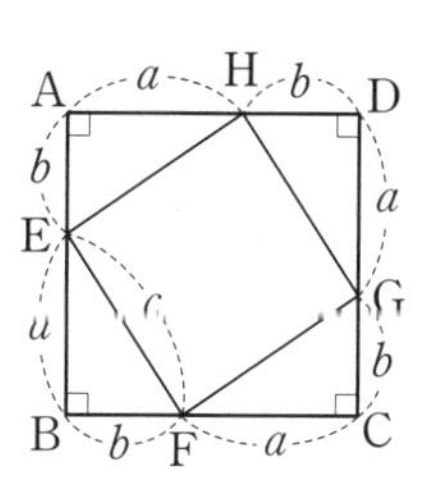

| 보기 |

ㄱ. ∠AEH의 크기는 ∠BFE의 크기와 같다.
ㄴ. △AEH는 △CGF와 합동이다.
ㄷ. □EFGH는 정사각형이다.
ㄹ. □EFGH의 넓이는 △AEH의 넓이의 4배이다.

▶ 문제 속 개념 도출

- 직각삼각형에서 빗변의 길이의 ① ______ 은 직각을 낀 두 변의 길이의 제곱의 합과 같다.
- 두 삼각형에서 대응하는 두 변의 길이가 각각 같고, 그 끼인각의 크기가 같으면 ② ______ 합동이다.

개념 40 직각삼각형이 되기 위한 조건

되짚어 보기 [초3~4] 직각삼각형, 예각삼각형, 둔각삼각형 [중1] 삼각형의 작도 [중2] 피타고라스 정리

1 직각삼각형이 되기 위한 조건

△ABC의 세 변의 길이를 각각 a, b, c라 할 때 $a^2+b^2=c^2$이면 이 삼각형은 빗변의 길이가 c인 직각삼각형이다.

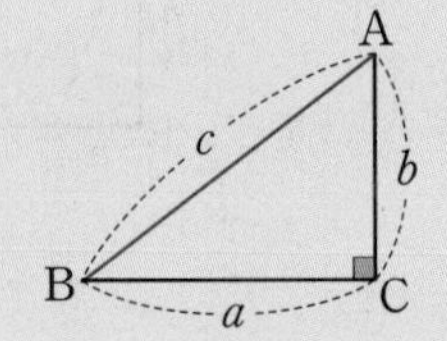

참고 피타고라스 정리 $a^2+b^2=c^2$을 만족시키는 세 자연수 a, b, c를 피타고라스 수라 한다.
➡ (3, 4, 5), (5, 12, 13), (6, 8, 10), (7, 24, 25), (8, 15, 17), (9, 12, 15), …

2 삼각형의 변의 길이와 각의 크기 사이의 관계

△ABC에서 $\overline{AB}=c$, $\overline{BC}=a$, $\overline{CA}=b$이고, 가장 긴 변의 길이가 c일 때

(1) $c^2<a^2+b^2$ ➡ $\angle C<90°$ ➡ △ABC는 예각삼각형

(2) $c^2=a^2+b^2$ ➡ $\angle C=90°$ ➡ △ABC는 직각삼각형

(3) $c^2>a^2+b^2$ ➡ $\angle C>90°$ ➡ △ABC는 둔각삼각형

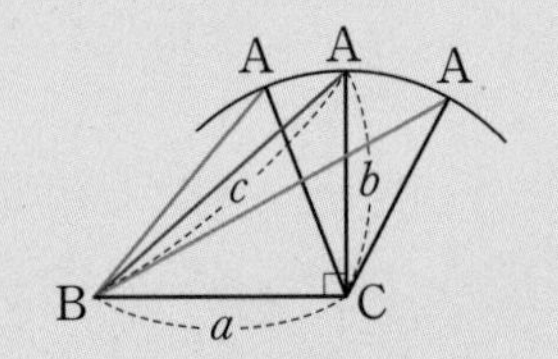

참고 세 변의 길이가 주어졌을 때, 삼각형이 될 수 있는 조건
➡ (가장 긴 변의 길이) < (나머지 두 변의 길이의 합)

개념 확인

정답 및 해설 40쪽

1 다음 그림의 삼각형 중에서 직각삼각형인 것은 ○표, 직각삼각형이 아닌 것은 ×표를 ( ) 안에 쓰시오.

(1)

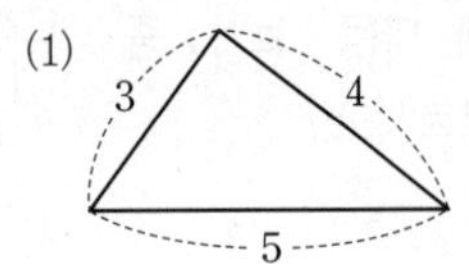

( )

(2) ( )

(3)

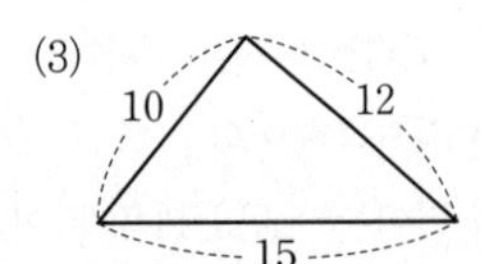

( )

(4)

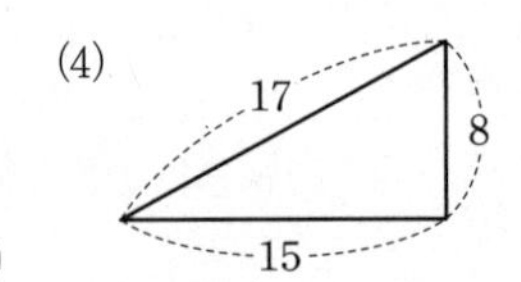

( )

2 세 변의 길이가 각각 다음과 같은 삼각형은 예각삼각형, 직각삼각형, 둔각삼각형 중 어떤 삼각형인지 말하시오.

(1) 2, 3, 4

(2) 4, 5, 6

(3) 5, 12, 13

(4) 6, 10, 11

(5) 8, 14, 17

(6) 9, 40, 41

교과서 문제로 개념 다지기

1

세 변의 길이가 각각 다음과 같은 삼각형이 직각삼각형이 되도록 하는 x의 값을 구하시오.

(단, 가장 긴 변의 길이가 x이다.)

(1) $3,\ 4,\ x$
(2) $5,\ 12,\ x$
(3) $6,\ 8,\ x$
(4) $12,\ 16,\ x$

2

세 변의 길이가 각각 다음과 같은 삼각형 중 직각삼각형이 아닌 것을 모두 고르면? (정답 2개)

① 3 cm, 3 cm, 4 cm
② 7 cm, 24 cm, 25 cm
③ 8 cm, 10 cm, 15 cm
④ 9 cm, 12 cm, 15 cm
⑤ 15 cm, 20 cm, 25 cm

3

세 변의 길이가 각각 다음과 같은 삼각형 중 예각삼각형인 것을 모두 고르면? (정답 2개)

① 2, 4, 5　② 4, 6, 7　③ 5, 10, 12
④ 6, 9, 10　⑤ 9, 12, 15

4

다음 | 보기 | 중 세 변의 길이가 각각 5, 8, x인 삼각형에 대한 설명으로 옳은 것을 모두 고르시오.

| 보기 |
ㄱ. $x=4$이면 예각삼각형이다.
ㄴ. $x=7$이면 직각삼각형이다.
ㄷ. $x=9$이면 예각삼각형이다.
ㄹ. $x=12$이면 둔각삼각형이다.

5 생각이 자라는 창의·융합

길이가 각각 6 cm, 8 cm, x cm인 세 개의 막대로 직각삼각형을 만들려고 할 때, 가능한 x^2의 값을 모두 구하시오.

(단, 막대의 두께는 생각하지 않는다.)

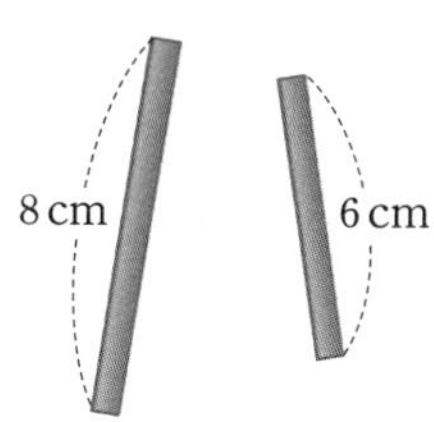

▶ 문제 속 개념 도출
• 삼각형이 직각삼각형이 되기 위한 조건
➡ (가장 긴 변의 길이의 ① ____)=(나머지 두 변의 길이의 제곱의 합)

개념 41 피타고라스 정리의 활용

되짚어 보기 [중1] 원과 부채꼴 [중2] 피타고라스 정리

(1) 직각삼각형에서 세 반원 사이의 관계

$\angle A=90°$인 직각삼각형 ABC에서 세 변 AB, AC, BC를 각각 지름으로 하는 반원의 넓이를 S_1, S_2, S_3이라 할 때

➡ $S_1+S_2=S_3$

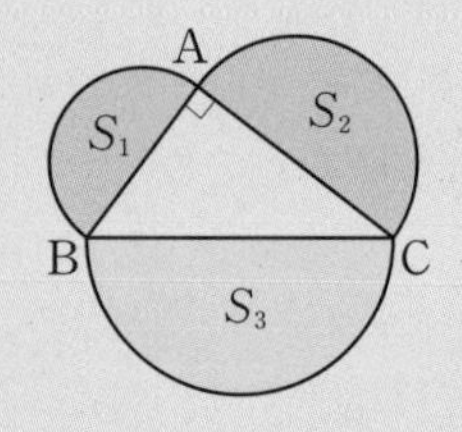

참고 $\overline{AB}=c$, $\overline{BC}=a$, $\overline{CA}=b$라 하면

$S_1+S_2=\frac{1}{2}\times\pi\times\left(\frac{c}{2}\right)^2+\frac{1}{2}\times\pi\times\left(\frac{b}{2}\right)^2=\frac{1}{8}\pi(b^2+c^2)$, $S_3=\frac{1}{2}\times\pi\times\left(\frac{a}{2}\right)^2=\frac{1}{8}\pi a^2$

직각삼각형 ABC에서 $b^2+c^2=a^2$이므로 $S_1+S_2=S_3$

(2) 히포크라테스의 원의 넓이

$\angle A=90°$인 직각삼각형 ABC의 세 변을 각각 지름으로 하는 반원에서

➡ (색칠한 부분의 넓이)$=P+Q=\triangle ABC=\frac{1}{2}bc$

└→ 히포크라테스의 원의 넓이

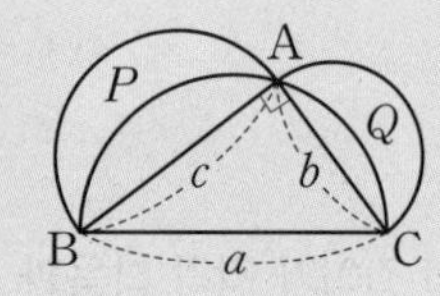

개념 확인

● 정답 및 해설 40쪽

1 다음 그림은 $\angle A=90°$인 직각삼각형 ABC의 세 변을 각각 지름으로 하는 반원을 그려 그 넓이를 나타낸 것이다. 이때 색칠한 부분의 넓이를 구하시오.

(1)

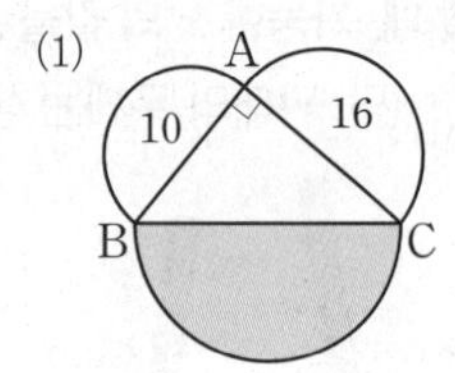

(2)

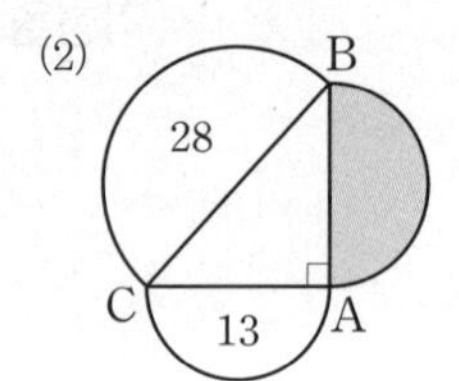

(3)

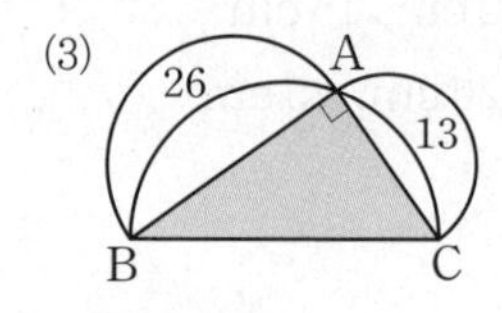

2 아래 그림은 $\angle A=90°$인 직각삼각형 ABC의 세 변을 각각 지름으로 하는 반원을 그린 것이다. 다음을 구하시오.

(1)

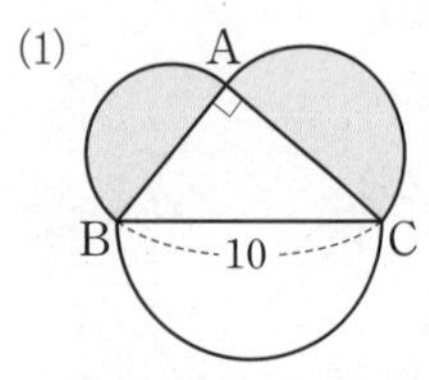

① $\overline{BC}$를 지름으로 하는 반원의 넓이
② 색칠한 부분의 넓이

(2)

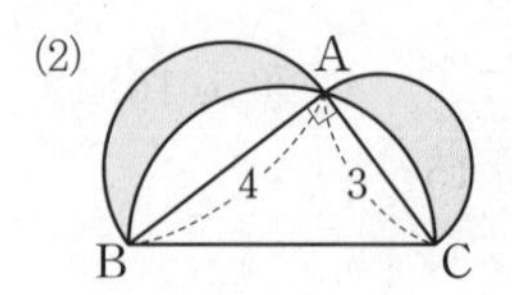

① $\triangle ABC$의 넓이
② 색칠한 부분의 넓이

1

오른쪽 그림은 $\angle A=90^\circ$인 직각삼각형 ABC에서 $\overline{AB}$, $\overline{AC}$를 각각 지름으로 하는 반원을 그린 것이다. $\overline{BC}=14$ cm일 때, 색칠한 부분의 넓이는?

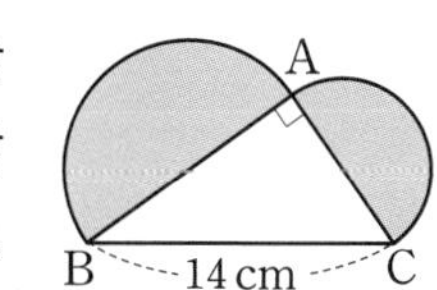

① $\frac{49}{4}\pi$ cm^2 ② $\frac{49}{2}\pi$ cm^2 ③ 36π cm^2
④ 49π cm^2 ⑤ 98π cm^2

2

오른쪽 그림은 $\angle A=90^\circ$인 직각삼각형 ABC의 세 변을 각각 지름으로 하는 반원을 그린 것이다. $\overline{BC}=6$ cm일 때, 색칠한 부분의 넓이를 구하시오.

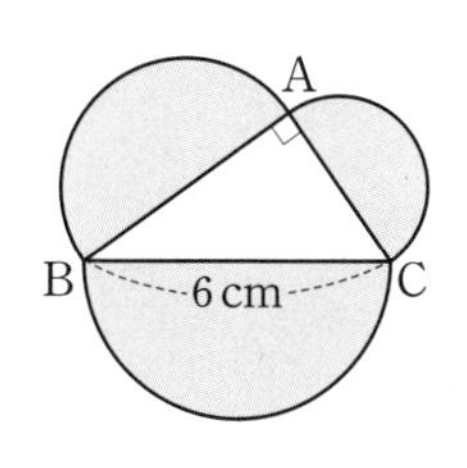

3

오른쪽 그림은 $\angle A=90^\circ$인 직각삼각형 ABC의 세 변을 각각 지름으로 하는 반원을 그린 것이다. $\overline{AB}=12$ cm, $\overline{AC}=9$ cm일 때, 색칠한 부분의 넓이를 구하시오.

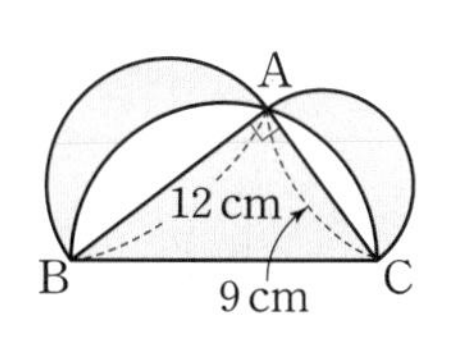

4

오른쪽 그림은 $\angle A=90^\circ$인 직각삼각형 ABC의 세 변을 각각 지름으로 하는 반원을 그린 것이다. $\overline{AC}=8$ cm, $\overline{BC}=10$ cm일 때, 색칠한 부분의 넓이를 구하시오.

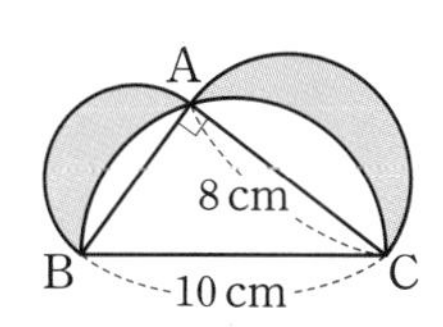

5 생각이 자라는 **창의·융합**

고대 그리스의 수학자 히포크라테스는 다음과 같이 초승달 모양의 도형의 넓이에 대하여 설명하였다.

초승달 모양의 두 도형 ①, ②의 넓이의 합은 이 그림 안에 있는 어떤 도형의 넓이와 같다.

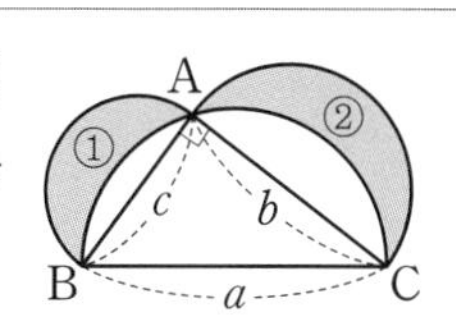

$\angle A=90^\circ$인 직각삼각형 ABC의 세 변을 각각 지름으로 하는 반원의 넓이를 이용하여 초승달 모양의 두 도형 ①, ②의 넓이의 합이 주어진 그림 안에 있는 어떤 도형의 넓이와 같은지 설명하시오.

▶ 문제 속 개념 도출

- 직각삼각형에서 직각을 낀 두 변의 길이를 각각 a, b라 하고, 빗변의 길이를 c라 하면 ➡ $a^2+b^2=$① ____
- 직각삼각형에서 직각을 낀 두 변을 지름으로 하는 반원의 넓이를 각각 S_1, S_2라 하고, 빗변을 지름으로 하는 반원의 넓이를 S_3이라 하면 ➡ $S_1+S_2=$② ____

학교 시험 문제로 단원 마무리

점수 /100점

1 오른쪽 그림과 같이 $\angle C=90^\circ$인 직각삼각형 ABC에서 $\overline{BC}=8\,\text{cm}$이고 $\triangle ABC$의 넓이가 $24\,\text{cm}^2$일 때, $\overline{AB}$의 길이를 구하시오. [10점]

개념 36

2 오른쪽 그림과 같이 가로, 세로의 길이가 각각 $14\,\text{cm}$, $10\,\text{cm}$인 직사각형 ABCD의 대각선을 한 변으로 하는 정사각형 BEFD의 넓이를 구하시오. [15점]

개념 36

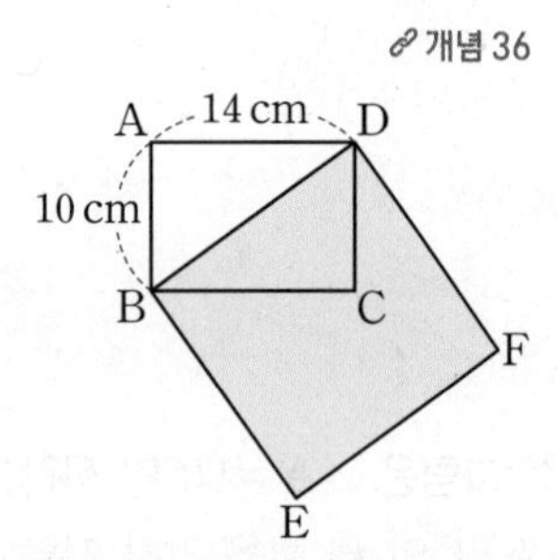

3 오른쪽 그림과 같이 $\angle C=90^\circ$인 직각삼각형 ABC에서 $\overline{AD}=9\,\text{cm}$, $\overline{BD}=10\,\text{cm}$, $\overline{CD}=6\,\text{cm}$일 때, $\overline{AB}$의 길이를 구하시오. [10점]

개념 37

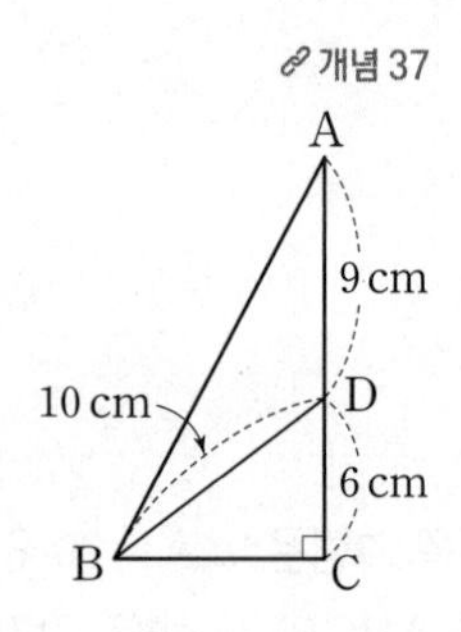

4 오른쪽 그림과 같이 $\angle A=90^\circ$인 직각삼각형 ABC에서 $\overline{AD}\perp\overline{BC}$이고 $\overline{AB}=12\,\text{cm}$, $\overline{BC}=20\,\text{cm}$일 때, x, y의 값을 각각 구하시오. [15점]

개념 37

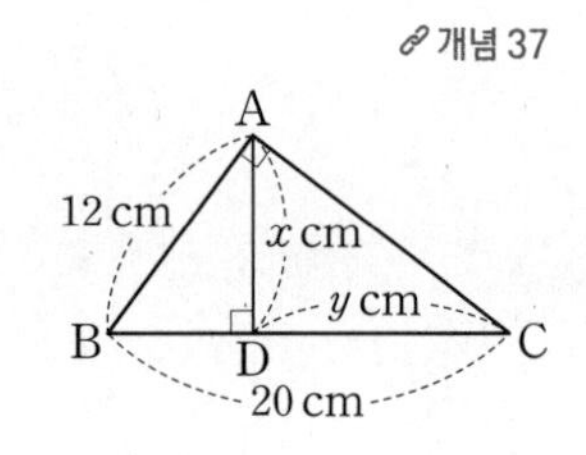

개념 38

5 오른쪽 그림은 $\angle C=90°$인 직각삼각형 ABC의 세 변을 각각 한 변으로 하는 정사각형을 그린 것이다. □ACDE의 넓이가 $33\,cm^2$, □BHIC의 넓이가 $16\,cm^2$일 때, $\overline{AB}$의 길이는? [10점]

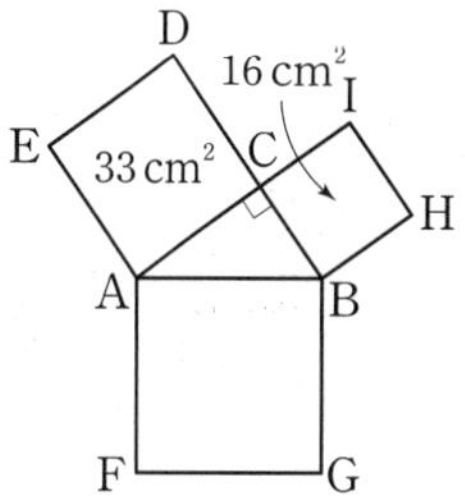

① 7 cm　　② 8 cm　　③ 9 cm
④ 10 cm　　⑤ 11 cm

개념 39

6 오른쪽 그림과 같은 정사각형 ABCD에서 $\overline{AE}=\overline{BF}=\overline{CG}=\overline{DH}=6\,cm$이고 □EFGH의 넓이가 $100\,cm^2$일 때, □ABCD의 넓이를 구하시오. [10점]

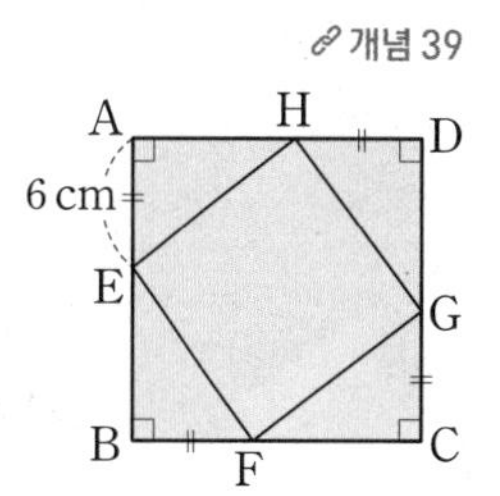

개념 40

7 세 변의 길이가 각각 다음 | 보기 |와 같은 삼각형 중 직각삼각형인 것을 모두 고르시오. [10점]

| 보기 |

ㄱ. 3 cm, 4 cm, 5 cm　　ㄴ. 5 cm, 6 cm, 10 cm
ㄷ. 12 cm, 13 cm, 15 cm　　ㄹ. 20 cm, 21 cm, 29 cm

개념 41

8 오른쪽 그림은 원에 내접하는 직사각형 ABCD의 네 변을 각각 지름으로 하는 반원을 그린 것이다. $\overline{AB}=10\,cm$, $\overline{AD}=9\,cm$일 때, 색칠한 부분의 넓이를 구하시오. [20점]

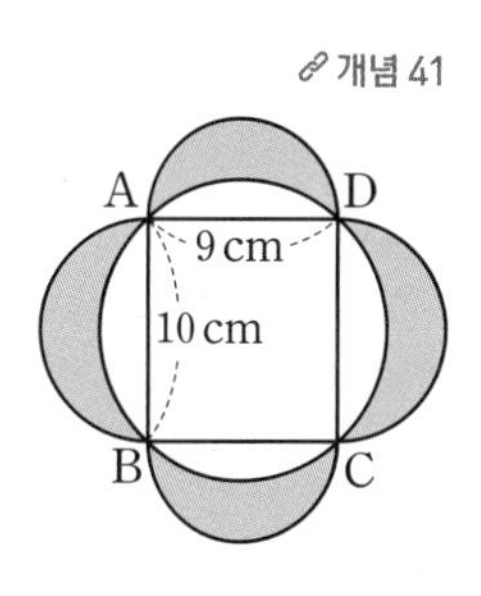

배운 내용 돌아보기

마인드맵으로 정리하기

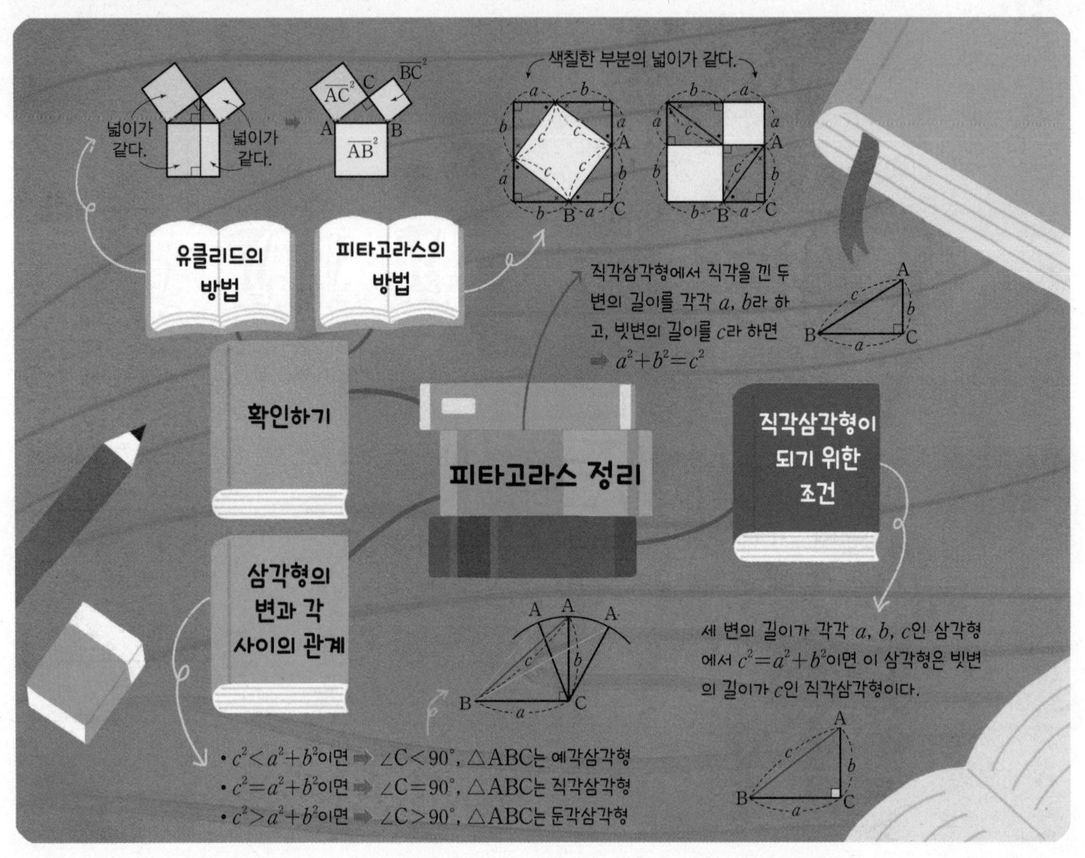

OX 문제로 확인하기

옳은 것은 O, 옳지 않은 것은 X를 택하시오.

● 정답 및 해설 41쪽

❶ 직각삼각형에서 직각을 낀 두 변의 길이를 각각 a, b라 하고 빗변의 길이를 c라 하면 $a^2+b^2=c^2$이다. O | X

❷ 직각삼각형에서 직각을 낀 두 변의 길이가 각각 3 cm, 4 cm일 때, 빗변의 길이는 5 cm이다. O | X

❸ 직각삼각형 ABC의 세 변을 각각 한 변으로 하는 정사각형을 그리면
□BFGC=△ABC+□ACHI O | X

❹ 세 변의 길이가 각각 6 cm, 8 cm, 12 cm인 삼각형은 직각삼각형이다. O | X

❺ 세 변의 길이가 각각 a, b, c인 △ABC에서 $a^2+b^2=c^2$이면 △ABC는 빗변의 길이가 c인 직각삼각형이다. O | X

❻ 세 변의 길이가 각각 a, b, c인 △ABC에서 c가 가장 긴 변의 길이일 때, $c^2<a^2+b^2$이면
△ABC는 둔각삼각형이다. O | X

6 확률

배운 내용	이 단원의 내용	배울 내용
• **초등학교 5~6학년군** 비와 비율 가능성 • **중학교 1학년** 자료의 정리와 해석	◆ 경우의 수 ◆ 여러 가지 경우의 수 ◆ 확률의 뜻과 성질 ◆ 확률의 계산	• **고등학교 수학** 경우의 수 순열과 조합

학습 내용	학습 날짜	학습 확인	복습 날짜
개념 42 경우의 수	/	☺ 😐 ☹	/
개념 43 사건 A 또는 사건 B가 일어나는 경우의 수	/	☺ 😐 ☹	/
개념 44 사건 A와 사건 B가 동시에 일어나는 경우의 수	/	☺ 😐 ☹	/
개념 45 경우의 수의 응용 (1) – 한 줄로 세우기	/	☺ 😐 ☹	/
개념 46 경우의 수의 응용 (2) – 자연수 만들기	/	☺ 😐 ☹	/
개념 47 경우의 수의 응용 (3) – 대표 뽑기	/	☺ 😐 ☹	/
개념 48 확률	/	☺ 😐 ☹	/
개념 49 확률의 성질	/	☺ 😐 ☹	/
개념 50 사건 A 또는 사건 B가 일어날 확률	/	☺ 😐 ☹	/
개념 51 사건 A와 사건 B가 동시에 일어날 확률	/	☺ 😐 ☹	/
개념 52 확률의 응용 – 연속하여 꺼내기	/	☺ 😐 ☹	/
학교 시험 문제로 단원 마무리	/	☺ 😐 ☹	/

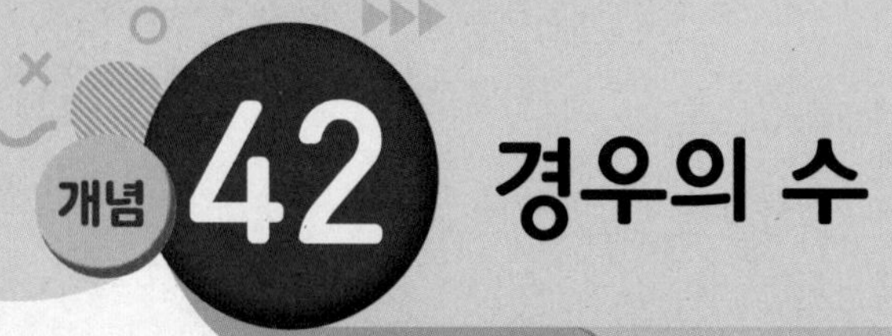

경우의 수

되짚어 보기 [초5~6] 사건이 일어날 가능성

(1) **사건**: 같은 조건에서 반복할 수 있는 실험이나 관찰에 의해 나타나는 결과

(2) **경우의 수**: 어떤 사건이 일어나는 가짓수

➡ 모든 경우를 빠짐없이, 중복되지 않게 나열하여 구한다.

예

실험·관찰	한 개의 주사위를 던진다.
사건	2의 배수의 눈이 나온다.
경우	⚁ ⚃ ⚅
경우의 수	3

개념 확인

● 정답 및 해설 42쪽

1 한 개의 주사위를 던질 때, 다음을 구하시오.

(1) 짝수의 눈이 나오는 경우의 수

(2) 4 이하의 눈이 나오는 경우의 수

(3) 소수의 눈이 나오는 경우의 수

(4) 6의 약수의 눈이 나오는 경우의 수

2 1부터 10까지의 자연수가 각각 하나씩 적힌 10장의 카드 중에서 한 장을 뽑을 때, 다음을 구하시오.

(1) 홀수가 적힌 카드가 나오는 경우의 수

(2) 7 초과의 수가 적힌 카드가 나오는 경우의 수

(3) 두 자리의 자연수가 적힌 카드가 나오는 경우의 수

(4) 3의 배수가 적힌 카드가 나오는 경우의 수

3 서로 다른 두 개의 동전을 동시에 던질 때, 다음을 구하시오.

(1) 모든 경우의 수

(2) 앞면이 한 개만 나오는 경우의 수

(3) 뒷면이 두 개 나오는 경우의 수

(4) 서로 같은 면이 나오는 경우의 수

4 오른쪽 표는 A, B 두 개의 주사위를 동시에 던질 때, 나오는 두 눈의 수를 순서쌍으로 나타낸 것이다. 표를 완성하고, 다음을 구하시오.

(1) 모든 경우의 수

(2) 두 눈의 수가 같은 경우의 수

(3) 두 눈의 수의 합이 6인 경우의 수

(4) 두 눈의 수의 차가 4인 경우의 수

A \ B	⚀	⚁	⚂	⚃	⚄	⚅
⚀	(1, 1)	(1, 2)	(1, 3)	(1, 4)	(1, 5)	(1, 6)
⚁	(2, 1)					
⚂						
⚃						
⚄						
⚅						

교과서 문제로 개념 다지기

● 정답 및 해설 42쪽

1

다음 중 한 개의 주사위를 던질 때, 그 경우의 수가 가장 큰 사건은?

① 홀수의 눈이 나온다.
② 소수의 눈이 나온다.
③ 3 이상의 눈이 나온다.
④ 4의 약수의 눈이 나온다.
⑤ 5의 배수의 눈이 나온다.

2

오른쪽 그림과 같이 1부터 13까지의 자연수가 각각 하나씩 적힌 공 13개가 들어 있는 상자가 있다. 이 상자에서 공을 한 개 꺼낼 때, 소수가 적힌 공이 나오는 경우의 수를 구하시오.

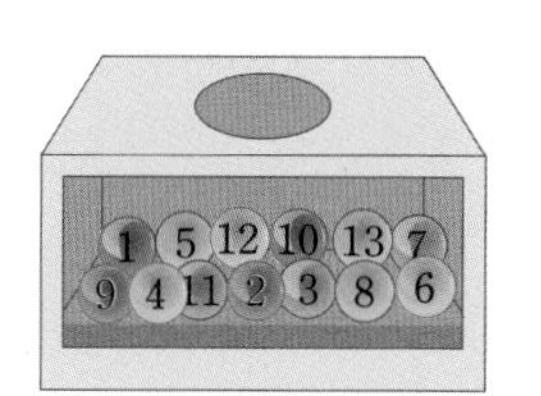

3

민정이와 하늘이가 가위바위보를 한 번 할 때, 승부가 나지 않는 경우의 수를 구하시오.

4

서로 다른 두 개의 주사위를 동시에 던질 때, 나오는 두 눈의 수의 합이 8인 경우의 수를 구하시오.

5

주사위 한 개와 동전 한 개를 동시에 던질 때, 주사위는 3의 배수의 눈이 나오고, 동전은 앞면이 나오는 경우의 수를 구하시오.

6

액수가 큰 것, 즉 1000원짜리 지폐를 기준으로 생각해 봐.

주연이는 분식점에서 떡볶이를 먹고 2500원을 내려고 한다. 1000원짜리 지폐 3장, 500원짜리 동전 5개를 가지고 있을 때, 떡볶이 값을 지불하는 방법의 수를 구하시오.

(단, 거스름돈이 생기지 않도록 지불한다.)

7

생각이 자라는 창의·융합

통일 신라 시대의 유물인 '목제 주령구'는 정사각형 모양의 면 6개와 육각형 모양의 면 8개로 이루어져 있다. 오른쪽 그림과 같이 각 면에 1부터 14까지의 자연수가 각각 하나씩 적힌 목제 주령구 모양의 주사위 한 개를 던질 때, 윗면에 나오는 수에 대하여 다음 물음에 답하시오.

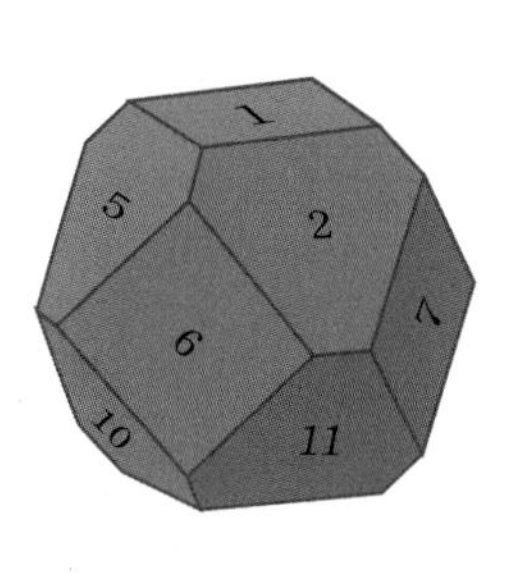

(1) 모든 경우의 수를 구하시오.
(2) | 보기 |와 같이 경우의 수가 4인 사건을 말하시오.

| 보기 |
8의 약수가 나온다.

▶ 문제 속 개념 도출

• 어떤 사건이 일어나는 가짓수를 ① ________ 라 한다.

개념 42에 대한 이해도를 표시해 보세요. 0 50 100

개념 43 사건 A 또는 사건 B가 일어나는 경우의 수

되짚어 보기 [중2] 경우의 수

두 사건 A, B가 동시에 일어나지 않을 때,
사건 A가 일어나는 경우의 수를 a, 사건 B가 일어나는 경우의 수를 b라 하면
➡ (사건 A 또는 사건 B가 일어나는 경우의 수)$=a+b$

참고 일반적으로 '또는', '~이거나'라는 표현이 있으면 두 사건이 일어나는 경우의 수를 더한다.

예 색이 다른 색연필 2자루와 서로 다른 연필 3자루 중에서 색연필 또는 연필을 한 자루 고르는 경우의 수
➡ 색연필을 고르는 경우의 수는 2, 연필을 고르는 경우의 수는 3
따라서 색연필 또는 연필을 한 자루 고르는 경우의 수는 $2+3=5$

개념 확인

● 정답 및 해설 43쪽

1 은지네 집에서 도서관까지 버스로 가는 방법은 3가지, 지하철로 가는 방법은 4가지가 있다. 은지네 집에서 도서관까지 갈 때, 버스 또는 지하철을 타고 가는 경우의 수를 구하려고 한다. 다음을 구하고, □ 안에 알맞은 수를 쓰시오.

(1) 버스를 타고 가는 경우의 수
(2) 지하철을 타고 가는 경우의 수
(3) 버스 또는 지하철을 타고 가는 경우의 수 ⇨ □$+4=$□

2 한 개의 주사위를 던질 때, 2의 배수 또는 5의 약수의 눈이 나오는 경우의 수를 구하려고 한다. 다음을 구하시오.

(1) 2의 배수의 눈이 나오는 경우의 수
(2) 5의 약수의 눈이 나오는 경우의 수
(3) 2의 배수 또는 5의 약수의 눈이 나오는 경우의 수

3 주머니에 1부터 10까지의 자연수가 각각 하나씩 적힌 10개의 공이 들어 있다. 이 주머니에서 한 개의 공을 꺼낼 때, 4보다 작거나 9보다 큰 수가 적힌 공이 나오는 경우의 수를 구하려고 한다. 다음을 구하시오.

(1) 4보다 작은 수가 적힌 공이 나오는 경우의 수
(2) 9보다 큰 수가 적힌 공이 나오는 경우의 수
(3) 4보다 작거나 9보다 큰 수가 적힌 공이 나오는 경우의 수

4 서로 다른 두 개의 주사위를 동시에 던질 때, 나오는 두 눈의 수의 합이 6 또는 11인 경우의 수를 구하려고 한다. 다음을 구하시오.

(1) 두 눈의 수의 합이 6인 경우의 수
(2) 두 눈의 수의 합이 11인 경우의 수
(3) 두 눈의 수의 합이 6 또는 11인 경우의 수

● 정답 및 해설 43쪽

1

어느 분식점에는 5종류의 김밥과 4종류의 라면이 있다. 이 분식점에서 김밥이나 라면 중 한 가지를 주문하는 경우의 수를 구하시오.

2

서로 다른 파란 구슬 3개, 노란 구슬 2개, 빨간 구슬 5개가 들어 있는 주머니에서 한 개의 구슬을 꺼낼 때, 파란 구슬 또는 빨간 구슬이 나오는 경우의 수를 구하시오.

3

1부터 30까지의 자연수가 각각 하나씩 적힌 30장의 카드가 있다. 이 중에서 한 장의 카드를 뽑을 때, 5의 배수 또는 21의 약수가 적힌 카드가 나오는 경우의 수를 구하시오.

4

서로 다른 두 개의 주사위를 동시에 던질 때, 나오는 두 눈의 수의 차가 3 또는 5인 경우의 수는?

① 6 ② 7 ③ 8
④ 9 ⑤ 10

5 두 눈의 수의 합이 얼마인 경우인지 먼저 생각해 봐.

한 개의 주사위를 두 번 던질 때, 나오는 두 눈의 수의 합이 4의 배수인 경우의 수는?

① 5 ② 6 ③ 7
④ 8 ⑤ 9

6 (3) 2의 배수이면서 7의 배수인 수가 중복되지 않게 구해야 해.

1부터 30까지의 자연수가 각각 하나씩 적힌 30개의 공이 들어 있는 상자가 있다. 이 상자에서 한 개의 공을 꺼낼 때, 2의 배수 또는 7의 배수가 적힌 공이 나오는 경우의 수를 구하려고 한다. 다음을 구하시오.

(1) 2의 배수가 적힌 공이 나오는 경우의 수
(2) 7의 배수가 적힌 공이 나오는 경우의 수
(3) 2의 배수 또는 7의 배수가 적힌 공이 나오는 경우의 수

7 생각이 자라는 창의·융합

오른쪽 그림과 같은 달력에서 하루를 택하여 수학 체험 활동을 하기로 하였다. 이때 택한 날이 수요일이거나 금요일인 경우의 수를 구하시오.

11월

일	월	화	수	목	금	토
			1	2	3	4
5	6	7	8	9	10	11
12	13	14	15	16	17	18
19	20	21	22	23	24	25
26	27	28	29	30		

▶ 문제 속 개념 도출

• 두 사건 A, B가 동시에 일어나지 않을 때
(A 또는 B인 경우의 수)=(A인 경우의 수)① ___ (B인 경우의 수)

개념 43에 대한 이해도를 표시해 보세요. 0 50 100

사건 A와 사건 B가 동시에 일어나는 경우의 수

되짚어 보기 [중2] 경우의 수

사건 A가 일어나는 경우의 수를 a, 그 각각에 대하여 사건 B가 일어나는 경우의 수를 b라 하면

➡ (사건 A와 사건 B가 동시에 일어나는 경우의 수)$=a\times b$

참고 일반적으로 '동시에', '그리고', '~와', '~하고 나서'라는 표현이 있으면 두 사건이 일어나는 경우의 수를 곱한다.

예 색이 다른 색연필 2자루와 서로 다른 연필 3자루 중에서 색연필과 연필을 각각 한 자루씩 고르는 경우의 수

➡ 색연필을 고르는 경우의 수는 2, 연필을 고르는 경우의 수는 3
따라서 색연필과 연필을 각각 한 자루씩 고르는 경우의 수는 $2\times3=6$

개념 확인 ● 정답 및 해설 44쪽

1 오른쪽 그림과 같이 흰색, 초록색, 파란색, 노란색 4종류의 티셔츠와 흰색, 검은색 2종류의 바지가 있다. 티셔츠와 바지를 각각 하나씩 짝 지어 입는 경우의 수를 구하려고 한다. 다음을 구하고, □ 안에 알맞은 수를 쓰시오.

(1) 티셔츠를 고르는 경우의 수 (2) 바지를 고르는 경우의 수

(3) 티셔츠와 바지를 각각 하나씩 짝 지어 입는 경우의 수 ⇨ □$\times 2=$□

2 오른쪽 그림과 같이 A지점에서 B지점으로 가는 길이 3가지, B지점에서 C지점으로 가는 길이 2가지일 때, A지점에서 B지점을 거쳐 C지점으로 가는 방법의 수를 구하려고 한다. 다음을 구하시오. (단, 한 번 지나간 지점은 다시 지나지 않는다.)

(1) A지점에서 B지점으로 가는 방법의 수 (2) B지점에서 C지점으로 가는 방법의 수

(3) A지점에서 B지점을 거쳐 C지점으로 가는 방법의 수

3 A, B 두 개의 주사위를 동시에 던질 때, A주사위에서 소수의 눈이 나오고, B주사위에서 짝수의 눈이 나오는 경우의 수를 구하려고 한다. 다음을 구하시오.

(1) A주사위에서 소수의 눈이 나오는 경우의 수 (2) B주사위에서 짝수의 눈이 나오는 경우의 수

(3) A주사위에서 소수의 눈이 나오고, B주사위에서 짝수의 눈이 나오는 경우의 수

4 다음 사건에서 일어나는 모든 경우의 수를 구하시오.

(1) 서로 다른 동전 2개를 동시에 던진다.

(2) 서로 다른 주사위 2개를 동시에 던진다.

(3) 동전 한 개와 주사위 한 개를 동시에 던진다.

교과서 문제로 개념 다지기

● 정답 및 해설 44쪽

1

어느 아이스크림 가게에서 컵이나 콘에 바닐라, 초콜릿, 딸기 아이스크림 중에서 한 가지를 담아 판매하고 있다. 이 가게에서 아이스크림 한 개를 주문하는 경우의 수를 구하시오.

2

다음 그림과 같이 5개의 자음과 4개의 모음이 각각 하나씩 적힌 9장의 카드가 있다. 자음과 모음이 적힌 카드를 각각 한 장씩 뽑아 만들 수 있는 글자의 개수를 구하시오.

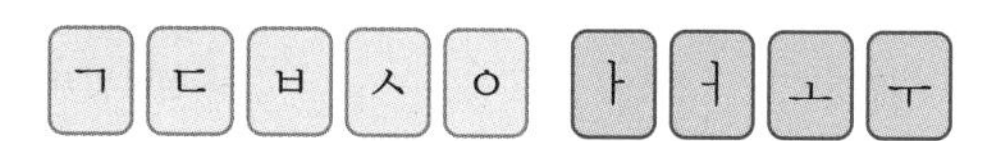

3

학교에서 도서관으로 가는 길이 3가지, 도서관에서 집으로 가는 길이 4가지일 때, 학교에서 도서관을 거쳐 집으로 가는 방법의 수를 구하시오.

(단, 한 번 지나간 지점은 다시 지나지 않는다.)

4

서로 다른 두 개의 주사위를 동시에 던질 때, 두 주사위 모두 홀수의 눈이 나오는 경우의 수를 구하시오.

5

서로 다른 동전 2개와 주사위 1개를 동시에 던질 때, 동전의 앞면이 한 개만 나오고 주사위는 6의 약수의 눈이 나오는 경우의 수를 구하시오.

6

아래 그림과 같이 세 지점 A, B, C를 연결하는 도로가 있다. A지점에서 C지점으로 가는 방법의 수를 구하려고 한다. 다음을 구하시오.

(단, 한 번 지나간 지점은 다시 지나지 않는다.)

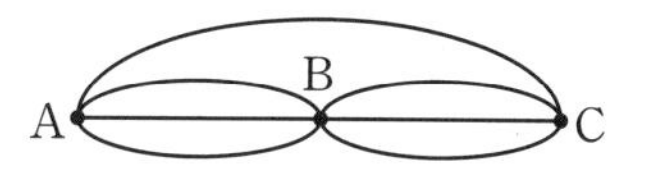

(1) A지점에서 B지점을 거쳐 C지점으로 가는 방법의 수

(2) A지점에서 B지점을 거치지 않고 C지점으로 가는 방법의 수

(3) A지점에서 C지점으로 가는 방법의 수

7 생각이 자라는 **창의·융합**

배드민턴 혼합 복식은 남녀 각각 한 명씩 두 명이 한 조가 되어 시합하는 경기이다. 어느 배드민턴 동아리에 남학생 5명과 여학생 7명이 있을 때, 남학생과 여학생을 각각 한 명씩 뽑아 혼합 복식조를 만드는 경우의 수를 구하시오.

▶ 문제 속 개념 도출

• 사건 A의 각 경우에 대하여 사건 B가 일어날 때
(A이고 B인 경우의 수)=(A인 경우의 수)① __ (B인 경우의 수)

개념 44에 대한 이해도를 표시해 보세요. 0 50 100

개념 45 경우의 수의 응용 (1) – 한 줄로 세우기

되짚어 보기 [중2] 경우의 수

(1) 한 줄로 세우는 경우의 수

① n명을 한 줄로 세우는 경우의 수

➡ $n\times(n-1)\times(n-2)\times\cdots\times2\times1$

② n명 중에서 r명을 뽑아 한 줄로 세우는 경우의 수 (단, $n\geq r$)

➡ $\underbrace{n\times(n-1)\times(n-2)\times\cdots\times\{n-(r-1)\}}_{r\text{개}}$

예 4명 중에서 2명을 뽑아 한 줄로 세우는 경우의 수는

$4\times3=12$

(2) 이웃하여 한 줄로 세우는 경우의 수

❶ 이웃하는 것을 하나로 묶어 한 줄로 세우는 경우의 수를 구한다.

❷ 묶음 안에서 자리를 바꾸는 경우의 수를 구한다.
(→ 묶음 안에서 한 줄로 세우는 경우의 수)

❸ ❶, ❷에서 구한 경우의 수를 곱한다.

➡ (이웃하는 것을 하나로 묶어 한 줄로 세우는 경우의 수) × (묶음 안에서 자리를 바꾸는 경우의 수)

개념 확인

정답 및 해설 45쪽

1

□ 안에 알맞은 수를 쓰고, 다음을 구하시오.

(1) 4명을 한 줄로 세우는 경우의 수

⇨ □ × □ × □ × □ = □
(첫 번째, 두 번째, 세 번째, 네 번째)

(2) 3명을 한 줄로 세우는 경우의 수

(3) 5명을 한 줄로 세우는 경우의 수

2

□ 안에 알맞은 수를 쓰고, 다음을 구하시오.

(1) 5명 중에서 2명을 뽑아 한 줄로 세우는 경우의 수

⇨ □ × □ = □
(첫 번째, 두 번째)

(2) 5명 중에서 3명을 뽑아 한 줄로 세우는 경우의 수

(3) 5명 중에서 4명을 뽑아 한 줄로 세우는 경우의 수

3

A, B, C, D 4명을 한 줄로 세울 때, □ 안에 알맞은 수를 쓰고, 다음을 구하시오.

(1) A를 맨 앞에 세우는 경우의 수

⇨ A ■ ■ ■

⇨ □ × □ × □ = □
(두 번째, 세 번째, 네 번째)

(2) B를 맨 뒤에 세우는 경우의 수

(3) A를 맨 앞에, B를 맨 뒤에 세우는 경우의 수

4

A, B, C, D 4명을 한 줄로 세울 때, □ 안에 알맞은 수를 쓰고, 다음을 구하시오.

(1) A와 B를 이웃하게 세우는 경우의 수

① 3명을 한 줄로 세우는 경우의 수
(→ A, B를 한 명으로 생각하기: (A, B), C, D)

② A, B가 자리를 바꾸는 경우의 수

③ A와 B를 이웃하게 세우는 경우의 수

⇨ □ × □ = □

(2) A, B, C를 이웃하게 세우는 경우의 수

1 순서를 정하는 경우의 수는 한 줄로 세우는 경우의 수와 같아.

어느 영화관에서 하루에 3편의 서로 다른 영화를 한 번씩 상영한다고 할 때, 3편의 영화의 상영 순서를 정하는 경우의 수를 구하시오.

2

6명의 학생 중에서 4명을 뽑아 한 줄로 세우는 경우의 수를 구하시오.

3

다음 그림과 같이 5개의 알파벳이 각각 하나씩 적힌 카드 5장이 있다. 5장의 카드를 한 줄로 나열할 때, D가 적힌 카드가 한가운데 오도록 하는 경우의 수를 구하시오.

Y

4

선생님 2명과 학생 4명이 한 줄로 앉아 뮤지컬을 관람할 때, 선생님 2명이 양 끝에 앉는 경우의 수를 구하시오.

5

A, B, C, D, E 5명이 한 줄로 설 때, B와 D가 이웃하여 서는 경우의 수는?

① 24 ② 30 ③ 48
④ 60 ⑤ 120

6

책꽂이에 국어, 영어, 수학, 과학, 사회 교과서를 한 줄로 꽂으려고 한다. 국어, 과학, 사회 교과서를 이웃하게 꽂는 경우의 수를 구하시오.

7 생각이 자라는 **창의·융합**

다음 그림의 A, B, C 세 영역을 초록색, 노란색, 파란색, 연두색의 4가지 색을 사용하여 칠하려고 한다. 세 영역에 서로 다른 색을 칠하는 경우의 수를 구하시오.

▶ 문제 속 개념 도출

- ① ___ 명 중에서 ② ___ 명을 뽑아 한 줄로 세우는 경우의 수 (단, $n \geq r$)
  ➡ $n \times (n-1) \times (n-2) \times \cdots \times \{n-(r-1)\}$

개념 46 경우의 수의 응용 (2) – 자연수 만들기

되짚어 보기 [중2] 경우의 수

(1) 0을 포함하지 않는 경우

0을 포함하지 않는 서로 다른 한 자리의 숫자가 각각 하나씩 적힌 n장의 카드 중에서

① 2장을 동시에 뽑아 만들 수 있는 두 자리의 자연수의 개수

➡ $n \times (n-1)$(개)
(십의 자리: n, 일의 자리: $n-1$)

② 3장을 동시에 뽑아 만들 수 있는 세 자리의 자연수의 개수

➡ $n \times (n-1) \times (n-2)$(개)
(백의 자리: n, 십의 자리: $n-1$, 일의 자리: $n-2$)

(2) 0을 포함하는 경우

0을 포함한 서로 다른 한 자리의 숫자가 각각 하나씩 적힌 n장의 카드 중에서

① 2장을 동시에 뽑아 만들 수 있는 두 자리의 자연수의 개수

➡ $(n-1) \times (n-1)$(개)
(십의 자리: $n-1$, 일의 자리: $n-1$)

② 3장을 동시에 뽑아 만들 수 있는 세 자리의 자연수의 개수

➡ $(n-1) \times (n-1) \times (n-2)$(개)
(백의 자리: $n-1$, 십의 자리: $n-1$, 일의 자리: $n-2$)

주의 맨 앞자리에 올 수 있는 숫자는 0을 제외한 $(n-1)$개이다.

개념 확인

● 정답 및 해설 46쪽

1

1, 2, 3, 4, 5의 숫자가 각각 하나씩 적힌 5장의 카드가 있다. □ 안에 알맞은 수를 쓰고, 다음을 구하시오.

(1) 2장의 카드를 동시에 뽑아 만들 수 있는 두 자리의 자연수의 개수

⇨ □ × □ = □(개)
(십의 자리, 일의 자리)

(2) 3장의 카드를 동시에 뽑아 만들 수 있는 세 자리의 자연수의 개수

2

1, 2, 3, 4의 숫자가 각각 하나씩 적힌 4장의 카드가 있다. 다음을 구하시오.

(1) 2장의 카드를 동시에 뽑아 만들 수 있는 두 자리의 자연수의 개수

(2) 3장의 카드를 동시에 뽑아 만들 수 있는 세 자리의 자연수의 개수

3

0, 1, 2, 3, 4의 숫자가 각각 하나씩 적힌 5장의 카드가 있다. □ 안에 알맞은 수를 쓰고, 다음을 구하시오.

(1) 2장의 카드를 동시에 뽑아 만들 수 있는 두 자리의 자연수의 개수

⇨ □ × □ = □(개)
(십의 자리, 일의 자리)

(2) 3장의 카드를 동시에 뽑아 만들 수 있는 세 자리의 자연수의 개수

4

0, 1, 2, 3의 숫자가 각각 하나씩 적힌 4장의 카드가 있다. 다음을 구하시오.

(1) 2장의 카드를 동시에 뽑아 만들 수 있는 두 자리의 자연수의 개수

(2) 3장의 카드를 동시에 뽑아 만들 수 있는 세 자리의 자연수의 개수

● 정답 및 해설 47쪽

1

1, 2, 3, 4, 5, 6의 숫자가 각각 하나씩 적힌 6장의 카드 중에서 2장을 동시에 뽑아 만들 수 있는 두 자리의 자연수의 개수를 구하시오.

2 해설 꼭 확인

0, 1, 2, 3, 4, 5의 숫자가 각각 하나씩 적힌 6장의 카드 중에서 3장을 동시에 뽑아 만들 수 있는 세 자리의 자연수의 개수는?

① 40개 ② 60개 ③ 80개
④ 100개 ⑤ 120개

3

1, 2, 3, 4, 5의 숫자가 각각 하나씩 적힌 5장의 카드 중에서 2장을 동시에 뽑아 만들 수 있는 20보다 큰 두 자리의 자연수의 개수를 구하려고 한다. 다음을 구하시오.

(1) 십의 자리에 올 수 있는 숫자의 개수
(2) 일의 자리에 올 수 있는 숫자의 개수
(3) 만들 수 있는 20보다 큰 두 자리의 자연수의 개수

4

0, 1, 2, 3, 4의 숫자가 각각 하나씩 적힌 5장의 카드 중에서 2장을 동시에 뽑아 두 자리의 자연수를 만들 때, 40보다 작은 자연수의 개수를 구하시오.

5 홀수의 일의 자리의 숫자는 홀수야. 일의 자리의 숫자를 기준으로 생각해 봐.

1, 2, 3, 4의 숫자가 각각 하나씩 적힌 4장의 카드 중에서 2장을 동시에 뽑아 두 자리의 자연수를 만들 때, 홀수의 개수를 구하시오.

6 생각이 자라는 창의·융합

수미가 사물함 자물쇠의 비밀번호를 잊어버렸다. 비밀번호는 네 자리의 자연수이고, 각 자리의 숫자는 1부터 7까지의 숫자로 이루어져 있다. 비밀번호에 대한 다음 힌트를 이용하여 비밀번호를 알아내려고 할 때, 예상한 비밀번호를 최대 몇 번 눌러 보아야 하는지 구하시오.

[힌트 1] 십의 자리의 숫자는 3이다.
[힌트 2] 5000보다 큰 수이다.
[힌트 3] 중복되는 숫자가 없다.

▶ 문제 속 개념 도출

• 주어진 조건에 따라 만들 수 있는 자연수의 개수를 구할 때는 각 자리에 올 수 있는 숫자의 개수를 구하여 곱한다.

개념 46에 대한 이해도를 표시해 보세요. 0 50 100

경우의 수의 응용(3) – 대표 뽑기

되짚어 보기 [중2] 경우의 수

(1) 자격이 다른 대표를 뽑는 경우

① n명 중에서 자격이 다른 대표 2명을 뽑는 경우의 수

➡ $n\times(n-1)$

② n명 중에서 자격이 다른 대표 3명을 뽑는 경우의 수

➡ $n\times(n-1)\times(n-2)$

예 A, B, C 3명 중에서 회장 1명, 부회장 1명을 뽑는 경우의 수

➡ $3\times2=6$

(2) 자격이 같은 대표를 뽑는 경우

① n명 중에서 자격이 같은 대표 2명을 뽑는 경우의 수

➡ $\dfrac{n\times(n-1)}{2}$ → (A, B), (B, A)가 같은 경우이므로 2로 나눈다.

② n명 중에서 자격이 같은 대표 3명을 뽑는 경우의 수

➡ $\dfrac{n\times(n-1)\times(n-2)}{3\times2\times1}$ → 중복되는 수, 즉 3명을 한 줄로 세우는 경우의 수로 나눈다.

예 A, B, C 3명 중에서 대표 2명을 뽑는 경우의 수

➡ $\dfrac{3\times2}{2}=3$

개념 확인

● 정답 및 해설 47쪽

1

A, B, C, D 4명의 학생이 있다. □ 안에 알맞은 수를 쓰시오.

(1) 회장 1명, 부회장 1명을 뽑는 경우의 수

⇨ □(회장) × □(부회장) = □

(2) 회장 1명, 부회장 1명, 총무 1명을 뽑는 경우의 수

⇨ □(회장) × □(부회장) × □(총무) = □

2

남학생 3명, 여학생 4명이 있다. 다음을 구하시오.

(1) 반장 1명, 부반장 1명을 뽑는 경우의 수

(2) 반장 1명, 부반장 1명, 서기 1명을 뽑는 경우의 수

3

A, B, C, D 4명의 학생이 있다. □ 안에 알맞은 수를 쓰시오.

(1) 대표 2명을 뽑는 경우의 수

⇨ $\dfrac{□\times□}{2}$ = □

(4명 중 1명, 뽑은 대표를 제외한 3명 중 1명, 2: 중복되는 수)

(2) 대표 3명을 뽑는 경우의 수

⇨ $\dfrac{□\times□\times□}{3\times2\times1}$ = □

(4명 중 1명, 뽑은 대표를 제외한 3명 중 1명, 뽑은 대표를 제외한 2명 중 1명, $3\times2\times1$: 중복되는 수)

4

남학생 3명, 여학생 4명이 있다. 다음을 구하시오.

(1) 대표 2명을 뽑는 경우의 수

(2) 대표 3명을 뽑는 경우의 수

● 정답 및 해설 47쪽

교과서 문제로 개념 다지기

1

어느 중학교의 선거에 출마한 A, B, C, D, E 5명의 후보 중에서 의장과 부의장을 각각 한 명씩 뽑는 경우의 수를 구하시오.

2

어느 글짓기 대회의 수상 후보 6개의 글 중에서 금상 1개, 은상 1개, 동상 1개를 정하는 경우의 수를 구하시오.

3 해설 꼭 확인

어느 중학교의 8명의 탁구부 부원 중에서 대회에 출전할 대표 3명을 뽑는 경우의 수를 구하시오.

4

체육 대회에서 이어달리기에 반 대표로 출전할 학생을 선발하려고 한다. A, B, C, D, E, F, G 7명의 학생 중에서 반 대표 4명을 선발할 때, 두 학생 B, F가 포함되는 경우의 수를 구하시오.

5

남학생 5명, 여학생 4명이 있다. 남학생 중에서 대표 1명, 여학생 중에서 대표 2명을 뽑는 경우의 수를 구하려고 한다. 다음을 구하시오.

(1) 남학생 대표 1명을 뽑는 경우의 수

(2) 여학생 대표 2명을 뽑는 경우의 수

(3) 남학생 대표 1명, 여학생 대표 2명을 뽑는 경우의 수

6

A와 B가 악수하는 것과 B와 A가 악수하는 것은 같은 경우임을 생각해 봐.

어느 모임에 10명이 참석하였다. 한 사람도 빠짐없이 서로 한 번씩 악수를 할 때, 악수를 한 총 횟수를 구하시오.

7 생각이 자라는 문제 해결

오른쪽 그림과 같이 원 위에 A, B, C, D, E, F 6개의 점이 있다. 다음을 구하시오.

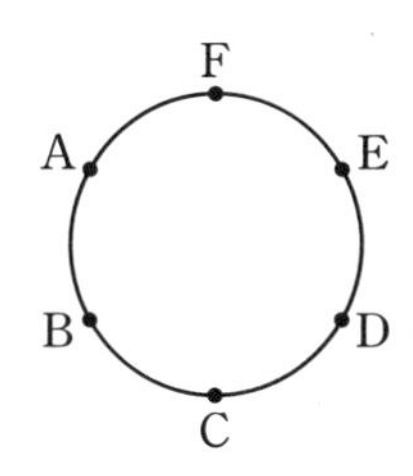

(1) 두 점을 연결하여 만들 수 있는 선분의 개수

(2) 세 점을 연결하여 만들 수 있는 삼각형의 개수

▶ 문제 속 개념 도출

• 어느 세 점도 한 직선 위에 있지 않은 n개의 점 중에서

➡ 두 점을 연결하여 만들 수 있는 선분의 개수는 n명 중에서 자격이 같은 대표 2명을 뽑는 경우의 수와 같다.

➡ 세 점을 연결하여 만들 수 있는 삼각형의 개수는 n명 중에서 자격이 같은 대표 ① ____ 명을 뽑는 경우의 수와 같다.

개념 47에 대한 이해도를 표시해 보세요. 0 50 100

개념 48 확률

되짚어 보기 [초5~6] 비와 비율 / 사건이 일어날 가능성 [중1] 상대도수 [중2] 경우의 수

(1) **확률**: 동일한 조건 아래에서 같은 실험이나 관찰을 여러 번 반복할 때, 어떤 사건이 일어나는 상대도수가 일정한 값에 가까워지면 이 일정한 값을 그 사건이 일어날 확률이라 한다.

(2) **사건 A가 일어날 확률**: 어떤 실험이나 관찰에서 각 경우가 일어날 가능성이 같을 때, 일어날 수 있는 모든 경우의 수를 n, 사건 A가 일어나는 경우의 수를 a라 하면

➡ (사건 A가 일어날 확률)$=\dfrac{(\text{사건 } A\text{가 일어나는 경우의 수})}{(\text{모든 경우의 수})}=\dfrac{a}{n}$

예 한 개의 동전을 던질 때, 앞면이 나올 확률은 $\dfrac{(\text{앞면이 나오는 경우의 수})}{(\text{모든 경우의 수})}=\dfrac{1}{2}$

참고 확률은 보통 분수, 소수, 백분율로 나타낸다.

개념 확인

● 정답 및 해설 48쪽

1

주머니에 모양과 크기가 같은 빨간 구슬 2개, 파란 구슬 5개가 들어 있다. 이 주머니에서 한 개의 구슬을 꺼낼 때, 다음을 구하시오.

(1) 빨간 구슬이 나올 확률
  ① 모든 경우의 수
  ② 빨간 구슬이 나오는 경우의 수
  ③ 빨간 구슬이 나올 확률

(2) 파란 구슬이 나올 확률

2

한 개의 주사위를 던질 때, 다음을 구하시오.

(1) 3의 배수의 눈이 나올 확률
  ① 모든 경우의 수
  ② 3의 배수의 눈이 나오는 경우의 수
  ③ 3의 배수의 눈이 나올 확률

(2) 소수의 눈이 나올 확률

3

서로 다른 두 개의 동전을 동시에 던질 때, 다음을 구하시오.

(1) 모두 앞면이 나올 확률
  ① 모든 경우의 수
  ② 모두 앞면이 나오는 경우의 수
  ③ 모두 앞면이 나올 확률

(2) 뒷면이 1개 나올 확률

4

서로 다른 두 개의 주사위를 동시에 던질 때, 다음을 구하시오.

(1) 두 눈의 수가 같을 확률
  ① 모든 경우의 수
  ② 두 눈의 수가 같은 경우의 수
  ③ 두 눈의 수가 같을 확률

(2) 두 눈의 수의 합이 10일 확률

교과서 문제로 개념 다지기

1

상자에 모양과 크기가 같은 빨간 공 3개, 파란 공 2개, 노란 공 5개가 들어 있다. 이 상자에서 한 개의 공을 꺼낼 때, 노란 공이 나올 확률은?

① $\frac{1}{10}$ ② $\frac{1}{5}$ ③ $\frac{3}{10}$
④ $\frac{1}{2}$ ⑤ $\frac{7}{10}$

2

다음 표는 희수네 중학교 2학년 전체 학생들의 혈액형을 조사하여 나타낸 것이다. 2학년 학생들 중 한 명을 선택할 때, 선택한 학생의 혈액형이 O형일 확률을 구하시오.

혈액형	A형	B형	O형	AB형
학생 수(명)	60	45	30	15

3

서로 다른 세 개의 동전을 동시에 던질 때, 모두 앞면이 나올 확률을 구하시오.

4

서로 다른 두 개의 주사위를 동시에 던질 때, 나오는 두 눈의 수가 차가 2일 확률을 구하시오.

5

1, 2, 3, 4의 숫자가 각각 하나씩 적힌 4장의 카드 중에서 2장을 동시에 뽑아 두 자리의 자연수를 만들 때, 그 수가 30 이상일 확률을 구하시오.

6

모양과 크기가 같은 노란 공 6개, 파란 공 4개, 흰 공 x개가 들어 있는 주머니에서 한 개의 공을 꺼낼 때, 파란 공이 나올 확률이 $\frac{1}{3}$이다. 다음 물음에 답하시오.

(1) 파란 공이 나올 확률을 x를 사용한 식으로 나타내시오.
(2) x의 값을 구하시오.

7 생각이 자라는 문제 해결

길이가 각각 3 cm, 5 cm, 6 cm, 8 cm인 4개의 막대가 있다. 이 중에서 3개의 막대를 선택할 때, 삼각형이 만들어질 확률을 구하시오.

▶ 문제 속 개념 도출
- 모든 경우의 수는 n, 사건 A가 일어나는 경우의 수는 a일 때
  ➡ (사건 A가 일어날 확률)=①
- 삼각형의 세 변의 길이 사이의 관계
  ➡ (가장 긴 변의 길이)<(나머지 두 변의 길이의 합)

개념 49 확률의 성질

되짚어 보기 [초5~6] 사건이 일어날 가능성 [중2] 확률

(1) 확률의 성질

① 어떤 사건 A가 일어날 확률을 p라 하면 $0 \le p \le 1$이다.

② 반드시 일어나는 사건의 확률은 1이다.

③ 절대로 일어나지 않는 사건의 확률은 0이다.

(2) 어떤 사건이 일어나지 않을 확률

사건 A가 일어날 확률을 p라 하면 ➡ (사건 A가 일어나지 않을 확률)$=1-p$

(3) 적어도 하나는 ~일 확률

(적어도 하나는 ~일 확률)$=1-$(모두 ~가 아닐 확률)

예 서로 다른 두 개의 동전을 동시에 던질 때, 적어도 한 개는 앞면이 나올 확률

➡ $1-$(모두 뒷면이 나올 확률)

참고 일반적으로 '적어도', '최소한'이라는 표현이 있으면 어떤 사건이 일어나지 않을 확률을 이용한다.

개념 확인

● 정답 및 해설 49쪽

1

주머니에 모양과 크기가 같은 빨간 공 5개, 파란 공 4개가 들어 있다. 이 주머니에서 한 개의 공을 꺼낼 때, 다음을 구하시오.

(1) 빨간 공 또는 파란 공이 나올 확률

(2) 노란 공이 나올 확률

2

한 개의 주사위를 던질 때, 다음을 구하시오.

(1) 6 이하의 눈이 나올 확률

(2) 1 미만의 눈이 나올 확률

3

다음을 구하시오.

(1) 지호가 A문제를 맞힐 확률이 $\frac{5}{9}$일 때, A문제를 맞히지 못할 확률

(2) 내일 비가 올 확률이 0.3일 때, 내일 비가 오지 않을 확률

4

상자에 1부터 15까지의 자연수가 각각 하나씩 적힌 모양과 크기가 같은 공 15개가 들어 있다. 이 상자에서 한 개의 공을 꺼낼 때, 공에 적힌 수가 3의 배수가 아닐 확률을 구하려고 한다. 다음을 구하고, □ 안에 알맞은 수를 쓰시오.

(1) 공에 적힌 수가 3의 배수일 확률

(2) 공에 적힌 수가 3의 배수가 아닐 확률

⇨ $1-$(공에 적힌 수가 3의 배수일 확률)

$=1-\square=\square$

5

한 개의 동전을 세 번 던질 때, 적어도 한 번은 앞면이 나올 확률을 구하려고 한다. 다음을 구하고, □ 안에 알맞은 수를 쓰시오.

(1) 세 번 모두 뒷면이 나올 확률

(2) 적어도 한 번은 앞면이 나올 확률

⇨ $1-$(세 번 모두 뒷면이 나올 확률)

$=1-\square=\square$

● 정답 및 해설 50쪽

1

주머니에 모양과 크기가 같은 검은 공 5개, 흰 공 2개가 들어 있다. 이 주머니에서 한 개의 공을 꺼낼 때, 다음 중 옳지 않은 것은?

① 검은 공이 나올 확률은 $\frac{5}{7}$이다.
② 파란 공이 나올 확률은 0이다.
③ 빨간 공이 나올 확률은 1이다.
④ 흰 공이 나올 확률은 1보다 작다.
⑤ 검은 공 또는 흰 공이 나올 확률은 1이다.

2

어떤 사건 A가 일어날 확률을 p라 할 때, 다음 | 보기 | 중 옳은 것을 모두 고르시오.

보기

ㄱ. $p=\frac{(\text{모든 경우의 수})}{(\text{사건 } A\text{가 일어나는 경우의 수})}$
ㄴ. p의 값의 범위는 $0<p\le 1$이다.
ㄷ. $p=1$이면 사건 A는 반드시 일어난다.
ㄹ. $p=0$이면 사건 A는 절대로 일어나지 않는다.

3

1부터 20까지의 자연수가 각각 하나씩 적힌 20장의 카드 중에서 한 장의 카드를 뽑을 때, 그 카드에 적힌 수가 20의 약수가 아닐 확률을 구하시오.

4

서로 다른 두 개의 주사위를 동시에 던질 때, 서로 다른 눈의 수가 나올 확률을 구하시오.

5

500원짜리 동전 1개, 100원짜리 동전 1개, 50원짜리 동전 1개를 동시에 던질 때, 적어도 한 개는 뒷면이 나올 확률을 구하시오.

6

소원이가 4개의 ○, × 문제에 임의로 답할 때, 적어도 한 문제는 맞힐 확률을 구하시오.

7 생각이 자라는 창의·융합

다음 그림의 출발점에서 확률이 0인 곳을 따라갈 때, 그 경로를 표시하고, 마지막에 도착한 지점을 말하시오.

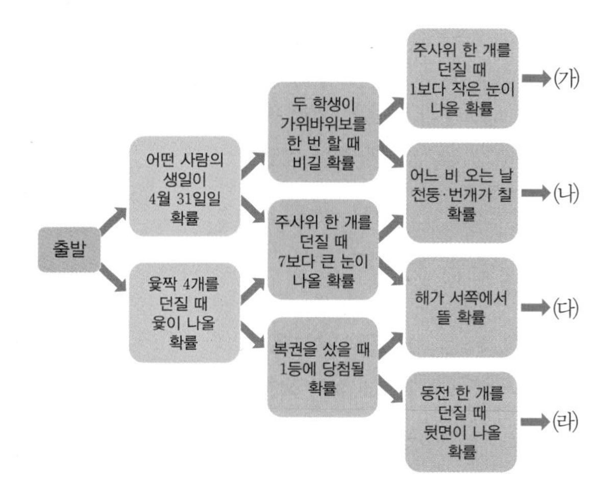

▶ 문제 속 개념 도출

• 어떤 사건 A가 일어날 확률은 0 이상 1 이하이다.
이때 반드시 일어나는 사건의 확률은 1이고, 절대로 일어나지 않는 사건의 확률은 ① ___ 이다.

사건 A 또는 사건 B가 일어날 확률

되짚어 보기 [중2] 사건 A 또는 사건 B가 일어나는 경우의 수 / 확률

동일한 실험이나 관찰에서 두 사건 A, B가 동시에 일어나지 않을 때,
사건 A가 일어날 확률을 p, 사건 B가 일어날 확률을 q라 하면
➡ (사건 A 또는 사건 B가 일어날 확률) $=p+q$

참고 일반적으로 '또는', '~이거나'라는 표현이 있으면 두 사건이 일어날 확률을 더한다.

개념 확인

● 정답 및 해설 50쪽

1 모양과 크기가 같은 빨간 공 4개, 파란 공 6개, 노란 공 10개가 들어 있는 주머니에서 한 개의 공을 꺼낼 때, 빨간 공 또는 노란 공이 나올 확률을 구하려고 한다. 다음을 구하고, □ 안에 알맞은 수를 쓰시오.

(1) 빨간 공이 나올 확률

(2) 노란 공이 나올 확률

(3) 빨간 공 또는 노란 공이 나올 확률 ⇨ □ + □ = □

2 연필 3자루, 펜 4자루, 색연필 2자루가 들어 있는 필통에서 한 자루의 필기구를 꺼낼 때, 펜 또는 색연필이 나올 확률을 구하려고 한다. 다음을 구하시오.

(1) 펜이 나올 확률

(2) 색연필이 나올 확률

(3) 펜 또는 색연필이 나올 확률

3 1부터 15까지의 자연수가 각각 하나씩 적힌 15장의 카드 중에서 한 장의 카드를 뽑을 때, 4의 배수 또는 7의 배수가 적힌 카드가 나올 확률을 구하려고 한다. 다음을 구하시오.

(1) 4의 배수가 적힌 카드가 나올 확률

(2) 7의 배수가 적힌 카드가 나올 확률

(3) 4의 배수 또는 7의 배수가 적힌 카드가 나올 확률

4 서로 다른 두 개의 주사위를 동시에 던질 때, 나오는 두 눈의 수의 합이 4 또는 8일 확률을 구하려고 한다. 다음을 구하시오.

(1) 두 눈의 수의 합이 4일 확률

(2) 두 눈의 수의 합이 8일 확률

(3) 두 눈의 수의 합이 4 또는 8일 확률

교과서 문제로 개념 다지기

1

두 사건 A, B가 동시에 일어나지 않을 때, 사건 A가 일어날 확률은 $\frac{1}{5}$이고 사건 B가 일어날 확률은 $\frac{2}{5}$이다. 이때 사건 A 또는 사건 B가 일어날 확률을 구하시오.

2

다음 표는 어느 반 학생들의 일주일 동안의 도서관 방문 횟수를 조사하여 나타낸 것이다. 이 반 학생들 중 한 명을 임의로 선택할 때, 이 학생의 도서관 방문 횟수가 3회 이상일 확률을 구하시오.

횟수(회)	1	2	3	4	합계
학생 수(명)	3	12	6	4	25

3

1부터 30까지의 자연수가 각각 하나씩 적힌 30장의 카드 중에서 한 장의 카드를 뽑을 때, 8의 배수 또는 18의 약수가 적힌 카드가 나올 확률을 구하시오.

4

서로 다른 두 개의 주사위를 동시에 던질 때, 나오는 두 눈의 수의 차가 3 또는 4일 확률을 구하시오.

5

각 자리에 올 수 있는 숫자의 개수를 생각하여 자연수의 개수를 구해 봐.

1, 2, 3, 4, 5, 6의 숫자가 각각 하나씩 적힌 6장의 카드가 있다. 이 중에서 두 장의 카드를 동시에 뽑아 두 자리의 자연수를 만들 때, 그 수가 15보다 작거나 50보다 클 확률을 구하시오.

6

한 줄로 세우는 경우의 수를 생각해 봐.

A, B, C, D 4명의 학생이 수학여행에서 할 장기 자랑 순서를 정하기로 했다. 이때 A가 맨 처음이나 맨 마지막에 할 확률을 구하시오.

7

생각이 자라는 **창의·융합**

오른쪽 그림은 Rh식 혈액형이 같을 때, ABO식 혈액형에서 수혈이 가능한 관계를 나타낸 것이다. 다음 표는 어느 반 학생들의 혈액형을 조사하여 나타낸 것이다. 이 반 학생들 중 한 명을 임의로 선택할 때, 이 학생이 A형인 사람에게 수혈을 해 줄 수 있을 확률을 구하시오.

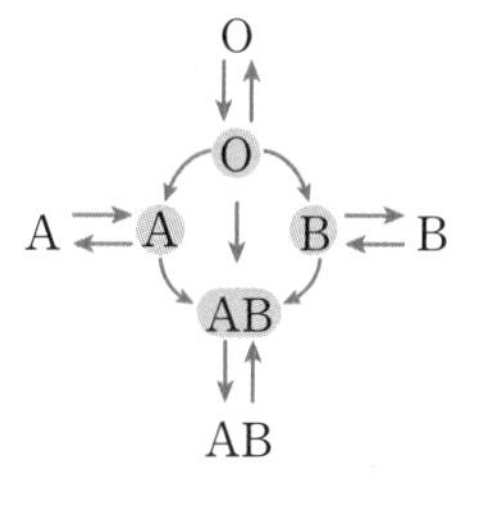

혈액형	A형	B형	O형	AB형
학생 수(명)	11	9	7	3

▶ 문제 속 개념 도출

- 두 사건 A, B가 동시에 일어나지 않을 때
  (A 또는 B일 확률)=(A일 확률)① ___ (B일 확률)

개념 51 사건 A와 사건 B가 동시에 일어날 확률

되짚어 보기 [중2] 사건 A와 사건 B가 동시에 일어나는 경우의 수 / 확률

두 사건 A, B가 서로 영향을 끼치지 않을 때,
사건 A가 일어날 확률을 p, 사건 B가 일어날 확률을 q라 하면
➡ (사건 A와 사건 B가 동시에 일어날 확률)$=p\times q$

참고 일반적으로 '동시에', '그리고', '~와', '~하고 나서'라는 표현이 있으면 두 사건이 일어날 확률을 곱한다.

개념 확인

● 정답 및 해설 52쪽

1 A주머니에는 모양과 크기가 같은 흰 공 3개, 검은 공 2개가 들어 있고, B주머니에는 모양과 크기가 같은 흰 공 4개, 검은 공 2개가 들어 있다. A, B 두 주머니에서 각각 공을 한 개씩 꺼낼 때, A주머니에서는 흰 공이 나오고, B주머니에서는 검은 공이 나올 확률을 구하려고 한다. 다음을 구하고, □ 안에 알맞은 수를 쓰시오.

(1) A주머니에서 흰 공이 나올 확률
(2) B주머니에서 검은 공이 나올 확률
(3) A주머니에서 흰 공이 나오고, B주머니에서 검은 공이 나올 확률 ⇨ □×□=□

2 동전 한 개와 주사위 한 개를 동시에 던질 때, 동전은 뒷면이 나오고, 주사위는 4 이하의 눈이 나올 확률을 구하려고 한다. 다음을 구하시오.

(1) 동전의 뒷면이 나올 확률
(2) 주사위에서 4 이하의 눈이 나올 확률
(3) 동전은 뒷면이 나오고, 주사위는 4 이하의 눈이 나올 확률

3 A, B 두 개의 주사위를 동시에 던질 때, A주사위는 짝수의 눈이 나오고, B주사위는 홀수의 눈이 나올 확률을 구하려고 한다. 다음을 구하시오.

(1) A주사위에서 짝수의 눈이 나올 확률
(2) B주사위에서 홀수의 눈이 나올 확률
(3) A주사위는 짝수의 눈이 나오고, B주사위는 홀수의 눈이 나올 확률

4 다음을 구하시오.

(1) 지민이와 수현이가 오늘 도서관에 갈 확률이 각각 $\frac{2}{3}$, $\frac{3}{7}$일 때, 두 사람 모두 오늘 도서관에 갈 확률
(2) 어떤 문제를 태준이와 하연이가 맞힐 확률이 각각 $\frac{4}{5}$, $\frac{3}{8}$일 때, 두 사람 모두 이 문제를 맞힐 확률

교과서 문제로 개념 다지기

1

두 사건 A, B가 서로 영향을 끼치지 않을 때, 사건 A가 일어날 확률은 $\frac{1}{4}$이고, 사건 B가 일어날 확률은 $\frac{1}{3}$이다. 이때 사건 A와 사건 B가 동시에 일어날 확률을 구하시오.

2

두 농구 선수 A, B의 자유투 성공률은 각각 $\frac{3}{4}$, $\frac{2}{5}$이다. 두 선수가 각각 한 번씩 자유투를 던질 때, 두 선수 모두 성공할 확률을 구하시오.

3

한 개의 주사위를 두 번 던질 때, 첫 번째로 나온 눈의 수는 소수이고, 두 번째로 나온 눈의 수는 짝수일 확률은?

① $\frac{1}{2}$ ② $\frac{1}{3}$ ③ $\frac{1}{4}$

④ $\frac{1}{6}$ ⑤ $\frac{1}{8}$

4

한 번의 타석에서 안타를 칠 확률이 0.4인 야구 선수가 있다. 이 선수가 세 번의 타석에서 모두 안타를 칠 확률을 구하시오.

5

어떤 사건이 일어나지 않을 확률을 이용해 봐.

어떤 문제를 A가 풀 확률은 $\frac{2}{3}$, B가 풀 확률은 $\frac{1}{4}$일 때, 두 사람 모두 문제를 풀지 못할 확률을 구하려고 한다. 다음을 구하시오.

(1) A가 문제를 풀지 못할 확률
(2) B가 문제를 풀지 못할 확률
(3) 두 사람 모두 문제를 풀지 못할 확률

6

수연이가 A오디션에 합격할 확률은 $\frac{7}{10}$, B오디션에 합격할 확률은 $\frac{2}{5}$일 때, 수연이가 적어도 한 오디션에는 합격할 확률을 구하려고 한다. 다음을 구하시오.

(1) 수연이가 두 오디션에 모두 불합격할 확률
(2) 수연이가 적어도 한 오디션에는 합격할 확률

7

생각이 자라는 **창의·융합**

수진이와 혜영이는 다음과 같이 규칙을 정하고 게임을 하려고 한다. 이길 가능성이 더 높은 사람은 누구인지 말하시오.

> 동전 한 개와 주사위 한 개를 동시에 던질 때, 동전은 앞면이 나오고 주사위는 짝수의 눈이 나오면 수진이가 이기고, 동전은 뒷면이 나오고 주사위는 6의 약수의 눈이 나오면 혜영이가 이긴다.

▶ 문제 속 개념 도출
- 두 사건 A, B가 서로 영향을 끼치지 않을 때
  (A이고 B일 확률)=(A일 확률) ①__ (B일 확률)
- 확률이 클수록 사건이 일어날 가능성이 높다.

확률의 응용 – 연속하여 꺼내기

되짚어 보기 [중2] 확률 / 확률의 계산

(1) **꺼낸 것을 다시 넣고 연속하여 꺼내는 경우**

처음에 꺼낸 것을 나중에 다시 꺼낼 수 있으므로 처음과 나중의 조건이 같다.

➡ 처음에 일어난 사건이 나중에 일어나는 사건에 영향을 주지 않는다.

예

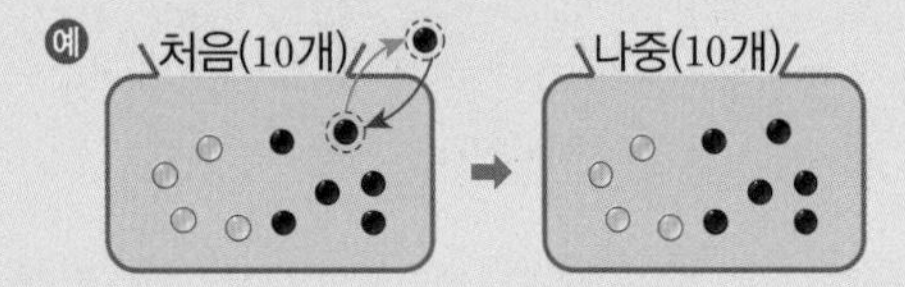

(2) **꺼낸 것을 다시 넣지 않고 연속하여 꺼내는 경우**

처음에 꺼낸 것을 나중에 다시 꺼낼 수 없으므로 처음과 나중의 조건이 다르다.

➡ 처음에 일어난 사건이 나중에 일어나는 사건에 영향을 준다.

예 처음(10개) → 나중(9개)

개념 확인 ● 정답 및 해설 53쪽

1 다음은 모양과 크기가 같은 흰 구슬 5개, 검은 구슬 4개가 들어 있는 주머니에서 2개의 구슬을 차례로 꺼낼 때, 꺼낸 2개의 구슬이 모두 검은 구슬일 확률을 구하는 과정이다. □ 안에 알맞은 수를 쓰시오.

	(1) 꺼낸 구슬을 다시 넣을 때	(2) 꺼낸 구슬을 다시 넣지 않을 때
첫 번째에 검은 구슬을 꺼낼 확률	$\frac{4}{9}$	$\frac{4}{9}$
두 번째에 검은 구슬을 꺼낼 확률	남은 구슬은 □개, 검은 구슬은 □개 ⇨ 확률: □	남은 구슬은 □개, 검은 구슬은 □개 ⇨ 확률: □
꺼낸 2개의 구슬이 모두 검은 구슬일 확률	$\frac{4}{9}\times$ □ = □	$\frac{4}{9}\times$ □ = □

2 2개의 당첨 제비를 포함한 5개의 제비가 들어 있는 주머니에서 A, B가 차례로 제비를 한 개씩 뽑을 때, 다음을 구하시오.

(1) A가 뽑은 제비를 다시 넣을 때 〈처음과 나중의 조건이 같다.〉

① A가 당첨될 확률 ② B가 당첨될 확률 ③ A, B가 모두 당첨될 확률

(2) A가 뽑은 제비를 다시 넣지 않을 때 〈처음과 나중의 조건이 다르다.〉

① A가 당첨될 확률 ② B가 당첨될 확률 ③ A, B가 모두 당첨될 확률

1

상자에 모양과 크기가 같은 주황색 공 6개, 초록색 공 4개가 들어 있다. 이 상자에서 공 한 개를 꺼내 색을 확인하고 다시 넣은 후, 공 한 개를 또 꺼낼 때, 두 번 모두 주황색 공이 나올 확률을 구하시오.

2

어떤 상자에 들어 있는 25개의 사탕 중 6개에는 행운권이 들어 있다. 이 상자에서 2개의 사탕을 차례로 꺼낼 때, 2개의 사탕에 모두 행운권이 들어 있을 확률을 구하시오.

(단, 꺼낸 사탕은 다시 넣지 않는다.)

3

1부터 8까지의 자연수가 각각 하나씩 적힌 8장의 카드 중에서 한 장의 카드를 뽑아 숫자를 확인하고 다시 넣은 후, 한 장의 카드를 또 꺼낼 때, 첫 번째에는 8의 약수가 적힌 카드가 나오고 두 번째에는 소수가 적힌 카드가 나올 확률을 구하시오.

4

상자 안에 10개의 제품이 들어 있는데 그중 2개가 불량품이다. 성재가 먼저 1개를 꺼내고 그 다음에 민호가 1개를 꺼내 불량품인지 조사할 때, 다음을 구하시오.

(단, 꺼낸 제품은 다시 넣지 않는다.)

(1) 성재만 불량품을 꺼낼 확률

(2) 민호만 불량품을 꺼낼 확률

(3) 성재와 민호 중 한 사람만 불량품을 꺼낼 확률

5 생각이 자라는 문제 해결

1, 2, 3, 4, 5, 6, 7의 숫자가 각각 하나씩 적힌 7장의 카드 중에서 2장을 차례로 뽑아 두 자리의 자연수를 만들려고 한다. 첫 번째에 뽑은 카드에 적힌 수를 십의 자리의 숫자로, 두 번째에 뽑은 카드에 적힌 수를 일의 자리의 숫자로 할 때, 이 자연수가 짝수일 확률을 구하시오.

(단, 뽑은 카드는 다시 넣지 않는다.)

▶ 문제 속 개념 도출

- 뽑은 것을 다시 넣지 않고 연속하여 뽑으면
  ➡ (나중에 뽑을 때의 전체 개수)
  =(처음에 뽑을 때의 전체 개수) − ① ____
- 두 자리의 자연수가 짝수이려면 일의 자리의 숫자가 0 또는 짝수이어야 한다.

학교 시험 문제로 **단원 마무리**

점수 /100점

개념 43

1

주머니에 1부터 20까지의 자연수가 각각 하나씩 적힌 20개의 공이 들어 있다. 이 주머니에서 한 개의 공을 꺼낼 때, 소수 또는 10의 배수가 적힌 공이 나오는 경우의 수는? [10점]

① 8 ② 10 ③ 12
④ 14 ⑤ 16

개념 43, 44

2

다음 그림은 수호네 집, 문구점, 학교 사이의 길을 나타낸 것이다. 수호가 집에서 학교로 갈 수 있는 모든 방법의 수를 구하시오. (단, 한 번 지나간 지점은 다시 지나지 않는다.) [12점]

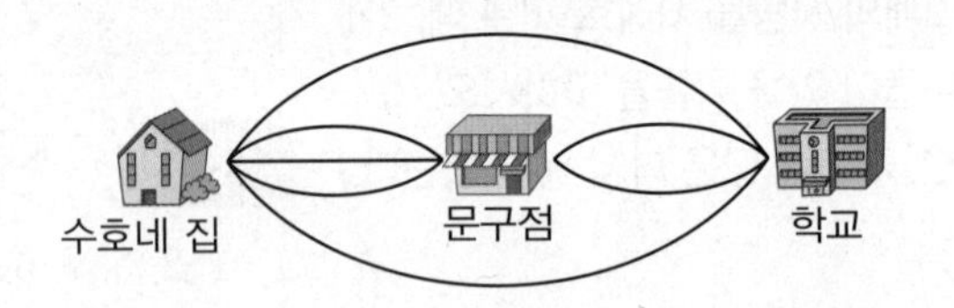

개념 45

3

부모님과 자녀 3명으로 이루어진 5명의 가족이 한 줄로 서서 사진을 찍으려고 할 때, 부모님이 이웃하게 서는 경우의 수를 구하시오. [10점]

개념 46

4

7, 8, 9, 0의 숫자가 각각 하나씩 적힌 4장의 카드 중에서 2장을 동시에 뽑아 만들 수 있는 두 자리의 자연수의 개수를 구하시오. [10점]

개념 47

5

A, B, C, D, E, F 6명의 학생이 긴 줄 넘기를 하려고 할 때, 줄을 잡고 돌릴 2명을 뽑는 경우의 수를 구하시오. [10점]

개념 48, 49

6 1부터 12까지의 자연수가 각각 하나씩 적힌 12장의 카드 중에서 한 장의 카드를 뽑을 때, 다음 중 옳은 것을 모두 고르면? (정답 2개) [8점]

① 0이 나올 확률은 $\frac{1}{12}$이다.

② 4의 배수가 나올 확률은 $\frac{1}{3}$이다.

③ 12의 약수가 나올 확률은 $\frac{1}{2}$이다.

④ 12 이상의 수가 나올 확률은 0이다.

⑤ 12 이하의 수가 나올 확률은 1이다.

개념 47, 49

7 여학생 5명, 남학생 3명 중에서 대표 2명을 뽑을 때, 여학생이 적어도 한 명은 포함될 확률을 구하려고 한다. 다음을 구하시오. [15점]

(1) 두 명 모두 남학생이 뽑힐 확률

(2) 여학생이 적어도 한 명은 포함될 확률

개념 50

8 선희네 수학 선생님은 수업 시간에 임의로 학생들의 번호를 불러서 질문을 하신다. 선희네 반 학생들의 번호가 1번부터 32번까지 있을 때, 선생님이 부른 번호가 6의 배수이거나 7의 배수일 확률을 구하시오. [10점]

개념 49, 50, 51

9 소연이와 흥민이가 축구 경기에서 승부차기를 성공할 확률은 각각 0.8, 0.7이다. 소연이와 흥민이가 각각 한 번씩 승부차기를 할 때, 두 사람 중 한 사람만 승부차기를 성공할 확률을 구하시오. [15점]

배운 내용 돌아보기

마인드맵으로 정리하기

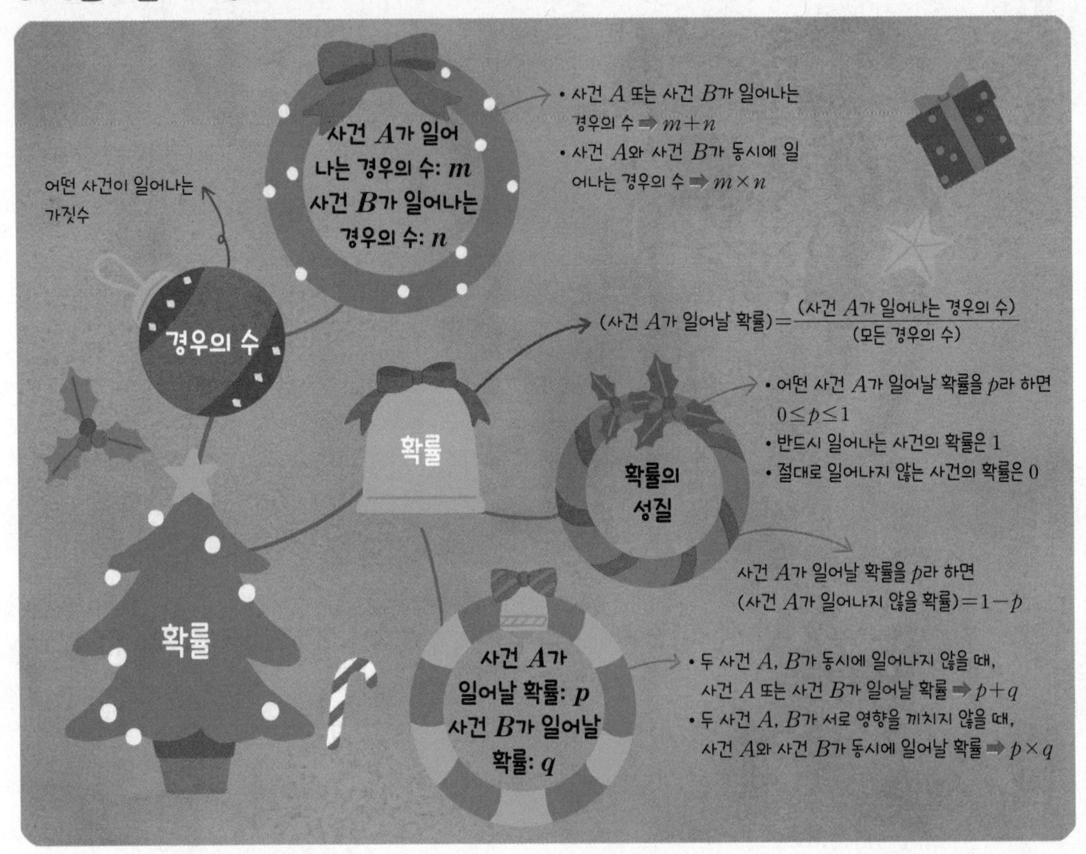

OX 문제로 확인하기

옳은 것은 O, 옳지 않은 것은 X를 택하시오. • 정답 및 해설 55쪽

❶ 한국 영화 2편과 외국 영화 3편 중에서 한 편의 영화를 택하여 관람하는 경우의 수는 6이다. O | X

❷ 빵 3종류와 음료수 3종류 중에서 빵과 음료수를 각각 하나씩 고르는 경우의 수는 9이다. O | X

❸ 5명 중에서 3명을 뽑아 한 줄로 세우는 경우의 수는 60이다. O | X

❹ 0, 2, 4, 6, 8의 숫자 5개 중에서 2개를 뽑아 두 자리의 자연수를 만들 때, 십의 자리에 올 수 있는 숫자의 개수는 5개이다. O | X

❺ 1부터 9까지의 자연수가 각각 하나씩 적힌 9장의 카드 중에서 한 장의 카드를 뽑을 때, 4의 배수가 적힌 카드가 나올 확률은 $\frac{2}{9}$이다. O | X

❻ 한 개의 주사위를 던질 때, 6 이하의 눈이 나올 확률은 0이다. O | X

❼ 내일 눈이 올 확률이 0.6이면 내일 눈이 오지 않을 확률은 0.4이다. O | X

❽ 서로 다른 두 개의 동전을 던질 때, 모두 뒷면이 나올 확률은 $\frac{1}{4}$이다. O | X

스스로 개념을 확인하는, 질문 리스트

각 개념에 대응하는 질문에 대한 답을 스스로 할 수 있는지 확인해 보세요.
만약 답을 하기 어렵다면,
본책의 해당 개념을 다시 학습해 보세요.

1 삼각형의 성질

개념01~03 (본책 10~15쪽)	이등변삼각형의 성질과 그 응용 / 이등변삼각형이 되는 조건 □ 이등변삼각형의 뜻을 설명할 수 있는가? □ 이등변삼각형의 성질 중 두 밑각에 대한 성질을 설명할 수 있는가? 이등변삼각형의 성질 중 꼭지각의 이등분선에 대한 성질을 설명할 수 있는가? □ 삼각형이 이등변삼각형이 되는 조건을 설명할 수 있는가?
개념04~05 (본책 16~19쪽)	직각삼각형의 합동 조건 □ 직각삼각형의 합동 조건 2가지를 비교하여 설명할 수 있는가? □ 각의 이등분선 위의 한 점에서 그 각을 이루는 두 변까지의 거리는 같다고 할 수 있는가?
개념06~07 (본책 20~23쪽)	삼각형의 외심과 그 응용 □ 외접원, 외심의 뜻을 각각 설명할 수 있는가? □ 삼각형의 세 변의 수직이등분선의 교점은 무엇인가? 삼각형의 외심에서 세 꼭짓점에 이르는 거리는 모두 같다고 할 수 있는가? □ 다음의 3가지 삼각형의 외심의 위치를 비교하여 말할 수 있는가? ① 예각삼각형 ② 직각삼각형 ③ 둔각삼각형 □ 오른쪽 그림에서 점 O가 삼각형 ABC의 외심일 때, $\angle x$의 크기를 구할 수 있는가? ① 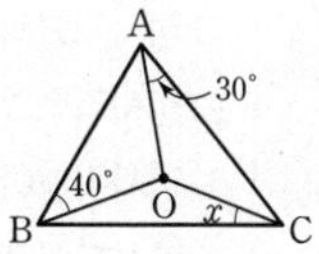 A, 30°, 40°, B, O, x, C ② A, 60°, O, B, x, C 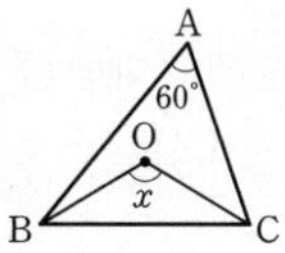
개념08~10 (본책 24~29쪽)	삼각형의 내심과 그 응용 □ 원의 접선, 접점의 뜻을 각각 설명할 수 있는가? □ 원의 접선과 그 접점을 지나는 반지름은 서로 수직이라고 할 수 있는가? □ 내접원, 내심의 뜻을 각각 설명할 수 있는가? □ 삼각형의 세 내각의 이등분선의 교점은 무엇인가? 삼각형의 내심에서 세 변에 이르는 거리는 모두 같다고 할 수 있는가? □ 삼각형의 내심의 위치는 삼각형의 모양에 관계없이 삼각형의 내부라고 할 수 있는가? □ 오른쪽 그림에서 I가 삼각형 ABC의 내심일 때, $\angle x$의 크기를 구할 수 있는가? ① 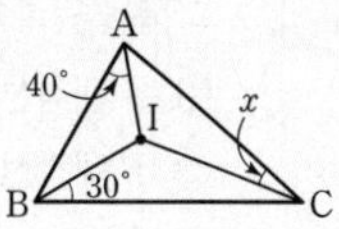 A, 40°, I, x, B, 30°, C ② A, 70°, I, B, x, C 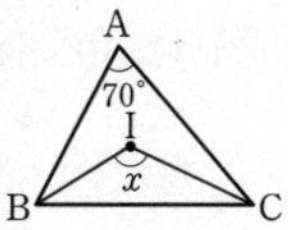
개념11 (본책 30~31쪽)	삼각형의 외심과 내심 □ 다음은 삼각형의 내심과 외심 중 어떤 것에 대한 설명인지 구분할 수 있는가? ① 세 변의 수직이등분선의 교점 vs. 세 내각의 이등분선의 교점 ② 세 변에 이르는 거리가 같은 곳의 점 vs. 세 꼭짓점에 이르는 거리가 같은 곳의 점 □ 외심과 내심이 일치하는 삼각형은 어떤 삼각형인지 말할 수 있는가?

2 사각형의 성질

개념12~14 (본책 36~41쪽)	평행사변형의 성질 / 평행사변형이 되는 조건 / 평행사변형과 넓이 □ 사각형 ABCD를 기호로 나타낼 수 있는가? □ 평행사변형의 뜻을 설명할 수 있는가? □ 평행사변형의 성질 중 대변에 대한 성질을 설명할 수 있는가? 평행사변형의 성질 중 대각에 대한 성질을 설명할 수 있는가? 평행사변형의 성질 중 대각선에 대한 성질을 설명할 수 있는가? □ 평행사변형에서 이웃하는 두 내각의 크기의 합은 항상 일정하다. 그 합은 얼마인가? □ 사각형이 평행사변형이 되는 조건 5가지를 설명할 수 있는가? □ 한 대각선에 의해 나누어진 평행사변형의 두 부분의 넓이 사이의 관계를 설명할 수 있는가? 두 대각선에 의해 나누어진 평행사변형의 네 부분의 넓이 사이의 관계를 설명할 수 있는가?
개념15 (본책 42~43쪽)	직사각형의 성질 □ 직사각형의 뜻을 설명할 수 있는가? □ 직사각형의 성질을 설명할 수 있는가? □ 평행사변형이 직사각형이 되는 조건 2가지를 설명할 수 있는가?
개념16 (본책 44~45쪽)	마름모의 성질 □ 마름모의 뜻을 설명할 수 있는가? □ 마름모의 성질을 설명할 수 있는가? □ 평행사변형이 마름모가 되는 조건 2가지를 설명할 수 있는가?
개념17 (본책 46~47쪽)	정사각형의 성질 □ 정사각형의 뜻을 설명할 수 있는가? □ 정사각형의 성질을 설명할 수 있는가? □ 직사각형이 정사각형이 되는 조건 2가지를 설명할 수 있는가? 마름모가 정사각형이 되는 조건 2가지를 설명할 수 있는가?
개념18 (본책 48~49쪽)	등변사다리꼴의 성질 □ 등변사다리꼴의 뜻을 설명할 수 있는가? □ 등변사다리꼴의 성질을 설명할 수 있는가?
개념19 (본책 50~51쪽)	여러 가지 사각형 사이의 관계 □ 여러 가지 사각형 사이의 관계를 그림을 이용하여 설명할 수 있는가? □ 평행사변형, 직사각형, 마름모, 정사각형, 등변사다리꼴의 5종류의 사각형에 대하여 다음을 만족시키는 사각형이 어떤 것인지 말할 수 있는가? ① 두 대각선이 서로 다른 것을 이등분한다. ② 두 대각선의 길이가 같다. ③ 두 대각선이 직교한다.

개념20
(본책 52~53쪽)

평행선과 넓이

□ 오른쪽 그림에서 $l /\!/ m$일 때, $\triangle$ABC와 $\triangle$DBC의 넓이 사이의 관계를 설명할 수 있는가?

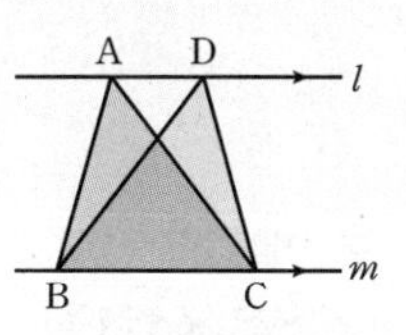

□ 다음 그림과 같이 $\overline{AD} /\!/ \overline{BC}$인 사다리꼴 ABCD에서 두 대각선의 교점을 O라 할 때, 색칠한 삼각형과 넓이가 같은 삼각형을 말할 수 있는가?

①
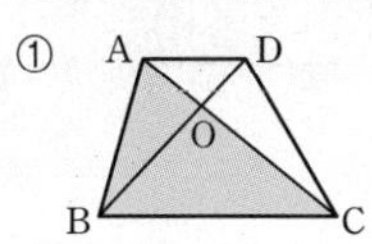

②
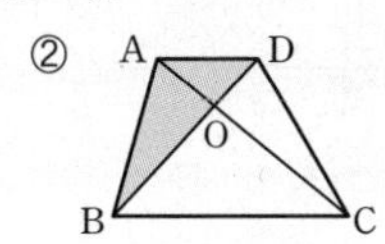

□ 다음 그림에서 $\overline{AC} /\!/ \overline{DE}$일 때, 색칠한 도형과 넓이가 같은 삼각형을 말할 수 있는가?

①
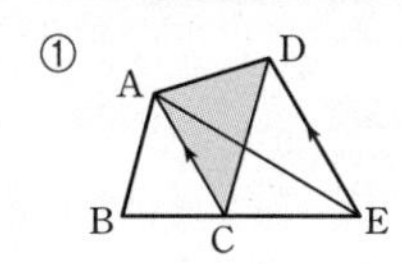

②
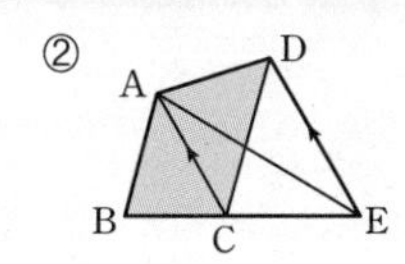

3 도형의 닮음

개념21~23
(본책 58~63쪽)

닮은 도형 / 평면도형과 입체도형에서의 닮음의 성질

□ 닮음의 뜻을 설명할 수 있는가?
$\triangle$ABC와 $\triangle$DEF가 서로 닮은 도형임을 기호를 사용하여 나타낼 수 있는가?

□ $\triangle ABC \backsim \triangle A'B'C'$일 때, 다음을 구할 수 있는가?
① 점 C의 대응점 ② $\overline{AB}$의 대응변 ③ $\angle$A의 대응각

□ 다음은 항상 닮은 도형이라고 할 수 있는가?
① 두 원 ② 변의 길이가 같은 두 정다각형
③ 두 구 ④ 면의 개수가 같은 두 정다면체

□ 평면도형에서의 닮음의 성질을 설명할 수 있는가?
입체도형에서의 닮음의 성질을 설명할 수 있는가?

□ 닮음비의 뜻을 설명할 수 있는가?

□ 합동인 두 도형의 닮음비를 구할 수 있는가?

□ 세 기호 $=$, $\equiv$, $\backsim$를 비교하여 설명할 수 있는가?

개념24
(본책 64~65쪽)

닮은 도형의 넓이의 비와 부피의 비

□ 서로 닮은 두 평면도형의 닮음비가 $m : n$일 때, 다음을 구할 수 있는가?
① 두 평면도형의 둘레의 길이의 비 ② 두 평면도형의 넓이의 비

□ 서로 닮은 두 입체도형의 닮음비가 $m : n$일 때, 다음을 구할 수 있는가?
① 두 입체도형의 겉넓이의 비 ② 두 입체도형의 부피의 비

□ 닮음비가 $2 : 3$인 두 삼각형의 넓이의 비를 구할 수 있는가?
닮음비가 $2 : 3$인 두 삼각기둥의 겉넓이의 비와 부피의 비를 각각 구할 수 있는가?

개념25~27
(본책 66~71쪽)

삼각형의 닮음 조건과 그 응용 / 직각삼각형의 닮음

□ 삼각형의 닮음 조건 3가지를 비교하여 설명할 수 있는가?

□ 삼각형의 닮음 조건과 합동 조건을 비교하여 설명할 수 있는가?

□ 두 직각삼각형이 닮음이 되는 경우를 설명할 수 있는가?

□ 다음 그림의 직각삼각형에서 x의 값을 구할 수 있는가?

①
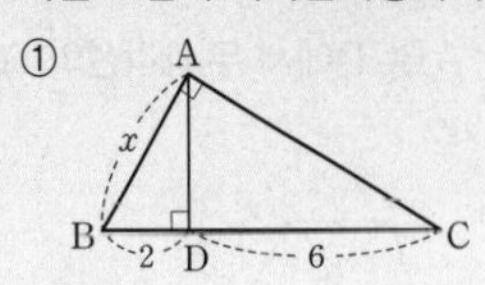

②
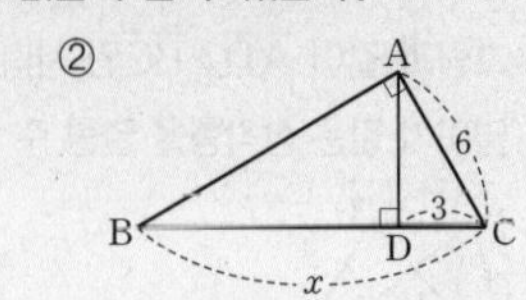

③
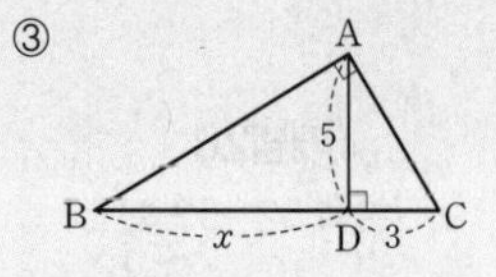

4 평행선과 선분의 길이의 비

개념28~32
(본책 76~85쪽)

평행선과 선분의 길이의 비

□ 다음 그림에서 $\overline{BC} /\!/ \overline{DE}$일 때, x, y의 값을 각각 구할 수 있는가?

①
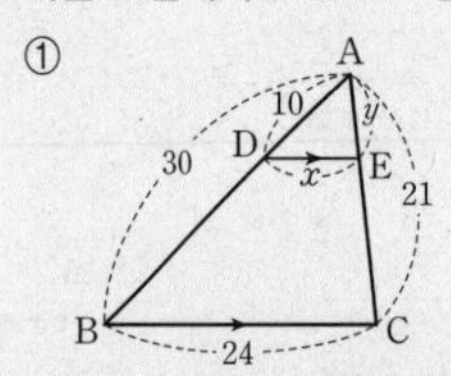

②
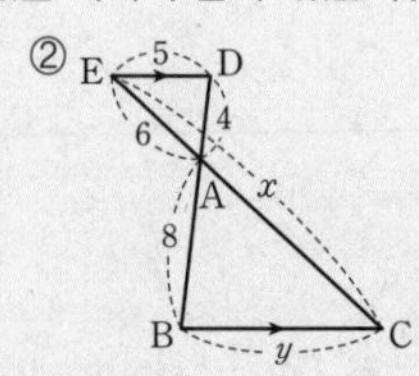

□ 오른쪽 그림의 $\triangle$ABC에서

① $\overline{BC}$와 $\overline{DE}$가 평행하다고 할 수 있는가?

② $\overline{BC}$와 $\overline{DE}$의 길이 사이의 관계를 설명할 수 있는가?

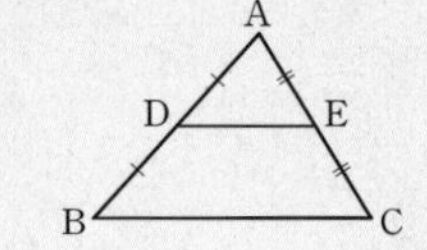

□ 다음 그림에서 $l /\!/ m /\!/ n$일 때, x의 값을 구할 수 있는가?

①
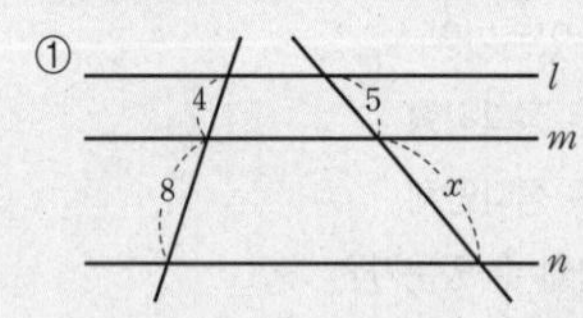

②
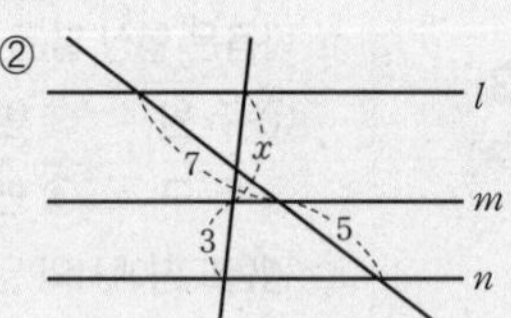

개념33~35
(본책 86~91쪽)

삼각형의 무게중심과 그 응용

□ 삼각형의 중선, 무게중심의 뜻을 각각 설명할 수 있는가?

□ 삼각형의 세 중선의 교점은 무엇인가?

삼각형의 무게중심은 세 중선의 길이를 각 꼭짓점으로부터 각각 2 : 1로 나눈다고 할 수 있는가?

□ 삼각형의 외심, 내심, 무게중심을 비교하여 설명할 수 있는가?

□ 외심, 내심, 무게중심이 일치하는 삼각형은 어떤 삼각형인지 말할 수 있는가?

□ 오른쪽 그림의 $\triangle$ABC에서 세 중선의 의해 나누어진 6개의 삼각형의 넓이 사이의 관계를 설명할 수 있는가?

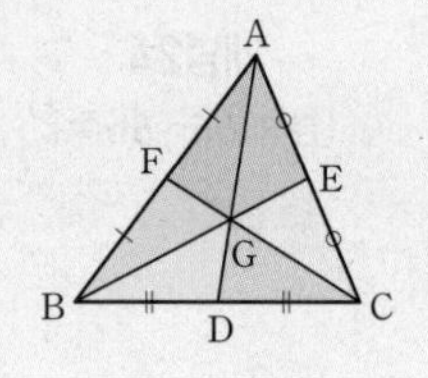

5 피타고라스 정리

개념36~39 (본책 96~103쪽)	**피타고라스 정리와 그 응용 / 피타고라스 정리의 확인** □ 피타고라스 정리를 설명할 수 있는가? □ 직각을 낀 두 변의 길이가 각각 3, 4일 때, 빗변의 길이를 구할 수 있는가? 직각을 낀 한 변의 길이가 5, 빗변의 길이가 13일 때, 직각을 낀 다른 한 변의 길이를 구할 수 있는가? □ 유클리드의 방법을 이용하여 피타고라스 정리가 성립함을 설명할 수 있는가? □ 피타고라스의 방법을 이용하여 피타고라스 정리가 성립함을 설명할 수 있는가?
개념40~41 (본책 104~107쪽)	**직각삼각형이 되기 위한 조건 / 피타고라스 정리의 활용** □ 삼각형이 직각삼각형이 되기 위한 조건을 세 변의 길이 사이의 관계를 이용하여 설명할 수 있는가? □ 세 변의 길이가 각각 다음과 같은 삼각형은 직각삼각형이라고 할 수 있는가? ① 3, 4, 6 ② 5, 12, 13 □ 세 변의 길이가 a, b, c인 삼각형에서 가장 긴 변의 길이가 c일 때, 다음의 3가지 경우에 대하여 삼각형의 모양을 말할 수 있는가? ① $c^2<a^2+b^2$인 경우 ② $c^2=a^2+b^2$인 경우 ③ $c^2>a^2+b^2$인 경우 □ 오른쪽 그림의 직각삼각형에서 세 변을 각각 지름으로 하는 반원의 넓이를 S_1, S_2, S_3이라 할 때, S_1, S_2, S_3 사이의 관계를 설명할 수 있는가? S_1 S_2 S_3

6 확률

개념42 (본책 112~113쪽)	**경우의 수** □ 사건, 경우의 수의 뜻을 각각 설명할 수 있는가? □ 한 개의 주사위를 던질 때, 다음 사건의 경우의 수를 구할 수 있는가? ① 홀수의 눈이 나온다. ② 4 이상의 눈이 나온다.
개념43~44 (본책 114~117쪽)	**사건 A 또는 사건 B가 일어나는 경우의 수 / 사건 A와 사건 B가 동시에 일어나는 경우의 수** □ 두 사건 A, B가 동시에 일어나지 않고, 사건 A가 일어나는 경우의 수를 a, 사건 B가 일어나는 경우의 수를 b라 할 때, 사건 A 또는 사건 B가 일어나는 경우의 수를 구할 수 있는가? □ 사건 A가 일어나는 경우의 수를 a, 그 각각에 대하여 사건 B가 일어나는 경우의 수를 b라 할 때, 사건 A와 사건 B가 동시에 일어나는 경우의 수를 구할 수 있는가? □ 집에서 도서관까지 버스로 가는 방법이 2가지, 지하철로 가는 방법이 3가지일 때, 집에서 도서관까지 버스 또는 지하철로 가는 경우의 수를 구할 수 있는가? □ 상의가 3종류, 하의가 5종류가 있을 때, 상의와 하의를 각각 하나씩 짝 지어 입는 경우의 수를 구할 수 있는가?

개념45~47 (본책 118~123쪽)	경우의 수의 응용 □ 5명을 한 줄로 세우는 경우의 수를 구할 수 있는가? 5명 중에서 3명을 뽑아 한 줄로 세우는 경우의 수를 구할 수 있는가? □ A, B, C, D 4명의 학생을 한 줄로 세울 때, A를 맨 앞에 세우는 경우의 수를 구할 수 있는가? A, B, C, D 4명의 학생을 한 줄로 세울 때, A와 B를 이웃하게 세우는 경우의 수를 구할 수 있는가? □ 1, 2, 3, 4, 5의 숫자 5개 중에서 2개를 뽑아 만들 수 있는 두 자리의 자연수의 개수를 구할 수 있는가? 0, 1, 2, 3, 4의 숫자 5개 중에서 2개를 뽑아 만들 수 있는 두 자리의 자연수의 개수를 구할 수 있는가? □ A, B, C, D 4명의 학생 중에서 회장 1명, 부회장 1명을 뽑는 경우의 수를 구할 수 있는가? A, B, C, D 4명의 학생 중에서 대표 2명을 뽑는 경우의 수를 구할 수 있는가?
개념48 (본책 124~125쪽)	확률 □ 확률의 뜻을 설명할 수 있는가? □ 한 개의 동전을 던질 때, 앞면이 나올 확률을 구할 수 있는가? 한 개의 주사위를 던질 때, 짝수의 눈이 나올 확률을 구할 수 있는가?
개념49 (본책 126~127쪽)	확률의 성질 □ 모양과 크기가 같은 빨간 공 3개, 파란 공 4개가 들어 있는 상자에서 한 개의 공을 꺼낼 때, 다음을 구할 수 있는가? ① 빨간 공 또는 파란 공이 나올 확률 ② 노란 공이 나올 확률 □ 내일 비가 올 확률이 $\frac{2}{3}$일 때, 내일 비가 오지 않을 확률을 구할 수 있는가? □ 서로 다른 두 개의 동전을 동시에 던질 때, 적어도 한 개는 앞면이 나올 확률을 구할 수 있는가?
개념50~52 (본책 128~133쪽)	사건 A 또는 사건 B가 일어날 확률 / 사건 A와 사건 B가 동시에 일어날 확률 / 확률의 응용 □ 두 사건 A, B가 동시에 일어나지 않고, 사건 A가 일어날 확률을 p, 사건 B가 일어날 확률을 q라 할 때, 사건 A 또는 사건 B가 일어날 확률을 구할 수 있는가? □ 서로 영향을 끼치지 않는 두 사건 A, B에 대하여 사건 A가 일어날 확률이 p, 사건 B가 일어날 확률을 q라 할 때, 사건 A와 사건 B가 동시에 일어날 확률을 구할 수 있는가? □ 1부터 10까지의 자연수가 각각 하나씩 적힌 10장의 카드 중에서 한 장의 카드를 뽑을 때, 3의 배수 또는 5의 배수가 적힌 카드가 나올 확률을 구할 수 있는가? □ 동전 1개와 주사위 1개를 동시에 던질 때, 동전은 뒷면이 나오고 주사위는 짝수의 눈이 나올 확률을 구할 수 있는가?

memo

memo

1일 1개념

1일 1개념

메가스터디 중학수학

진짜 공부 챌린지
내/가/스/터/디

1일 1개념

2·2

정답 및 해설

메가스터디BOOKS

메가스터디 **중학수학**

2·2

정답 및 해설

1 삼각형의 성질

• 본문 10~11쪽

개념 01 이등변삼각형의 성질

개념 확인

1 답 (1) 72° (2) 68° (3) 80° (4) 42° (5) 120° (6) 140°

(1) $\angle C=\angle B=54°$이므로
$\angle x=180°-(54°+54°)=72°$

(2) $\angle x=\frac{1}{2}\times(180°-44°)=68°$

(3) $\angle C=\angle B=50°$이므로
$\angle x=180°-(50°+50°)=80°$

(4) $\angle x=\angle ACB=180°-138°=42°$

(5) $\angle ACB=\frac{1}{2}\times(180°-60°)=60°$이므로
$\angle x=180°-60°=120°$

(6) $\angle C=\angle B=70°$이므로
$\angle x=70°+70°=140°$

2 답 (1) $x=10$, $y=90$ (2) $x=5$, $y=57$ (3) $x=90$, $y=65$

(1) $x=\frac{1}{2}\overline{BC}=\frac{1}{2}\times 20=10$
$\overline{AD}\perp\overline{BC}$이므로 $\angle ADC=90°$ $\therefore y=90$

(2) $x=\overline{CD}=5$
$\overline{AD}\perp\overline{BC}$이므로 $\angle ADC=90°$
이때 $\angle CAD=\angle BAD=33°$이므로 $\triangle ADC$에서
$\angle C=180°-(33°+90°)=57°$ $\therefore y=57$

(3) $\overline{AD}\perp\overline{BC}$이므로 $\angle ADB=90°$ $\therefore x=90$
$\triangle ABD$에서 $\angle B=180°-(25°+90°)=65°$
이때 $\angle C=\angle B=65°$ $\therefore y=65$

교과서 문제로 개념 다지기

1 답 $\angle x=55°$, $\angle y=70°$

$\overline{AB}=\overline{AC}$이므로 $\angle x=\angle B=55°$
$\therefore \angle y=180°-(55°+55°)=70°$

2 답 44

$\triangle ABC$에서 $\overline{AB}=\overline{AC}$이므로
$\angle B=\angle C=52°$
$\overline{AD}$는 $\angle A$의 이등분선이므로 $\overline{AD}\perp\overline{BC}$
$\triangle ABD$에서 $\angle BAD=180°-(90°+52°)=38°$
$\therefore x=38$
또 $\overline{BD}=\overline{CD}$이므로
$\overline{BD}=\frac{1}{2}\overline{BC}=\frac{1}{2}\times 12=6(\text{cm})$ $\therefore y=6$
$\therefore x+y=38+6=44$

3 답 50°

$\triangle ABC$에서 $\overline{BA}=\overline{BC}$이므로 $\angle C=\angle x$
따라서 $\angle x+\angle x=100°$이므로 $2\angle x=100°$
$\therefore \angle x=50°$

4 답 24cm^2

$\overline{AD}$는 $\angle A$의 이등분선이므로
$\overline{BC}=2\overline{BD}=2\times 4=8(\text{cm})$
또 $\overline{AD}\perp\overline{BC}$이므로
$\triangle ABC=\frac{1}{2}\times 8\times 6=24(\text{cm}^2)$

5 답 (1) 40° (2) 30°

(1) $\triangle DBC$에서 $\overline{CB}=\overline{CD}$이므로
$\angle CDB=\angle B=70°$
$\therefore \angle BCD=180°-(70°+70°)=40°$

(2) $\triangle ABC$에서 $\overline{AB}=\overline{AC}$이므로
$\angle ACB=\angle B=70°$
$\therefore \angle ACD=\angle ACB-\angle BCD$
$=70°-40°=30°$

해설 꼭 확인

(1) $\angle BCD$의 크기 구하기
$\xrightarrow{(\times)}$ $\angle BCD=\angle B=70°$
$\xrightarrow{(\bigcirc)}$ $\angle CDB=\angle B=70°$
$\therefore \angle BCD=180°-(70°+70°)=40°$
➡ 이등변삼각형의 성질을 이용할 때는 길이가 같은 두 변을 확인하여 꼭지각, 밑변, 밑각의 위치를 혼동하지 않도록 해야 해!

6 답 66°

$\angle A=\angle x$라 하면 $\angle EBD=\angle A=\angle x$
$\triangle ABC$에서 $\overline{AB}=\overline{AC}$이므로
$\angle C=\angle ABC=\angle x+18°$
따라서 $\triangle ABC$에서
$\angle x+(\angle x+18°)+(\angle x+18°)=180°$
$3\angle x=144°$ $\therefore \angle x=48°$
$\therefore \angle C=\angle x+18°=48°+18°=66°$

▶ 문제 속 개념 도출

답 ① 밑각 ② 180°

• 본문 12~13쪽

이등변삼각형의 성질의 응용

개념 확인

1 답 (1) $52°$, $26°$, $26°$, $78°$ (2) $\angle x=32°$, $\angle y=96°$

(2) $\triangle ABC$에서 $\overline{AB}=\overline{AC}$이므로

$\angle ABC=\angle C=64°$

$\therefore \angle x=\frac{1}{2}\angle ABC=\frac{1}{2}\times 64°=32°$

$\triangle DBC$에서 $\angle y=32°+64°=96°$

2 답 (1) $30°$, $30°$, $60°$, $60°$, $60°$, $60°$, $60°$
(2) $\angle x=80°$, $\angle y=20°$

(2) $\triangle DBC$에서 $\overline{DB}=\overline{DC}$이므로

$\angle DCB=\angle B=40°$

$\therefore \angle x=40°+40°=80°$

$\triangle ADC$에서 $\overline{CA}=\overline{CD}$이므로

$\angle A=\angle ADC=80°$

$\therefore \angle y=180°-(80°+80°)=20°$

교과서 문제로 개념 다지기

1 답 ④

$\triangle ABC$에서 $\overline{AB}=\overline{AC}$이므로

$\angle ABC=\angle C=\frac{1}{2}\times(180°-40°)=70°$

$\therefore \angle ABD=\frac{1}{2}\angle ABC=\frac{1}{2}\times 70°=35°$

따라서 $\triangle ABD$에서 $\angle BDC=40°+35°=75°$

2 답 $37°$

$\triangle ADC$에서 $\overline{CA}=\overline{CD}$이므로

$\angle ADC=\angle A=74°$

이때 $\triangle DBC$에서 $\overline{DB}=\overline{DC}$이므로 $\angle B=\angle DCB$

즉, $\angle B+\angle DCB=2\angle B=74°$

$\therefore \angle B=37°$

3 답 $126°$

$\triangle ABC$에서 $\overline{AB}=\overline{AC}$이므로

$\angle ACB=\angle B=42°$

$\therefore \angle DAC=42°+42°=84°$

$\triangle CDA$에서 $\overline{CA}=\overline{CD}$이므로

$\angle CDA=\angle CAD=84°$

따라서 $\triangle DBC$에서 $\angle x=42°+84°=126°$

4 답 (1) $32.5°$ (2) $57.5°$ (3) $25°$

(1) $\triangle ABC$에서 $\overline{AB}=\overline{AC}$이므로

$\angle ABC=\angle ACB=\frac{1}{2}\times(180°-50°)=65°$

$\therefore \angle DBC=\frac{1}{2}\angle ABC=\frac{1}{2}\times 65°=32.5°$

(2) $\angle ACE=180°-65°=115°$

$\therefore \angle DCE=\frac{1}{2}\angle ACE=\frac{1}{2}\times 115°=57.5°$

(3) $\triangle DBC$에서 $\angle D=\angle DCE-\angle DBC=57.5°-32.5°=25°$

5 답 (1) $2\angle x$ (2) $36°$

(1) $\triangle ADC$에서 $\overline{DA}=\overline{DC}$이므로 $\angle DCA=\angle A=\angle x$

$\therefore \angle CDB=\angle x+\angle x=2\angle x$

$\triangle DBC$에서 $\overline{CD}=\overline{CB}$이므로 $\angle B=\angle CDB=2\angle x$

(2) $\triangle ABC$에서 $\overline{AB}=\overline{AC}$이므로 $\angle ACB=\angle B=2\angle x$

즉, $\angle x+2\angle x+2\angle x=180°$

$5\angle x=180°$ $\therefore \angle x=36°$

▶ 문제 속 개념 도출

답 ① 이등변삼각형 ② 합

• 본문 14~15쪽

이등변삼각형이 되는 조건

개념 확인

1 답 (1) 10 (2) 5 (3) 8

(1) $\angle B=\angle C$이므로 $\triangle ABC$는 $\overline{AB}=\overline{AC}$인 이등변삼각형이다.

$\therefore x=\overline{AC}=10$

(2) $\angle C=180°-(35°+110°)=35°$

따라서 $\angle A=\angle C$이므로 $\triangle ABC$는 $\overline{BA}=\overline{BC}$인 이등변삼각형이다.

$\therefore x=\overline{BA}=5$

(3) $\angle A=180°-(45°+90°)=45°$

따라서 $\angle A=\angle B$이므로 $\triangle ABC$는 $\overline{CA}=\overline{CB}$인 이등변삼각형이다.

$\therefore x=\overline{CB}=8$

2 답 (1) 9 (2) 4

(1) $\angle ACB=180°-115°=65°$

따라서 $\angle B=\angle ACB$이므로 $\triangle ABC$는 $\overline{AB}=\overline{AC}$인 이등변삼각형이다.

$\therefore x=\overline{AB}=9$

(2) $\angle A=54^\circ-27^\circ=27^\circ$
따라서 $\angle A=\angle C$이므로 $\triangle ABC$는 $\overline{BA}=\overline{BC}$인 이등변삼각형이다.
$\therefore x=\overline{BA}=4$

3 답 (1) 7 (2) 8

(1) $\angle B=\angle C$이므로 $\triangle ABC$는 $\overline{AB}=\overline{AC}$인 이등변삼각형이다.
이때 $\angle BAD=\angle CAD$이므로
$x=\frac{1}{2}\overline{BC}=\frac{1}{2}\times14=7$

(2) $\angle B=\angle C$이므로 $\triangle ABC$는 $\overline{AB}=\overline{AC}$인 이등변삼각형이다.
이때 $\overline{AD}\perp\overline{BC}$이므로 $\overline{AD}$는 $\angle BAC$의 이등분선이다.
$\therefore x=\frac{1}{2}\overline{BC}=\frac{1}{2}\times16=8$

교과서 문제로 개념 다지기

1 답 (가) $\angle CAD$, (나) $\angle C$, (다) $\angle ADC$, (라) $\overline{AC}$

2 답 5

$\angle A=\angle B$이므로 $\triangle ABC$는 $\overline{CA}=\overline{CB}$인 이등변삼각형이다.
즉, $2x+3=x+8$
$\therefore x=5$

3 답 13 cm

$\angle B=\angle C$이므로 $\triangle ABC$는 $\overline{AB}=\overline{AC}$인 이등변삼각형이다.
이때 $\triangle ABC$의 둘레의 길이가 34 cm이므로
$\overline{AB}+\overline{AC}+8=34$
즉, $\overline{AC}+\overline{AC}+8=34$
$2\overline{AC}=26 \quad \therefore \overline{AC}=13(\text{cm})$

4 답 ③

$\angle B=\angle C$이므로 $\triangle ABC$는 $\overline{AB}=\overline{AC}$인 이등변삼각형이다.
이때 $\overline{BD}=\overline{CD}$이므로 $\overline{AD}$는 $\angle BAC$의 이등분선이다.
$\therefore \angle CAD=\angle BAD=20^\circ$

5 답 (1) 36° (2) 72° (3) 9 cm (4) 9 cm

(1) $\triangle ABC$에서 $\overline{AB}=\overline{AC}$이므로
$\angle ABC=\angle C=72^\circ$
$\therefore \angle A=180^\circ-(72^\circ+72^\circ)=36^\circ$

(2) $\angle DBA=\frac{1}{2}\angle ABC=\frac{1}{2}\times72^\circ=36^\circ$이므로
$\triangle ABD$에서 $\angle BDC=36^\circ+36^\circ=72^\circ$

(3) $\angle C=\angle BDC$이므로 $\triangle BCD$는 $\overline{BC}=\overline{BD}$인 이등변삼각형이다.
$\therefore \overline{BD}=\overline{BC}=9\,\text{cm}$

(4) $\angle A=\angle DBA$이므로 $\triangle DAB$는 $\overline{DA}=\overline{DB}$인 이등변삼각형이다.
$\therefore \overline{AD}=\overline{BD}=9\,\text{cm}$

6 답 3 km

$\triangle ABC$에서 $\angle ABD=\angle A+\angle C$이므로
$\angle C=60^\circ-30^\circ=30^\circ$
즉, $\angle A=\angle C$이므로 $\triangle ABC$는 $\overline{BA}=\overline{BC}$인 이등변삼각형이다.
$\therefore \overline{BC}=\overline{BA}=3\,\text{km}$
따라서 강의 폭인 $\overline{BC}$의 길이는 3 km이다.

▶ 문제 속 개념 도출

답 ① 이등변삼각형 ② 변

• 본문 16~17쪽

개념 04 직각삼각형의 합동 조건

개념 확인

1 답 (1) $\triangle ABC\equiv\triangle DFE$, RHS 합동
(2) $\triangle ABC\equiv\triangle EFD$, RHA 합동

(1) $\triangle ABC$와 $\triangle DFE$에서
$\angle B=\angle F=90^\circ$, $\overline{AC}=\overline{DE}$, $\overline{BC}=\overline{FE}$이므로
$\triangle ABC\equiv\triangle DFE$ (RHS 합동)

(2) $\triangle ABC$와 $\triangle EFD$에서
$\angle B=\angle F=90^\circ$, $\overline{AC}=\overline{ED}$, $\angle C=\angle D$이므로
$\triangle ABC\equiv\triangle EFD$ (RHA 합동)

2 답 (1) ○ (2) × (3) ○ (4) ○

(1) RHS 합동
(2) 모양은 같지만 크기가 같다고 할 수 없으므로 합동이 되는 조건이 아니다.
(3) ASA 합동
(4) RHA 합동

3 답 (1) 5 (2) 8

(1) $\triangle ABC$와 $\triangle EDF$에서
$\angle B=\angle D=90^\circ$, $\overline{AC}=\overline{EF}$, $\overline{AB}=\overline{ED}$이므로
$\triangle ABC\equiv\triangle EDF$ (RHS 합동)
$\therefore x=\overline{BC}=5$

(2) $\triangle ABC$와 $\triangle FDE$에서
$\angle C=\angle E=90^\circ$, $\overline{AB}=\overline{FD}$, $\angle A=\angle F$이므로
$\triangle ABC\equiv\triangle FDE$ (RHA 합동)
$\therefore x=\overline{BC}=8$

교과서 문제로 개념 다지기

1 답 ②, ④

② $\triangle ABC$와 $\triangle HIG$에서
$\angle B=\angle I=90°$, $\overline{AC}=\overline{HG}$, $\overline{AB}=\overline{HI}$이므로
$\triangle ABC \equiv \triangle HIG$ (RHS 합동)

④ $\triangle DEF$와 $\triangle MON$에서
$\angle E=\angle O=90°$, $\overline{DF}=\overline{MN}$이고
$\triangle DEF$에서 $\angle D=180°-(90°+30°)=60°$이므로
$\angle D=\angle M$
$\therefore \triangle DEF \equiv \triangle MON$ (RHA 합동)

해설 꼭 확인

⑤ △JKL과 △QPR가 합동인지 확인하기

(×) → $\triangle JKL$과 $\triangle QPR$에서
$\angle L=\angle R=90°$, $\overline{KJ}=\overline{PR}$, $\overline{JL}=\overline{QR}$이므로
$\triangle JKL \equiv \triangle QPR$ (RHS 합동)

(○) → 두 직각삼각형 $\triangle JKL$과 $\triangle QPR$에서 직각을 낀 두 변 중 한 변의 길이가 같지만 빗변의 길이가 다르므로 합동이라 할 수 없다.

➡ 직각삼각형의 합동 조건을 이용할 때는 반드시 빗변의 길이가 같은지 확인해야 해!

2 답 ③

① ASA 합동
② RHA 합동
③ 모양은 같지만 크기가 같다고 할 수 없다.
④ RHS 합동
⑤ SAS 합동
따라서 합동이 되는 조건이 아닌 것은 ③이다.

3 답 3 cm

$\triangle ABC$와 $\triangle FDE$에서
$\angle C=\angle E=90°$, $\overline{AB}=\overline{FD}$, $\overline{BC}=\overline{DE}$이므로
$\triangle ABC \equiv \triangle FDE$ (RHS 합동)
$\therefore \overline{EF}=\overline{CA}=3\text{ cm}$

4 답 48

$\triangle APC$와 $\triangle BPD$에서
$\angle ACP=\angle BDP=90°$, $\overline{AP}=\overline{BP}$,
$\angle APC=\angle BPD$ (맞꼭지각)이므로
$\triangle APC \equiv \triangle BPD$ (RHA 합동)
이때 $\overline{AC}=\overline{BD}=8\text{ cm}$이므로 $x=8$
$\angle BPD=\angle APC=180°-(90°+50°)=40°$이므로 $y=40$
$\therefore x+y=8+40=48$

5 답 3 cm

$\triangle EBD$와 $\triangle CBD$에서
$\angle BED=\angle BCD=90°$, $\overline{BD}$는 공통, $\overline{BE}=\overline{BC}$이므로
$\triangle EBD \equiv \triangle CBD$ (RHS 합동)
$\therefore \overline{DE}=\overline{DC}=3\text{ cm}$

6 답 (1) $\triangle CEA$ (2) 7 cm (3) $\frac{49}{2}\text{ cm}^2$

(1) $\triangle ADB$와 $\triangle CEA$에서
$\angle ADB=\angle CEA=90°$, $\overline{AB}=\overline{CA}$,
$\angle DAB=90°-\angle EAC=\angle ECA$
$\therefore \triangle ADB \equiv \triangle CEA$ (RHA 합동)

(2) $\triangle ADB \equiv \triangle CEA$ (RHA 합동)이므로
$\overline{DA}=\overline{EC}=3\text{ cm}$, $\overline{AE}=\overline{BD}=4\text{ cm}$
$\therefore \overline{DE}=\overline{DA}+\overline{AE}=3+4=7(\text{cm})$

(3) (사각형 DBCE의 넓이)$=\frac{1}{2}\times(\overline{DB}+\overline{EC})\times\overline{DE}$
$=\frac{1}{2}\times(4+3)\times7=\frac{49}{2}(\text{cm}^2)$

▶ 문제 속 개념 도출

답 ① RHA ② 높이

• 본문 18~19쪽

개념 05 직각삼각형의 합동 조건의 응용 - 각의 이등분선

개념 확인

1 답 $\angle PBO$, $\overline{PO}$, $\angle BOP$, RHA, $\overline{PB}$

2 답 (1) 4 (2) 15

(1) $\triangle AOP \equiv \triangle BOP$ (RHA 합동)이므로
$x=\overline{AP}=4$

(2) $\triangle AOP \equiv \triangle BOP$ (RHA 합동)이므로
$x=\overline{AO}=15$

3 답 $\angle PBO$, $\overline{PO}$, $\overline{PB}$, RHS, $\angle BOP$

4 답 (1) 29° (2) 56°

(1) $\triangle AOP \equiv \triangle BOP$ (RHS 합동)이므로
$\angle x=\angle BOP=29°$

(2) $\triangle AOP \equiv \triangle BOP$ (RHS 합동)이므로
$\angle AOP=\angle BOP=34°$
따라서 $\triangle AOP$에서
$\angle x=180°-(90°+34°)=56°$

교과서 문제로 개념 다지기

1 답 $x=6,\ y=58$

$\triangle AOP$와 $\triangle BOP$에서

$\angle PAO=\angle PBO=90°$, $\overline{OP}$는 공통,

$\angle AOP=\angle BOP$이므로

$\triangle AOP\equiv\triangle BOP$ (RHA 합동)

즉, $\overline{PA}=\overline{PB}=6\,cm$　　$\therefore x=6$

$\triangle BOP$에서

$\angle OPB=180°-(90°+32°)=58°$

$\therefore y=58$

2 답 $61°$

$\triangle COP$와 $\triangle DOP$에서

$\angle PCO=\angle PDO=90°$, $\overline{OP}$는 공통, $\overline{PC}=\overline{PD}$이므로

$\triangle COP\equiv\triangle DOP$ (RHS 합동)

$\therefore \angle COP=\angle DOP=\frac{1}{2}\angle AOB=\frac{1}{2}\times58°=29°$

따라서 $\triangle COP$에서

$\angle OPC=180°-(90°+29°)=61°$

3 답 ⑤

$\triangle AOP$와 $\triangle BOP$에서

$\angle OAP=\angle OBP=90°$, $\overline{OP}$는 공통, $\overline{PA}=\overline{PB}$이므로

$\triangle AOP\equiv\triangle BOP$ (RHS 합동)

$\therefore \overline{AO}=\overline{BO}$, $\angle APO=\angle BPO$ (ㄴ), $\angle AOP=\angle BOP$,

$\triangle AOP=\triangle BOP$ (ㄹ)

이때 $\angle AOB=\angle AOP+\angle BOP=2\angle AOP$ (ㄷ)

따라서 옳은 것을 모두 고른 것은 ⑤이다.

4 답 (1) 풀이 참조, $6\,cm$　(2) $60\,cm^2$

(1) 점 D에서 $\overline{AB}$에 수선을 긋고, 그 수선의 발 E를 나타내면 오른쪽 그림과 같다.

A, 20 cm, E, B, D, 6 cm, C

$\triangle ADC$와 $\triangle ADE$에서

$\angle ACD=\angle AED=90°$,

$\overline{AD}$는 공통, $\angle DAC=\angle DAE$이므로

$\triangle ADC\equiv\triangle ADE$ (RHA 합동)

$\therefore \overline{DE}=\overline{DC}=6\,cm$

(2) $\triangle ABD=\frac{1}{2}\times\overline{AB}\times\overline{DE}$

$=\frac{1}{2}\times20\times6=60\,(cm^2)$

▶ 문제 속 개념 도출

답 ① RHA　② $\overline{PR}$　③ 수선

개념 06 삼각형의 외심

개념 확인

1 답 (1) ○　(2) ×　(3) ○　(4) ×　(5) ○　(6) ○

(1) 삼각형의 외심에서 세 꼭짓점에 이르는 거리는 같으므로 $\overline{OA}=\overline{OB}=\overline{OC}$

(3) 삼각형의 외심은 세 변의 수직이등분선의 교점이므로 $\overline{BE}=\overline{CE}$

(5) $\triangle OBC$에서 $\overline{OB}=\overline{OC}$이므로

$\angle OBE=\angle OCE$

(6) $\triangle OAF$와 $\triangle OCF$에서

$\angle OFA=\angle OFC=90°$, $\overline{OA}=\overline{OC}$, $\overline{OF}$는 공통이므로

$\triangle OAF\equiv\triangle OCF$ (RHS 합동)

2 답 (1) 6　(2) 4

(1) $x=\overline{CD}=6$

(2) $x=\frac{1}{2}\overline{AC}=\frac{1}{2}\times8=4$

3 답 (1) 9　(2) 5　(3) 25

(1) $x=\overline{OC}=9$

(2) $x=\overline{OB}=5$

(3) $\triangle OBC$에서 $\overline{OB}=\overline{OC}$이므로

$\angle OCB=\angle OBC=25°$

$\therefore x=25$

교과서 문제로 개념 다지기

1 답 (가) $\overline{OC}$, (나) $\overline{OD}$, (다) RHS, (라) $\overline{CD}$

2 답 ②

① 삼각형의 외심에서 세 꼭짓점에 이르는 거리는 같으므로 $\overline{OA}=\overline{OB}=\overline{OC}$

③ $\triangle OAD$와 $\triangle OBD$에서

$\angle ODA=\angle ODB=90°$, $\overline{OA}=\overline{OB}$, $\overline{OD}$는 공통이므로

$\triangle OAD\equiv\triangle OBD$ (RHS 합동)

④ $\triangle OAC$에서 $\overline{OA}=\overline{OC}$이므로

$\angle OAF=\angle OCF$

⑤ 삼각형의 외심은 세 변의 수직이등분선의 교점이므로 $\overline{BE}=\overline{CE}$

$\therefore \overline{BC}=\overline{BE}+\overline{CE}=2\overline{CE}$

따라서 옳지 않은 것은 ②이다.

3 답 36 cm

$\overline{AD}=\overline{BD}$, $\overline{BE}=\overline{CE}$, $\overline{AF}=\overline{CF}$

$\therefore$ (△ABC의 둘레의 길이)$=\overline{AB}+\overline{BC}+\overline{CA}$

$=2(\overline{AD}+\overline{BE}+\overline{AF})$

$=2\times(6+7+5)=36(\text{cm})$

4 답 55°

△OAB에서 $\overline{OA}=\overline{OB}$이므로 $\angle OBA=\angle OAB=30^\circ$

△OBC에서 $\overline{OB}=\overline{OC}$이므로 $\angle OBC=\angle OCB=25^\circ$

$\therefore \angle ABC=\angle OBA+\angle OBC=30^\circ+25^\circ=55^\circ$

5 답 (1) 14 cm (2) 100°

(1) $\overline{OA}=\overline{OB}=\overline{OC}=7$ cm이므로

$\overline{AB}=\overline{AO}+\overline{OB}=7+7=14(\text{cm})$

(2) △OCA에서 $\overline{OA}=\overline{OC}$이므로 $\angle OCA=\angle A=50^\circ$

$\therefore \angle BOC=50^\circ+50^\circ=100^\circ$

6 답 ④

④ 찾으려고 하는 원의 중심은 △ABC의 외심이므로 $\overline{AB}$, $\overline{BC}$, $\overline{AC}$의 수직이등분선의 교점이다.

▶ 문제 속 개념 도출

답 ① 외심 ② 수직이등분선

• 본문 22~23쪽

개념 07 삼각형의 외심의 응용

개념 확인

1 답 (1) 35° (2) 20° (3) 32°

(1) $\angle x+25^\circ+30^\circ=90^\circ$ $\therefore \angle x=35^\circ$

(2) $\angle x+30^\circ+40^\circ=90^\circ$ $\therefore \angle x=20^\circ$

(3) $25^\circ+\angle x+33^\circ=90^\circ$ $\therefore \angle x=32^\circ$

2 답 (1) 150° (2) 112° (3) 70°

(1) $\angle x=2\angle A=2\times75^\circ=150^\circ$

(2) $\angle x=2\angle B=2\times56^\circ=112^\circ$

(3) $\angle x=\frac{1}{2}\angle BOC=\frac{1}{2}\times140^\circ=70^\circ$

3 답 (1) 30° (2) 75°

(1) $\angle BOC=2\angle A=2\times60^\circ=120^\circ$

따라서 △OBC에서 $\overline{OB}=\overline{OC}$이므로

$\angle x=\frac{1}{2}\times(180^\circ-120^\circ)=30^\circ$

(2) △OCA에서 $\overline{OA}=\overline{OC}$이므로 $\angle OCA=\angle OAC=15^\circ$

$\therefore \angle AOC=180^\circ-(15^\circ+15^\circ)=150^\circ$

$\therefore \angle x=\frac{1}{2}\angle AOC=\frac{1}{2}\times150^\circ=75^\circ$

교과서 문제로 개념 다지기

1 답 20°

$\angle ABO+28^\circ+42^\circ=90^\circ$ $\therefore \angle ABO=20^\circ$

2 답 128°

△OAB에서 $\overline{OA}=\overline{OB}$이므로

$\angle ABO=\angle BAO=30^\circ$

$\therefore \angle ABC=30^\circ+34^\circ=64^\circ$

$\therefore \angle x=2\angle ABC=2\times64^\circ=128^\circ$

3 답 ①

△OCA에서 $\overline{OA}=\overline{OC}$이므로 $\angle OAC=\angle OCA=35^\circ$

이때 $\angle BAC=\frac{1}{2}\angle BOC=\frac{1}{2}\times114^\circ=57^\circ$이므로

$\angle BAO+35^\circ=57^\circ$ $\therefore \angle BAO=22^\circ$

다른 풀이

△OBC에서 $\overline{OB}=\overline{OC}$이므로

$\angle OBC=\frac{1}{2}\times(180^\circ-114^\circ)=33^\circ$

따라서 $\angle BAO+33^\circ+35^\circ=90^\circ$이므로 $\angle BAO=22^\circ$

4 답 65°

오른쪽 그림과 같이 $\overline{OA}$를 그으면

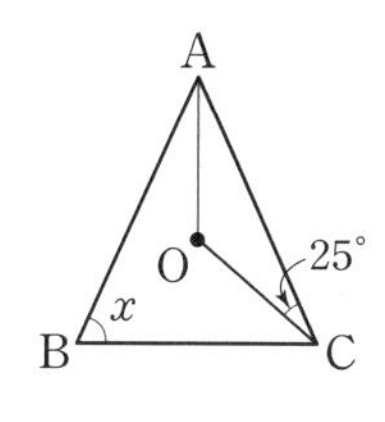

△OCA에서 $\overline{OA}=\overline{OC}$이므로

$\angle OAC=\angle OCA=25^\circ$

즉, $\angle AOC=180^\circ-(25^\circ+25^\circ)=130^\circ$

$\therefore \angle x=\frac{1}{2}\angle AOC=\frac{1}{2}\times130^\circ=65^\circ$

5 답 $\angle B=60^\circ$, $\angle C=62^\circ$

오른쪽 그림과 같이 $\overline{OB}$, $\overline{OC}$를 그으면

$28^\circ+30^\circ+\angle OBC=90^\circ$

$\therefore \angle OBC=32^\circ$

△OAB에서 $\overline{OA}=\overline{OB}$이므로

$\angle OBA=\angle OAB=28^\circ$

$\therefore \angle B=\angle OBA+\angle OBC=28^\circ+32^\circ=60^\circ$

△OBC에서 $\overline{OB}=\overline{OC}$이므로

$\angle OCB=\angle OBC=32^\circ$

△OCA에서 $\overline{OA}=\overline{OC}$이므로

$\angle OCA=\angle OAC=30^\circ$

$\therefore \angle C=\angle OCB+\angle OCA=32^\circ+30^\circ=62^\circ$

6 답 (1) 160° (2) $\frac{64}{9}\pi\,\text{cm}^2$

(1) $\triangle$OAB에서 $\overline{OA}=\overline{OB}$이므로

$\angle OAB=\angle OBA=35^\circ$

$\triangle$OCA에서 $\overline{OA}=\overline{OC}$이므로

$\angle OAC=\angle OCA=45^\circ$

$\therefore \angle BAC=\angle OAB+\angle OAC=35^\circ+45^\circ=80^\circ$

$\therefore \angle BOC=2\angle BAC=2\times80^\circ=160^\circ$

(2) $\overline{OA}$는 외접원 O의 반지름이므로 부채꼴 BOC의 반지름의 길이는 4 cm이다.

$\therefore$ (부채꼴 BOC의 넓이)$=\pi\times4^2\times\frac{160}{360}$

$=\frac{64}{9}\pi(\text{cm}^2)$

▶ 문제 속 개념 도출

답 ① 꼭짓점 ② 밑각 ③ πr^2

• 본문 24~25쪽

개념 08 삼각형의 내심

개념 확인

1 답 (1) ○ (2) × (3) × (4) ○ (5) × (6) ○

(1) 삼각형의 내심에서 세 변에 이르는 거리는 같으므로

$\overline{ID}=\overline{IE}=\overline{IF}$

(4) 삼각형의 내심은 세 내각의 이등분선의 교점이므로

$\angle IAD=\angle IAF$

(6) $\triangle$IBD와 $\triangle$IBE에서

$\angle IDB=\angle IEB=90^\circ$, $\overline{IB}$는 공통, $\angle IBD=\angle IBE$이므로

$\triangle IBD\equiv\triangle IBE$ (RHA 합동)

2 답 (1) 30° (2) 28° (3) 34°

(1) $\angle x=\angle ICA=30^\circ$

(2) $\angle x=\angle IAB=28^\circ$

(3) $\angle x=\frac{1}{2}\angle BAC=\frac{1}{2}\times68^\circ=34^\circ$

3 답 (1) 6 (2) 4

(1) $x=\overline{ID}=6$

(2) $x=\overline{IF}=4$

교과서 문제로 개념 다지기

1 답 (가) $\angle IFC$, (나) $\overline{IC}$, (다) $\overline{IE}$, (라) RHS, (마) $\angle ICF$

2 답 ㄴ, ㄷ, ㄹ, ㅁ

ㄴ. 삼각형의 내심은 세 내각의 이등분선의 교점이므로

$\angle DAI=\angle FAI$

ㄷ. $\triangle$FCI와 $\triangle$ECI에서

$\angle IFC=\angle IEC=90^\circ$, $\overline{IC}$는 공통, $\angle ICF=\angle ICE$이므로

$\triangle FCI\equiv\triangle ECI$ (RHA 합동)

ㄹ. $\triangle$IBD와 $\triangle$IBE에서

$\angle IDB=\angle IEB=90^\circ$, $\overline{IB}$는 공통, $\angle IBD=\angle IBE$이므로

$\triangle IBD\equiv\triangle IBE$ (RHA 합동)

$\therefore \overline{BD}=\overline{BE}$

ㅁ. 삼각형의 내심에서 세 변에 이르는 거리는 같으므로

$\overline{ID}=\overline{IE}=\overline{IF}$

해설 꼭 확인

ㅂ. $\overline{IA}=\overline{IB}=\overline{IC}$인지 판단하기

(×) → 삼각형의 내심에서 세 꼭짓점에 이르는 거리는 같으므로 $\overline{IA}=\overline{IB}=\overline{IC}$

(○) → 삼각형의 내심에서 세 변에 이르는 거리가 같으므로 $\overline{ID}=\overline{IE}=\overline{IF}$

즉, $\overline{IA}=\overline{IB}=\overline{IC}$인지 알 수 없다.

➡ 삼각형의 내심에서 세 변에 이르는 거리는 내접원의 반지름의 길이로 같아. 세 꼭짓점에 이르는 거리가 같은 것은 삼각형의 외심이야. 헷갈리지 않도록 주의해야 해!

3 답 84°

$\angle ABC=2\angle IBC=2\times42^\circ=84^\circ$

4 답 125°

점 I는 $\triangle$ABC의 내심이므로

$\angle IBC=\angle ABI=20^\circ$, $\angle ICB=\angle ACI=35^\circ$

따라서 $\triangle$IBC에서

$\angle x=180^\circ-(20^\circ+35^\circ)=125^\circ$

5 답 (1) 4 cm (2) 5 cm (3) 9 cm

(1) 점 I는 $\triangle$ABC의 내심이므로

$\angle DBI=\angle IBC$

이때 $\overline{DE}\,/\!/\,\overline{BC}$이므로 $\angle IBC=\angle DIB$ (엇각)

따라서 $\angle DBI=\angle DIB$이므로 $\triangle$DBI는 이등변삼각형이다.

$\therefore \overline{DI}=\overline{DB}=4\,\text{cm}$

(2) 점 I는 $\triangle$ABC의 내심이므로

$\angle ICE=\angle ICB$

이때 $\overline{DE}\,/\!/\,\overline{BC}$이므로 $\angle ICB=\angle EIC$ (엇각)

따라서 $\angle ICE=\angle EIC$이므로 $\triangle$EIC는 이등변삼각형이다.

$\therefore \overline{EI}=\overline{EC}=5\,\text{cm}$

(3) $\overline{DE}=\overline{DI}+\overline{EI}=4+5=9(\text{cm})$

6 답 현우

삼각형의 내심에서 세 변에 이르는 거리가 같으므로 삼각형의 내심의 위치에 분침을 고정해야 한다. 삼각형의 내심은 세 내각의 이등분선의 교점이므로 바르게 찾은 학생은 현우이다.

▶ 문제 속 개념 도출

답 ① 내심 ② 변 ③ 이등분선

• 본문 26~27쪽

삼각형의 내심의 응용(1)

개념 확인

1 답 (1) $32°$ (2) $30°$ (3) $55°$

(1) $35°+\angle x+23°=90°$

$\therefore \angle x=32°$

(2) $28°+32°+\angle x=90°$

$\therefore \angle x=30°$

(3) $\angle x+15°+20°=90°$

$\therefore \angle x=55°$

2 답 (1) $124°$ (2) $110°$ (3) $70°$

(1) $\angle x=90°+\frac{1}{2}\angle A=90°+\frac{1}{2}\times 68°=124°$

(2) $\angle x=90°+\frac{1}{2}\angle A=90°+\frac{1}{2}\times 40°=110°$

(3) $125°=90°+\frac{1}{2}\angle x$

$\frac{1}{2}\angle x=35°$ $\therefore \angle x=70°$

3 답 (1) $110°$ (2) $32°$

(1) $\angle x=90°+\frac{1}{2}\angle ACB$이므로

$\angle x=90°+\angle ICB=90°+20°=110°$

(2) $122°=90°+\frac{1}{2}\angle ACB$이므로

$122°=90°+\angle x$ $\therefore \angle x=32°$

교과서 문제로 개념 다지기

1 답 $\angle x=26°$, $\angle y=34°$

점 I는 $\triangle ABC$의 내심이므로

$\angle x=\angle IBC=26°$

$\angle y+26°+30°=90°$ $\therefore \angle y=34°$

2 답 ①

점 I는 $\triangle ABC$의 내심이므로 오른쪽 그림과 같이 $\overline{IC}$를 그으면

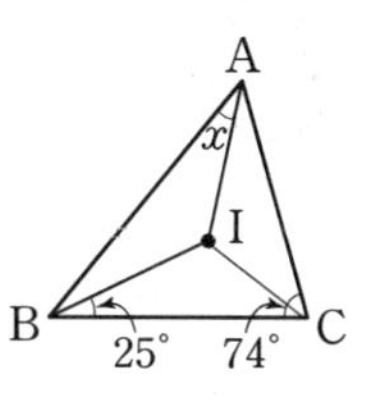

$\angle ICA=\frac{1}{2}\angle BCA=\frac{1}{2}\times 74°=37°$

따라서 $\angle x+25°+37°=90°$이므로

$\angle x=28°$

3 답 ④

점 I는 $\angle B$의 이등분선과 $\angle C$의 이등분선의 교점이므로 $\triangle ABC$의 내심이다.

$\therefore \angle x=90°+\frac{1}{2}\angle BAC$

$=90°+\angle IAB$

$=90°+46°=136°$

4 답 $180°$

점 I는 $\triangle ABC$의 내심이므로

$\angle IAB=\angle IAC=40°$

따라서 $\triangle IAB$에서

$\angle x=180°-(40°+20°)=120°$

이때 $120°=90°+\frac{1}{2}\angle y$이므로 $\angle y=60°$

$\therefore \angle x+\angle y=120°+60°=180°$

5 답 (1) $58°$ (2) $119°$

(1) 점 I는 $\triangle ABC$의 내심이므로

$\angle A=2\angle IAC=2\times 32°=64°$

이때 $\triangle ABC$에서 $\overline{AB}=\overline{AC}$이므로

$\angle B=\frac{1}{2}\times(180°-64°)=58°$

(2) $\angle AIC=90°+\frac{1}{2}\angle B=90°+\frac{1}{2}\times 58°=119°$

6 답 $148°$

점 I는 $\triangle ABC$의 내심이므로

$\angle BIC=90°+\frac{1}{2}\angle BAC$

$=90°+\angle IAC$

$=90°+26°=116°$

점 I′은 $\triangle IBC$의 내심이므로

$\angle x=90°+\frac{1}{2}\angle BIC$

$=90°+\frac{1}{2}\times 116°=148°$

▶ 문제 속 개념 도출

답 ① 내각 ② $90°$

• 본문 28~29쪽

개념 10 삼각형의 내심의 응용 (2)

개념 확인

1 답 (1) 54 (2) 84

(1) △ABC의 내접원의 반지름의 길이가 3이므로

$\triangle ABC=\frac{1}{2}\times 3\times(12+15+9)=54$

(2) △ABC의 내접원의 반지름의 길이가 4이므로

$\triangle ABC=\frac{1}{2}\times 4\times(14+15+13)=84$

2 답 (1) $\frac{3}{2}$ (2) 2

(1) △ABC의 내접원의 반지름의 길이를 r라 하면

$\frac{1}{2}\times r\times(5+6+5)=12$

$8r=12 \quad \therefore r=\frac{3}{2}$

따라서 △ABC의 내접원의 반지름의 길이는 $\frac{3}{2}$이다.

(2) △ABC의 내접원의 반지름의 길이를 r라 하면

$\frac{1}{2}\times r\times(5+13+12)=30$

$15r=30 \quad \therefore r=2$

따라서 △ABC의 내접원의 반지름의 길이는 2이다.

3 답 (1) 8 (2) 8

(1) $\overline{BE}=\overline{BD}=3$이므로

$\overline{CE}=\overline{BC}-\overline{BE}=11-3=8$

$\therefore x=\overline{CE}=8$

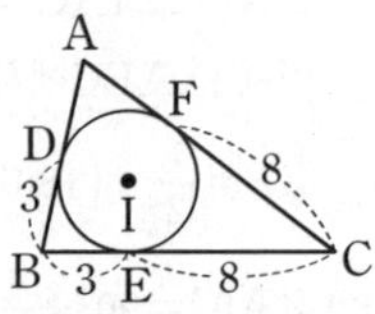

(2) $\overline{BD}=\overline{AB}-\overline{AD}=6-3=3$이므로

$\overline{BE}=\overline{BD}=3$

$\overline{AF}=\overline{AD}=3$이므로

$\overline{CF}=\overline{AC}-\overline{AF}=8-3=5$

$\therefore \overline{CE}=\overline{CF}=5$

$\therefore x=\overline{BE}+\overline{CE}=3+5=8$

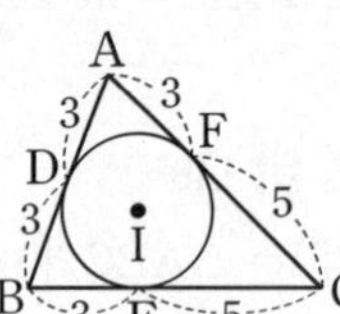

교과서 문제로 개념 다지기

1 답 $51\,cm^2$

$\triangle ABC=\frac{1}{2}\times 3\times$(△ABC의 둘레의 길이)

$=\frac{1}{2}\times 3\times 34=51(cm^2)$

2 답 ⑤

$\overline{AF}=\overline{AD}=2\,cm$, $\overline{BE}=\overline{BD}=5\,cm$, $\overline{CF}=\overline{CE}=3\,cm$

∴ (△ABC의 둘레의 길이) $=2\times(2+5+3)$

$=20(cm)$

3 답 (1) $96\,cm^2$ (2) $4\,cm$

(1) $\triangle ABC=\frac{1}{2}\times 16\times 12=96(cm^2)$

(2) △ABC의 내접원의 반지름의 길이를 r cm라 하면

$\frac{1}{2}\times r\times(20+16+12)=96$

$24r=96 \quad \therefore r=4$

따라서 △ABC의 내접원의 반지름의 길이는 4 cm이다.

4 답 (1) $(11-2x)$ cm (2) 2 cm

(1) $\overline{AD}=\overline{AF}=x$ cm이므로

$\overline{BE}=\overline{BD}=(6-x)$ cm, $\overline{CE}=\overline{CF}=(5-x)$ cm

이때 $\overline{BC}=\overline{BE}+\overline{CE}$이므로

$\overline{BC}=(6-x)+(5-x)=11-2x(cm)$

(2) $\overline{BC}=7$ cm이므로 $11-2x=7$

$2x=4 \quad \therefore x=2$

$\therefore \overline{AF}=2\,cm$

5 답 농구공, 축구공

수납 상자의 밑면인 직각삼각형의 내접원의 반지름의 길이를 r cm라 하면

$\frac{1}{2}\times r\times(40+50+30)=\frac{1}{2}\times 40\times 30$

$60r=600 \quad \therefore r=10$

즉, 내접원의 반지름의 길이는 10 cm이다.

따라서 반지름의 길이가 10 cm 초과인 공은 수납 상자에 넣을 수 없으므로 농구공과 축구공을 넣을 수 없다.

▶ 문제 속 개념 도출

답 ① 둘레

• 본문 30~31쪽

개념 11 삼각형의 외심과 내심

개념 확인

1 답 (1) ○ (2) ○ (3) × (4) ○ (5) × (6) × (7) ○ (8) ×

(3) 삼각형의 세 내각의 이등분선이 만나는 점은 내심이다.

(5) 삼각형의 세 변의 수직이등분선이 만나는 점은 외심이다.

(6) 예각삼각형의 외심은 삼각형의 내부에 있고, 직각삼각형의 외심은 빗변의 중점이고, 둔각삼각형의 외심은 삼각형의 외부에 있다.

(8) 직각삼각형의 외심에서 한 꼭짓점까지의 거리는 빗변의 길이의 $\frac{1}{2}$과 같다.

2 답 (1) $\angle x=76°$, $\angle y=109°$ (2) $\angle x=100°$, $\angle y=115°$

(1) 점 O는 △ABC의 외심이므로

$\angle x=2\angle A=2\times 38°=76°$

점 I는 △ABC의 내심이므로

$\angle y=90°+\frac{1}{2}\angle A=90°+\frac{1}{2}\times 38°=109°$

(2) 점 O는 △ABC의 외심이므로

$\angle x=2\angle A=2\times 50°=100°$

점 I는 △ABC의 내심이므로

$\angle y=90°+\frac{1}{2}\angle A=90°+\frac{1}{2}\times 50°=115°$

교과서 문제로 개념 다지기

1 답 ㄴ, ㄷ

ㄱ. 점 O는 △ABC의 외심이다.

ㄴ. 점 I는 △ABC의 내심이므로 △ABC의 세 내각의 이등분선의 교점이다.

ㄷ. 점 O는 △ABC의 외심이므로 △ABC의 세 변의 수직이등분선의 교점이다.

ㄹ. △ABC가 정삼각형이면 두 점 O, I는 일치한다.

따라서 옳은 것은 ㄴ, ㄷ이다.

2 답 (1) 52° (2) 116°

(1) 점 O는 △ABC의 외심이므로

$\angle A=\frac{1}{2}\angle BOC=\frac{1}{2}\times 104°=52°$

(2) 점 I는 △ABC의 내심이므로

$\angle BIC=90°+\frac{1}{2}\angle A=90°+\frac{1}{2}\times 52°=116°$

3 답 (1) 40° (2) 80°

(1) 점 I는 △ABC의 내심이므로

$110°=90°+\frac{1}{2}\angle A$, $\frac{1}{2}\angle A=20°$

$\therefore \angle A=40°$

(2) 점 O는 △ABC의 외심이므로

$\angle BOC=2\angle A=2\times 40°=80°$

4 답 (1) 100° (2) 50°

(1) 점 I는 △OBC의 내심이므로

$140°=90°+\frac{1}{2}\angle BOC$

$\frac{1}{2}\angle BOC=50°$

$\therefore \angle BOC=100°$

(2) 점 O는 △ABC의 외심이므로

$\angle A=\frac{1}{2}\angle BOC=\frac{1}{2}\times 100°=50°$

5 답 (1) 50° (2) 35° (3) 15°

(1) 점 O는 △ABC의 외심이므로

$\angle BOC=2\angle A=2\times 40°=80°$

△OBC에서 $\overline{OB}=\overline{OC}$이므로

$\angle OBC=\frac{1}{2}\times(180°-80°)=50°$

(2) △ABC에서 $\overline{AB}=\overline{AC}$이므로

$\angle ABC=\frac{1}{2}\times(180°-40°)=70°$

점 I는 △ABC의 내심이므로

$\angle IBC=\frac{1}{2}\angle ABC=\frac{1}{2}\times 70°=35°$

(3) $\angle OBI=\angle OBC-\angle IBC$

$=50°-35°=15°$

6 답 120°

△ABC의 외심과 내심이 일치하므로

$\angle BOC=\angle BIC$에서 $2\angle A=90°+\frac{1}{2}\angle A$

$\frac{3}{2}\angle A=90°$ $\therefore \angle A=60°$

$\therefore \angle x=2\angle A=2\times 60°=120°$

다른 풀이

외심과 내심이 일치하므로 △ABC는 정삼각형이다.

따라서 $\angle A=60°$이므로 $\angle x=2\angle A=2\times 60°=120°$

▶ 문제 속 개념 도출

답 ① 정삼각형 ② 60°

학교 시험 문제로 단원 마무리

• 본문 32~33쪽

1 답 ②, ④

②, ④ 이등변삼각형의 꼭지각의 이등분선은 밑변을 수직이등분하므로 $\overline{BD}=\overline{CD}$, $\overline{AD}\perp\overline{BC}$

⑤ $\angle BAD=28°$이면 $\angle CAD=\angle BAD=28°$이므로

△ADC에서 $\angle C=180°-(90°+28°)=62°$

따라서 옳은 것은 ②, ④이다.

2 답 35°

$\angle B=\angle x$라 하면

$\triangle ABC$에서 $\overline{AB}=\overline{AC}$이므로

$\angle ACB=\angle B=\angle x$

$\therefore \angle DAC=\angle x+\angle x=2\angle x$

$\triangle ACD$에서 $\overline{AC}=\overline{DC}$이므로

$\angle ADC=\angle DAC=2\angle x$

따라서 $\triangle DBC$에서 $\angle DCE=\angle x+2\angle x=3\angle x$이므로

$3\angle x=105°$ $\quad \therefore \angle x=35°$

$\therefore \angle B=35°$

3 답 7 cm

$\angle CBD=\angle ACB$ (엇각), $\angle ABC=\angle CBD$ (접은 각)이므로

$\angle ACB=\angle ABC$

따라서 $\triangle ABC$는 $\overline{AB}=\overline{AC}$인 이등변삼각형이므로

$\overline{AB}=\overline{AC}=7\text{ cm}$

4 답 ③

$\triangle AED$와 $\triangle ACD$에서

$\angle AED=\angle ACD=90°$, $\overline{AD}$는 공통, $\overline{AE}=\overline{AC}$이므로

$\triangle AED\equiv\triangle ACD$ (RHS 합동) (②)

$\therefore \overline{DE}=\overline{DC}$ (①), $\angle EDA=\angle CDA$ (⑤)

또 $\triangle ABC$에서 $\overline{CA}=\overline{CB}$이므로

$\angle B=\frac{1}{2}\times(180°-90°)=45°$

이때 $\triangle EBD$에서 $\angle EDB=180°-(90°+45°)=45°$

따라서 $\angle B=\angle EDB$이므로 $\triangle EBD$는 $\overline{EB}=\overline{ED}$ (④)인 이등변삼각형이다.

5 답 외심: ㄴ, ㄹ, 내심: ㄱ, ㅁ

ㄱ. 삼각형의 세 내각의 이등분선의 교점이므로 삼각형의 내심이다.

ㄴ. 삼각형의 세 변의 수직이등분선의 교점이므로 삼각형의 외심이다.

ㄹ. 점에서 세 꼭짓점에 이르는 거리가 같으므로 삼각형의 외심이다.

ㅁ. 점에서 세 변에 이르는 거리가 같으므로 삼각형의 내심이다.

따라서 삼각형의 외심을 나타내는 것은 ㄴ, ㄹ, 삼각형의 내심을 나타내는 것은 ㄱ, ㅁ이다.

6 답 9

$5x+3x+2x=90$

$10x=90$ $\quad \therefore x=9$

7 답 23 cm

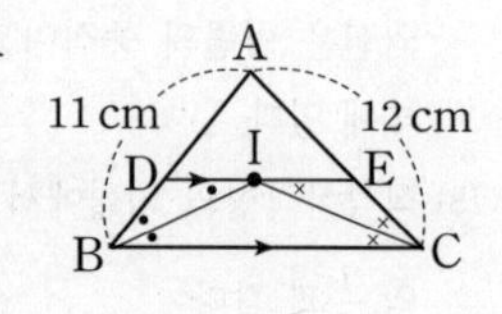

오른쪽 그림과 같이 $\overline{IB}$, $\overline{IC}$를 각각 그으면 점 I는 $\triangle ABC$의 내심이므로

$\angle DBI=\angle IBC$, $\angle ECI=\angle ICB$

이때 $\overline{DE}\,/\!/\,\overline{BC}$이므로

$\angle DIB=\angle IBC$ (엇각), $\angle EIC=\angle ICB$ (엇각)

$\therefore \angle DBI=\angle DIB$, $\angle ECI=\angle EIC$

즉, $\triangle DBI$와 $\triangle EIC$는 각각 이등변삼각형이므로

$\overline{DI}=\overline{DB}$, $\overline{EI}=\overline{EC}$

$\therefore$ ($\triangle ADE$의 둘레의 길이) $=\overline{AD}+\overline{DE}+\overline{AE}$

$=\overline{AD}+\overline{DI}+\overline{IE}+\overline{AE}$

$=\overline{AD}+\overline{DB}+\overline{EC}+\overline{AE}$

$=\overline{AB}+\overline{AC}$

$=11+12=23(\text{cm})$

8 답 114°

$\angle x=90°+\frac{1}{2}\angle BAC$

$=90°+\angle IAC$

$=90°+24°=114°$

OX 문제로 확인하기 본문 34쪽

답 ❶ ○ ❷ ○ ❸ ○ ❹ × ❺ ○ ❻ × ❼ ○ ❽ × ❾ ○

2 사각형의 성질

• 본문 36~37쪽

개념 12 평행사변형의 성질

개념 확인

1 답 (1) $x=47$, $y=40$ (2) $x=7$, $y=4$ (3) $x=4$, $y=6$ (4) $x=67$, $y=113$ (5) $x=120$, $y=60$ (6) $x=3$, $y=8$

(1) 평행사변형에서 두 쌍의 대변이 각각 평행하므로

$\angle DBC=\angle ADB=47^\circ$ (엇각) $\therefore x=47$

$\angle ACD=\angle BAC=40^\circ$ (엇각) $\therefore y=40$

(2) 평행사변형에서 두 쌍의 대변의 길이가 각각 같으므로

$x=\overline{BC}=7$

$y=\overline{DC}=4$

(3) 평행사변형에서 두 쌍의 대변의 길이가 각각 같으므로

$\overline{AD}=\overline{BC}$에서 $2x=8$ $\therefore x=4$

$y=\overline{AB}=6$

(4) 평행사변형에서 두 쌍의 대각의 크기가 각각 같으므로

$\angle B=\angle D=67^\circ$ $\therefore x=67$

$\angle C=\angle A=113^\circ$ $\therefore y=113$

(5) 평행사변형에서 이웃하는 두 내각의 크기의 합은 180°이므로

$\angle A+60^\circ=180^\circ$, $\angle A=120^\circ$ $\therefore x=120$

평행사변형에서 두 쌍의 대각의 크기가 각각 같으므로

$\angle B=\angle D=60^\circ$ $\therefore y=60$

(6) 평행사변형에서 두 대각선은 서로 다른 것을 이등분하므로

$x=3$, $y=2\times4=8$

2 답 (1) ○ (2) ○ (3) × (4) ○ (5) ○ (6) ×

(1) 평행사변형에서 두 쌍의 대변의 길이는 각각 같다.

(2) 평행사변형에서 두 쌍의 대각의 크기는 각각 같다.

(4) 평행사변형에서 두 대각선은 서로 다른 것을 이등분한다.

(5) 평행사변형에서 이웃하는 두 내각의 크기의 합은 180°이다.

교과서 문제로 개념다지기

1 답 100°

$\overline{AD}/\!/\overline{BC}$이므로 $\angle ACB=\angle DAC=50^\circ$ (엇각)

따라서 $\triangle OBC$에서

$\angle x=180^\circ-(30^\circ+50^\circ)=100^\circ$

2 답 $x=10$, $y=115$

$\overline{DC}=\overline{AB}=10\,cm$ $\therefore x=10$

$65^\circ+\angle C=180^\circ$이므로

$\angle C=115^\circ$ $\therefore y=115$

해설 꼭 확인

y의 값 구하기

(×) → $\angle C=\angle B=65^\circ$ $\therefore y=65$

(○) → $65^\circ+\angle C=180^\circ$이므로 $\angle C=115^\circ$ $\therefore y=115$

➡ 평행사변형에서 크기가 같은 각은 마주 보는 각이야. 마주 보는 각과 이웃하는 각을 헷갈리지 않도록 주의해야 해!

3 답 5

$\overline{AD}=\overline{BC}$이므로 $4x-3=9$, $4x=12$ $\therefore x=3$

$\overline{OA}=\overline{OC}$이므로 $2y+1=5$, $2y=4$ $\therefore y=2$

$\therefore x+y=3+2=5$

4 답 5 cm

$\overline{DC}=\overline{AB}=6\,cm$이고 $\overline{AD}=\overline{BC}$이므로

$2\times6+2\overline{BC}=22$, $2\overline{BC}=10$ $\therefore \overline{BC}=5(cm)$

5 답 $\angle x=70^\circ$, $\angle y=60^\circ$

$110^\circ+\angle x=180^\circ$이므로 $\angle x=70^\circ$

$\angle B=\angle D=70^\circ$이므로

$\triangle ABE$에서 $\angle y=180^\circ-(70^\circ+50^\circ)=60^\circ$

다른 풀이

$110^\circ+\angle x=180^\circ$이므로 $\angle x=70^\circ$

$\overline{AD}/\!/\overline{BC}$이므로 $\angle DAE=\angle AEB=50^\circ$ (엇각)

$\angle BAD=\angle C=110^\circ$이므로

$\angle y=110^\circ-50^\circ=60^\circ$

6 답 3 cm

$\overline{AD}/\!/\overline{BC}$이므로 $\angle BEA=\angle DAE$ (엇각)

$\therefore \angle BAE=\angle BEA$

즉, $\triangle ABE$는 $\overline{BA}=\overline{BE}$인 이등변삼각형이므로

$\overline{BE}=\overline{BA}=5\,cm$

이때 $\overline{BC}=\overline{AD}=8\,cm$이므로

$\overline{EC}=\overline{BC}-\overline{BE}=8-5=3(cm)$

7 답 21 cm

$\overline{BC}=\overline{AD}=9\,cm$

$\overline{OB}=\frac{1}{2}\overline{BD}$, $\overline{OC}=\frac{1}{2}\overline{AC}$이므로

$\overline{OB}+\overline{OC}=\frac{1}{2}\overline{BD}+\frac{1}{2}\overline{AC}=\frac{1}{2}(\overline{BD}+\overline{AC})$

$=\frac{1}{2}\times24=12(cm)$

$\therefore$ ($\triangle OBC$의 둘레의 길이)$=\overline{BC}+\overline{OB}+\overline{OC}$

$=9+12=21(cm)$

▶ 문제 속 개념 도출

답 ① 대변 ② 이등분

• 본문 38~39쪽

개념 13 평행사변형이 되는 조건

개념 확인

1 답 (1) $\overline{DC}$, $\overline{BC}$ (2) $\overline{DC}$, $\overline{BC}$ (3) $\angle BCD$, $\angle ADC$
(4) $\overline{OC}$, $\overline{OD}$ (5) $\overline{DC}$, $\overline{DC}$

2 답 (1) ○ (2) × (3) ○ (4) ○ (5) × (6) ○

(1) 두 쌍의 대변의 길이가 각각 같으므로 평행사변형이다.

(3) $\angle C=360°-(115°+65°+65°)=115°$

즉, 두 쌍의 대각의 크기가 각각 같으므로 평행사변형이다.

(4) 두 대각선이 서로 다른 것을 이등분하므로 평행사변형이다.

(6) 한 쌍의 대변이 평행하고 그 길이가 같으므로 평행사변형이다.

교과서 문제로 개념 다지기

1 답 ⑤

① 엇각의 크기가 같으므로 두 쌍의 대변이 각각 평행하다.
즉, 평행사변형이다.

② 두 대각선이 서로 다른 것을 이등분하므로 평행사변형이다.

③ 두 쌍의 대각의 크기가 각각 같으므로 평행사변형이다.

④ 두 쌍의 대변의 길이가 각각 같으므로 평행사변형이다.

⑤ 길이가 같은 한 쌍의 대변이 평행한지 알 수 없으므로 평행사변형이라 할 수 없다.

따라서 평행사변형이 아닌 것은 ⑤이다.

2 답 (1) $x=38$, $y=46$ (2) $x=5$, $y=4$ (3) $x=110$, $y=70$
(4) $x=3$, $y=4$ (5) $x=70$, $y=8$

(1) $\overline{AD}/\!/\overline{BC}$, $\overline{AB}/\!/\overline{DC}$이어야 하므로

$\angle DAC=\angle ACB=38°$ (엇각)

$\therefore x=38$

$\angle BDC=\angle ABD=46°$ (엇각)

$\therefore y=46$

(2) $\overline{AB}=\overline{DC}$, $\overline{AD}=\overline{BC}$이어야 하므로

$x+1=6$ $\quad\therefore x=5$

$2y+2=10$

$2y=8$ $\quad\therefore y=4$

(3) $\angle A=\angle C$, $\angle B=\angle D$이어야 하므로

$\angle A=\angle C=110°$

$\therefore x=110$

$\angle A+\angle B=180°$에서

$\angle B=180°-110°=70°$

$\therefore y=70$

(4) $\overline{OA}=\overline{OC}$, $\overline{OB}=\overline{OD}$이어야 하므로

$7=2x+1$

$2x=6$ $\quad\therefore x=3$

$3y-2=10$

$3y=12$ $\quad\therefore y=4$

(5) $\overline{AB}/\!/\overline{DC}$, $\overline{AB}=\overline{DC}$이어야 하므로

$\angle ACD=\angle BAC=70°$(엇각)

$\therefore x=70$

또 $y=\overline{DC}=8$

3 답 ⑤

① $\angle A\neq\angle C$이므로 평행사변형이 아니다.

② $\overline{AB}=\overline{DC}$ 또는 $\overline{AD}/\!/\overline{BC}$인지 알 수 없으므로 평행사변형이라 할 수 없다.

③ $\overline{AB}\neq\overline{DC}$, $\overline{AD}\neq\overline{BC}$이므로 평행사변형이 아니다.

④ $\overline{OA}\neq\overline{OC}$, $\overline{OB}\neq\overline{OD}$이므로 평행사변형이 아니다.

⑤ $\angle DAC=\angle BCA=40°$이므로 $\overline{AD}/\!/\overline{BC}$
즉, 한 쌍의 대변이 평행하고 그 길이가 같으므로 평행사변형이다.

따라서 □ABCD가 평행사변형인 것은 ⑤이다.

해설 꼭 확인

② $\overline{AB}/\!/\overline{DC}$, $\overline{AD}=\overline{BC}=3$ cm일 때, 평행사변형인지 확인하기

(×) 한 쌍의 대변이 평행하고, 한 쌍의 대변의 길이가 같으므로 평행사변형이다.

(○) 한 쌍의 대변이 평행하지만 다른 한 쌍의 대변의 길이가 같으므로 평행사변형이 아니다.

➡ **한 쌍의 대변이 평행하고 그 길이가 같아야 평행사변형이야. 평행한 대변이 아닌 다른 한 쌍의 대변의 길이가 같으면 평행사변형이 아니야!**

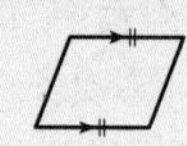

평행사변형이다. 평행사변형이 아니다.

4 답 한 쌍의 대변이 평행하고 그 길이가 같다.

$\overline{AB}/\!/\overline{DC}$이므로 $\overline{MB}/\!/\overline{DN}$

또 $\overline{AB}=\overline{DC}$이므로

$\overline{MB}=\frac{1}{2}\overline{AB}=\frac{1}{2}\overline{DC}=\overline{DN}$

따라서 한 쌍의 대변이 평행하고 그 길이가 같으므로 □MBND는 평행사변형이다.

▶ 문제 속 개념 도출

답 ① 평행사변형

• 본문 40~41쪽

개념 14 평행사변형과 넓이

개념 확인

1 답 (1) 18 (2) 9 (3) 18

(1) $\triangle ABC=\frac{1}{2}\square ABCD=\frac{1}{2}\times 36=18$

(2) $\triangle OBC=\frac{1}{4}\square ABCD=\frac{1}{4}\times 36=9$

(3) $\triangle ABO=\triangle CDO=\frac{1}{4}\square ABCD=\frac{1}{4}\times 36=9$

$\therefore \triangle ABO+\triangle CDO=9+9=18$

2 답 (1) 12 (2) 10 (3) 8

(1) $\triangle BCD=\frac{1}{2}\square ABCD=\frac{1}{2}\times 24=12$

(2) $\triangle ABO=\frac{1}{4}\square ABCD=\frac{1}{4}\times 40=10$

(3) $\triangle CDO=\frac{1}{4}\square ABCD=\frac{1}{2}\triangle ABC=\frac{1}{2}\times 16=8$

3 답 (1) 풀이 참조 (2) 30 (3) 30 (4) 같다.

(1)

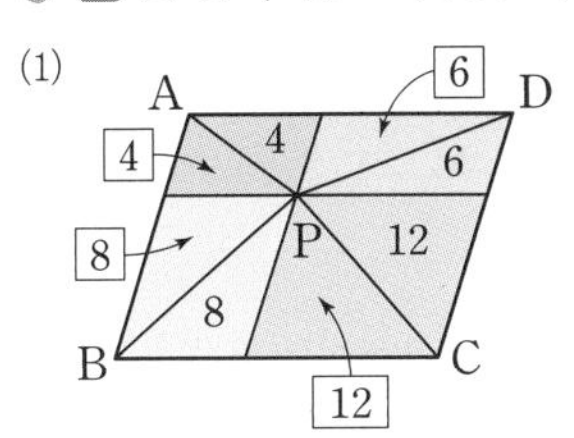

(2) $\triangle PAB+\triangle PCD=(4+8)+(6+12)=30$

(3) $\triangle PDA+\triangle PBC=(4+6)+(8+12)=30$

교과서 문제로 개념 다지기

1 답 $18\,cm^2$

$\triangle ABC=\frac{1}{2}\square ABCD$, $\triangle DBC=\frac{1}{2}\square ABCD$이므로

$\triangle ABC=\triangle DBC=18\,cm^2$

2 답 ④

①, ③, ⑤ $\triangle OAB=\triangle OBC=\triangle OCD=\triangle ODA$

$=\frac{1}{4}\square ABCD$

② $\triangle ODA$와 $\triangle OBC$에서

$\angle ODA=\angle OBC$ (엇각), $\overline{DA}=\overline{BC}$,

$\angle OAD=\angle OCB$ (엇각)이므로

$\triangle ODA\equiv\triangle OBC$ (ASA 합동)

따라서 옳지 않은 것은 ④이다.

3 답 $48\,cm^2$

$\square ABCD=4\triangle OCD=4\times 12=48(cm^2)$

4 답 $35\,cm^2$

$\triangle PAB+\triangle PCD=\frac{1}{2}\square ABCD=\frac{1}{2}\times 70=35(cm^2)$

5 답 (1) $12\,cm^2$ (2) $48\,cm^2$

(1) $\triangle BCD=2\triangle AOD=2\times 6=12(cm^2)$

(2) $\overline{BC}=\overline{CE}$, $\overline{DC}=\overline{CF}$이므로 $\square BFED$는 평행사변형이다.

$\therefore \square BFED=4\triangle BCD=4\times 12=48(cm^2)$

6 답 ㄷ

ㄱ. $\triangle ABC=\triangle CDA=\frac{1}{2}\square ABCD$

ㄴ. $\triangle ABD=\triangle CDB=\frac{1}{2}\square ABCD$

ㄹ. 오른쪽 그림과 같이 $\overline{AD}$, $\overline{BC}$의 중점을 각각 M, N이라 하면

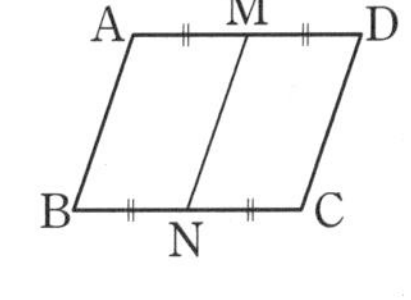

$\square ABNM=\square MNCD$

$=\frac{1}{2}\square ABCD$

따라서 케이크를 똑같이 둘로 자르는 방법으로 옳지 않은 것은 ㄷ이다.

• 본문 42~43쪽

개념 15 직사각형의 성질

개념 확인

1 답 (1) 8 (2) 6 (3) 29 (4) 57

(1) $x=\overline{BD}=8$

(2) $x=\overline{AC}=2\overline{OC}=2\times 3=6$

(3) $\triangle ODA$에서 $\overline{OA}=\overline{OD}$이므로

$\angle OAD=\angle ODA=29^\circ$ $\quad\therefore x=29$

(4) $\angle ADC=90^\circ$이므로 $\angle ODC=90^\circ-33^\circ=57^\circ$

$\triangle OCD$에서 $\overline{OC}=\overline{OD}$이므로

$\angle OCD=\angle ODC=57^\circ$ $\quad\therefore x=57$

2 답 (1) 90 (2) $\overline{BD}$ (3) ABC, ADC

3 답 (1) × (2) × (3) ○

(3) $\overline{OA}=\overline{OC}$, $\overline{OB}=\overline{OD}$에서 $\overline{OA}=\overline{OB}$이면

$\overline{OA}=\overline{OB}=\overline{OC}=\overline{OD}$ $\quad\therefore \overline{AC}=\overline{BD}$

따라서 두 대각선의 길이가 같으므로 평행사변형 ABCD는 직사각형이 된다.

교과서 문제로 개념 다지기

1 답 40

$\overline{OA}=\overline{OB}$이므로 $4x-3=3x+2$ $\quad\therefore x=5$

$\angle ABC=90^\circ$이므로 $\angle OBC=90^\circ-55^\circ=35^\circ$

$\triangle OBC$에서 $\overline{OB}=\overline{OC}$이므로

$\angle OCB=\angle OBC=35^\circ$ $\quad\therefore y=35$

$\therefore x+y=5+35=40$

2 답 50

$\overline{BD}=\overline{AC}=2\overline{AO}=2\times5=10(\text{cm})$ $\quad\therefore x=10$

$\triangle ABO$에서 $\overline{OA}=\overline{OB}$이므로

$\angle ABO=\angle BAO=60^\circ$

$\therefore \angle AOB=180^\circ-(60^\circ+60^\circ)=60^\circ$

이때 $\angle DOC=\angle AOB=60^\circ$ (맞꼭지각) $\quad\therefore y=60$

$\therefore y-x=60-10=50$

3 답 24 cm

$\overline{OA}=\overline{OB}=\frac{1}{2}\overline{AC}=\frac{15}{2}(\text{cm})$

$\therefore$ ($\triangle ABO$의 둘레의 길이)$=\overline{AB}+\overline{BO}+\overline{OA}$

$=9+\frac{15}{2}+\frac{15}{2}=24(\text{cm})$

4 답 ㄱ, ㄷ

ㄱ, ㄷ. 한 내각이 직각이거나 두 대각선의 길이가 같으면 평행사변형이 직사각형이 된다.

5 답 (1) 10 cm (2) $25\pi\text{ cm}^2$

(1) $\overline{BD}=\overline{AC}=10\text{ cm}$

따라서 사분원의 반지름의 길이는 10 cm이다.

(2) (사분원의 넓이)$=\frac{1}{4}\times\pi\times10^2=25\pi(\text{cm}^2)$

▶ 문제 속 개념 도출

답 ① 같다 ② πr^2

• 본문 44~45쪽

개념 16 마름모의 성질

개념 확인

1 답 (1) 11 (2) 6 (3) 90 (4) 49

(1) $x=\overline{AB}=11$

(2) $x=\overline{OB}=6$

(3) $\overline{AC}\perp\overline{BD}$이므로

$\angle AOB=90^\circ$ $\quad\therefore x=90$

(4) $\triangle ABC$에서 $\overline{BA}=\overline{BC}$이므로

$\angle BCA=\angle BAC=41^\circ$

$\overline{AC}\perp\overline{BD}$이므로 $\angle BOC=90^\circ$

$\triangle OBC$에서

$\angle OBC=180^\circ-(90^\circ+41^\circ)=49^\circ$

$\therefore x=49$

2 답 (1) 9 (2) 90 (3) 65

(3) $\angle AOB=90^\circ$이어야 하므로 $\triangle ABO$에서

$\angle BAO=180^\circ-(90^\circ+25^\circ)=65^\circ$

3 답 (1) ○ (2) × (3) × (4) ○

(2) $\angle ABC+\angle BCD=180^\circ$이므로

$\angle ABC=\angle BCD=90^\circ$

따라서 평행사변형 ABCD는 직사각형이 된다.

(3) 두 대각선의 길이가 같으면 평행사변형 ABCD는 직사각형이 된다.

교과서 문제로 개념 다지기

1 답 ②

① 네 변의 길이가 모두 같으므로 $\overline{AB}=\overline{DC}$

② 두 대각선은 서로 다른 것을 수직이등분하지만 두 대각선의 길이가 항상 같은 것은 아니므로 $\overline{OA}=\overline{OD}$인지 알 수 없다.

③ 두 쌍의 대변의 길이가 각각 같으므로 평행사변형이다.
즉, $\overline{AB}/\!/\overline{DC}$

④ 두 대각선은 서로 다른 것을 수직이등분하므로
$\overline{AC}\perp\overline{BD}$

⑤ $\triangle ABO$와 $\triangle CBO$에서
$\overline{AB}=\overline{CB}$, $\overline{OA}=\overline{OC}$, $\overline{OB}$는 공통이므로
$\triangle ABO\equiv\triangle CBO$ (SSS 합동)
$\therefore \angle ABO=\angle CBO$

따라서 옳지 않은 것은 ②이다.

해설 꼭 확인

② 마름모 ABCD에서 $\overline{OA}=\overline{OD}$인지 확인하기

(×) 두 대각선은 서로 다른 것을 수직이등분하므로
$\overline{OA}=\overline{OB}=\overline{OC}=\overline{OD}$, 즉 $\overline{OA}=\overline{OD}$

(○) $\overline{OA}=\overline{OC}$, $\overline{OB}=\overline{OD}$이지만 두 대각선의 길이가 항상 같은 것은 아니므로 $\overline{OA}=\overline{OD}$인지 알 수 없다.

➡ 마름모의 두 대각선의 길이가 항상 같은 것은 아니므로 대각선을 이등분한 모든 선분의 길이가 같은 것은 아니야!

2 답 76

$\overline{AD}=\overline{AB}=10\,cm$

$\therefore x=10$

$\triangle OCD$에서 $\angle COD=90°$이므로

$\angle DCO=180°-(90°+24°)=66°$

이때 $\triangle ACD$에서 $\overline{DA}=\overline{DC}$이므로

$\angle DAC=\angle DCA=66°$

$\therefore y=66$

$\therefore x+y=10+66=76$

3 답 39

$\overline{AB}=\overline{DC}$이므로

$2x+1=3x-11 \qquad \therefore x=12$

이때 $\overline{AB}=\overline{AD}$이어야 하므로

$2x+1=x+4y$

$25=12+4y,\ 4y=13$

$\therefore y=\frac{13}{4}$

$\therefore xy=12\times\frac{13}{4}=39$

4 답 ④

①, ② 이웃하는 두 변의 길이가 같으므로 평행사변형 ABCD는 마름모가 된다.

③ 두 대각선이 직교하므로 평행사변형 ABCD는 마름모가 된다.

⑤ $\angle CBD=\angle CDB$이면 $\overline{CB}=\overline{CD}$
즉, 이웃하는 두 변의 길이가 같으므로 평행사변형 ABCD는 마름모가 된다.

따라서 마름모가 되는 조건이 아닌 것은 ④이다.

5 답 (1) 20° (2) 70°

(1) $\triangle CDB$에서
$\overline{CB}=\overline{CD}$이므로
$\angle CDB=\frac{1}{2}\times(180°-140°)=20°$

(2) $\triangle FED$에서
$\angle DFE=180°-(90°+20°)=70°$
$\therefore \angle x=\angle DFE=70°$ (맞꼭지각)

6 답 55°

$\triangle CEP$에서

$\angle ECP=180°-(90°+35°)=55°$

$\therefore \angle ACD=\angle ECP=55°$ (맞꼭지각)

$\overline{AB}/\!/\overline{DC}$이므로 $\angle x=\angle ACD=55°$ (엇각)

▶ 문제 속 개념 도출

답 ① 평행사변형 ② 평행

• 본문 46~47쪽

개념 17 정사각형의 성질

개념 확인

1 답 (1) $x=6,\ y=90$ (2) $x=2,\ y=90$ (3) $x=10,\ y=45$

(1) $x=\overline{BC}=6$
$\overline{AC}\perp\overline{BD}$이므로 $\angle AOD=90° \qquad \therefore y=90$

(2) $x=\overline{OA}=2$
$\overline{AC}\perp\overline{BD}$이므로 $\angle DOC=90° \qquad \therefore y=90$

(3) $x=\overline{BD}=2\overline{OD}=2\times5=10$
$\triangle OBC$에서 $\overline{OB}=\overline{OC}$이므로
$\angle OBC=\frac{1}{2}\times(180°-90°)=45° \qquad \therefore y=45$

2 답 (1) ○ (2) × (3) ○ (4) ×

(1) 이웃하는 두 변의 길이가 같으므로 직사각형 ABCD는 정사각형이 된다.

(3) $\angle AOB=90°$이면 $\overline{AC}\perp\overline{BD}$이므로 직사각형 ABCD는 정사각형이 된다.

3 답 (1) × (2) ○ (3) ○ (4) ×

(2) $\angle BAD+\angle ABC=180°$이므로 $\angle BAD=\angle ABC$이면
$\angle BAD=\angle ABC=90°$
따라서 마름모 ABCD는 정사각형이 된다.

(3) $\overline{OA}=\overline{OC},\ \overline{OB}=\overline{OD}$이므로 $\overline{OA}=\overline{OD}$이면
$\overline{OA}=\overline{OB}=\overline{OC}=\overline{OD} \qquad \therefore \overline{AC}=\overline{BD}$
따라서 마름모 ABCD는 정사각형이 된다.

교과서 문제로 개념 다지기

1 답 80°

$\triangle ABD$에서 $\overline{AB}=\overline{AD}$이므로

$\angle ADB=\frac{1}{2}\times(180°-90°)=45°$

따라서 $\triangle AED$에서

$\angle x=35°+45°=80°$

2 답 36°

$\overline{AB}=\overline{AD},\ \overline{AD}=\overline{AE}$이므로

$\triangle ABE$에서 $\overline{AB}=\overline{AE}$

즉, $\angle AEB=\angle ABE=27°$이므로

$\angle EAB=180°-(27°+27°)=126°$

$\therefore \angle EAD=\angle EAB-\angle DAB=126°-90°=36°$

3 답 (1) ○ (2) × (3) ○ (4) × (5) ○ (6) ×

(1) $\overline{AC}=\overline{BD}$이면 평행사변형 ABCD는 직사각형이 된다.
이때 $\overline{AC}\perp\overline{BD}$이면 직사각형 ABCD는 정사각형이 된다.

(2) 평행사변형 ABCD가 직사각형이 되는 조건이다.

(3) $\overline{AB}=\overline{BC}$이면 평행사변형 ABCD는 마름모가 된다.
이때 $\overline{AC}=\overline{BD}$이면 마름모 ABCD는 정사각형이 된다.

(4) 평행사변형 ABCD가 마름모가 되는 조건이다.

(5) $\angle BAD=\angle ABC$이면 평행사변형 ABCD는 직사각형이 된다.
이때 $\overline{BC}=\overline{CD}$이면 직사각형 ABCD는 정사각형이 된다.

(6) 평행사변형 ABCD가 직사각형이 되는 조건이다.

| **참고** | 평행사변형이 직사각형이 되는 조건과 마름모가 되는 조건을 모두 만족시키면 정사각형이 된다.

4 답 (1) $\triangle CED$ (2) 32° (3) 58°

(1) $\triangle AED$와 $\triangle CED$에서
$\overline{AD}=\overline{CD}$, $\angle ADE=\angle CDE$, $\overline{DE}$는 공통이므로
$\triangle AED\equiv\triangle CED$ (SAS 합동)

(2) $\triangle AED\equiv\triangle CED$이므로
$\angle DCE=\angle DAE=32^\circ$

(3) $\angle DCB=90^\circ$이므로
$\angle x=90^\circ-32^\circ=58^\circ$

5 답 (1) 38.8 m (2) 45°

(1) $\overline{BD}=\overline{AC}=2\overline{OA}=2\times19.4=38.8$(m)

(2) $\triangle OAB$에서 $\angle AOB=90^\circ$이고 $\overline{OA}=\overline{OB}$이므로
$\angle OAB=\frac{1}{2}\times(180^\circ-90^\circ)=45^\circ$

▶ 문제 속 개념 도출

답 ① 수직이등분 ② 밑각

• 본문 48~49쪽

개념 18 등변사다리꼴의 성질

개념 확인

1 답 (1) 5 (2) 16 (3) 65 (4) 77

(1) $x=\overline{AB}=5$

(2) $x=\overline{BD}=\overline{BO}+\overline{OD}=9+7=16$

(3) $\angle B=\angle C=65^\circ$ $\quad\therefore x=65$

(4) $\angle A+\angle B=180^\circ$이므로
$\angle B=180^\circ-103^\circ=77^\circ$
이때 $\angle C=\angle B=77^\circ$ $\quad\therefore x=77$

2 답 (1) $\overline{DC}$ (2) $\overline{BD}$ (3) $\angle DCB$ (4) $\angle CDA$ (5) $\triangle ABC$ (6) $\triangle DCA$

(4) $\angle ABC=\angle DCB$이므로
$\angle BAD=180^\circ-\angle ABC=180^\circ-\angle DCB=\angle CDA$

(5) $\triangle ABC$와 $\triangle DCB$에서
$\overline{AB}=\overline{DC}$, $\angle ABC=\angle DCB$, $\overline{BC}$는 공통이므로
$\triangle ABC\equiv\triangle DCB$ (SAS 합동)

(6) $\triangle ABD$와 $\triangle DCA$에서
$\overline{AB}=\overline{DC}$, $\angle BAD=\angle CDA$, $\overline{AD}$는 공통이므로
$\triangle ABD\equiv\triangle DCA$ (SAS 합동)

교과서 문제로 개념 다지기

1 답 (1) 8 cm (2) 70°

(1) $\overline{BD}=\overline{AC}=\overline{AO}+\overline{OC}=5+3=8$(cm)

(2) $\angle DCB=\angle ABC=110^\circ$이고
$\angle ADC+\angle DCB=180^\circ$이므로
$\angle ADC=180^\circ-110^\circ=70^\circ$

2 답 ③

$\overline{AD}/\!/\overline{BC}$이므로 $\angle DBC=\angle ADB=35^\circ$ (엇각)
이때 $\angle ABC=\angle C=75^\circ$이므로
$\angle ABD=75^\circ-35^\circ=40^\circ$

3 답 87°

$\overline{AD}/\!/\overline{BC}$이므로 $\angle DAC=\angle ACB=31^\circ$ (엇각)
$\overline{DA}=\overline{DC}$이므로 $\angle DCA=\angle DAC=31^\circ$
$\triangle ABC$와 $\triangle DCB$에서
$\overline{AB}=\overline{DC}$, $\angle ABC=\angle DCB$, $\overline{BC}$는 공통이므로
$\triangle ABC\equiv\triangle DCB$ (SAS 합동)
$\therefore \angle DBC=\angle ACB=31^\circ$
따라서 $\triangle DBC$에서
$\angle x=180^\circ-(31^\circ+31^\circ+31^\circ)=87^\circ$

4 답 ⑤

① $\angle ABC=\angle DCB$이고 $\angle BAD+\angle ABC=180^\circ$이므로
$\angle BAD=180^\circ-\angle ABC=180^\circ-\angle DCB=\angle CDA$

② $\triangle ABC$와 $\triangle DCB$에서
$\overline{AB}=\overline{DC}$, $\angle ABC=\angle DCB$, $\overline{BC}$는 공통이므로
$\triangle ABC\equiv\triangle DCB$ (SAS 합동)
$\therefore \angle ACB=\angle DBC$

④ $\angle ACB=\angle DBC$이므로 $\triangle OBC$에서 $\overline{OB}=\overline{OC}$
$\therefore \overline{AO}=\overline{AC}-\overline{OC}=\overline{DB}-\overline{OB}=\overline{DO}$

따라서 옳지 않은 것은 ⑤이다.

5 답 $120°$

□ABED는 평행사변형이므로 $\overline{AD}=\overline{BE}$, $\overline{AB}=\overline{DE}$
이때 $\overline{AB}=\overline{AD}=\overline{CD}$이므로 $\overline{AB}=\overline{AD}=\overline{BE}=\overline{DE}=\overline{CD}$
또 $\overline{BC}=2\overline{AD}=2\overline{BE}$이므로 $\overline{BE}=\overline{EC}$
따라서 $\overline{DE}=\overline{EC}=\overline{CD}$에서 △DEC는 정삼각형이므로
$\angle BED=180°-60°=120°$
$\therefore \angle x=\angle BED=120°$

• 본문 50~51쪽

개념 19 여러 가지 사각형 사이의 관계

개념 확인

1 답 ①-ㄷ, ②-ㄴ, ③-ㄱ, ④-ㄱ, ⑤-ㄴ

2 답 풀이 참조

	평행사변형	직사각형	마름모	정사각형	등변사다리꼴
(1)	○	○	○	○	×
(2)	×	○	×	○	○
(3)	×	×	○	○	×

교과서 문제로 개념 다지기

1 답 ⑤

⑤ 한 내각의 크기가 $90°$이다. 또는 두 대각선의 길이가 같다.

2 답 ①, ③

두 대각선이 서로 다른 것을 수직이등분하는 사각형은
① 정사각형, ③ 마름모이다.

3 답 ①, ④

① $\angle BAD=90°$이면 □ABCD는 직사각형이다.
③ $\angle ACB=\angle DAC$이므로 $\angle ACB=\angle ACD$이면
$\angle DAC=\angle ACD$
즉, △DAC에서 $\overline{DA}=\overline{DC}$이므로 □ABCD는 마름모이다.
④ $\overline{AB}=\overline{AD}$이면 □ABCD는 마름모이다.
⑤ $\overline{AO}=\overline{BO}$이면 평행사변형 ABCD는 직사각형이고,
$\overline{AC}\perp\overline{BD}$이면 직사각형 ABCD는 정사각형이다.
즉, □ABCD는 정사각형이다.
따라서 옳지 않은 것은 ①, ④이다.

4 답 ⑤

⑤ 두 대각선의 길이가 같고, 서로 다른 것을 이등분하는 평행사변형은 직사각형이다.

5 답 ㄴ

ㄴ. 등변사다리꼴, 직사각형, 정사각형의 두 대각선의 길이는 같다.

▶ 문제 속 개념 도출

답 ① 직사각형 ② 정사각형 ③ 마름모

• 본문 52~53쪽

개념 20 평행선과 넓이

개념 확인

1 답 (1) 80 (2) 48

(1) $\triangle DBC=\triangle ABC=\frac{1}{2}\times16\times10=80$

(2) $\triangle ACD=\triangle ABD=\frac{1}{2}\times12\times8=48$

2 답 (1) △DBC (2) △ACD (3) △DOC

(3) △ABD=△ACD이므로
$\triangle ABO=\triangle ABD-\triangle AOD$
$=\triangle ACD-\triangle AOD=\triangle DOC$

3 답 (1) 3 : 4 (2) 15 (3) 20

(1) $\triangle ABP:\triangle APC=\overline{BP}:\overline{PC}=3:4$
(2) $\triangle ABP:\triangle APC=3:4$이므로
$\triangle ABP=\frac{3}{7}\triangle ABC=\frac{3}{7}\times35=15$
(3) $\triangle ABP:\triangle APC=3:4$이므로
$\triangle APC=\frac{4}{7}\triangle ABC=\frac{4}{7}\times35=20$

교과서 문제로 개념 다지기

1 답 (1) △ABD, △ACD (2) $40\,cm^2$

(1) $\overline{AD}/\!/\overline{BC}$이고 밑변이 $\overline{AD}$로 같으므로
△APD=△ABD=△ACD
(2) △APD=△ABD이므로
$□ABCD=2\triangle ABD=2\triangle APD=2\times20=40(cm^2)$

2 답 $4\,cm^2$

△DBC=△ABC이므로
$\triangle DOC=\triangle DBC-\triangle OBC$
$=\triangle ABC-\triangle OBC$
$=10-6=4(cm^2)$

3 답 $25\,cm^2$

$\triangle DBC=\triangle ABC$이므로

$\triangle DOC=\triangle DBC-\triangle OBC$
$=\triangle ABC-\triangle OBC$
$=15-9=6(cm^2)$

$\therefore \square ABCD=\triangle ABC+\triangle AOD+\triangle DOC$
$=15+4+6=25(cm^2)$

4 답 ②

$\triangle ABP:\triangle APC=\overline{BP}:\overline{PC}=2:3$이므로

$\triangle ABP=\frac{2}{5}\triangle ABC=\frac{2}{5}\times 60=24(cm^2)$

5 답 (1) $\triangle ACE$ (2) $42\,cm^2$

(1) $\overline{AC}/\!/\overline{DE}$이고 밑변이 $\overline{AC}$로 같으므로
$\triangle ACD=\triangle ACE$

(2) $\square ABCD=\triangle ABC+\triangle ACD$
$=\triangle ABC+\triangle ACE$
$=26+16=42(cm^2)$

▶ 문제 속 개념 도출

답 ① 높이

학교 시험 문제로 단원 마무리 • 본문 54~55쪽

1 답 $100°$

$\angle A+\angle B=180°$이고, $\angle A:\angle B=5:4$이므로

$\angle A=\frac{5}{9}\times 180°=100°$

$\therefore \angle C=\angle A=100°$

2 답 $6\,cm$

$\overline{AD}/\!/\overline{BC}$이므로 $\angle BEA=\angle DAE$ (엇각)

$\therefore \angle BAE=\angle BEA$

즉, $\triangle ABE$는 $\overline{BA}=\overline{BE}$인 이등변삼각형이므로

$\overline{BE}=\overline{BA}=4\,cm$

$\therefore \overline{AD}=\overline{BC}=\overline{BE}+\overline{EC}=4+2=6(cm)$

3 답 ④

① 두 쌍의 대변이 각각 평행하므로 평행사변형이다.

② 두 쌍의 대변의 길이가 각각 같으므로 평행사변형이다.

③ $\angle D=360°-(115°+65°+115°)=65°$
즉, 두 쌍의 대각의 크기가 각각 같으므로 평행사변형이다.

④ $\overline{OA}\neq\overline{OC}$, $\overline{OB}\neq\overline{OD}$이므로 평행사변형이 아니다.

⑤ 한 쌍의 대변이 평행하고 그 길이가 같으므로 평행사변형이다.

따라서 평행사변형이 되는 조건이 아닌 것은 ④이다.

4 답 $13\,cm^2$

$\triangle PAB+\triangle PCD=\triangle PDA+\triangle PBC$이므로

$10+19=\triangle PDA+16$

$\therefore \triangle PDA=13(cm^2)$

5 답 $104°$

$\triangle BCD$에서 $\overline{CB}=\overline{CD}$이므로

$\angle CDB=\angle CBD=38°$

$\triangle CDO$에서

$\angle x=180°-(90°+38°)=52°$

또 $\triangle PHD$에서

$\angle DPH=180°-(90°+38°)=52°$

$\therefore \angle y=\angle DPH=52°$ (맞꼭지각)

$\therefore \angle x+\angle y=52°+52°=104°$

6 답 ③

①, ② 평행사변형 ABCD가 마름모가 되는 조건이다.

③ $\overline{AC}\perp\overline{BD}$이면 평행사변형 ABCD는 마름모가 된다.
이때 $\overline{AO}=\overline{BO}$이면 $\overline{AC}=\overline{BD}$이므로 마름모 ABCD는 정사각형이 된다.

④, ⑤ 평행사변형 ABCD가 직사각형이 되는 조건이다.

따라서 평행사변형 ABCD가 정사각형이 되는 조건은 ③이다.

7 답 ②

② (나) 직사각형

8 답 ⑤

① $\overline{AC}/\!/\overline{DE}$이고 밑변이 $\overline{AC}$로 같으므로
$\triangle ACD=\triangle ACE$

② $\overline{AC}/\!/\overline{DE}$이고 밑변이 $\overline{DE}$로 같으므로
$\triangle AED=\triangle CED$

③ $\triangle APD=\triangle ACD-\triangle ACP$
$=\triangle ACE-\triangle ACP$
$=\triangle PCE$

④ $\square ABCD=\triangle ABC+\triangle ACD$
$=\triangle ABC+\triangle ACE$
$=\triangle ABE$

따라서 옳지 않은 것은 ⑤이다.

OX 문제로 확인하기 • 본문 56쪽

답 ❶ ○ ❷ × ❸ ○ ❹ × ❺ × ❻ ○ ❼ ○ ❽ × ❾ ○ ❿ ○

3 도형의 닮음

• 본문 58~59쪽

개념 21 닮은 도형

개념 확인

1 답 (1) 점 G (2) 점 B (3) $\overline{EF}$ (4) $\overline{AD}$ (5) $\angle H$ (6) $\angle C$

2 답 (1) $\triangle ABC \backsim \triangle DFE$ (2) 점 F (3) $\overline{AC}$ (4) $\angle D$

교과서 문제로 개념 다지기

1 답 □ABCD∽□LMNK, $\triangle EFG \backsim \triangle IHJ$, $\triangle OPQ \backsim \triangle RST$

해설 꼭 확인

□ABCD와 닮은 도형을 찾아 기호 ∽를 사용하여 나타내기

(×) → □ABCD∽□KLMN

(○) → □ABCD∽□LMNK

➡ 닮은 도형을 기호로 나타낼 때, 두 도형의 꼭짓점은 대응하는 순서대로 써야 해. 꼭짓점의 위치만 보고 쓰지 않도록 주의해야 해!

2 답 ④

점 A의 대응점은 점 G

$\overline{BC}$의 대응변은 $\overline{HE}$

$\angle H$의 대응각은 $\angle B$

3 답 ㄴ, ㄹ

ㄴ. $\overline{BC}$에 대응하는 모서리는 $\overline{FG}$이다.

ㄹ. 면 ABD에 대응하는 면은 면 EFH이다.

4 답 ㄱ, ㄷ, ㄹ, ㅇ

ㄴ. 다음 그림의 두 이등변삼각형은 닮은 도형이 아니다.

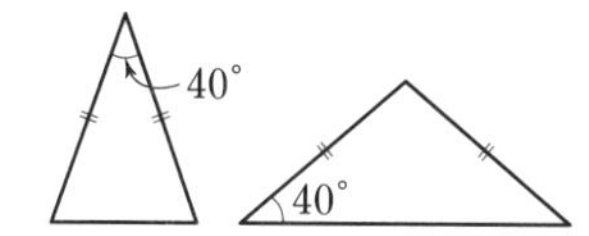

ㅁ. 다음 그림의 두 직육면체는 닮은 도형이 아니다.

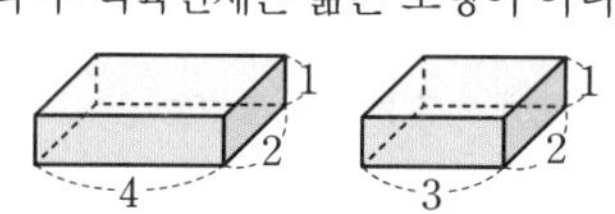

ㅂ. 다음 그림의 두 원기둥은 닮은 도형이 아니다.

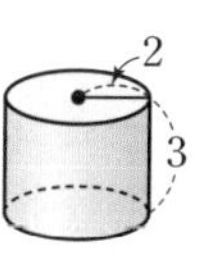

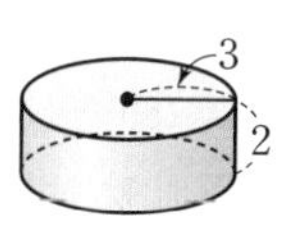

ㅅ. 다음 그림의 두 원뿔은 닮은 도형이 아니다.

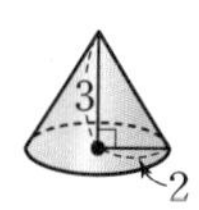

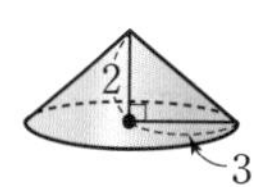

따라서 항상 닮은 도형인 것은 ㄱ, ㄷ, ㄹ, ㅇ이다.

| 참고 |

• 항상 닮음인 평면도형: 두 원, 중심각의 크기가 같은 두 부채꼴, 변의 개수가 같은 두 정다각형, 꼭지각의 크기가 같은 두 이등변삼각형

• 항상 닮음인 입체도형: 두 구, 면의 개수가 같은 두 정다면체

• 본문 60~61쪽

개념 22 평면도형에서의 닮음의 성질

개념 확인

1 답 (1) 1 : 2 (2) 12 (3) 70°

(1) $\triangle ABC$와 $\triangle DEF$의 닮음비는

$\overline{AB} : \overline{DE} = 4 : 8 = 1 : 2$

(2) $\overline{BC} : \overline{EF} = 1 : 2$에서 $6 : \overline{EF} = 1 : 2$

$\therefore \overline{EF} = 12$

(3) $\angle D = \angle A = 70°$

2 답 (1) 6 (2) 6 (3) 65° (4) 75°

(1) $\overline{AB} : \overline{EF} = 2 : 3$에서 $4 : \overline{EF} = 2 : 3$

$2\overline{EF} = 12 \quad \therefore \overline{EF} = 6$

(2) $\overline{CD} : \overline{GH} = 2 : 3$에서 $\overline{CD} : 9 = 2 : 3$

$3\overline{CD} = 18 \quad \therefore \overline{CD} = 6$

(3) $\angle F = \angle B = 65°$

(4) $\angle A = \angle E = 130°$이므로 □ABCD에서

$\angle D = 360° - (130° + 65° + 90°) = 75°$

3 답 1 : 2

두 원 O와 O′의 닮음비는 반지름의 길이의 비와 같으므로

$2 : 4 = 1 : 2$

교과서 문제로 개념 다지기

1 답 ④

□ABCD와 □EFGH의 닮음비는

$\overline{BC} : \overline{FG} = 9 : 12 = 3 : 4$

2 답 ④

① $\angle D=\angle A=85°$

② △DEF에서 $\angle F=180°-(55°+85°)=40°$

③ △ABC와 △DEF의 닮음비는

$\overline{BC}:\overline{EF}=9:6=3:2$

즉, $\overline{AB}:\overline{DE}=3:2$에서

$\overline{AB}:4=3:2$

$2\overline{AB}=12$ $\quad\therefore \overline{AB}=6(cm)$

④, ⑤ $\overline{AC}:\overline{DF}=3:2$이지만 $\overline{AC}$, $\overline{DF}$의 길이는 알 수 없다.

따라서 옳지 않은 것은 ④이다.

해설 꼭 확인

③ $\overline{AB}$의 길이 구하기

(×) → △ABC와 △DEF의 닮음비가 3 : 2이므로

$4:\overline{AB}=3:2$ $\quad\therefore \overline{AB}=\frac{8}{3}(cm)$

(○) → △ABC와 △DEF의 닮음비가 3 : 2이므로

$\overline{AB}:4=3:2$ $\quad\therefore \overline{AB}=6(cm)$

➡ 닮음비를 이용하여 비례식을 세울 때, 항을 쓰는 순서를 헷갈리지 않도록 주의해야 해!

3 답 36 cm

$\overline{AB}:\overline{DE}=2:3$에서 $6:\overline{DE}=2:3$

$2\overline{DE}=18$ $\quad\therefore \overline{DE}=9(cm)$

$\overline{AC}:\overline{DF}=2:3$에서 $8:\overline{DF}=2:3$

$2\overline{DF}=24$ $\quad\therefore \overline{DF}=12(cm)$

따라서 △DEF의 둘레의 길이는

$\overline{DE}+\overline{EF}+\overline{FD}=9+15+12=36(cm)$

4 답 (1) 9 cm (2) 18π cm

(1) 두 원 O와 O′의 닮음비가 3 : 5이므로 원 O의 반지름의 길이를 r cm라 하면

$r:15=3:5$

$5r=45$ $\quad\therefore r=9$

따라서 원 O의 반지름의 길이는 9 cm이다.

(2) 원 O의 둘레의 길이는 $2\pi\times 9=18\pi(cm)$

5 답 4 : 1

A0 용지와 A4 용지에서

(A0 용지의 가로의 길이)=4×(A4 용지의 가로의 길이)

(A0 용지의 세로의 길이)=4×(A4 용지의 세로의 길이)

따라서 A0 용지와 A4 용지의 가로, 세로의 길이의 비가 각각 4 : 1이므로 닮음비는 4 : 1이다.

▶ 문제 속 개념 도출

답 ① 대응변

• 본문 62~63쪽

개념 23 입체도형에서의 닮음의 성질

개념 확인

1 답 (1) 2 : 3 (2) 4 (3) 12

(1) 두 삼각뿔의 닮음비는

$\overline{BC}:\overline{FG}=6:9=2:3$

(2) $\overline{CD}:\overline{GH}=2:3$에서 $\overline{CD}:6=2:3$

$3\overline{CD}=12$ $\quad\therefore \overline{CD}=4$

(3) $\overline{AD}:\overline{EH}=2:3$에서 $8:\overline{EH}=2:3$

$2\overline{EH}=24$ $\quad\therefore \overline{EH}=12$

2 답 (1) 4 (2) 8 (3) 9

(1) $\overline{AB}:\overline{IJ}=3:4$에서 $3:\overline{IJ}=3:4$

$\therefore \overline{IJ}=4$

(2) $\overline{AD}:\overline{IL}=3:4$에서 $6:\overline{IL}=3:4$

$3\overline{IL}=24$ $\quad\therefore \overline{IL}=8$

(3) $\overline{BF}:\overline{JN}=3:4$에서 $\overline{BF}:12=3:4$

$4\overline{BF}=36$ $\quad\therefore \overline{BF}=9$

3 답 (1) 2 : 3 (2) 2 : 7

(1) 두 구의 닮음비는 반지름의 길이의 비와 같으므로

$6:9=2:3$

(2) 두 원뿔의 닮음비는 모선의 길이의 비와 같으므로

$4:14=2:7$

교과서 문제로 **개념 다지기**

1 답 11

$\overline{GH}=\overline{AB}=4$ cm이므로

두 직육면체의 닮음비는 $\overline{GH}:\overline{OP}=4:6=2:3$

$\overline{FG}:\overline{NO}=2:3$에서 $x:3=2:3$ $\quad\therefore x=2$

$\overline{DH}:\overline{LP}=2:3$에서 $6:y=2:3$, $2y=18$ $\quad\therefore y=9$

$\therefore x+y=2+9=11$

2 답 ⑤

① △BCD에 대응하는 면은 △FGH이므로 △BCD∽△FGH

② 두 삼각뿔의 닮음비는 $\overline{CD}:\overline{GH}=3:6=1:2$

$\therefore \overline{AC}:\overline{EG}=1:2$

③ $\overline{BC}:\overline{FG}=1:2$에서 $\overline{BC}:8=1:2$

$2\overline{BC}=8$ $\quad\therefore \overline{BC}=4(cm)$

④ $\overline{AB}:\overline{EF}=1:2$에서 $5:\overline{EF}=1:2$

$\therefore \overline{EF}=10(cm)$

⑤ $\overline{BD}$에 대응하는 모서리는 $\overline{FH}$, $\overline{BC}$에 대응하는 모서리는 $\overline{FG}$이므로

$\overline{BD}:\overline{FH}=\overline{BC}:\overline{FG}$

따라서 옳지 않은 것은 ⑤이다.

3 답 (1) 5 cm (2) 375π cm^3

(1) 두 원기둥 A와 B의 닮음비는 높이의 비와 같으므로

$12:15=4:5$

원기둥 B의 밑면의 반지름의 길이를 r cm라 하면

$4:r=4:5$ $\quad\therefore r=5$

따라서 원기둥 B의 반지름의 길이는 5 cm이다.

(2) 원기둥 B의 부피는 $\pi\times5^2\times15=375\pi(\text{cm}^3)$

4 답 96 cm

정육면체 B의 한 모서리의 길이를 x cm라 하면

두 정육면체 A와 B의 닮음비는 1 : 2이므로

$4:x=1:2$ $\quad\therefore x=8$

즉, 정육면체 B의 한 모서리의 길이는 8 cm이다.

따라서 정육면체 B의 모든 모서리의 길이의 합은

$8\times12=96(\text{cm})$

5 답 15 cm

물을 채운 부분의 작은 원뿔과 전체 그릇의 큰 원뿔은 서로 닮은 도형이고 그릇 높이의 $\frac{1}{3}$만큼 물을 채웠으므로 두 원뿔의 닮음비는

$\frac{1}{3}:1=1:3$

그릇의 높이를 x cm라 하면

$5:x=1:3$ $\quad\therefore x=15$

따라서 그릇의 높이는 15 cm이다.

▶ 문제 속 개념 도출

답 ① 닮음비

• 본문 64~65쪽

개념 24 닮은 도형의 넓이의 비와 부피의 비

개념 확인

1 답 (1) 3 : 4 (2) 3 : 4 (3) 9 : 16 (4) 48

(1) $\overline{BC}:\overline{FG}=6:8=3:4$

(2) 닮음비가 3 : 4이므로 둘레의 길이의 비는 3 : 4

(3) 닮음비가 3 : 4이므로 넓이의 비는 $3^2:4^2=9:16$

(4) 넓이의 비가 9 : 16이므로

$27:\square EFGH=9:16$, $9\square EFGH=432$

$\therefore \square EFGH=48$

2 답 (1) 5 : 3 (2) 25 : 9 (3) 125 : 27 (4) 72 (5) 500

(1) 두 원기둥의 닮음비는 두 원기둥의 높이의 비와 같으므로

5 : 3

(2) 닮음비가 5 : 3이므로

겉넓이의 비는 $5^2:3^2=25:9$

(3) 닮음비가 5 : 3이므로

부피의 비는 $5^3:3^3=125:27$

(4) 겉넓이의 비가 25 : 9이므로 원기둥 B의 겉넓이를 x라 하면

$200:x=25:9$

$25x=1800$ $\quad\therefore x=72$

따라서 원기둥 B의 겉넓이는 72이다.

(5) 부피의 비가 125 : 27이므로 원기둥 A의 부피를 y라 하면

$y:108=125:27$

$27y=13500$ $\quad\therefore y=500$

따라서 원기둥 A의 부피는 500이다.

교과서 문제로 개념 다지기

1 답 32 cm^2

△ABC와 △DEF의 닮음비가

$\overline{BC}:\overline{EF}=4:8=1:2$이므로

넓이의 비는 $1^2:2^2=1:4$

즉, $8:\triangle DEF=1:4$이므로

$\triangle DEF=32(\text{cm}^2)$

2 답 6 cm

□ABCD와 □EFGH의 넓이의 비가

$4:9=2^2:3^2$이므로

닮음비는 2 : 3

$\overline{BC}:\overline{FG}=2:3$에서 $\overline{BC}:9=2:3$

$3\overline{BC}=18$ $\quad\therefore \overline{BC}=6(\text{cm})$

3 답 243 cm^3

□BFGC와 □JNOK의 넓이의 비가

$36:81=4:9=2^2:3^2$이므로

두 직육면체의 닮음비는 2 : 3

즉, 부피의 비는 $2^3:3^3=8:27$이므로

큰 직육면체의 부피를 x cm^{3}라 하면

$72:x=8:27$

$8x=1944$ $\quad\therefore x=243$

따라서 큰 직육면체의 부피는 243 cm^{3}이다.

4 답 (1) $144\pi\,\text{cm}^2$ (2) $288\pi\,\text{cm}^3$

(1) 두 구 O와 O′의 닮음비가 1 : 2이므로
겉넓이의 비는 $1^2 : 2^2 = 1 : 4$
즉, 구 O′의 겉넓이를 $x\,\text{cm}^2$라 하면
$36\pi : x = 1 : 4$ $\quad\therefore x = 144\pi$
따라서 구 O′의 겉넓이는 $144\pi\,\text{cm}^2$이다.

(2) 두 구 O와 O′의 닮음비가 1 : 2이므로
부피의 비는 $1^3 : 2^3 = 1 : 8$
즉, 구 O′의 부피를 $y\,\text{cm}^3$라 하면
$36\pi : y = 1 : 8$ $\quad\therefore y = 288\pi$
따라서 구 O′의 부피는 $288\pi\,\text{cm}^3$이다.

5 답 음료 B 1개

두 음료 A와 B의 닮음비가 4 : 6 = 2 : 3이므로
부피의 비는 $2^3 : 3^3 = 8 : 27$
즉, 음료 A 3개와 음료 B 1개의 부피의 비는
$(8\times3) : (27\times1) = 24 : 27$
따라서 음료 B 1개의 양이 더 많다.

▶ 문제 속 개념 도출

답 ① $m^3 : n^3$

• 본문 66~67쪽

개념 25 삼각형의 닮음 조건

개념 확인

1 답 (1) 1, 2, 1, 2, $\overline{DF}$, 12, 1, 2, △DEF, SSS
(2) $\overline{DE}$, 6, 3, 2, $\overline{BC}$, 12, 3, 2, E, 50°, △DEF, SAS
(3) 30°, F, 70°, △DEF, AA

(3) △DEF에서
$\angle F = 180° - (80° + 30°) = 70°$

교과서 문제로 개념 다지기

1 답 (1) 닮은 도형, △ABC∽△EDF (SSS 닮음)
(2) 닮은 도형, △ABC∽△EDF (SAS 닮음)
(3) 닮은 도형, △ABC∽△EFD (AA 닮음)

(1) △ABC와 △EDF에서
$\overline{AB} : \overline{ED} = 3 : 6 = 1 : 2$, $\overline{BC} : \overline{DF} = 4 : 8 = 1 : 2$,
$\overline{AC} : \overline{EF} = 5 : 10 = 1 : 2$
∴ △ABC∽△EDF (SSS 닮음)

(2) △ABC와 △EDF에서
$\overline{AB} : \overline{ED} = 8 : 4 = 2 : 1$, $\overline{AC} : \overline{EF} = 6 : 3 = 2 : 1$,
$\angle A = \angle E = 80°$
∴ △ABC∽△EDF (SAS 닮음)

(3) △ABC와 △EFD에서
$\angle A = \angle E = 180° - (70° + 50°) = 60°$, $\angle B = \angle F = 50°$
∴ △ABC∽△EFD (AA 닮음)

2 답 ④

△ABC와 △QPR에서
$\overline{AB} : \overline{QP} = 12 : 4 = 3 : 1$, $\overline{BC} : \overline{PR} = 9 : 3 = 3 : 1$,
$\overline{AC} : \overline{QR} = 6 : 2 = 3 : 1$
∴ △ABC∽△QPR (SSS 닮음)
△DEF와 △MON에서
$\angle E = \angle O = 180° - (80° + 70°) = 30°$, $\angle F = \angle N = 70°$
∴ △DEF∽△MON (AA 닮음)
△GHI와 △KJL에서
$\overline{GH} : \overline{KJ} = 4 : 2 = 2 : 1$, $\overline{HI} : \overline{JL} = 3 : 1.5 = 2 : 1$,
$\angle H = \angle J = 30°$
∴ △GHI∽△KJL (SAS 닮음)
따라서 서로 닮은 삼각형을 바르게 나타낸 것은 ④이다.

3 답 ⑤

⑤ △ABC에서 $\angle B = 180° - (120° + 25°) = 35°$
△ABC와 △DEF에서
$\angle A = \angle D = 25°$, $\angle B = \angle E = 35°$
∴ △ABC∽△DEF (AA 닮음)

4 답 은지, 민성

△ABC에서 $\angle C = 180° - (80° + 50°) = 50°$이므로
△ABC는 $\overline{AC} = \overline{AB} = 6\,\text{cm}$인 이등변삼각형이다.
은지: $\overline{DF} = 9\,\text{cm}$이면 △ABC와 △FDE에서
$\overline{AB} : \overline{FD} = 6 : 9 = 2 : 3$, $\overline{AC} : \overline{FE} = 6 : 9 = 2 : 3$,
$\angle A = \angle F = 80°$
∴ △ABC∽△FDE (SAS 닮음)
도윤: $\overline{DE}$의 길이를 몇 cm로 만들어야 하는지 알 수 없다.
민성: $\angle H = 80°$이면 △ABC와 △HIG에서
$\overline{AB} : \overline{HI} = 6 : 12 = 1 : 2$, $\overline{AC} : \overline{HG} = 6 : 12 = 1 : 2$,
$\angle A = \angle H = 80°$
∴ △ABC∽△HIG (SAS 닮음)
서진: △GHI는 $\overline{HI} = \overline{HG}$인 이등변삼각형이므로
$\angle G = 80°$이면 $\angle I = \angle G = 80°$
∴ $\angle H = 180° - (80° + 80°) = 20°$
즉, △ABC와 서로 닮은 삼각형이 아니다.
따라서 바르게 설명한 학생은 은지, 민성이다.

▶ 문제 속 개념 도출

답 ① SAS

• 본문 68~69쪽

개념 26 삼각형의 닮음 조건의 응용

개념 확인

1 답 (1) $\angle A$, $\triangle ADE$, ① $2:1$, ② 12
(2) $\angle B$, $\triangle EBD$, ① $3:2$, ② 6

(1) $\triangle ABC$와 $\triangle ADE$에서
$\overline{AB}:\overline{AD}=(5+3):4=2:1$,
$\overline{AC}:\overline{AE}=(4+6):5=2:1$, $\angle A$는 공통
$\therefore \triangle ABC \backsim \triangle ADE$ (SAS 닮음)
① 닮음비는 $2:1$
② $\overline{BC}:\overline{DE}=2:1$에서 $\overline{BC}:6=2:1$
$\therefore \overline{BC}=12$

(2) $\triangle ABC$와 $\triangle EBD$에서
$\overline{AB}:\overline{EB}=12:8=3:2$,
$\overline{BC}:\overline{BD}=(8+1):6=3:2$, $\angle B$는 공통
$\therefore \triangle ABC \backsim \triangle EBD$ (SAS 닮음)
① 닮음비는 $3:2$
② $\overline{CA}:\overline{DE}=3:2$에서 $9:\overline{DE}=3:2$
$3\overline{DE}=18 \quad \therefore \overline{DE}=6$

2 답 (1) $\angle A$, $\triangle ACD$, ① $4:3$, ② 9
(2) $\angle B$, $\triangle DBA$, ① $3:2$, ② 15

(1) $\triangle ABC$와 $\triangle ACD$에서
$\angle A$는 공통, $\angle B=\angle ACD$
$\therefore \triangle ABC \backsim \triangle ACD$ (AA 닮음)
① 닮음비는 $\overline{AB}:\overline{AC}=16:12=4:3$
② $\overline{AC}:\overline{AD}=4:3$에서 $12:\overline{AD}=4:3$
$4\overline{AD}=36 \quad \therefore \overline{AD}=9$

(2) $\triangle ABC$와 $\triangle DBA$에서
$\angle B$는 공통, $\angle C=\angle DAB$
$\therefore \triangle ABC \backsim \triangle DBA$ (AA 닮음)
① 닮음비는 $\overline{AB}:\overline{DB}=12:8=3:2$
② $\overline{AC}:\overline{DA}=3:2$에서 $\overline{AC}:10=3:2$
$2\overline{AC}=30 \quad \therefore \overline{AC}=15$

교과서 문제로 개념 다지기

1 답 (1) $\triangle ADE$, $x=6$ (2) $\triangle EDC$, $x=4$

(1) $\triangle ABC$와 $\triangle ADE$에서
$\overline{AB}:\overline{AD}=(2+4):2=3:1$, $\overline{AC}:\overline{AE}=9:3=3:1$,
$\angle A$는 공통
$\therefore \triangle ABC \backsim \triangle ADE$ (SAS 닮음)
이때 닮음비는 $3:1$이므로 $\overline{BC}:\overline{DE}=3:1$에서
$x:2=3:1 \quad \therefore x=6$

(2) $\triangle ABC$와 $\triangle EDC$에서
$\angle C$는 공통, $\angle A=\angle DEC$
$\therefore \triangle ABC \backsim \triangle EDC$ (AA 닮음)
이때 닮음비는 $\overline{AC}:\overline{EC}=(7+5):6=2:1$이므로
$\overline{BC}:\overline{DC}=2:1$에서 $(x+6):5=2:1$
$x+6=10 \quad \therefore x=4$

2 답 9

$\triangle ABC$와 $\triangle EDC$에서
$\angle C$는 공통, $\angle B=\angle EDC$
$\therefore \triangle ABC \backsim \triangle EDC$ (AA 닮음)
이때 닮음비는 $\overline{BC}:\overline{DC}=(11+9):12=5:3$이므로
$\overline{AC}:\overline{EC}=5:3$에서 $(x+12):9=5:3$
$3(x+12)=45$, $x+12=15 \quad \therefore x=3$
또 $\overline{AB}:\overline{ED}=5:3$에서 $10:y=5:3$
$5y=30 \quad \therefore y=6$
$\therefore x+y=3+6=9$

3 답 $5\,\text{cm}$

$\triangle ABC$와 $\triangle DBA$에서
$\overline{AB}:\overline{DB}=6:3=2:1$, $\overline{BC}:\overline{BA}=(3+9):6=2:1$,
$\angle B$는 공통
$\therefore \triangle ABC \backsim \triangle DBA$ (SAS 닮음)
이때 닮음비는 $2:1$이므로
$\overline{AC}:\overline{DA}=2:1$에서 $10:\overline{AD}=2:1$
$2\overline{AD}=10 \quad \therefore \overline{AD}=5(\text{cm})$

4 답 $\frac{15}{2}\,\text{cm}$

$\triangle ABC$와 $\triangle ADE$에서
$\overline{AB}:\overline{AD}=5:2$, $\overline{AC}:\overline{AE}=10:4=5:2$,
$\angle BAC=\angle DAE$ (맞꼭지각)
$\therefore \triangle ABC \backsim \triangle ADE$ (SAS 닮음)
이때 닮음비는 $5:2$이므로
$\overline{BC}:\overline{DE}=5:2$에서 $\overline{BC}:3=5:2$
$2\overline{BC}=15 \quad \therefore \overline{BC}=\frac{15}{2}(\text{cm})$

5 답 (1) $2:3$ (2) $4:9$ (3) $162\,\text{cm}^2$

(1) $\triangle ADE$와 $\triangle ABC$에서
$\angle ADE=\angle B$ (동위각), $\angle A$는 공통
$\therefore \triangle ADE \backsim \triangle ABC$ (AA 닮음)
따라서 $\triangle ADE$와 $\triangle ABC$의 닮음비는
$\overline{AE}:\overline{AC}=12:(12+6)=2:3$

(2) $\triangle$ADE와 $\triangle$ABC의 닮음비가 2 : 3이므로 넓이의 비는
$2^2 : 3^2 = 4 : 9$

(3) $\triangle ADE : \triangle ABC = 4 : 9$에서
$72 : \triangle ABC = 4 : 9$
$4\triangle ABC = 648 \quad \therefore \triangle ABC = 162(\text{cm}^2)$

6 답 3 cm

$\triangle$ABC와 $\triangle$CBD에서
$\overline{AB} : \overline{CB} = (6+2) : 4 = 2 : 1$,
$\overline{BC} : \overline{BD} = 4 : 2 = 2 : 1$, $\angle$B는 공통
$\therefore \triangle ABC \backsim \triangle CBD$ (SAS 닮음)
이때 닮음비는 2 : 1이므로 $\overline{AC} : \overline{CD} = 2 : 1$이고
$\overline{AC} = \overline{CD} + 3$에서 $(\overline{CD}+3) : \overline{CD} = 2 : 1$
$2\overline{CD} = \overline{CD} + 3 \quad \therefore \overline{CD} = 3(\text{cm})$

▶ 문제 속 개념 도출

답 ① □+3

• 본문 70~71쪽

개념 27 직각삼각형의 닮음

개념 확인

1 답 (1) $\triangle$DBE, $x=9$ (2) $\triangle$EDC, $x=12$
(3) $\triangle$AED, $x=12$

(1) $\triangle$ABC와 $\triangle$DBE에서
$\angle C = \angle DEB = 90^\circ$, $\angle$B는 공통
$\therefore \triangle ABC \backsim \triangle DBE$ (AA 닮음)
이때 닮음비는 $\overline{BC} : \overline{BE} = (4+8) : 4 = 3 : 1$이므로
$\overline{AC} : \overline{DE} = 3 : 1$에서
$x : 3 = 3 : 1 \quad \therefore x = 9$

(2) $\triangle$ABC와 $\triangle$EDC에서
$\angle A = \angle DEC = 90^\circ$, $\angle$C는 공통
$\therefore \triangle ABC \backsim \triangle EDC$ (AA 닮음)
이때 닮음비는 $\overline{BC} : \overline{DC} = 15 : 5 = 3 : 1$이므로
$\overline{AB} : \overline{ED} = 3 : 1$에서
$x : 4 = 3 : 1 \quad \therefore x = 12$

(3) $\triangle$ABC와 $\triangle$AED에서
$\angle B = \angle AED = 90^\circ$, $\angle$A는 공통
$\therefore \triangle ABC \backsim \triangle AED$ (AA 닮음)
이때 닮음비는 $\overline{AC} : \overline{AD} = (8+12) : 10 = 2 : 1$이므로
$\overline{BC} : \overline{ED} = 2 : 1$에서
$x : 6 = 2 : 1 \quad \therefore x = 12$

2 답 (1) $\overline{CB}$, $x=\frac{32}{5}$ (2) $\overline{CA}$, $x=6$ (3) $\overline{DC}$, $x=16$

(1) $\triangle ABC \backsim \triangle DAC$ (AA 닮음)이므로
$\overline{AC} : \overline{DC} = \overline{BC} : \overline{AC}$에서 $\overline{AC}^2 = \overline{CD} \times \overline{CB}$
$8^2 = x \times 10$, $10x = 64 \quad \therefore x = \frac{32}{5}$

(2) $\triangle ABC \backsim \triangle BDC$ (AA 닮음)이므로
$\overline{BC} : \overline{DC} = \overline{CA} : \overline{CB}$에서 $\overline{BC}^2 = \overline{CD} \times \overline{CA}$
$x^2 = 3 \times (3+9) = 36$
이때 $x > 0$이므로 $x = 6$

(3) $\triangle DBA \backsim \triangle DAC$(AA 닮음)이므로
$\overline{DB} : \overline{DA} = \overline{DA} : \overline{DC}$에서 $\overline{AD}^2 = \overline{DB} \times \overline{DC}$
$8^2 = x \times 4$, $4x = 64 \quad \therefore x = 16$

교과서 문제로 개념 다지기

1 답 (1) 4 (2) $\frac{25}{3}$

(1) $\overline{AB}^2 = \overline{BD} \times \overline{BC}$이므로 $x^2 = 2 \times (2+6) = 16$
이때 $x > 0$이므로 $x = 4$

(2) $\overline{AD}^2 = \overline{DB} \times \overline{DC}$이므로 $5^2 = x \times 3$
$3x = 25 \quad \therefore x = \frac{25}{3}$

2 답 2 cm

$\triangle$ABC와 $\triangle$EBD에서
$\angle C = \angle EDB = 90^\circ$, $\angle$B는 공통
$\therefore \triangle ABC \backsim \triangle EBD$ (AA 닮음)
이때 닮음비는 $\overline{AB} : \overline{EB} = (8+4) : 6 = 2 : 1$이므로
$\overline{BC} : \overline{BD} = 2 : 1$에서
$(6+\overline{CE}) : 4 = 2 : 1$
$\overline{CE} + 6 = 8 \quad \therefore \overline{CE} = 2(\text{cm})$

3 답 29

$\overline{AB}^2 = \overline{BH} \times \overline{BC}$이므로 $15^2 = x \times 25$
$25x = 225 \quad \therefore x = 9$
또 $\overline{AC}^2 = \overline{CH} \times \overline{CB}$이므로 $y^2 = (25-9) \times 25 = 400$
이때 $y > 0$이므로 $y = 20$
$\therefore x + y = 9 + 20 = 29$

4 답 (1) 12 cm (2) 45 cm²

(1) $\overline{AD}^2 = \overline{DB} \times \overline{DC}$이므로
$6^2 = \overline{DB} \times 3 \quad \therefore \overline{DB} = 12(\text{cm})$

(2) $\triangle ABC = \frac{1}{2} \times \overline{BC} \times \overline{AD}$
$= \frac{1}{2} \times (12+3) \times 6 = 45(\text{cm}^2)$

5 답 $\dfrac{25}{4}$ cm

△POD와 △BAD에서

∠POD=∠A=90°, ∠PDO는 공통

∴ △POD∽△BAD (AA 닮음)

이때 $\overline{PD}:\overline{BD}=\overline{OD}:\overline{AD}$이고

$\overline{OD}=\overline{BO}=5$ cm, $\overline{BD}=5+5=10$(cm),

$\overline{AD}=\overline{BC}=8$ cm이므로

$\overline{PD}:10=5:8$, $8\overline{PD}=50$ ∴ $\overline{PD}=\dfrac{25}{4}$(cm)

6 답 4 m

△ABC와 △ADE에서

∠ABC=∠D=90°, ∠A는 공통

∴ △ABC∽△ADE (AA 닮음)

이때 닮음비는 $\overline{AB}:\overline{AD}=1.8:(1.8+2.7)=2:5$이므로

국기 게양대의 높이를 x m라 하면

$\overline{BC}:\overline{DE}=2:5$에서 $1.6:x=2:5$

$2x=8$ ∴ $x=4$

따라서 국기 게양대의 높이는 4 m이다.

학교 시험 문제로 단원 마무리

• 본문 72~73쪽

1 답 ②, ④

② 닮은 두 도형은 대응변의 길이의 비가 같다.

④ 오른쪽 그림의 두 부채꼴은 닮은 도형이 아니다.

2 답 ②, ⑤

① ∠F=∠B=90°

② ∠D=∠H=360°−(100°+90°+70°)=100°

③ $\overline{AB}:\overline{EF}=5:3$에서 $\dfrac{\overline{AB}}{\overline{EF}}=\dfrac{5}{3}$

④ $\overline{AD}:\overline{EH}=5:3$에서 $\overline{AD}:18=5:3$

$3\overline{AD}=90$ ∴ $\overline{AD}=30$(cm)

⑤ 닮음비가 5 : 3이므로 둘레의 길이의 비는 5 : 3이다.

따라서 옳지 않은 것은 ②, ⑤이다.

3 답 5π cm^2

가장 작은 원과 가장 큰 원의 닮음비는 1 : 3이므로

넓이의 비는 $1^2:3^2=1:9$

이때 가장 작은 원의 넓이를 x cm^{2}라 하면

$x:45\pi=1:9$

$9x=45\pi$ ∴ $x=5\pi$

따라서 가장 작은 원의 넓이는 5π cm^{2}이다.

4 답 ⑤

큰 사각뿔과 작은 사각뿔의 닮음비는

$(6+4):6=5:3$

따라서 큰 사각뿔과 작은 사각뿔의 부피의 비는

$5^3:3^3=125:27$

5 답 ③

③ ∠C=60°이므로 ∠A=180°−(45°+60°)=75°

△ABC와 △DEF에서

∠A=∠D=75°, ∠C=∠F=60°

∴ △ABC∽△DEF (AA 닮음)

6 답 15

△ABC와 △ACD에서

$\overline{AB}:\overline{AC}=16:12=4:3$, $\overline{AC}:\overline{AD}=12:9=4:3$,

∠A는 공통

∴ △ABC∽△ACD (SAS 닮음)

이때 닮음비는 4 : 3이므로

$\overline{BC}:\overline{CD}=4:3$에서 $20:x=4:3$

$4x=60$ ∴ $x=15$

7 답 $\dfrac{25}{2}$ cm

△ABC와 △MBD에서

∠A=∠BMD=90°, ∠B는 공통

∴ △ABC∽△MBD (AA 닮음)

이때 닮음비는 $\overline{AB}:\overline{MB}=16:\dfrac{1}{2}\times20=8:5$이므로

$\overline{BC}:\overline{BD}=8:5$에서 $20:\overline{BD}=8:5$

$8\overline{BD}=100$ ∴ $\overline{BD}=\dfrac{25}{2}$(cm)

8 답 12 m

△ABC와 △DEC에서

∠B=∠E=90°

입사각과 반사각의 크기는 같으므로

∠ACB=∠DCE

∴ △ABC∽△DEC (AA 닮음)

이때 닮음비는 $\overline{BC}:\overline{EC}=2.5:20=1:8$이므로

$\overline{AB}:\overline{DE}=1:8$에서

$1.5:\overline{DE}=1:8$ ∴ $\overline{DE}=12$(m)

따라서 건물의 높이는 12 m이다.

OX 문제로 확인하기 • 본문 74쪽

답 ❶ ○ ❷ × ❸ ○ ❹ × ❺ × ❻ × ❼ ○ ❽ ○

4 평행선과 선분의 길이의 비

• 본문 76~77쪽

개념 28 삼각형에서 평행선과 선분의 길이의 비

개념 확인

1 답 (1) 6 (2) 4 (3) 6 (4) $\frac{8}{3}$ (5) 9 (6) $\frac{15}{2}$

(1) $\overline{AB}:\overline{AD}=\overline{AC}:\overline{AE}$이므로

$9:x=6:4$

$6x=36$ $\therefore x=6$

(2) $\overline{AB}:\overline{AD}=\overline{BC}:\overline{DE}$이므로

$(8+6):8=7:x$

$14x=56$ $\therefore x=4$

(3) $\overline{AB}:\overline{AD}=\overline{AC}:\overline{AE}$이므로

$9:6=x:4$

$6x=36$ $\therefore x=6$

(4) $\overline{AD}:\overline{DB}=\overline{AE}:\overline{EC}$이므로

$4:3=x:2$, $3x=8$ $\therefore x=\frac{8}{3}$

(5) $\overline{AD}:\overline{DB}=\overline{AE}:\overline{EC}$이므로

$x:3=(8+4):4$

$4x=36$ $\therefore x=9$

(6) $\overline{AD}:\overline{DB}=\overline{AE}:\overline{EC}$이므로

$4:10=3:x$

$4x=30$ $\therefore x=\frac{15}{2}$

2 답 (1) ○ (2) × (3) ○

(1) $\overline{AB}:\overline{AD}=9:6=3:2$, $\overline{AC}:\overline{AE}=12:8=3:2$

따라서 $\overline{AB}:\overline{AD}=\overline{AC}:\overline{AE}$이므로

$\overline{BC}/\!/\overline{DE}$

(2) $\overline{AD}:\overline{DB}=(24-8):8=2:1$

$\overline{AE}:\overline{EC}=21:7=3:1$

따라서 $\overline{AD}:\overline{DB}\neq\overline{AE}:\overline{EC}$이므로 $\overline{BC}$와 $\overline{DE}$는 평행하지 않다.

(3) $\overline{AB}:\overline{AD}=6:12=1:2$, $\overline{BC}:\overline{DE}=9:18=1:2$

따라서 $\overline{AB}:\overline{AD}=\overline{BC}:\overline{DE}$이므로

$\overline{BC}/\!/\overline{DE}$

교과서 문제로 개념 다지기

1 답 ④

$\overline{AD}:\overline{DB}=\overline{AE}:\overline{EC}$이므로

$12:x=9:(15-9)$

$9x=72$ $\therefore x=8$

또 $\overline{AE}:\overline{AC}=\overline{DE}:\overline{BC}$이므로

$9:15=y:10$

$15y=90$ $\therefore y=6$

$\therefore x+y=8+6=14$

해설 꼭 확인

y의 값 구하기

(×) → $\overline{AE}:\overline{EC}=\overline{DE}:\overline{BC}$이므로

$9:(15-9)=y:10$ $\therefore y=15$

(○) → $\overline{AE}:\overline{AC}=\overline{DE}:\overline{BC}$이므로

$9:15=y:10$ $\therefore y=6$

➡ $\overline{AE}:\overline{EC}\neq\overline{DE}:\overline{BC}$야. $\overline{AE}:\overline{AC}=\overline{DE}:\overline{BC}$와 헷갈리지 않도록 주의해야 해!

2 답 40 cm

$\overline{AD}:\overline{AB}=\overline{AE}:\overline{AC}$이므로

$7:\overline{AB}=5:10$

$5\overline{AB}=70$ $\therefore \overline{AB}=14(\text{cm})$

또 $\overline{AE}:\overline{AC}=\overline{DE}:\overline{BC}$이므로

$5:10=8:\overline{BC}$

$5\overline{BC}=80$ $\therefore \overline{BC}=16(\text{cm})$

$\therefore$ (△ABC의 둘레의 길이)$=\overline{AB}+\overline{BC}+\overline{CA}$

$=14+16+10=40(\text{cm})$

3 답 ㄹ

ㄱ. $\overline{AE}:\overline{EC}=15:5=3:1$

$\overline{AD}:\overline{DB}=16:4=4:1$

즉, $\overline{AE}:\overline{EC}\neq\overline{AD}:\overline{DB}$이므로

$\overline{BC}$와 $\overline{DE}$는 평행하지 않다.

ㄴ. $\overline{AB}:\overline{BD}=4:2=2:1$

$\overline{AC}:\overline{CE}=(8-3):3=5:3$

즉, $\overline{AB}:\overline{BD}\neq\overline{AC}:\overline{CE}$이므로

$\overline{BC}$와 $\overline{DE}$는 평행하지 않다.

ㄷ. $\overline{AB}:\overline{AD}=3:6=1:2$, $\overline{AC}:\overline{AE}=4:7$

즉, $\overline{AB}:\overline{AD}\neq\overline{AC}:\overline{AE}$이므로

$\overline{BC}$와 $\overline{DE}$는 평행하지 않다.

ㄹ. $\overline{AB}:\overline{BD}=7.5:10=3:4$

$\overline{AC}:\overline{CE}=9:12=3:4$

즉, $\overline{AB}:\overline{BD}=\overline{AC}:\overline{CE}$이므로

$\overline{BC}/\!/\overline{DE}$

따라서 $\overline{BC}/\!/\overline{DE}$인 것은 ㄹ이다.

4 답 ⑤

⑤ $\overline{AB}:\overline{AD}=\overline{BC}:\overline{DE}$이므로

$\frac{\overline{AB}}{\overline{AD}}=\frac{\overline{BC}}{\overline{DE}}$

5 답 (1) $2:1$ (2) $3\,\text{cm}$

(1) $\triangle$ABE에서 $\overline{BE} /\!/ \overline{DF}$이므로

$\overline{AD}:\overline{DB}=\overline{AF}:\overline{FE}=4:2=2:1$

(2) $\triangle$ABC에서 $\overline{BC} /\!/ \overline{DE}$이므로

$\overline{AE}:\overline{EC}=\overline{AD}:\overline{DB}=2:1$

따라서 $(4+2):\overline{EC}=2:1$이므로

$2\overline{EC}=6 \qquad \therefore \overline{CE}=3(\text{cm})$

6 답 $84\,\text{m}$

$\overline{AC} /\!/ \overline{DE}$이므로 $\overline{BA}:\overline{BD}=\overline{BC}:\overline{BE}$에서

$112:\overline{BD}=(72+24):72,\ 112:\overline{BD}=4:3$

$4\overline{BD}=336 \qquad \therefore \overline{BD}=84(\text{m})$

따라서 B지점에서 D지점까지의 거리는 $84\,\text{m}$이다.

• 본문 78~79쪽

개념 29 삼각형의 각의 이등분선

개념 확인

1 답 (1) 이등변삼각형 (2) 8 (3) 4

(1) $\overline{AD} /\!/ \overline{EC}$이므로

$\angle BAD=\angle AEC$ (동위각), $\angle CAD=\angle ACE$ (엇각)

이때 $\angle BAD=\angle CAD$이므로 $\angle AEC=\angle ACE$

따라서 $\triangle$ACE는 $\overline{AC}=\overline{AE}$인 이등변삼각형이다.

(2) $\overline{AE}=\overline{AC}=8$

(3) $\triangle$EBC에서 $\overline{AD} /\!/ \overline{EC}$이므로

$\overline{BA}:\overline{AE}=\overline{BD}:\overline{DC}$에서

$10:8=5:\overline{DC}$

$10\overline{DC}=40 \qquad \therefore \overline{DC}=4$

2 답 (1) 4 (2) 12 (3) 9 (4) 10

(1) $\overline{AB}:\overline{AC}=\overline{BD}:\overline{CD}$이므로

$14:8=7:x$

$14x=56 \qquad \therefore x=4$

(2) $\overline{AB}:\overline{AC}=\overline{BD}:\overline{CD}$이므로

$x:16=9:12$

$12x=144 \qquad \therefore x=12$

(3) $\overline{AB}:\overline{AC}=\overline{BD}:\overline{CD}$이므로

$9:x=5:(10-5)$

$5x=45 \qquad \therefore x=9$

(4) $\overline{AB}:\overline{AC}=\overline{BD}:\overline{CD}$이므로

$12:15=(18-x):x,\ 12x=270-15x$

$27x=270 \qquad \therefore x=10$

다른 풀이

$\overline{BD}:\overline{CD}=\overline{AB}:\overline{AC}=12:15=4:5$이므로

$x=\frac{5}{9}\times 18=10$

교과서 문제로 개념 다지기

1 답 $6\,\text{cm}$

$\overline{AB}:\overline{AC}=\overline{BD}:\overline{CD}$이므로

$9:12=\overline{BD}:8$

$12\overline{BD}=72 \qquad \therefore \overline{BD}=6(\text{cm})$

2 답 $3\,\text{cm}$

$\overline{AB}:\overline{AC}=\overline{BD}:\overline{CD}$이므로

$8:4=(9-\overline{CD}):\overline{CD},\ 8\overline{CD}=4(9-\overline{CD})$

$12\overline{CD}=36 \qquad \therefore \overline{CD}=3(\text{cm})$

3 답 18

$\overline{AB}:\overline{AC}=\overline{BD}:\overline{CD}$이므로

$10:15=6:x$

$10x=90 \qquad \therefore x=9$

또 $\overline{BC}:\overline{BA}=\overline{CE}:\overline{AE}$이므로

$(6+9):10=y:(15-y),\ 10y=15(15-y)$

$25y=225 \qquad \therefore y=9$

$\therefore x+y=9+9=18$

4 답 (1) $3:4$ (2) $\frac{9}{2}\,\text{cm}$

(1) $\overline{AD}$는 $\angle A$의 이등분선이므로

$\overline{BD}:\overline{CD}=\overline{AB}:\overline{AC}=18:6=3:1$

$\therefore \overline{BD}:\overline{BC}=3:(3+1)=3:4$

(2) $\overline{DE} /\!/ \overline{CA}$이므로

$\overline{BD}:\overline{BC}=\overline{DE}:\overline{CA}$에서

$3:4=\overline{DE}:6$

$4\overline{DE}=18 \qquad \therefore \overline{DE}=\frac{9}{2}(\text{cm})$

5 답 $12\,\text{cm}^2$

$\overline{AD}$는 $\angle A$의 이등분선이므로

$\overline{BD}:\overline{CD}=\overline{AB}:\overline{AC}=8:6=4:3$

따라서 $\triangle ABD:\triangle ADC=\overline{BD}:\overline{CD}=4:3$이므로

$\triangle ABD=\frac{4}{7}\triangle ABC=\frac{4}{7}\times 21=12(\text{cm}^2)$

▶ 문제 속 개념 도출

답 ① $c:d$ ② $a:b$

• 본문 80~81쪽

개념 30 삼각형의 두 변의 중점을 연결한 선분의 성질

개념 확인

1 답 (1) 60° (2) 6

$\overline{AM}=\overline{MB}$, $\overline{AN}=\overline{NC}$이므로

$\overline{MN}/\!/\overline{BC}$, $\overline{MN}=\frac{1}{2}\overline{BC}$

(1) $\overline{MN}/\!/\overline{BC}$이므로

$\angle AMN=\angle B=60°$ (동위각)

(2) $\overline{MN}=\frac{1}{2}\overline{BC}=\frac{1}{2}\times 12=6$

2 답 (1) 14 (2) 15

(1) $\overline{AM}=\overline{MB}$, $\overline{AN}=\overline{NC}$이므로

$x=2\overline{MN}=2\times 7=14$

(2) $\overline{BM}=\overline{MA}$, $\overline{BN}=\overline{NC}$이므로

$x=\frac{1}{2}\overline{AC}=\frac{1}{2}\times 30=15$

3 답 (1) 7 (2) 16

(1) $\overline{AM}=\overline{MB}$, $\overline{MN}/\!/\overline{BC}$이므로

$\overline{NC}=\overline{AN}=7$

(2) $\overline{AM}=\overline{MB}$, $\overline{AN}=\overline{NC}$이므로

$\overline{BC}=2\overline{MN}=2\times 8=16$

4 답 (1) 10 (2) 6

(1) $\overline{AN}=\overline{NC}$, $\overline{MN}/\!/\overline{BC}$이므로

$\overline{AM}=\overline{MB}$

$\therefore x=2\overline{MB}=2\times 5=10$

(2) $\overline{AM}=\overline{MB}$, $\overline{MN}/\!/\overline{BC}$이므로

$\overline{AN}=\overline{NC}$

$\therefore x=\frac{1}{2}\overline{BC}=\frac{1}{2}\times 12=6$

교과서 문제로 개념 다지기

1 답 58

$\overline{AM}=\overline{MB}$, $\overline{AN}=\overline{NC}$이므로

$\overline{BC}=2\overline{MN}=2\times 4=8(\text{cm})$

$\therefore x=8$

또 $\overline{MN}/\!/\overline{BC}$이므로

$\angle AMN=\angle B=50°$ (동위각)

$\therefore y=50$

$\therefore x+y=8+50=58$

2 답 8

$\overline{AM}=\overline{MB}$, $\overline{MN}/\!/\overline{BC}$이므로 $\overline{AN}=\overline{NC}$

$\therefore \overline{AC}=2\overline{AN}=2\times 10=20(\text{cm})$ $\therefore x=20$

또 $\overline{MN}=\frac{1}{2}\overline{BC}=\frac{1}{2}\times 24=12(\text{cm})$ $\therefore y=12$

$\therefore x-y=20-12=8$

3 답 9 cm

$\triangle ABC$에서 $\overline{AD}=\overline{DB}$, $\overline{DE}/\!/\overline{BC}$이므로

$\overline{BC}=2\overline{DE}=2\times 9=18(\text{cm})$

이때 □DBFE는 평행사변형이므로

$\overline{BF}=\overline{DE}=9\text{cm}$

$\therefore \overline{FC}=\overline{BC}-\overline{BF}=18-9=9(\text{cm})$

4 답 7 cm

$\triangle DBC$에서 $\overline{DP}=\overline{PB}$, $\overline{DQ}=\overline{QC}$이므로

$\overline{BC}=2\overline{PQ}=2\times 7=14(\text{cm})$

또 $\triangle ABC$에서 $\overline{AM}=\overline{MB}$, $\overline{AN}=\overline{NC}$이므로

$\overline{MN}=\frac{1}{2}\overline{BC}=\frac{1}{2}\times 14=7(\text{cm})$

5 답 (1) 6 cm (2) 12 cm (3) 9 cm

(1) $\triangle AEC$에서 $\overline{AD}=\overline{DE}$, $\overline{AF}=\overline{FC}$이므로 $\overline{DF}/\!/\overline{EC}$

즉, $\triangle BFD$에서 $\overline{BE}=\overline{ED}$, $\overline{EP}/\!/\overline{DF}$이므로

$\overline{DF}=2\overline{EP}=2\times 3=6(\text{cm})$

(2) $\triangle AEC$에서 $\overline{EC}=2\overline{DF}=2\times 6=12(\text{cm})$

(3) $\overline{CP}=\overline{EC}-\overline{EP}=12-3=9(\text{cm})$

6 답 4배

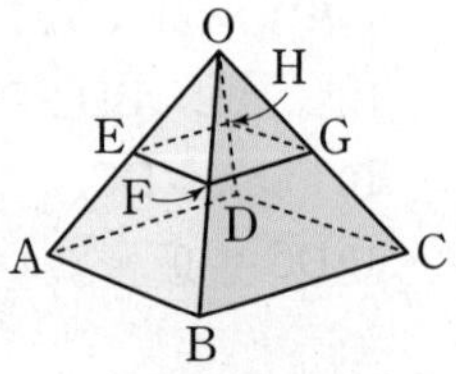

오른쪽 그림의 $\triangle OAB$에서

$\overline{OE}=\overline{EA}$, $\overline{OF}=\overline{FB}$이므로

$\overline{EF}/\!/\overline{AB}$, $\overline{EF}=\frac{1}{2}\overline{AB}$

마찬가지로

$\triangle OBC$에서 $\overline{FG}/\!/\overline{BC}$, $\overline{FG}=\frac{1}{2}\overline{BC}$

$\triangle OCD$에서 $\overline{GH}/\!/\overline{CD}$, $\overline{GH}=\frac{1}{2}\overline{CD}$

$\triangle ODA$에서 $\overline{HE}/\!/\overline{DA}$, $\overline{HE}=\frac{1}{2}\overline{DA}$

즉, □EFGH는 정사각형이고 □EFGH와 □ABCD는 서로 닮은 도형이다.

이때 □EFGH와 □ABCD의 닮음비는 $\overline{EF}:\overline{AB}=1:2$이므로 넓이의 비는 $1^2:2^2=1:4$이다.

따라서 1층 밑면의 넓이는 2층 밑면의 넓이의 4배이다.

▶ 문제 속 개념 도출

답 ① $\frac{1}{2}$ ② $m^2:n^2$

• 본문 82~83쪽

개념 31 삼각형의 두 변의 중점을 연결한 선분의 성질의 응용

개념 확인

1 답 (1) 7 (2) 4 (3) 6 (4) 17

(1) $\overline{DE}=\frac{1}{2}\overline{AC}-\frac{1}{2}\times 14=7$

(2) $\overline{EF}=\frac{1}{2}\overline{AB}=\frac{1}{2}\times 8=4$

(3) $\overline{FD}=\frac{1}{2}\overline{BC}=\frac{1}{2}\times 12=6$

(4) ($\triangle$DEF의 둘레의 길이)$=\overline{DE}+\overline{EF}+\overline{FD}$

$=7+4+6=17$

2 답 (1) 5 (2) 3 (3) 8

$\overline{AD}/\!/\overline{BC}$, $\overline{AM}=\overline{MB}$, $\overline{DN}=\overline{NC}$이므로

$\overline{AD}/\!/\overline{MN}/\!/\overline{BC}$

(1) $\triangle$ABC에서 $\overline{AM}=\overline{MB}$, $\overline{MP}/\!/\overline{BC}$이므로

$\overline{MP}=\frac{1}{2}\overline{BC}=\frac{1}{2}\times 10=5$

(2) $\triangle$ACD에서 $\overline{DN}=\overline{NC}$, $\overline{AD}/\!/\overline{PN}$이므로

$\overline{PN}=\frac{1}{2}\overline{AD}=\frac{1}{2}\times 6=3$

(3) $\overline{MN}=\overline{MP}+\overline{PN}=5+3=8$

3 답 (1) 8 (2) 6 (3) 2

$\overline{AD}/\!/\overline{BC}$, $\overline{AM}=\overline{MB}$, $\overline{DN}=\overline{NC}$이므로

$\overline{AD}/\!/\overline{MN}/\!/\overline{BC}$

(1) $\triangle$ABC에서 $\overline{AM}=\overline{MB}$, $\overline{MQ}/\!/\overline{BC}$이므로

$\overline{MQ}=\frac{1}{2}\overline{BC}=\frac{1}{2}\times 16=8$

(2) $\triangle$ABD에서 $\overline{AM}=\overline{MB}$, $\overline{AD}/\!/\overline{MP}$이므로

$\overline{MP}=\frac{1}{2}\overline{AD}=\frac{1}{2}\times 12=6$

(3) $\overline{PQ}=\overline{MQ}-\overline{MP}=8-6=2$

교과서 문제로 개념 다지기

1 답 18 cm

$\overline{DE}=\frac{1}{2}\overline{AC}=\frac{1}{2}\times 12=6$(cm)

$\overline{EF}=\frac{1}{2}\overline{AB}=\frac{1}{2}\times 15=\frac{15}{2}$(cm)

$\overline{FD}=\frac{1}{2}\overline{BC}=\frac{1}{2}\times 9=\frac{9}{2}$(cm)

$\therefore$ ($\triangle$DEF의 둘레의 길이)$=\overline{DE}+\overline{EF}+\overline{FD}$

$=6+\frac{15}{2}+\frac{9}{2}=18$(cm)

2 답 10 cm

$\overline{AD}/\!/\overline{BC}$, $\overline{AM}=\overline{MB}$, $\overline{DN}=\overline{NC}$이므로

$\overline{AD}/\!/\overline{MN}/\!/\overline{BC}$

$\triangle$ACD에서 $\overline{DN}=\overline{NC}$, $\overline{AD}/\!/\overline{PN}$이므로

$\overline{AD}=2\overline{PN}=2\times 3=6$(cm)

$\triangle$ABC에서 $\overline{AM}=\overline{MB}$, $\overline{MP}/\!/\overline{BC}$이므로

$\overline{MP}=\frac{1}{2}\overline{BC}=\frac{1}{2}\times 8=4$(cm)

$\therefore$ $\overline{AD}+\overline{MP}=6+4=10$(cm)

3 답 ①, ④

① $\overline{AF}=\overline{FC}$, $\overline{BE}=\overline{EC}$이므로 $\overline{AB}/\!/\overline{FE}$

$\therefore$ $\angle B=\angle FEC$ (동위각)

이때 $\angle$FEC, $\angle$EFC의 크기가 같은지 알 수 없으므로

$\angle B=\angle EFC$라 할 수 없다.

② $\overline{AF}=\overline{FC}$, $\overline{BE}=\overline{EC}$이므로

$\overline{EF}=\frac{1}{2}\overline{AB}$ $\therefore$ $\overline{EF}=\overline{BD}$

③ $\overline{AD}=\overline{DB}$, $\overline{AF}=\overline{FC}$이므로 $\overline{BC}/\!/\overline{DF}$

이때 $\triangle$ABC와 $\triangle$ADF에서

$\angle$A는 공통, $\angle B=\angle ADF$ (동위각)

$\therefore$ $\triangle ABC\backsim\triangle ADF$ (AA 닮음)

④ $\overline{AD}=\overline{DB}$, $\overline{AF}=\overline{FC}$이므로 $\overline{DF}=\frac{1}{2}\overline{BC}$

또 $\overline{CF}=\frac{1}{2}\overline{AC}$

이때 $\overline{BC}$, $\overline{AC}$의 길이가 같은지 알 수 없으므로 $\overline{DF}=\overline{CF}$라 할 수 없다.

⑤ $\triangle$FEC와 $\triangle$EFD에서

$\overline{EF}$는 공통,

$\overline{EC}=\frac{1}{2}\overline{BC}$, $\overline{FD}=\frac{1}{2}\overline{BC}$이므로 $\overline{EC}=\overline{FD}$,

$\overline{CF}=\frac{1}{2}\overline{AC}$, $\overline{DE}=\frac{1}{2}\overline{AC}$이므로 $\overline{CF}=\overline{DE}$

$\therefore$ $\triangle FEC\equiv\triangle EFD$ (SSS 합동)

따라서 옳지 않은 것은 ①, ④이다.

4 답 4 cm

$\overline{AD}/\!/\overline{BC}$, $\overline{AM}=\overline{MB}$, $\overline{DN}=\overline{NC}$이므로

$\overline{AD}/\!/\overline{MN}/\!/\overline{BC}$

$\triangle$ABC에서 $\overline{AM}=\overline{MB}$, $\overline{MQ}/\!/\overline{BC}$이므로

$\overline{MQ}=\frac{1}{2}\overline{BC}=\frac{1}{2}\times 14=7$(cm)

$\triangle$ABD에서 $\overline{AM}=\overline{MB}$, $\overline{AD}/\!/\overline{MP}$이므로

$\overline{MP}=\frac{1}{2}\overline{AD}=\frac{1}{2}\times 6=3$(cm)

$\therefore$ $\overline{PQ}=\overline{MQ}-\overline{MP}=7-3=4$(cm)

5 답 12 cm

$\overline{AD} /\!/ \overline{BC}$, $\overline{AM}=\overline{MB}$, $\overline{DN}=\overline{NC}$이므로

$\overline{AD} /\!/ \overline{MN} /\!/ \overline{BC}$

오른쪽 그림과 같이 $\overline{AC}$를 긋고, $\overline{AC}$와 $\overline{MN}$의 교점을 P라 하면

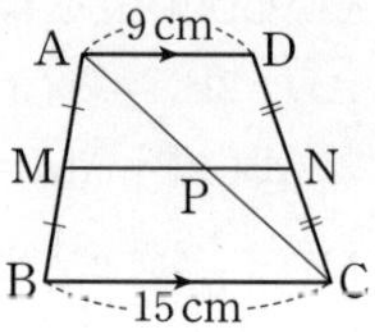

△ABC에서

$\overline{AM}=\overline{MB}$, $\overline{MP} /\!/ \overline{BC}$이므로

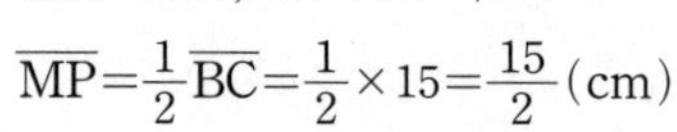

$\overline{MP}=\frac{1}{2}\overline{BC}=\frac{1}{2}\times 15=\frac{15}{2}$(cm)

△ACD에서 $\overline{DN}=\overline{NC}$, $\overline{AD} /\!/ \overline{PN}$이므로

$\overline{PN}=\frac{1}{2}\overline{AD}=\frac{1}{2}\times 9=\frac{9}{2}$(cm)

$\therefore \overline{MN}=\overline{MP}+\overline{PN}=\frac{15}{2}+\frac{9}{2}=12$(cm)

6 답 60 cm

△ABC와 △ACD에서

$\overline{EF}=\overline{HG}=\frac{1}{2}\overline{AC}=\frac{1}{2}\times 34=17$(cm)

△ABD와 △BCD에서

$\overline{EH}=\overline{FG}=\frac{1}{2}\overline{BD}=\frac{1}{2}\times 26=13$(cm)

∴ (□EFGH의 둘레의 길이) $=\overline{EF}+\overline{FG}+\overline{GH}+\overline{HE}$

$=17+13+17+13=60$(cm)

• 본문 84~85쪽

개념 32 평행선 사이의 선분의 길이의 비

개념 확인

1 답 (1) 10 (2) 8 (3) 3 (4) 4

(1) 6 : 4=15 : x에서

$6x=60$ $\therefore x=10$

(2) x : 12=12 : 18에서

$18x=144$ $\therefore x=8$

(3) x : 5=6 : 10에서

$10x=30$ $\therefore x=3$

(4) 3 : x=6 : 8에서

$6x=24$ $\therefore x=4$

2 답 (1) 6 (2) 2 (3) 6 (4) 8

(1) $\overline{AD} /\!/ \overline{BC}$, $\overline{AH} /\!/ \overline{DC}$이므로

□AHCD는 평행사변형이다.

$\therefore \overline{HC}=\overline{AD}=6$

$\therefore \overline{BH}=\overline{BC}-\overline{HC}=12-6=6$

(2) △ABH에서 $\overline{EG} /\!/ \overline{BH}$이므로

$\overline{AE} : \overline{AB}=\overline{EG} : \overline{BH}$에서

$3 : (3+6)=\overline{EG} : 6$

$9\overline{EG}=18$ $\therefore \overline{EG}=2$

(3) $\overline{AD} /\!/ \overline{EF}$, $\overline{AH} /\!/ \overline{DC}$이므로

□AGFD는 평행사변형이다.

$\therefore \overline{GF}=\overline{AD}=6$

(4) $\overline{EF}=\overline{EG}+\overline{GF}=2+6=8$

3 답 (1) 10 (2) 9 (3) 19

(1) △ABC에서 $\overline{EG} /\!/ \overline{BC}$이므로

$\overline{AE} : \overline{AB}=\overline{EG} : \overline{BC}$에서

$6 : (6+9)=\overline{EG} : 25$

$15\overline{EG}=150$ $\therefore \overline{EG}=10$

(2) $\overline{AD} /\!/ \overline{EF} /\!/ \overline{BC}$이므로

$\overline{CF} : \overline{FD}=\overline{BE} : \overline{EA}$

$=9 : 6=3 : 2$

이때 △ACD에서 $\overline{AD} /\!/ \overline{GF}$이므로

$\overline{GF} : \overline{AD}=\overline{CF} : \overline{CD}$에서

$\overline{GF} : 15=3 : (3+2)$

$5\overline{GF}=45$ $\therefore \overline{GF}=9$

(3) $\overline{EF}=\overline{EG}+\overline{GF}=10+9=19$

교과서 문제로 개념 다지기

1 답 ④

$(12-8) : 8=5 : x$에서

$4x=40$ $\therefore x=10$

2 답 29

$7 : 14=(x-16) : 16$에서

$14(x-16)=112$, $14x-224=112$

$14x=336$ $\therefore x=24$

$7 : 14=y : 10$에서

$14y=70$ $\therefore y=5$

$\therefore x+y=24+5=29$

3 답 60

△ACD에서 $\overline{CF} : \overline{CD}=\overline{GF} : \overline{AD}$이므로

$4 : (4+8)=x : 12$, $12x=48$ $\therefore x=4$

또 $\overline{AD} /\!/ \overline{EF} /\!/ \overline{BC}$이므로

$\overline{AE} : \overline{EB}=\overline{DF} : \overline{FC}=8 : 4=2 : 1$

이때 △ABC에서 $\overline{EG} : \overline{BC}=\overline{AE} : \overline{AB}$이므로

$10 : y=2 : (2+1)$, $2y=30$ $\therefore y=15$

$\therefore xy=4\times 15=60$

4 답 8 cm

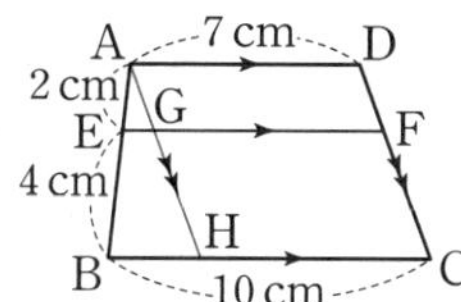

오른쪽 그림과 같이 점 A를 지나고 $\overline{CD}$에 평행한 직선과 $\overline{EF}$, $\overline{BC}$의 교점을 각각 G, H라 하면

$\overline{GF}=\overline{HC}=\overline{AD}=7\text{ cm}$

$\therefore \overline{BH}=\overline{BC}-\overline{HC}=10-7=3(\text{cm})$

$\triangle$ABH에서 $\overline{EG}:\overline{BH}=\overline{AE}:\overline{AB}$이므로

$\overline{EG}:3=2:(2+4)$

$6\overline{EG}=6 \quad \therefore \overline{EG}=1(\text{cm})$

$\therefore \overline{EF}=\overline{EG}+\overline{GF}=1+7=8(\text{cm})$

다른 풀이

오른쪽 그림과 같이 대각선 $\overline{AC}$를 긋고, $\overline{AC}$와 $\overline{EF}$의 교점을 G라 하자.

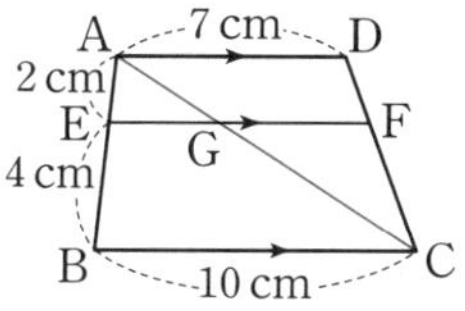

$\triangle$ABC에서

$\overline{EG}:\overline{BC}=\overline{AE}:\overline{AB}$이므로

$\overline{EG}:10=2:(2+4)$

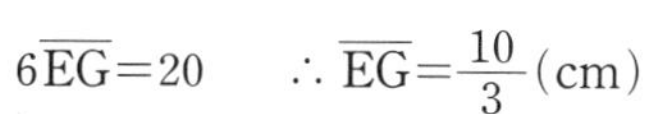

$6\overline{EG}=20 \quad \therefore \overline{EG}=\frac{10}{3}(\text{cm})$

또 $\overline{AD}/\!/\overline{EF}/\!/\overline{BC}$이므로

$\overline{DF}:\overline{FC}=\overline{AE}:\overline{EB}=2:4=1:2$

이때 $\triangle$ACD에서 $\overline{GF}:\overline{AD}=\overline{CF}:\overline{CD}$이므로

$\overline{GF}:7=2:(2+1)$

$3\overline{GF}=14 \quad \therefore \overline{GF}=\frac{14}{3}(\text{cm})$

$\therefore \overline{EF}=\overline{EG}+\overline{GF}=\frac{10}{3}+\frac{14}{3}=8(\text{cm})$

5 답 (1) 16 cm (2) 6 cm (3) 10 cm

(1) $\triangle$ABC에서

$\overline{AE}:\overline{AB}=\overline{EN}:\overline{BC}$이므로

$12:(12+6)=\overline{EN}:24$

$18\overline{EN}=288 \quad \therefore \overline{EN}=16(\text{cm})$

(2) $\triangle$ABD에서

$\overline{BE}:\overline{BA}=\overline{EM}:\overline{AD}$이므로

$6:(6+12)=\overline{EM}:18$

$\therefore \overline{EM}=6(\text{cm})$

(3) $\overline{MN}=\overline{EN}-\overline{EM}=16-6=10(\text{cm})$

6 답 18 cm

$\overline{AF}:\overline{FE}=\overline{BC}:\overline{CD}$에서

$10:15=12:\overline{CD}$

$10\overline{CD}=180 \quad \therefore \overline{CD}=18(\text{cm})$

▶ 문제 속 개념 도출

답 ① $c:d$

• 본문 86~87쪽

삼각형의 무게중심

개념 확인

1 답 (1) 6 (2) 15

(1) $\overline{BD}=\frac{1}{2}\overline{BC}=\frac{1}{2}\times12=6$

(2) $\triangle ABD=\frac{1}{2}\triangle ABC=\frac{1}{2}\times30=15$

2 답 (1) 10 (2) 6 (3) 6

(1) $\overline{AG}:\overline{GD}=2:1$이므로

$x=2\overline{GD}=2\times5=10$

(2) $\overline{BG}:\overline{GD}=2:1$이므로

$x=\frac{1}{2}\overline{BG}=\frac{1}{2}\times12=6$

(3) $\overline{AG}:\overline{GD}=2:1$이므로

$x=\frac{2}{3}\overline{AD}=\frac{2}{3}\times9=6$

3 답 (1) $x=15$, $y=14$ (2) $x=2$, $y=3$ (3) $x=9$, $y=8$

(1) $\overline{AD}$는 $\triangle$ABC의 중선이므로

$x=\overline{CD}=15$

또 $\overline{AG}:\overline{GD}=2:1$이므로

$y=\frac{2}{3}\overline{AD}=\frac{2}{3}\times21=14$

(2) $\overline{AG}:\overline{GD}=2:1$이므로

$x=\frac{1}{2}\overline{AG}=\frac{1}{2}\times4=2$

또 $\overline{AD}$는 $\triangle$ABC의 중선이므로

$y=\frac{1}{2}\overline{BC}=\frac{1}{2}\times6=3$

(3) $\overline{AG}:\overline{GD}=2:1$이므로

$x=3\overline{GD}=3\times3=9$

또 $\overline{CG}:\overline{GE}=2:1$이므로

$y=2\overline{GE}=2\times4=8$

교과서 문제로 개념 다지기

1 답 13

$\overline{AD}$는 $\triangle$ABC의 중선이므로

$\overline{BD}=\frac{1}{2}\overline{BC}=\frac{1}{2}\times16=8(\text{cm}) \quad \therefore x=8$

또 $\overline{BG}:\overline{GE}=2:1$이므로

$\overline{GE}=\frac{1}{3}\overline{BE}=\frac{1}{3}\times15=5(\text{cm}) \quad \therefore y=5$

$\therefore x+y=8+5=13$

2 답 15 cm

$\overline{AG}:\overline{GD}=2:1$이므로

$\overline{AD}=\frac{3}{2}\overline{AG}=\frac{3}{2}\times4=6(\text{cm})$

또 $\overline{BG}:\overline{GE}=2:1$이므로

$\overline{BE}=3\overline{GE}=3\times3=9(\text{cm})$

$\therefore\ \overline{AD}+\overline{BE}=6+9=15(\text{cm})$

3 답 ③

$\triangle AEC=\frac{1}{2}\triangle ADC=\frac{1}{2}\times\frac{1}{2}\triangle ABC$

$=\frac{1}{4}\triangle ABC=\frac{1}{4}\times24=6(\text{cm}^2)$

4 답 (1) 9 cm (2) 6 cm

(1) 점 G는 $\triangle ABC$의 무게중심이므로

$\overline{AG}:\overline{GD}=2:1$

$\therefore\ \overline{GD}=\frac{1}{3}\overline{AD}=\frac{1}{3}\times27=9(\text{cm})$

(2) 점 G′은 $\triangle GBC$의 무게중심이므로

$\overline{GG'}:\overline{G'D}=2:1$

$\therefore\ \overline{GG'}=\frac{2}{3}\overline{GD}=\frac{2}{3}\times9=6(\text{cm})$

5 답 5 cm

$\overline{AD}$는 $\triangle ABC$의 중선이고, 직각삼각형에서 빗변의 중점은 외심이므로

$\overline{AD}=\overline{BD}=\overline{CD}=\frac{1}{2}\overline{BC}$

$=\frac{1}{2}\times15=\frac{15}{2}(\text{cm})$

이때 $\overline{AG}:\overline{GD}=2:1$이므로

$\overline{AG}=\frac{2}{3}\overline{AD}=\frac{2}{3}\times\frac{15}{2}=5(\text{cm})$

6 답 (20, 0)

$\overline{AB}$와 x축이 만나는 점을 C라 하면

$\overline{OC}$는 $\triangle AOB$의 중선이므로

$\triangle AOB$의 무게중심은 $\overline{OC}$, 즉 x축 위에 있다.

$\triangle AOB$의 무게중심을 G라 하면

$\overline{OG}:\overline{GC}=2:1$이므로

$\overline{OG}=\frac{2}{3}\overline{OC}=\frac{2}{3}\times30=20$

따라서 $\triangle AOB$의 무게중심의 위치를 좌표로 나타내면 (20, 0)이다.

▶ 문제 속 개념 도출

답 ① 중선 ② 0

• 본문 88~89쪽

개념 34 삼각형의 무게중심과 넓이

개념 확인

1 답 (1) 4 (2) 8 (3) 8 (4) 8 (5) 16 (6) 12

(1) $\triangle GDC=\frac{1}{6}\triangle ABC=\frac{1}{6}\times24=4$

(2) $\triangle AFG+\triangle AGE=\frac{1}{6}\triangle ABC+\frac{1}{6}\triangle ABC$

$=\frac{1}{3}\triangle ABC$

$=\frac{1}{3}\times24=8$

(3) $\triangle AFG+\triangle FBG=\frac{1}{6}\triangle ABC+\frac{1}{6}\triangle ABC$

$=\frac{1}{3}\triangle ABC$

$=\frac{1}{3}\times24=8$

(4) $\triangle GBC=\frac{1}{3}\triangle ABC=\frac{1}{3}\times24=8$

(5) $\triangle ABG+\triangle AGC=\frac{1}{3}\triangle ABC+\frac{1}{3}\triangle ABC$

$=\frac{2}{3}\triangle ABC$

$=\frac{2}{3}\times24=16$

(6) $\triangle AGE+\triangle FBG+\triangle GDC$

$=\frac{1}{6}\triangle ABC+\frac{1}{6}\triangle ABC+\frac{1}{6}\triangle ABC$

$=\frac{1}{2}\triangle ABC$

$=\frac{1}{2}\times24=12$

2 답 (1) 30 (2) 21 (3) 36

(1) $\triangle ABC=6\triangle EGC$

$=6\times5=30$

(2) $\triangle ABC=3\triangle GBC$

$=3\times7=21$

(3) $\triangle ABC=3(\triangle FBG+\triangle GBD)$

$=3\times12=36$

교과서 문제로 개념 다지기

1 답 54 cm²

점 G는 $\triangle ABC$의 무게중심이므로

$\triangle ABC=6\triangle GDC=6\times9=54(\text{cm}^2)$

2 답 $15\,\text{cm}^2$

점 G는 $\triangle$ABC의 무게중심이므로

$\triangle GBD=\frac{1}{2}\triangle GBC=\frac{1}{2}\triangle AGC=\frac{1}{2}\times 30=15(\text{cm}^2)$

3 답 ③

오른쪽 그림과 같이 $\overline{CG}$를 그으면

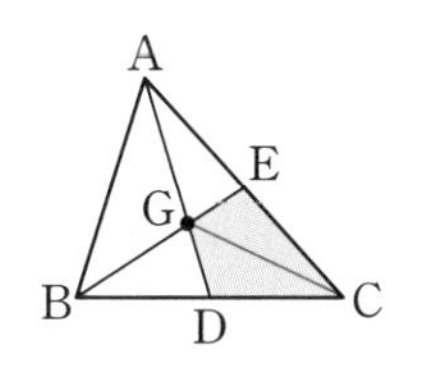

$\square DCEG=\triangle GDC+\triangle GCE$

$=\frac{1}{6}\triangle ABC+\frac{1}{6}\triangle ABC$

$=\frac{1}{3}\triangle ABC$

$=\frac{1}{3}\times 42=14(\text{cm}^2)$

4 답 (1) $24\,\text{cm}^2$ (2) $8\,\text{cm}^2$

(1) 점 G는 $\triangle$ABC의 무게중심이므로

$\triangle GBC=\frac{1}{3}\triangle ABC=\frac{1}{3}\times 72=24(\text{cm}^2)$

(2) 점 G′은 $\triangle$GBC의 무게중심이므로

$\triangle GBG'=\frac{1}{3}\triangle GBC=\frac{1}{3}\times 24=8(\text{cm}^2)$

5 답 $20\,\text{cm}^2$

오른쪽 그림과 같이 $\overline{PC}$, $\overline{QC}$를 각각 긋자.

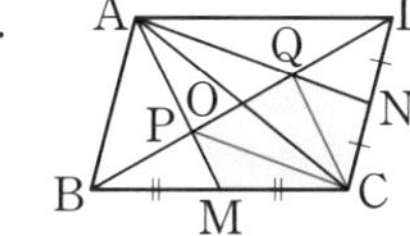

점 P는 $\triangle$ABC의 무게중심이므로

$\square PMCO=\triangle PMC+\triangle PCO$

$=\frac{1}{6}\triangle ABC+\frac{1}{6}\triangle ABC$

$=\frac{1}{3}\triangle ABC$

$=\frac{1}{3}\times\frac{1}{2}\square ABCD$

$=\frac{1}{6}\square ABCD$

$=\frac{1}{6}\times 60=10(\text{cm}^2)$

점 Q는 $\triangle$ACD의 무게중심이므로

$\square OCNQ=\triangle QOC+\triangle QCN$

$=\frac{1}{6}\triangle ACD+\frac{1}{6}\triangle ACD$

$=\frac{1}{3}\triangle ACD$

$=\frac{1}{3}\times\frac{1}{2}\square ABCD$

$=\frac{1}{6}\square ABCD$

$=\frac{1}{6}\times 60=10(\text{cm}^2)$

$\therefore$ (색칠한 부분의 넓이)$=\square PMCO+\square OCNQ$

$=10+10=20(\text{cm}^2)$

▶ 문제 속 개념 도출

답 ① 같다 ② 무게중심

• 본문 90~91쪽

개념 35 삼각형의 무게중심의 응용

개념 확인

1 답 2, 12, $\frac{2}{3}$, 8

2 답 2, 1, 6, $\overline{AD}$, 3, 3

교과서 문제로 개념 다지기

1 답 (1) 18 cm (2) 9 cm

(1) $\overline{AG}:\overline{GD}=2:1$이므로

$\overline{AD}=\frac{3}{2}\overline{AG}=\frac{3}{2}\times 12=18(\text{cm})$

(2) $\triangle$ADC에서 $\overline{AE}=\overline{EC}$, $\overline{AD}/\!/\overline{EF}$이므로

$\overline{EF}=\frac{1}{2}\overline{AD}=\frac{1}{2}\times 18=9(\text{cm})$

2 답 (1) $\frac{15}{2}$ cm (2) 15 cm

(1) $\overline{EG}:\overline{BD}=\overline{AG}:\overline{AD}=2:3$에서

$5:\overline{BD}=2:3$

$2\overline{BD}=15$ $\quad\therefore \overline{BD}=\frac{15}{2}(\text{cm})$

(2) $\overline{AD}$는 $\triangle$ABC의 중선이므로

$\overline{BC}=2\overline{BD}=2\times\frac{15}{2}=15(\text{cm})$

3 답 ④

$\triangle$BCE에서 $\overline{BD}=\overline{DC}$, $\overline{BE}/\!/\overline{DF}$이므로

$\overline{BE}=2\overline{DF}=2\times 12=24(\text{cm})$

이때 $\overline{BG}:\overline{GE}=2:1$이므로

$\overline{BG}=\frac{2}{3}\overline{BE}=\frac{2}{3}\times 24=16(\text{cm})$

4 답 2

$\overline{AG}:\overline{GD}=2:1$이므로

$\overline{AG}=2\overline{GD}=2\times 3=6(\text{cm})$

$\therefore x=6$

또 $\overline{AD}$는 $\triangle$ABC의 중선이므로

$\overline{DC}=\overline{BD}=6\,\text{cm}$

이때 $\triangle$ADC에서

$\overline{GF}:\overline{DC}=\overline{AG}:\overline{AD}=2:3$이므로

$y:6=2:3$

$3y=12$ $\quad\therefore y=4$

$\therefore x-y=6-4=2$

5 답 (1) 6 cm (2) 9 cm

(1) $\overline{AE}=\overline{BE}$, $\overline{AF}=\overline{CF}$이므로 $\overline{EF}\,/\!/\,\overline{BC}$

이때 $\triangle BDG \backsim \triangle FHG$ (AA 닮음)이므로

$\overline{GD}:\overline{GH}=\overline{BG}:\overline{FG}=2:1$에서

$\overline{GD}:3=2:1 \quad \therefore \overline{GD}=6(\text{cm})$

(2) $\overline{AG}:\overline{GD}=2:1$이므로

$\overline{AG}:6=2:1 \quad \therefore \overline{AG}=12(\text{cm})$

$\therefore \overline{AH}=\overline{AG}-\overline{GH}=12-3=9(\text{cm})$

▶ 문제 속 개념 도출

답 ① 2 : 1 ② $c:f$

학교 시험 문제로 단원 마무리

• 본문 92~93쪽

1 답 9 cm

$\overline{AG}:\overline{AF}=\overline{GE}:\overline{FC}=4:6=2:3$이므로

$\overline{DG}:\overline{BF}=\overline{AG}:\overline{AF}$에서

$6:\overline{BF}=2:3$

$2\overline{BF}=18 \quad \therefore \overline{BF}=9(\text{cm})$

2 답 5 cm

$\overline{AB}:\overline{AC}=\overline{BD}:\overline{CD}$에서

$20:\overline{AC}=16:4$

$16\overline{AC}=80 \quad \therefore \overline{AC}=5(\text{cm})$

3 답 6 cm

$\triangle BCD$에서 $\overline{BE}=\overline{ED}$, $\overline{BF}=\overline{FC}$이므로

$\overline{EF}\,/\!/\,\overline{DC}$

$\therefore \overline{DC}=2\overline{EF}=2\times4=8(\text{cm})$

또 $\triangle AEF$에서 $\overline{AD}=\overline{DE}$, $\overline{DP}\,/\!/\,\overline{EF}$이므로

$\overline{DP}=\frac{1}{2}\overline{EF}=\frac{1}{2}\times4=2(\text{cm})$

$\therefore \overline{CP}=\overline{DC}-\overline{DP}=8-2=6(\text{cm})$

4 답 8 cm

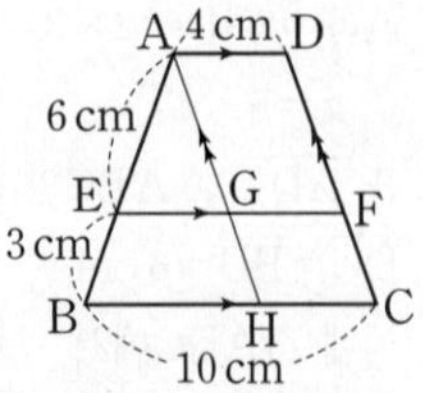

오른쪽 그림과 같이 점 A를 지나고 $\overline{DC}$에 평행한 직선을 그어 $\overline{EF}$, $\overline{BC}$와 만나는 점을 각각 G, H라 하면

A 4 cm D
6 cm
E G F
3 cm
B H C
10 cm

$\overline{HC}=\overline{GF}=\overline{AD}=4\text{cm}$

$\therefore \overline{BH}=\overline{BC}-\overline{HC}=10-4=6(\text{cm})$

또 $\triangle ABH$에서 $\overline{AE}:\overline{AB}=\overline{EG}:\overline{BH}$이므로

$6:(6+3)=\overline{EG}:6$

$9\overline{EG}=36 \quad \therefore \overline{EG}=4(\text{cm})$

$\therefore \overline{EF}=\overline{EG}+\overline{GF}=4+4=8(\text{cm})$

다른 풀이

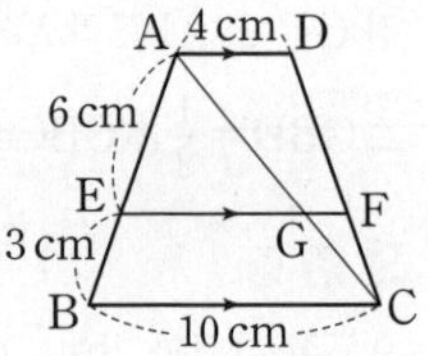

오른쪽 그림과 같이 $\overline{AC}$를 긋고 $\overline{EF}$와 만나는 점을 G라 하자.

A 4 cm D
6 cm
E F
3 cm G
B 10 cm C

$\triangle ABC$에서 $\overline{AE}:\overline{AB}=\overline{EG}:\overline{BC}$이므로

$6:(6+3)=\overline{EG}:10$

$9\overline{EG}=60 \quad \therefore \overline{EG}=\frac{20}{3}(\text{cm})$

또 $\overline{AD}\,/\!/\,\overline{EF}\,/\!/\,\overline{BC}$이므로

$\overline{DF}:\overline{FC}=\overline{AE}:\overline{EB}=6:3=2:1$

이때 $\triangle ACD$에서 $\overline{GF}:\overline{AD}=\overline{CF}:\overline{CD}$이므로

$\overline{GF}:4=1:(1+2)$

$3\overline{GF}=4 \quad \therefore \overline{GF}=\frac{4}{3}(\text{cm})$

$\therefore \overline{EF}=\overline{EG}+\overline{GF}=\frac{20}{3}+\frac{4}{3}=8(\text{cm})$

5 답 $x=4$, $y=10$

$\overline{BG}:\overline{GE}=2:1$이므로

$\overline{GE}=\frac{1}{2}\overline{BG}=\frac{1}{2}\times8=4(\text{cm}) \quad \therefore x=4$

또 $\overline{AG}:\overline{GD}=2:1$이므로

$\overline{AG}=\frac{2}{3}\overline{AD}=\frac{2}{3}\times15=10(\text{cm}) \quad \therefore y=10$

6 답 ③

③ $\overline{AG}=\frac{2}{3}\overline{AD}$, $\overline{BG}=\frac{2}{3}\overline{BE}$, $\overline{CG}=\frac{2}{3}\overline{CF}$

이때 $\overline{AD}$, $\overline{BE}$, $\overline{CF}$의 길이를 알 수 없으므로

$\overline{AG}=\overline{BG}=\overline{CG}$라 할 수 없다.

7 답 ③

$\triangle AEG+\triangle GDC=\frac{1}{6}\triangle ABC+\frac{1}{6}\triangle ABC$

$=\frac{1}{3}\triangle ABC$

$\therefore \triangle ABC=3(\triangle AEG+\triangle GDC)$

$=3\times15=45(\text{cm}^2)$

8 답 60 cm²

$\triangle DBG$와 $\triangle DGE$의 밑변을 각각 $\overline{BG}$, $\overline{GE}$라 하면 두 삼각형은 높이가 같고 밑변의 길이의 비가 $\overline{BG}:\overline{GE}=2:1$이므로

$\triangle DBG:\triangle DGE=2:1$

$\therefore \triangle DBG=2\triangle DGE=2\times5=10(\text{cm}^2)$

$\therefore \triangle ABC=6\triangle DBG=6\times10=60(\text{cm}^2)$

OX 문제로 확인하기 • 본문 94쪽

답 ❶ × ❷ ○ ❸ ○ ❹ × ❺ ○ ❻ × ❼ ○ ❽ ○

5 피타고라스 정리

• 본문 96~97쪽

개념 36 피타고라스 정리

개념 확인

1 답 (1) 3, $x=5$ (2) 9, 15, $x=12$

(1) $4^2+3^2=x^2$에서 $x^2=25$
이때 $x>0$이므로 $x=5$

(2) $x^2+9^2=15^2$에서 $x^2=15^2-9^2=144$
이때 $x>0$이므로 $x=12$

2 답 (1) 10 (2) 13 (3) 12 (4) 8

(1) $6^2+8^2=x^2$에서 $x^2=100$
이때 $x>0$이므로 $x=10$

(2) $12^2+5^2=x^2$에서 $x^2=169$
이때 $x>0$이므로 $x=13$

(3) $16^2+x^2=20^2$에서 $x^2=20^2-16^2=144$
이때 $x>0$이므로 $x=12$

(4) $x^2+15^2=17^2$에서 $x^2=17^2-15^2=64$
이때 $x>0$이므로 $x=8$

교과서 문제로 개념 다지기

1 답 ⑤

$\overline{BC}^2=13^2-5^2=144$
이때 $\overline{BC}>0$이므로 $\overline{BC}=12$(cm)

2 답 56 cm

$\overline{AC}^2=25^2-7^2=576$
이때 $\overline{AC}>0$이므로 $\overline{AC}=24$(cm)
$\therefore$ (△ABC의 둘레의 길이)$=\overline{AB}+\overline{BC}+\overline{CA}$
$=7+25+24=56$(cm)

3 답 7

△DBC에서 $x^2=12^2+9^2=225$
이때 $x>0$이므로 $x=15$
또 △ABD에서 $y^2=17^2-15^2=64$
이때 $y>0$이므로 $y=8$
$\therefore x-y=15-8=7$

4 답 17 cm

△ABC의 넓이가 60 cm²이므로
$\frac{1}{2}\times15\times\overline{AC}=60$ $\therefore \overline{AC}=8$(cm)
$\overline{BC}^2=15^2+8^2=289$
이때 $\overline{BC}>0$이므로 $\overline{BC}=17$(cm)

5 답 10 cm

이등변삼각형 ABC에서 $\overline{AD}\perp\overline{BC}$이므로 점 D는 $\overline{BC}$의 중점이다.
$\therefore \overline{CD}=\frac{1}{2}\overline{BC}=\frac{1}{2}\times16=8$(cm)
따라서 △ADC에서 $\overline{AC}^2=8^2+6^2=100$
이때 $\overline{AC}>0$이므로 $\overline{AC}=10$(cm)

6 답 5

$\overline{AB}=4-1=3$, $\overline{AC}=5-1=4$이므로
△ABC에서 $\overline{BC}^2=3^2+4^2=25$
이때 $\overline{BC}>0$이므로 $\overline{BC}=5$

▶ 문제 속 개념 도출

답 ① 합

• 본문 98~99쪽

개념 37 피타고라스 정리의 응용

개념 확인

1 답 (1) 12 (2) 16

(1) △ABD에서 $\overline{AD}^2=15^2-9^2=144$
이때 $\overline{AD}>0$이므로 $\overline{AD}=12$

(2) $\overline{AD}=12$이므로 △ADC에서
$\overline{CD}^2=20^2-12^2=256$
이때 $\overline{CD}>0$이므로 $\overline{CD}=16$

2 답 (1) 8 (2) 25

(1) △ABD에서 $\overline{BD}^2=17^2-15^2=64$
이때 $\overline{BD}>0$이므로 $\overline{BD}=8$

(2) $\overline{BC}=\overline{BD}+\overline{DC}=8+12=20$이므로
△ABC에서 $\overline{AC}^2=20^2+15^2=625$
이때 $\overline{AC}>0$이므로 $\overline{AC}=25$

3 답 (1) 25 (2) 7

(1) △ABC에서 $\overline{AC}^2=20^2+15^2=625$
이때 $\overline{AC}>0$이므로 $\overline{AC}=25$

(2) $\overline{AC}=25$이므로 △ACD에서
$\overline{CD}^2=25^2-24^2=49$
이때 $\overline{CD}>0$이므로 $\overline{CD}=7$

4 답 (1) 12 (2) 9 (3) 15

(1) $\overline{AH}=\overline{CD}=12$

(2) $\overline{CH}=\overline{AD}=7$이므로

$\overline{BH}=\overline{BC}-\overline{CH}=16-7=9$

(3) $\triangle ABH$에서 $\overline{AB}^2=9^2+12^2=225$

이때 $\overline{AB}>0$이므로 $\overline{AB}=15$

교과서 문제로 개념 다지기

1 답 ③

$\triangle ABD$에서 $\overline{BD}^2=20^2-12^2=256$

이때 $\overline{BD}>0$이므로 $\overline{BD}=16(cm)$

$\therefore \overline{DC}=\overline{BC}-\overline{BD}=21-16=5(cm)$

$\triangle ADC$에서 $\overline{AC}^2=5^2+12^2=169$

이때 $\overline{AC}>0$이므로 $\overline{AC}=13(cm)$

2 답 10 cm

$\triangle ABC$에서 $\overline{AB}^2=17^2-(6+9)^2=64$

이때 $\overline{AB}>0$이므로 $\overline{AB}=8(cm)$

$\triangle ABD$에서 $\overline{AD}^2=6^2+8^2=100$

이때 $\overline{AD}>0$이므로 $\overline{AD}=10(cm)$

3 답 14 cm

오른쪽 그림과 같이 $\overline{AC}$를 그으면

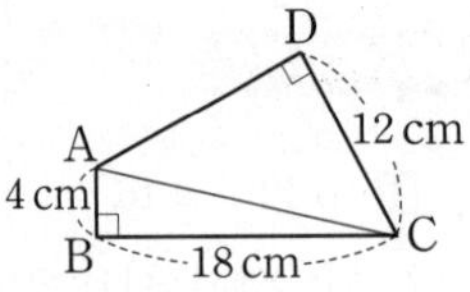

$\triangle ABC$에서

$\overline{AC}^2=18^2+4^2=340$

$\triangle ACD$에서

$\overline{AD}^2=340-12^2=196$

이때 $\overline{AD}>0$이므로 $\overline{AD}=14(cm)$

4 답 (1) 15 cm (2) 300 cm^2

(1) 오른쪽 그림과 같이 꼭짓점 A에서 $\overline{BC}$에 내린 수선의 발을 H라 하면

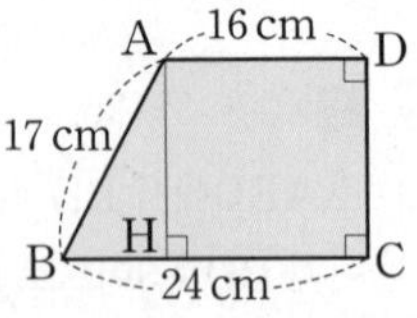

$\overline{HC}=\overline{AD}=16cm$이므로

$\overline{BH}=\overline{BC}-\overline{HC}=24-16=8(cm)$

$\triangle ABH$에서 $\overline{AH}^2=17^2-8^2=225$

이때 $\overline{AH}>0$이므로 $\overline{AH}=15(cm)$

따라서 사다리꼴 ABCD의 높이는 15 cm이다.

(2) (사다리꼴 ABCD의 넓이)$=\frac{1}{2}\times(16+24)\times15$

$=300(cm^2)$

5 답 $\frac{36}{5}$ cm

$\triangle ABC$에서 $\overline{BC}^2=12^2+9^2=225$

이때 $\overline{BC}>0$이므로 $\overline{BC}=15(cm)$

$\overline{AB}\times\overline{AC}=\overline{BC}\times\overline{AD}$이므로

$12\times9=15\times\overline{AD}$ $\quad\therefore \overline{AD}=\frac{36}{5}(cm)$

| 참고 | $\angle A=90°$인 직각삼각형 ABC의 넓이에서

①×②=③×④

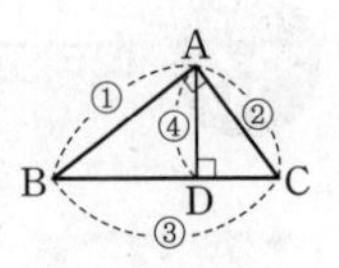

6 답 50 m

오른쪽 그림과 같이 점 C에서 $\overline{AB}$에 내린 수선의 발을 H라 하면

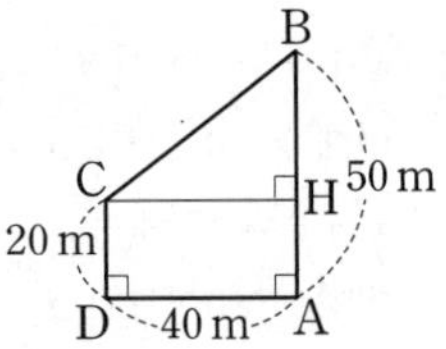

$\overline{CH}=\overline{AD}=40m$,

$\overline{AH}=\overline{CD}=20m$이므로

$\overline{BH}=\overline{AB}-\overline{AH}=50-20=30(m)$

$\triangle BCH$에서 $\overline{BC}^2=40^2+30^2=2500$

이때 $\overline{BC}>0$이므로 $\overline{BC}=50(m)$

따라서 새가 날아가야 하는 거리는 50 m이다.

▶ 문제 속 개념 도출

답 ① 직각삼각형

• 본문 100~101쪽

개념 38 피타고라스 정리의 확인(1) – 유클리드의 방법

개념 확인

1 답 $\triangle ACE$, $\overline{CA}$, $\angle CAF$, $\overline{AF}$, SAS, $\triangle AFL$, $\triangle AFL$, $\triangle ACE$, $\triangle AFL$

2 답 (1) 9 (2) 18 (3) 4

(1) $\square BHML=\square BAFG=\overline{AB}^2=3^2=9$

(2) $\triangle GBC=\triangle GBA=\frac{1}{2}\square BAFG=\frac{1}{2}\times6^2=18$

(3) $\square BHIC=\square BAFG+\square CDEA$이므로

$12=\square BAFG+8$ $\quad\therefore \square BAFG=4$

교과서 문제로 개념 다지기

1 답 ㄴ, ㄷ

ㄱ. $\triangle ABC$와 $\triangle ABH$는 밑변이 $\overline{AB}$로 같지만 높이가 같은지 알 수 없으므로 $\triangle ABC=\triangle ABH$라 할 수 없다.

ㄴ. $\triangle GBC$와 $\triangle ABH$에서

$\overline{BC}=\overline{BH}$, $\angle GBC=\angle ABH$, $\overline{GB}=\overline{AB}$이므로

$\triangle GBC\equiv\triangle ABH$ (SAS 합동)

$\therefore \triangle GBC=\triangle ABH$

ㄷ. $\triangle$LGB와 $\triangle$GBC는 밑변이 $\overline{GB}$이고 높이가 같으므로
$\triangle LGB=\triangle GBC$
이때 $\triangle GBC=\triangle ABH$이므로 $\triangle LGB=\triangle ABH$
따라서 $\triangle$ABH와 넓이가 같은 것은 ㄴ, ㄷ이다.

2 답 $49\,cm^2$
$\square ADEB=\square ACHI+\square BFGC$이므로
$74=25+\square BFGC$ $\therefore \square BFGC=49(cm^2)$

3 답 $64\,cm^2$
$\square ADML=\square ACHI=8^2=64(cm^2)$

4 답 $72\,cm^2$
$\triangle$ABC에서 $\overline{AB}^2=15^2-9^2=144$
이때 $\overline{AB}>0$이므로 $\overline{AB}=12(cm)$
$\therefore \triangle ABF=\triangle EBC=\triangle EBA=\frac{1}{2}\square ADEB$
$=\frac{1}{2}\times 12^2=72(cm^2)$

5 답 $75\,cm^2$
오른쪽 그림과 같이 색칠한 부분의 넓이를 각각 P, Q, R, S, T, U, V라 하면
$Q=\overline{AB}^2=3^2=9(cm^2)$,
$R=\overline{AC}^2=4^2=16(cm^2)$이므로
$P=Q+R=9+16=25(cm^2)$
이때 $Q=S+T$, $R=U+V$
따라서 색칠한 부분의 넓이는
$P+(Q+R)+(S+T)+(U+V)=P+P+Q+R=3P$
$=3\times 25=75(cm^2)$

▶ 문제 속 개념 도출
답 ① a

• 본문 102~103쪽

개념 39 피타고라스 정리의 확인(2) – 피타고라스의 방법

개념 확인

1 답 5, 169, 169

2 답 (1) 4 (2) 52
(1) $\triangle AEH\equiv\triangle DHG$이므로 $\overline{AE}=\overline{DH}=4$
(2) $\triangle$AEH에서 $\overline{EH}^2=6^2+4^2=52$이고
□EFGH는 정사각형이므로
$\square EFGH=\overline{EH}^2=52$

3 답 (1) 5 (2) 3
(1) □EFGH는 정사각형이고 $\square EFGH=25$이므로 $\overline{EF}^2=25$
이때 $\overline{EF}>0$이므로 $\overline{EF}=5$
(2) $\triangle$EBF에서 $\overline{BF}^2=5^2-4^2=9$
이때 $\overline{BF}>0$이므로 $\overline{BF}=3$

교과서 문제로 개념 다지기

1 답 44
$\triangle$AEH에서 $\overline{EH}^2=a^2+b^2=121$
이때 $\overline{EH}>0$이므로 $\overline{EH}=11$
□EFGH는 정사각형이므로 그 둘레의 길이는
$4\overline{EH}=4\times 11=44$

2 답 ①
$\overline{DH}=3\,cm$이므로
$\overline{AH}=\overline{AD}-\overline{DH}=10-3=7(cm)$
$\triangle$AEH에서 $\overline{EH}^2=3^2+7^2=58$이고
□EFGH는 정사각형이므로
$\square EFGH=\overline{EH}^2=58(cm^2)$

3 답 (1) 15 cm (2) 23 cm (3) $529\,cm^2$
(1) □EFGH는 정사각형이고 $\square EFGH=289\,cm^2$이므로
$\overline{EF}^2=289$
이때 $\overline{EF}>0$이므로 $\overline{EF}=17(cm)$
$\triangle$EBF에서 $\overline{BE}^2=17^2-8^2=225$
이때 $\overline{BE}>0$이므로 $\overline{BE}=15(cm)$
(2) $\overline{AB}=\overline{AE}+\overline{EB}=8+15=23(cm)$
(3) $\square ABCD=\overline{AB}^2=23^2=529(cm^2)$

4 답 ㄹ
$\triangle AEH\equiv\triangle BFE\equiv\triangle CGF\equiv\triangle DHG$ (SAS 합동)
ㄱ. $\triangle AEH\equiv\triangle BFE$이므로 $\angle AEH=\angle BFE$
ㄷ. $\overline{EF}=\overline{FG}=\overline{GH}=\overline{HE}=c$이고
$\angle HEF=\angle EFG=\angle FGH=\angle GHE=90^\circ$이므로
□EFGH는 정사각형이다.
ㄹ. $\square EFGH=c^2=a^2+b^2$
$\triangle AEH=\frac{1}{2}ab$이므로 $4\triangle AEH=4\times\frac{1}{2}ab=2ab$
즉, $\square EFGH=4\triangle AEH$라 할 수 없다.
따라서 옳지 않은 것은 ㄹ이다.

▶ 문제 속 개념 도출
답 ① 제곱 ② SAS

• 본문 104~105쪽

개념 40 직각삼각형이 되기 위한 조건

개념 확인

1 답 (1) ○ (2) × (3) × (4) ○

(1) $3^2+4^2=5^2$이므로 직각삼각형이다.
(2) $5^2+6^2\neq7^2$이므로 직각삼각형이 아니다.
(3) $10^2+12^2\neq15^2$이므로 직각삼각형이 아니다.
(4) $15^2+8^2=17^2$이므로 직각삼각형이다.

2 답 (1) 둔각삼각형 (2) 예각삼각형 (3) 직각삼각형 (4) 예각삼각형 (5) 둔각삼각형 (6) 직각삼각형

(1) $2^2+3^2<4^2$이므로 둔각삼각형이다.
(2) $4^2+5^2>6^2$이므로 예각삼각형이다.
(3) $5^2+12^2=13^2$이므로 직각삼각형이다.
(4) $6^2+10^2>11^2$이므로 예각삼각형이다.
(5) $8^2+14^2<17^2$이므로 둔각삼각형이다.
(6) $9^2+40^2=41^2$이므로 직각삼각형이다.

교과서 문제로 개념 다지기

1 답 (1) 5 (2) 13 (3) 10 (4) 20

(1) $x^2=3^2+4^2=25$이어야 하고 $x>0$이므로 $x=5$
(2) $x^2=5^2+12^2=169$이어야 하고 $x>0$이므로 $x=13$
(3) $x^2=6^2+8^2=100$이어야 하고 $x>0$이므로 $x=10$
(4) $x^2=12^2+16^2=400$이어야 하고 $x>0$이므로 $x=20$

2 답 ①, ③

① $3^2+3^2\neq4^2$이므로 직각삼각형이 아니다.
② $7^2+24^2=25^2$이므로 직각삼각형이다.
③ $8^2+10^2\neq15^2$이므로 직각삼각형이 아니다.
④ $9^2+12^2=15^2$이므로 직각삼각형이다.
⑤ $15^2+20^2=25^2$이므로 직각삼각형이다.
따라서 직각삼각형이 아닌 것은 ①, ③이다.

3 답 ②, ④

① $2^2+4^2<5^2$이므로 둔각삼각형이다.
② $4^2+6^2>7^2$이므로 예각삼각형이다.
③ $5^2+10^2<12^2$이므로 둔각삼각형이다.
④ $6^2+9^2>10^2$이므로 예각삼각형이다.
⑤ $9^2+12^2=15^2$이므로 직각삼각형이다.
따라서 예각삼각형인 것은 ②, ④이다.

4 답 ㄷ, ㄹ

ㄱ. $x=4$이면 $4^2+5^2<8^2$이므로 둔각삼각형이다.
ㄴ. $x=7$이면 $5^2+7^2>8^2$이므로 예각삼각형이다.
ㄷ. $x=9$이면 $5^2+8^2>9^2$이므로 예각삼각형이다.
ㄹ. $x=12$이면 $5^2+8^2<12^2$이므로 둔각삼각형이다.
따라서 옳은 것은 ㄷ, ㄹ이다.

5 답 28, 100

(i) 가장 긴 막대의 길이가 8 cm일 때
$6^2+x^2=8^2$이므로 $x^2=8^2-6^2=28$
(ii) 가장 긴 막대의 길이가 x cm일 때
$x^2=6^2+8^2=100$
따라서 (i), (ii)에서 가능한 x^2의 값은 28, 100이다.

▶ 문제 속 개념 도출

답 ① 제곱

• 본문 106~107쪽

개념 41 피타고라스 정리의 활용

개념 확인

1 답 (1) 26 (2) 15 (3) 39

(1) (색칠한 부분의 넓이)$=10+16=26$
(2) (색칠한 부분의 넓이)$=28-13=15$
(3) (색칠한 부분의 넓이)$=26+13=39$

2 답 (1) ① $\frac{25}{2}\pi$, ② $\frac{25}{2}\pi$ (2) ① 6, ② 6

(1) ① $\frac{1}{2}\times\pi\times\left(\frac{1}{2}\times10\right)^2=\frac{25}{2}\pi$
② (색칠한 부분의 넓이)
$=(\overline{BC}$를 지름으로 하는 반원의 넓이)
$=\frac{25}{2}\pi$
(2) ① $\triangle ABC=\frac{1}{2}\times4\times3=6$
② (색칠한 부분의 넓이)$=\triangle ABC=6$

교과서 문제로 개념 다지기

1 답 ②

색칠한 부분의 넓이는 $\overline{BC}$를 지름으로 하는 반원의 넓이와 같으므로

$\frac{1}{2}\times\pi\times\left(\frac{14}{2}\right)^2=\frac{49}{2}\pi(\text{cm}^2)$

2 답 $9\pi\,\text{cm}^2$

$\overline{AB}$, $\overline{AC}$, $\overline{BC}$를 각각 지름으로 하는 반원의 넓이를 P, Q, R라 하면 $P+Q=R$이므로

(색칠한 부분의 넓이)$=P+Q+R=2R$

$=2\times\left(\frac{1}{2}\times\pi\times3^2\right)=9\pi(\text{cm}^2)$

3 답 $108\,\text{cm}^2$

(색칠한 부분의 넓이)$=2\triangle ABC$

$=2\times\left(\frac{1}{2}\times12\times9\right)=108(\text{cm}^2)$

4 답 $24\,\text{cm}^2$

$\triangle ABC$에서 $\overline{AB}^2=10^2-8^2=36$

이때 $\overline{AB}>0$이므로 $\overline{AB}=6(\text{cm})$

$\therefore$ (색칠한 부분의 넓이)$=\triangle ABC$

$=\frac{1}{2}\times6\times8=24(\text{cm}^2)$

5 답 풀이 참조

$\triangle ABC$에서 $b^2+c^2=a^2$이므로

$\overline{AB}$를 지름으로 하는 반원의 넓이와 $\overline{CA}$를 지름으로 하는 반원의 넓이의 합은 $\overline{BC}$를 지름으로 하는 반원의 넓이와 같다.

$\therefore$ (초승달 모양의 두 도형 ①, ②의 넓이의 합)

$=$($\overline{AB}$를 지름으로 하는 반원의 넓이)

$+$($\overline{CA}$를 지름으로 하는 반원의 넓이)$+\triangle ABC$

$-$($\overline{BC}$를 지름으로 하는 반원의 넓이)

$=\triangle ABC$

▶ 문제 속 개념 도출

답 ① c^2 ② S_3

학교 시험 문제로 단원마무리

• 본문 108~109쪽

1 답 $10\,\text{cm}$

$\triangle ABC=24\,\text{cm}^2$이므로

$\frac{1}{2}\times8\times\overline{AC}=24$ $\therefore \overline{AC}=6(\text{cm})$

$\therefore \overline{AB}^2=8^2+6^2=100$

이때 $\overline{AB}>0$이므로 $\overline{AB}=10(\text{cm})$

2 답 $296\,\text{cm}^2$

$\triangle ABD$에서 $\overline{BD}^2=10^2+14^2=296(\text{cm}^2)$

$\therefore \square BEFD=\overline{BD}^2=296\,\text{cm}^2$

| 참고 | 가로의 길이가 a, 세로의 길이가 b인 직사각형의 대각선의 길이를 l이라 하면

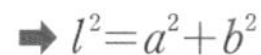

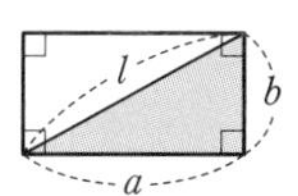

3 답 $17\,\text{cm}$

$\triangle BCD$에서 $\overline{BC}^2=10^2-6^2=64$

이때 $\overline{BC}>0$이므로 $\overline{BC}=8(\text{cm})$

$\triangle ABC$에서 $\overline{AB}^2=8^2+(6+9)^2=289$

이때 $\overline{AB}>0$이므로 $\overline{AB}=17(\text{cm})$

4 답 $x=\frac{48}{5}$, $y=\frac{64}{5}$

$\triangle ABC$에서 $\overline{AC}^2=20^2-12^2=256$

이때 $\overline{AC}>0$이므로 $\overline{AC}=16(\text{cm})$

$\overline{AB}\times\overline{AC}=\overline{BC}\times\overline{AD}$이므로 $12\times16=20\times x$ $\therefore x=\frac{48}{5}$

$\overline{AC}^2=\overline{CD}\times\overline{CB}$이므로 $16^2=y\times20$ $\therefore y=\frac{64}{5}$

5 답 ①

$\square AFGB=\square ACDE+\square BHIC$

$=33+16=49(\text{cm}^2)$

따라서 $\overline{AB}^2=49$이고, $\overline{AB}>0$이므로 $\overline{AB}=7(\text{cm})$

6 답 $196\,\text{cm}^2$

$\square EFGH$는 정사각형이고 $\square EFGH=100\,\text{cm}^2$이므로

$\overline{EH}^2=100$

이때 $\overline{EH}>0$이므로 $\overline{EH}=10(\text{cm})$

$\triangle AEH$에서 $\overline{AH}^2=10^2-6^2=64$

이때 $\overline{AH}>0$이므로 $\overline{AH}=8(\text{cm})$

$\therefore \overline{AD}=\overline{AH}+\overline{HD}=8+6=14(\text{cm})$

$\therefore \square ABCD=\overline{AD}^2=14^2=196(\text{cm}^2)$

7 답 ㄱ, ㄹ

ㄱ. $3^2+4^2=5^2$이므로 직각삼각형이다.

ㄹ. $20^2+21^2=29^2$이므로 직각삼각형이다.

8 답 $90\,\text{cm}^2$

오른쪽 그림과 같이 색칠한 부분의 넓이를 각각 S_1, S_2, S_3, S_4라 하자.

$\overline{BD}$를 그으면 $\triangle ABD$, $\triangle BCD$는 각각 직각삼각형이므로

$S_1+S_2=\triangle ABD$, $S_3+S_4=\triangle BCD$

$\therefore$ (색칠한 부분의 넓이)$=S_1+S_2+S_3+S_4$

$=\triangle ABD+\triangle BCD=\square ABCD$

$=9\times10=90(\text{cm}^2)$

OX 문제로 확인하기 • 본문 110쪽

답 ❶ ○ ❷ ○ ❸ × ❹ × ❺ ○ ❻ ×

6 확률

• 본문 112~113쪽

개념 42 경우의 수

개념 확인

1 답 (1) 3 (2) 4 (3) 3 (4) 4

(1) 짝수의 눈이 나오는 경우는 2, 4, 6이므로 구하는 경우의 수는 3이다.

(2) 4 이하의 눈이 나오는 경우는 1, 2, 3, 4이므로 구하는 경우의 수는 4이다.

(3) 소수의 눈이 나오는 경우는 2, 3, 5이므로 구하는 경우의 수는 3이다.

(4) 6의 약수의 눈이 나오는 경우는 1, 2, 3, 6이므로 구하는 경우의 수는 4이다.

2 답 (1) 5 (2) 3 (3) 1 (4) 3

(1) 홀수가 적힌 카드가 나오는 경우는 1, 3, 5, 7, 9이므로 구하는 경우의 수는 5이다.

(2) 7 초과의 수가 적힌 카드가 나오는 경우는 8, 9, 10이므로 구하는 경우의 수는 3이다.

(3) 두 자리의 자연수가 적힌 카드가 나오는 경우는 10이므로 구하는 경우의 수는 1이다.

(4) 3의 배수가 적힌 카드가 나오는 경우는 3, 6, 9이므로 구하는 경우의 수는 3이다.

3 답 (1) 4 (2) 2 (3) 1 (4) 2

서로 다른 두 개의 동전을 던질 때 나오는 면을 순서쌍으로 나타내면

(1) 모든 경우는
(앞면, 앞면), (앞면, 뒷면), (뒷면, 앞면), (뒷면, 뒷면)
이므로 구하는 경우의 수는 4이다.

(2) 앞면이 한 개만 나오는 경우는
(앞면, 뒷면), (뒷면, 앞면)
이므로 구하는 경우의 수는 2이다.

(3) 뒷면이 두 개 나오는 경우는
(뒷면, 뒷면)
이므로 구하는 경우의 수는 1이다.

(4) 서로 같은 면이 나오는 경우는
(앞면, 앞면), (뒷면, 뒷면)
이므로 구하는 경우의 수는 2이다.

4 답 표는 풀이 참조 (1) 36 (2) 6 (3) 5 (4) 4

A \ B	⚀	⚁	⚂	⚃	⚄	⚅
⚀	(1, 1)	(1, 2)	(1, 3)	(1, 4)	(1, 5)	(1, 6)
⚁	(2, 1)	(2, 2)	(2, 3)	(2, 4)	(2, 5)	(2, 6)
⚂	(3, 1)	(3, 2)	(3, 3)	(3, 4)	(3, 5)	(3, 6)
⚃	(4, 1)	(4, 2)	(4, 3)	(4, 4)	(4, 5)	(4, 6)
⚄	(5, 1)	(5, 2)	(5, 3)	(5, 4)	(5, 5)	(5, 6)
⚅	(6, 1)	(6, 2)	(6, 3)	(6, 4)	(6, 5)	(6, 6)

(1) 모든 경우의 수는 36이다.

(2) 두 눈의 수가 같은 경우는
(1, 1), (2, 2), (3, 3), (4, 4), (5, 5), (6, 6)
이므로 구하는 경우의 수는 6이다.

(3) 두 눈의 수의 합이 6인 경우는
(1, 5), (2, 4), (3, 3), (4, 2), (5, 1)
이므로 구하는 경우의 수는 5이다.

(4) 두 눈의 수의 차가 4인 경우는
(1, 5), (2, 6), (5, 1), (6, 2)
이므로 구하는 경우의 수는 4이다.

교과서 문제로 개념 다지기

1 답 ③

① 홀수의 눈이 나오는 경우는 1, 3, 5이므로 경우의 수는 3이다.
② 소수의 눈이 나오는 경우는 2, 3, 5이므로 경우의 수는 3이다.
③ 3 이상의 눈이 나오는 경우는 3, 4, 5, 6이므로 경우의 수는 4이다.
④ 4의 약수의 눈이 나오는 경우는 1, 2, 4이므로 경우의 수는 3이다.
⑤ 5의 배수의 눈이 나오는 경우는 5이므로 경우의 수는 1이다.
따라서 경우의 수가 가장 큰 사건은 ③이다.

2 답 6

소수가 적힌 공이 나오는 경우는 2, 3, 5, 7, 11, 13이므로 구하는 경우의 수는 6이다.

3 답 3

승부가 나지 않는 경우는 두 사람이 같은 것을 내는 경우이다.
이 경우를 순서쌍으로 나타내면
(가위, 가위), (바위, 바위), (보, 보)
이므로 구하는 경우의 수는 3이다.

4 답 5

두 주사위에서 나오는 눈의 수를 순서쌍으로 나타내면
두 눈의 수의 합이 8인 경우는
(2, 6), (3, 5), (4, 4), (5, 3), (6, 2)
이므로 구하는 경우의 수는 5이다.

5 답 2

주사위는 3의 배수의 눈이 나오고 동전은 앞면이 나오는 경우를 순서쌍으로 나타내면
(3, 앞면), (6, 앞면)
이므로 구하는 경우의 수는 2이다.

6 답 3

주연이가 가진 지폐와 동전으로 2500원을 지불하는 방법을 표로 나타내면 다음과 같다.

1000원(장)	500원(개)
2	1
1	3
0	5

따라서 구하는 방법의 수는 3이다.

7 답 (1) 14 (2) 풀이 참조

(1) 모든 경우는 1부터 14까지의 자연수이므로 모든 경우의 수는 14이다.
(2) 예 • 4 이하의 수가 나온다.
• 14의 약수가 나온다.

▶ 문제 속 개념 도출

답 ① 경우의 수

• 본문 114~115쪽

개념 43 사건 A 또는 사건 B가 일어나는 경우의 수

개념 확인

1 답 (1) 3 (2) 4 (3) 3, 7

2 답 (1) 3 (2) 2 (3) 5

(1) 2의 배수의 눈이 나오는 경우는 2, 4, 6이므로 구하는 경우의 수는 3이다.
(2) 5의 약수의 눈이 나오는 경우는 1, 5이므로 구하는 경우의 수는 2이다.
(3) 2의 배수 또는 5의 약수의 눈이 나오는 경우의 수는
$3+2=5$

3 답 (1) 3 (2) 1 (3) 4

(1) 4보다 작은 수가 적힌 공이 나오는 경우는 1, 2, 3이므로 구하는 경우의 수는 3이다.
(2) 9보다 큰 수가 적힌 공이 나오는 경우는 10이므로 구하는 경우의 수는 1이다.
(3) 4보다 작거나 9보다 큰 수가 적힌 공이 나오는 경우의 수는
$3+1=4$

4 답 (1) 5 (2) 2 (3) 7

두 주사위에서 나오는 눈의 수를 순서쌍으로 나타내면
(1) 두 눈의 수의 합이 6인 경우는
(1, 5), (2, 4), (3, 3), (4, 2), (5, 1)
이므로 구하는 경우의 수는 5이다.
(2) 두 눈의 수의 합이 11인 경우는
(5, 6), (6, 5)
이므로 구하는 경우의 수는 2이다.
(3) 두 눈의 수의 합이 6 또는 11인 경우의 수는
$5+2=7$

교과서 문제로 개념 다지기

1 답 9

김밥을 주문하는 경우의 수는 5
라면을 주문하는 경우의 수는 4
따라서 구하는 경우의 수는 $5+4=9$

2 답 8

파란 구슬이 나오는 경우의 수는 3
빨간 구슬이 나오는 경우의 수는 5
따라서 구하는 경우의 수는 $3+5=8$

3 답 10

5의 배수가 적힌 카드가 나오는 경우는 5, 10, 15, 20, 25, 30의 6가지
21의 약수가 적힌 카드가 나오는 경우는 1, 3, 7, 21의 4가지
따라서 구하는 경우의 수는 $6+4=10$

4 답 ③

두 주사위에서 나오는 눈의 수를 순서쌍으로 나타내면
두 눈의 수의 차가 3인 경우는
(1, 4), (2, 5), (3, 6), (4, 1), (5, 2), (6, 3)의 6가지
두 눈의 수의 차가 5인 경우는
(1, 6), (6, 1)의 2가지
따라서 구하는 경우의 수는 $6+2=8$

5 답 ⑤

주사위에서 나오는 두 눈의 수의 합이 4의 배수인 경우는 합이 4, 8, 12인 경우이다.

주사위에서 첫 번째, 두 번째 나오는 눈의 수를 순서쌍으로 나타내면

(i) 두 눈의 수의 합이 4인 경우는

(1, 3), (2, 2), (3, 1)의 3가지

(ii) 두 눈의 수의 합이 8인 경우는

(2, 6), (3, 5), (4, 4), (5, 3), (6, 2)의 5가지

(iii) 두 눈의 수의 합이 12인 경우는

(6, 6)의 1가지

따라서 (i)~(iii)에서 구하는 경우의 수는

$3+5+1=9$

6 답 (1) 15 (2) 4 (3) 17

(1) 2의 배수가 적힌 공이 나오는 경우는 2, 4, 6, …, 30이므로 구하는 경우의 수는 15이다.

(2) 7의 배수가 적힌 공이 나오는 경우는 7, 14, 21, 28이므로 구하는 경우의 수는 4이다.

(3) 14와 28은 2의 배수이면서 7의 배수, 즉 2와 7의 공배수이므로 구하는 경우의 수는

$15+4-2=17$

7 답 9

수요일을 택하는 경우는 1일, 8일, 15일, 22일, 29일이므로 경우의 수는 5이다.

금요일을 택하는 경우는 3일, 10일, 17일, 24일이므로 경우의 수는 4이다.

따라서 구하는 경우의 수는

$5+4=9$

▶ 문제 속 개념 도출

답 ① +

• 본문 116~117쪽

개념 44 사건 A와 사건 B가 동시에 일어나는 경우의 수

개념 확인

1 답 (1) 4 (2) 2 (3) 4, 8

2 답 (1) 3 (2) 2 (3) 6

(3) A지점에서 B지점을 거쳐 C지점으로 가는 방법의 수는

$3\times2=6$

3 답 (1) 3 (2) 3 (3) 9

(1) 소수의 눈이 나오는 경우는 2, 3, 5이므로 경우의 수는 3이다.

(2) 짝수의 눈이 나오는 경우는 2, 4, 6이므로 경우의 수는 3이다.

(3) A주사위에서 소수의 눈이 나오고, B주사위에서 짝수의 눈이 나오는 경우의 수는

$3\times3=9$

4 답 (1) 4 (2) 36 (3) 12

(1) 동전 한 개를 던질 때 일어나는 모든 경우는 앞면, 뒷면이므로 경우의 수는 2이다.

따라서 구하는 경우의 수는

$2\times2=4$

(2) 주사위 한 개를 던질 때 일어나는 모든 경우는 1, 2, 3, 4, 5, 6이므로 경우의 수는 6이다.

따라서 구하는 경우의 수는

$6\times6=36$

(3) 동전 한 개를 던질 때 일어나는 모든 경우의 수는 2

주사위 한 개를 던질 때 일어나는 모든 경우의 수는 6

따라서 구하는 경우의 수는

$2\times6=12$

교과서 문제로 개념 다지기

1 답 6

컵, 콘을 선택하는 경우의 수는 2

아이스크림 맛을 선택하는 경우의 수는 3

따라서 구하는 경우의 수는

$2\times3=6$

2 답 20개

자음이 적힌 카드를 뽑는 경우의 수는 5

모음이 적힌 카드를 뽑는 경우의 수는 4

따라서 만들 수 있는 글자의 개수는

$5\times4=20$(개)

3 답 12

학교에서 도서관으로 가는 방법의 수는 3

도서관에서 집으로 가는 방법의 수는 4

따라서 구하는 방법의 수는

$3\times4=12$

4 답 9

한 개의 주사위에서 홀수가 나오는 경우는 1, 3, 5이므로 경우의 수는 3이다.

따라서 구하는 경우의 수는

$3\times3=9$

5 답 8

동전 2개에서 앞면이 한 개만 나오는 경우를 순서쌍으로 나타내면 (앞면, 뒷면), (뒷면, 앞면)의 2가지

주사위에서 6의 약수의 눈이 나오는 경우는

1, 2, 3, 6의 4가지

따라서 구하는 경우의 수는

$2\times4=8$

6 답 (1) 9 (2) 1 (3) 10

(1) A지점에서 B지점으로 가는 방법의 수는 3

B지점에서 C지점으로 가는 방법의 수는 3

따라서 구하는 방법의 수는

$3\times3=9$

(2) A지점에서 B지점을 거치지 않고 C지점으로 가는 방법의 수는 1

(3) A지점에서 C지점으로 가는 방법의 수는

$9+1=10$

7 답 35

남학생을 뽑는 경우의 수는 5

여학생을 뽑는 경우의 수는 7

따라서 구하는 경우의 수는

$5\times7=35$

▶ 문제 속 개념 도출

답 ① ×

• 본문 118~119쪽

개념 45 경우의 수의 응용(1) – 한 줄로 세우기

개념 확인

1 답 (1) 4, 3, 2, 1, 24 (2) 6 (3) 120

(2) $3\times2\times1=6$

(3) $5\times4\times3\times2\times1=120$

2 답 (1) 5, 4, 20 (2) 60 (3) 120

(2) $5\times4\times3=60$

(3) $5\times4\times3\times2=120$

3 답 (1) 3, 2, 1, 6 (2) 6 (3) 2

(2) B를 맨 뒤에 세우는 경우의 수는 B를 제외한 3명을 한 줄로 세우는 경우의 수와 같으므로

$3\times2\times1=6$

(3) A를 맨 앞에, B를 맨 뒤에 세우는 경우의 수는 A, B를 제외한 2명을 한 줄로 세우는 경우의 수와 같으므로

$2\times1=2$

4 답 (1) ① 6, ② 2, ③ 6, 2, 12 (2) 12

(1) ① $3\times2\times1=6$

② $2\times1=2$

(2) A, B, C를 한 명으로 생각하여 2명을 한 줄로 세우는 경우의 수는 $2\times1=2$

이때 A, B, C가 자리를 바꾸는 경우의 수는 $3\times2\times1=6$

따라서 구하는 경우의 수는

$2\times6=12$

교과서 문제로 개념 다지기

1 답 6

3편의 영화의 상영 순서를 정하는 경우의 수는 3명을 한 줄로 세우는 경우의 수와 같으므로

$3\times2\times1=6$

2 답 360

$6\times5\times4\times3=360$

3 답 24

D가 적힌 카드가 한가운데 오도록 나열하는 경우의 수는 D가 적힌 카드를 제외한 나머지 네 장의 카드를 한 줄로 나열하는 경우의 수와 같으므로

$4\times3\times2\times1=24$

4 답 48

선생님을 제외한 나머지 4명이 한 줄로 앉는 경우의 수는

$4\times3\times2\times1=24$

이때 선생님 2명이 자리를 바꾸는 경우의 수는 2

따라서 구하는 경우의 수는

$24\times2=48$

5 답 ③

B와 D를 한 명으로 생각하여 4명을 한 줄로 세우는 경우의 수는

$4\times3\times2\times1=24$

이때 B와 D가 자리를 바꾸는 경우의 수는 $2\times1=2$

따라서 구하는 경우의 수는

$24\times2=48$

6 답 36

국어, 과학, 사회 교과서를 한 권으로 생각하여 3권을 책꽂이에 꽂는 경우의 수는

$3\times2\times1=6$

이때 국어, 과학, 사회 교과서의 자리를 바꾸는 경우의 수는

$3\times2\times1=6$

따라서 구하는 경우의 수는

$6\times6=36$

7 답 24

A, B, C에 서로 다른 색을 칠하는 경우의 수는 4가지 색 중에서 3가지 색을 뽑아 한 줄로 세우는 경우의 수와 같으므로

$4\times3\times2=24$

A에 칠할 수 있는 색은 4가지,

B에 칠할 수 있는 색은 A에 칠한 색을 제외한 3가지,

C에 칠할 수 있는 색은 A, B에 칠한 색을 제외한 2가지이므로 구하는 경우의 수는

$4\times3\times2=24$

▶ 문제 속 개념 도출

답 ① n ② r

• 본문 120~121쪽

개념 46 경우의 수의 응용 (2) – 자연수 만들기

개념 확인

1 답 (1) 5, 4, 20 (2) 60개

(1) 십의 자리에 올 수 있는 숫자는 5개,

일의 자리에 올 수 있는 숫자는 십의 자리의 숫자를 제외한 4개이므로 만들 수 있는 두 자리의 자연수의 개수는

$5\times4=20$(개)

(2) 백의 자리에 올 수 있는 숫자는 5개,

십의 자리에 올 수 있는 숫자는 백의 자리의 숫자를 제외한 4개,

일의 자리에 올 수 있는 숫자는 백의 자리와 십의 자리의 숫자를 제외한 3개이므로 만들 수 있는 세 자리의 자연수의 개수는

$5\times4\times3=60$(개)

2 답 (1) 12개 (2) 24개

(1) 십의 자리에 올 수 있는 숫자는 4개,

일의 자리에 올 수 있는 숫자는 십의 자리의 숫자를 제외한 3개이므로 만들 수 있는 두 자리의 자연수의 개수는

$4\times3=12$(개)

(2) 백의 자리에 올 수 있는 숫자는 4개,

십의 자리에 올 수 있는 숫자는 백의 자리의 숫자를 제외한 3개,

일의 자리에 올 수 있는 숫자는 백의 자리와 십의 자리의 숫자를 제외한 2개이므로 만들 수 있는 세 자리의 자연수의 개수는

$4\times3\times2=24$(개)

3 답 (1) 4, 4, 16 (2) 48개

(1) 십의 자리에 올 수 있는 숫자는 0을 제외한 4개,

일의 자리에 올 수 있는 숫자는 십의 자리의 숫자를 제외한 4개이므로 만들 수 있는 두 자리의 자연수의 개수는

$4\times4=16$(개)

(2) 백의 자리에 올 수 있는 숫자는 0을 제외한 4개,

십의 자리에 올 수 있는 숫자는 백의 자리의 숫자를 제외한 4개,

일의 자리에 올 수 있는 숫자는 백의 자리와 십의 자리의 숫자를 제외한 3개이므로 만들 수 있는 세 자리의 자연수의 개수는

$4\times4\times3=48$(개)

4 답 (1) 9개 (2) 18개

(1) 십의 자리에 올 수 있는 숫자는 0을 제외한 3개,

일의 자리에 올 수 있는 숫자는 십의 자리의 숫자를 제외한 3개이므로 만들 수 있는 두 자리의 자연수의 개수는

$3\times3=9$(개)

(2) 백의 자리에 올 수 있는 숫자는 0을 제외한 3개,

십의 자리에 올 수 있는 숫자는 백의 자리의 숫자를 제외한 3개,

일의 자리에 올 수 있는 숫자는 백의 자리와 십의 자리의 숫자를 제외한 2개이므로 만들 수 있는 세 자리의 자연수의 개수는

$3\times3\times2=18$(개)

교과서 문제로 개념 다지기

1 답 30개

십의 자리에 올 수 있는 숫자는 6개,
일의 자리에 올 수 있는 숫자는 십의 자리의 숫자를 제외한 5개이므로 만들 수 있는 두 자리의 자연수의 개수는
$6\times5=30$(개)

2 답 ④

백의 자리에 올 수 있는 숫자는 0을 제외한 5개,
십의 자리에 올 수 있는 숫자는 백의 자리의 숫자를 제외한 5개,
일의 자리에 올 수 있는 숫자는 백의 자리와 십의 자리의 숫자를 제외한 4개이므로 만들 수 있는 세 자리의 자연수의 개수는
$5\times5\times4=100$(개)

해설 꼭 확인

3장을 동시에 뽑아 만들 수 있는 세 자리의 자연수의 개수 구하기

(×) 백의 자리에 올 수 있는 숫자는 6개,
십의 자리에 올 수 있는 숫자는 5개,
일의 자리에 올 수 있는 숫자는 4개이므로 만들 수 있는 세 자리의 자연수의 개수는
$6\times5\times4=120$(개)

(○) 백의 자리에 올 수 있는 숫자는 0을 제외한 5개,
십의 자리에 올 수 있는 숫자는 5개,
일의 자리에 올 수 있는 숫자는 4개이므로 만들 수 있는 세 자리의 자연수의 개수는
$5\times5\times4=100$(개)

➡ 맨 앞자리에는 0이 올 수 없어. 맨 앞자리에 올 수 있는 숫자를 셀 때는 0이 있는지 없는지 꼭 확인해야 해!

3 답 (1) 4개 (2) 4개 (3) 16개

(1) 십의 자리에 올 수 있는 숫자는 2, 3, 4, 5의 4개이다.
(2) 일의 자리에 올 수 있는 숫자는 십의 자리의 숫자를 제외한 4개이다.
(3) 만들 수 있는 20보다 큰 두 자리의 자연수의 개수는
$4\times4=16$(개)

4 답 12개

십의 자리에 올 수 있는 숫자는 1, 2, 3의 3개,
일의 자리에 올 수 있는 숫자는 십의 자리의 숫자를 제외한 4개이므로 만들 수 있는 40보다 작은 두 자리의 자연수의 개수는
$3\times4=12$(개)

5 답 6개

홀수가 되려면 일의 자리에 올 수 있는 숫자는 1 또는 3이다.
(i) □1인 경우
십의 자리에 올 수 있는 숫자는 1을 제외한 3개
(ii) □3인 경우
십의 자리에 올 수 있는 숫자는 3을 제외한 3개
따라서 (i), (ii)에서 구하는 홀수의 개수는
$3+3=6$(개)

6 답 60번

[힌트 1]에서 비밀번호는 □□3□의 꼴이다.
[힌트 2]에서 비밀번호가 5000보다 크므로 천의 자리에 올 수 있는 숫자는 5, 6, 7의 3개이다.
[힌트 3]에서 중복되는 숫자가 없으므로 백의 자리에 올 수 있는 숫자는 3과 천의 자리의 숫자를 제외한 5개,
일의 자리에 올 수 있는 숫자는 3과 천의 자리, 백의 자리의 숫자를 제외한 4개이므로 비밀번호로 가능한 네 자리의 자연수의 개수는
$3\times5\times4=60$(개)
따라서 예상한 비밀번호를 최대 60번 눌러 보아야 한다.

• 본문 122~123쪽

개념 47 경우의 수의 응용(3) – 대표 뽑기

개념 확인

1 답 (1) 4, 3, 12 (2) 4, 3, 2, 24

2 답 (1) 42 (2) 210

(1) $7\times6=42$
(2) $7\times6\times5=210$

3 답 (1) 4, 3, 6 (2) 4, 3, 2, 4

4 답 (1) 21 (2) 35

(1) $\frac{7\times6}{2}=21$
(2) $\frac{7\times6\times5}{3\times2\times1}=35$

교과서 문제로 개념 다지기

1 답 20

$5\times4=20$

2 답 120

$6\times5\times4=120$

3 답 56

$\frac{8\times7\times6}{3\times2\times1}=56$

해설 꼭 확인

8명 중에서 대표 3명을 뽑는 경우의 수 구하기

$\xrightarrow{(\times)}$ $8\times7\times6=336$

$\xrightarrow{(\bigcirc)}$ $\frac{8\times7\times6}{3\times2\times1}=56$

➡ 자격이 같은 대표를 뽑는 경우의 수를 구할 때는 중복되는 수로 꼭 나누어야 해!

4 답 10

두 학생 B, F를 제외한 5명의 학생 중에서 자격이 같은 대표 2명을 뽑는 경우의 수와 같으므로

$\frac{5\times4}{2}=10$

5 답 (1) 5 (2) 6 (3) 30

(2) $\frac{4\times3}{2}=6$

(3) $5\times6=30$

6 답 45회

10명 중에서 자격이 같은 대표 2명을 뽑는 경우의 수와 같으므로

$\frac{10\times9}{2}=45$(회)

| 참고 | 악수를 하는 경우의 수

A와 B가 악수하는 것과 B와 A가 악수하는 것은 같은 경우이므로 n명이 서로 빠짐없이 악수를 하는 경우의 수는 n명 중에서 자격이 같은 대표 2명을 뽑는 경우의 수와 같다.

7 답 (1) 15개 (2) 20개

(1) 6개의 점 중에서 2개의 점을 선택하는 경우의 수는 6명 중에서 자격이 같은 대표 2명을 뽑는 경우의 수와 같으므로

$\frac{6\times5}{2}=15$(개)

(2) 6개의 점 중에서 3개의 점을 선택하는 경우의 수는 6명 중에서 자격이 같은 대표 3명을 뽑는 경우의 수와 같으므로

$\frac{6\times5\times4}{3\times2\times1}=20$(개)

▶ 문제 속 개념 도출

답 ① 3

• 본문 124~125쪽

개념 48 확률

개념 확인

1 답 (1) ① 7, ② 2, ③ $\frac{2}{7}$ (2) $\frac{5}{7}$

(2) 모든 경우의 수는 $2+5=7$

파란 구슬이 나오는 경우의 수는 5

따라서 구하는 확률은 $\frac{5}{7}$

2 답 (1) ① 6, ② 2, ③ $\frac{1}{3}$ (2) $\frac{1}{2}$

(1) ② 3의 배수의 눈이 나오는 경우는 3, 6의 2가지이므로 경우의 수는 2

③ 3의 배수의 눈이 나올 확률은 $\frac{2}{6}=\frac{1}{3}$

(2) 모든 경우의 수는 6

소수의 눈이 나오는 경우는 2, 3, 5의 3가지

따라서 구하는 확률은 $\frac{3}{6}=\frac{1}{2}$

3 답 (1) ① 4, ② 1, ③ $\frac{1}{4}$ (2) $\frac{1}{2}$

(1) ① $2\times2=4$

② 모두 앞면이 나오는 경우는

(앞면, 앞면)

의 1가지이므로 경우의 수는 1

(2) 모든 경우의 수는 $2\times2=4$

뒷면이 1개 나오는 경우는

(앞면, 뒷면), (뒷면, 앞면)의 2가지

따라서 구하는 확률은 $\frac{2}{4}=\frac{1}{2}$

4 답 (1) ① 36, ② 6, ③ $\frac{1}{6}$ (2) $\frac{1}{12}$

(1) ① $6\times6=36$

② 두 눈의 수가 같은 경우는

(1, 1), (2, 2), (3, 3), (4, 4), (5, 5), (6, 6)

의 6가지이므로 경우의 수는 6

③ $\frac{6}{36}=\frac{1}{6}$

(2) 모든 경우의 수는 $6\times6=36$

두 눈의 수의 합이 10인 경우는

(4, 6), (5, 5), (6, 4)의 3가지

따라서 구하는 확률은 $\frac{3}{36}=\frac{1}{12}$

교과서 문제로 개념 다지기

1 답 ④

전체 공의 개수는 $3+2+5=10$(개)

노란 공의 개수는 5개

따라서 구하는 확률은 $\frac{5}{10}=\frac{1}{2}$

2 답 $\frac{1}{5}$

전체 학생 수는 $60+45+30+15=150$(명)

O형인 학생 수는 30명

따라서 구하는 확률은 $\frac{30}{150}=\frac{1}{5}$

3 답 $\frac{1}{8}$

모든 경우의 수는 $2\times2\times2=8$

모두 앞면이 나오는 경우는

(앞면, 앞면, 앞면)의 1가지

따라서 구하는 확률은 $\frac{1}{8}$

4 답 $\frac{2}{9}$

모든 경우의 수는 $6\times6=36$

두 눈의 수의 차가 2인 경우는

$(1, 3)$, $(2, 4)$, $(3, 1)$, $(3, 5)$, $(4, 2)$, $(4, 6)$, $(5, 3)$, $(6, 4)$의 8가지

따라서 구하는 확률은 $\frac{8}{36}=\frac{2}{9}$

5 답 $\frac{1}{2}$

만들 수 있는 두 자리의 자연수의 개수는

$4\times3=12$(개)

30 이상인 두 자리의 자연수의 개수는

$2\times3=6$(개)

따라서 구하는 확률은 $\frac{6}{12}=\frac{1}{2}$

6 답 (1) $\frac{4}{10+x}$ (2) 2

(1) 전체 공의 개수는 $6+4+x=10+x$(개)

파란 공의 개수는 4개

따라서 파란 공이 나올 확률은 $\frac{4}{10+x}$

(2) 파란 공이 나올 확률이 $\frac{1}{3}$이므로 $\frac{4}{10+x}=\frac{1}{3}$

$10+x=12 \quad \therefore x=2$

7 답 $\frac{3}{4}$

모든 경우의 수는 4개의 막대 중에서 3개를 고르는 경우의 수와 같으므로 $\frac{4\times3\times2}{3\times2\times1}=4$

삼각형이 만들어지는 경우는

(3 cm, 5 cm, 6 cm), (3 cm, 6 cm, 8 cm),

(5 cm, 6 cm, 8 cm)의 3가지

따라서 구하는 확률은 $\frac{3}{4}$

▶ 문제 속 개념 도출

답 ① $\frac{a}{n}$

• 본문 126~127쪽

개념 49 확률의 성질

개념 확인

1 답 (1) 1 (2) 0

(1) 항상 빨간 공 또는 파란 공이 나오므로 구하는 확률은 1이다.

(2) 노란 공이 나오는 경우는 없으므로 구하는 확률은 0이다.

2 답 (1) 1 (2) 0

(1) 눈의 수는 항상 6 이하이므로 구하는 확률은 1이다.

(2) 눈의 수가 1 미만인 경우는 없으므로 구하는 확률은 0이다.

3 답 (1) $\frac{4}{9}$ (2) 0.7

(1) (A문제를 맞히지 못할 확률) $=1-$(A문제를 맞힐 확률)

$=1-\frac{5}{9}=\frac{4}{9}$

(2) (내일 비가 오지 않을 확률) $=1-$(내일 비가 올 확률)

$=1-0.3=0.7$

4 답 (1) $\frac{1}{3}$ (2) $\frac{1}{3}$, $\frac{2}{3}$

(1) 모든 경우의 수는 15

공에 적힌 수가 3의 배수인 경우는 3, 6, 9, 12, 15의 5가지

따라서 구하는 확률은 $\frac{5}{15}=\frac{1}{3}$

5 답 (1) $\frac{1}{8}$ (2) $\frac{1}{8}$, $\frac{7}{8}$

(1) 모든 경우의 수는 $2\times2\times2=8$

세 번 모두 뒷면이 나오는 경우는 (뒷면, 뒷면, 뒷면)의 1가지

따라서 구하는 확률은 $\frac{1}{8}$

교과서 문제로 개념 다지기

1 답 ③

① 전체 공의 개수는 7개, 검은 공의 개수는 5개이므로 그 확률은 $\frac{5}{7}$이다.

② 파란 공이 나오는 경우는 없으므로 그 확률은 0이다.

③ 빨간 공이 나오는 경우는 없으므로 그 확률은 0이다.

④ 전체 공의 개수는 7개, 흰 공의 개수는 2개이므로 그 확률은 $\frac{2}{7}$이다.

⑤ 항상 검은 공 또는 흰 공이 나오므로 그 확률은 1이다.

따라서 옳지 않은 것은 ③이다.

2 답 ㄷ, ㄹ

ㄱ. $p=\frac{(\text{사건 }A\text{가 일어나는 경우의 수})}{(\text{모든 경우의 수})}$

ㄴ. p의 값의 범위는 $0\le p\le 1$이다.

따라서 옳은 것은 ㄷ, ㄹ이다.

3 답 $\frac{7}{10}$

모든 경우의 수는 20

카드에 적힌 수가 20의 약수인 경우는

1, 2, 4, 5, 10, 20

의 6가지이므로 그 확률은

$\frac{6}{20}=\frac{3}{10}$

따라서 구하는 확률은 $1-\frac{3}{10}=\frac{7}{10}$

4 답 $\frac{5}{6}$

모든 경우의 수는 $6\times 6=36$

서로 같은 눈의 수가 나오는 경우는

(1, 1), (2, 2), (3, 3), (4, 4), (5, 5), (6, 6)

의 6가지이므로 그 확률은

$\frac{6}{36}=\frac{1}{6}$

따라서 구하는 확률은 $1-\frac{1}{6}=\frac{5}{6}$

5 답 $\frac{7}{8}$

모든 경우의 수는 $2\times 2\times 2=8$

세 개 모두 앞면이 나오는 경우는

(앞면, 앞면, 앞면)

의 1가지이므로 그 확률은 $\frac{1}{8}$

따라서 구하는 확률은 $1-\frac{1}{8}=\frac{7}{8}$

6 답 $\frac{15}{16}$

모든 경우의 수는 $2\times 2\times 2\times 2=16$

4개의 문제를 모두 틀리는 경우는 1가지이므로 그 확률은 $\frac{1}{16}$

따라서 구하는 확률은

$1-\frac{1}{16}=\frac{15}{16}$

7 답 경로는 풀이 참조, 도착한 지점: (다)

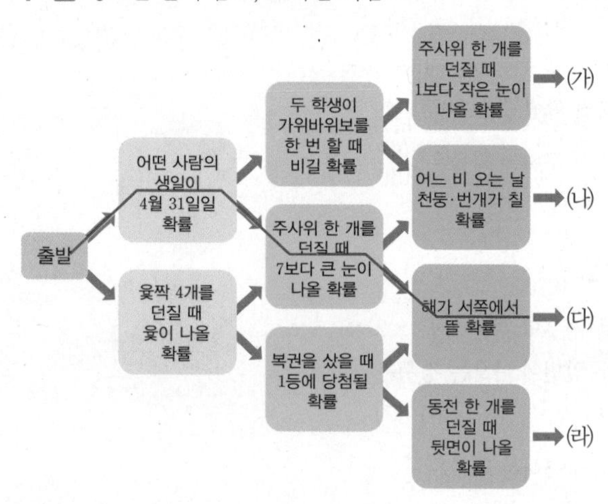

▶ 문제 속 개념 도출

답 ① 0

• 본문 128~129쪽

개념 50 사건 A 또는 사건 B가 일어날 확률

개념 확인

1 답 (1) $\frac{1}{5}$ (2) $\frac{1}{2}$ (3) $\frac{1}{5}$, $\frac{1}{2}$, $\frac{7}{10}$

(1) 전체 공의 개수는 $4+6+10=20$(개)

빨간 공의 개수는 4개

따라서 구하는 확률은

$\frac{4}{20}=\frac{1}{5}$

(2) 전체 공의 개수는 $4+6+10=20$(개)

노란 공의 개수는 10개

따라서 구하는 확률은

$\frac{10}{20}=\frac{1}{2}$

(3) (빨간 공 또는 노란 공이 나올 확률)

=(빨간 공이 나올 확률)+(노란 공이 나올 확률)

$=\frac{1}{5}+\frac{1}{2}=\frac{7}{10}$

2 답 (1) $\frac{4}{9}$ (2) $\frac{2}{9}$ (3) $\frac{2}{3}$

(1) 전체 필기구는 $3+4+2=9$(자루)
펜은 4자루
따라서 구하는 확률은 $\frac{4}{9}$

(2) 전체 필기구는 $3+4+2=9$(자루)
색연필은 2자루
따라서 구하는 확률은 $\frac{2}{9}$

(3) (펜 또는 색연필이 나올 확률)
=(펜이 나올 확률)+(색연필이 나올 확률)
$=\frac{4}{9}+\frac{2}{9}=\frac{6}{9}=\frac{2}{3}$

3 답 (1) $\frac{1}{5}$ (2) $\frac{2}{15}$ (3) $\frac{1}{3}$

(1) 모든 경우의 수는 15
4의 배수가 적힌 카드가 나오는 경우는 4, 8, 12의 3가지
따라서 구하는 확률은 $\frac{3}{15}=\frac{1}{5}$

(2) 모든 경우의 수는 15
7의 배수가 적힌 카드가 나오는 경우는 7, 14의 2가지
따라서 구하는 확률은 $\frac{2}{15}$

(3) (4의 배수 또는 7의 배수가 적힌 카드가 나올 확률)
=(4의 배수가 적힌 카드가 나올 확률)
+(7의 배수가 적힌 카드가 나올 확률)
$=\frac{1}{5}+\frac{2}{15}=\frac{5}{15}=\frac{1}{3}$

4 답 (1) $\frac{1}{12}$ (2) $\frac{5}{36}$ (3) $\frac{2}{9}$

(1) 모든 경우의 수는 $6\times6=36$
두 눈의 수의 합이 4인 경우는
(1, 3), (2, 2), (3, 1)
의 3가지
따라서 구하는 확률은 $\frac{3}{36}=\frac{1}{12}$

(2) 모든 경우의 수는 $6\times6=36$
두 눈의 수의 합이 8인 경우는
(2, 6), (3, 5), (4, 4), (5, 3), (6, 2)
의 5가지
따라서 구하는 확률은 $\frac{5}{36}$

(3) (두 눈의 수의 합이 4 또는 8일 확률)
=(두 눈의 수의 합이 4일 확률)
+(두 눈의 수의 합이 8일 확률)
$=\frac{1}{12}+\frac{5}{36}=\frac{8}{36}=\frac{2}{9}$

교과서 문제로 개념 다지기

1 답 $\frac{3}{5}$

$\frac{1}{5}+\frac{2}{5}=\frac{3}{5}$

2 답 $\frac{2}{5}$

전체 학생 수는 25명
방문 횟수가 3회인 학생 수는 6명이므로 그 확률은 $\frac{6}{25}$
방문 횟수가 4회인 학생 수는 4명이므로 그 확률은 $\frac{4}{25}$
따라서 구하는 확률은 $\frac{6}{25}+\frac{4}{25}=\frac{10}{25}=\frac{2}{5}$

3 답 $\frac{3}{10}$

모든 경우의 수는 30
8의 배수가 적힌 카드가 나오는 경우는 8, 16, 24의 3가지이므로 그 확률은 $\frac{3}{30}$
18의 약수가 적힌 카드가 나오는 경우는 1, 2, 3, 6, 9, 18의 6가지이므로 그 확률은 $\frac{6}{30}$
따라서 구하는 확률은
$\frac{3}{30}+\frac{6}{30}=\frac{9}{30}=\frac{3}{10}$

4 답 $\frac{5}{18}$

모든 경우의 수는 $6\times6=36$
두 눈의 수의 차가 3인 경우는
(1, 4), (2, 5), (3, 6), (4, 1), (5, 2), (6, 3)
의 6가지이므로 그 확률은 $\frac{6}{36}$
두 눈의 수의 차가 4인 경우는 (1, 5), (2, 6), (5, 1), (6, 2)
의 4가지이므로 그 확률은 $\frac{4}{36}$
따라서 구하는 확률은
$\frac{6}{36}+\frac{4}{36}=\frac{10}{36}=\frac{5}{18}$

5 답 $\frac{13}{30}$

모든 경우의 수는 $6\times5=30$
15보다 작은 자연수의 개수는 $1\times3=3$(개)이므로 그 확률은 $\frac{3}{30}$
50보다 큰 자연수의 개수는 $2\times5=10$(개)이므로 그 확률은 $\frac{10}{30}$
따라서 구하는 확률은
$\frac{3}{30}+\frac{10}{30}=\frac{13}{30}$

6 답 $\frac{1}{2}$

모든 경우의 수는 $4\times3\times2\times1=24$

A가 맨 처음에 하는 경우의 수는 $3\times2\times1=6$이므로

그 확률은 $\frac{6}{24}$

A가 맨 마지막에 하는 경우의 수는 $3\times2\times1=6$이므로

그 확률은 $\frac{6}{24}$

따라서 구하는 확률은

$\frac{6}{24}+\frac{6}{24}=\frac{12}{24}=\frac{1}{2}$

7 답 $\frac{3}{5}$

A형인 사람에게 수혈을 해 줄 수 있는 사람은 A형, O형인 사람이므로 A형인 사람에게 수혈을 해 줄 수 있을 확률은 A형 또는 O형일 확률과 같다.

전체 학생 수는 $11+9+7+3=30$(명)

A형인 학생 수는 11명이므로 A형일 확률은 $\frac{11}{30}$

O형인 학생 수는 7명이므로 O형일 확률은 $\frac{7}{30}$

따라서 구하는 확률은

$\frac{11}{30}+\frac{7}{30}=\frac{18}{30}=\frac{3}{5}$

▶ 문제 속 개념 도출

답 ① +

• 본문 130~131쪽

개념 51 사건 A와 사건 B가 동시에 일어날 확률

개념 확인

1 답 (1) $\frac{3}{5}$ (2) $\frac{1}{3}$ (3) $\frac{3}{5}$, $\frac{1}{3}$, $\frac{1}{5}$

(1) 전체 공의 개수는 $3+2=5$(개)
흰 공의 개수는 3개
따라서 구하는 확률은 $\frac{3}{5}$

(2) 전체 공의 개수는 $4+2=6$(개)
검은 공의 개수는 2개
따라서 구하는 확률은 $\frac{2}{6}=\frac{1}{3}$

(3) (A주머니에서 흰 공이 나오고, B주머니에서 검은 공이 나올 확률)
=(A주머니에서 흰 공이 나올 확률)
×(B주머니에서 검은 공이 나올 확률)
$=\frac{3}{5}\times\frac{1}{3}=\frac{1}{5}$

2 답 (1) $\frac{1}{2}$ (2) $\frac{2}{3}$ (3) $\frac{1}{3}$

(1) 모든 경우의 수는 2
뒷면이 나오는 경우는 1가지
따라서 구하는 확률은 $\frac{1}{2}$

(2) 모든 경우의 수는 6
4 이하의 눈이 나오는 경우는 1, 2, 3, 4의 4가지
따라서 구하는 확률은 $\frac{4}{6}=\frac{2}{3}$

(3) (동전은 뒷면이 나오고, 주사위는 4 이하의 눈이 나올 확률)
=(동전의 뒷면이 나올 확률)
×(주사위에서 4 이하의 눈이 나올 확률)
$=\frac{1}{2}\times\frac{2}{3}=\frac{1}{3}$

3 답 (1) $\frac{1}{2}$ (2) $\frac{1}{2}$ (3) $\frac{1}{4}$

(1) 모든 경우의 수는 6
짝수의 눈이 나오는 경우는 2, 4, 6의 3가지
따라서 구하는 확률은 $\frac{3}{6}=\frac{1}{2}$

(2) 모든 경우의 수는 6
홀수의 눈이 나오는 경우는 1, 3, 5의 3가지
따라서 구하는 확률은 $\frac{3}{6}=\frac{1}{2}$

(3) (A주사위는 짝수의 눈이 나오고, B주사위는 홀수의 눈이 나올 확률)
=(A주사위에서 짝수의 눈이 나올 확률)
×(B주사위에서 홀수의 눈이 나올 확률)
$=\frac{1}{2}\times\frac{1}{2}=\frac{1}{4}$

4 답 (1) $\frac{2}{7}$ (2) $\frac{3}{10}$

(1) (두 사람 모두 오늘 도서관에 갈 확률)
=(지민이가 오늘 도서관에 갈 확률)
×(수현이가 오늘 도서관에 갈 확률)
$=\frac{2}{3}\times\frac{3}{7}=\frac{2}{7}$

(2) (두 사람 모두 문제를 맞힐 확률)

=(태준이가 문제를 맞힐 확률)

×(하연이가 문제를 맞힐 확률)

$=\frac{4}{5}\times\frac{3}{8}=\frac{3}{10}$

교과서 문제로 개념 다지기

1 답 $\frac{1}{12}$

$\frac{1}{4}\times\frac{1}{3}=\frac{1}{12}$

2 답 $\frac{3}{10}$

$\frac{3}{4}\times\frac{2}{5}=\frac{3}{10}$

3 답 ③

주사위를 한 번 던질 때 모든 경우의 수는 6

소수의 눈이 나오는 경우는 2, 3, 5의 3가지이므로

그 확률은 $\frac{3}{6}=\frac{1}{2}$

짝수의 눈이 나오는 나오는 경우는 2, 4, 6의 3가지이므로

그 확률은 $\frac{3}{6}=\frac{1}{2}$

따라서 구하는 확률은

$\frac{1}{2}\times\frac{1}{2}=\frac{1}{4}$

4 답 0.064

$0.4\times0.4\times0.4=0.064$

5 답 (1) $\frac{1}{3}$ (2) $\frac{3}{4}$ (3) $\frac{1}{4}$

(1) $1-\frac{2}{3}=\frac{1}{3}$

(2) $1-\frac{1}{4}=\frac{3}{4}$

(3) (두 사람 모두 문제를 풀지 못할 확률)

=(A가 문제를 풀지 못할 확률)

×(B가 문제를 풀지 못할 확률)

$=\frac{1}{3}\times\frac{3}{4}=\frac{1}{4}$

| 참고 | 두 사건 A, B가 서로 영향을 끼치지 않을 때, 사건 A가 일어날 확률을 p, 사건 B가 일어날 확률을 q라 하면

- 사건 A가 일어나고 사건 B가 일어나지 않을 확률은
  ➡ $p\times(1-q)$
- 두 사건 A, B가 모두 일어나지 않을 확률은
  ➡ $(1-p)\times(1-q)$

6 답 (1) $\frac{9}{50}$ (2) $\frac{41}{50}$

(1) A오디션에 불합격할 확률은

$1-\frac{7}{10}=\frac{3}{10}$

B오디션에 불합격할 확률은

$1-\frac{2}{5}=\frac{3}{5}$

따라서 구하는 확률은

$\frac{3}{10}\times\frac{3}{5}=\frac{9}{50}$

(2) (수연이가 적어도 한 오디션에는 합격할 확률)

=1−(수연이가 두 오디션에 모두 불합격할 확률)

$=1-\frac{9}{50}=\frac{41}{50}$

| 참고 | 두 사건 A, B 중 적어도 하나가 일어날 확률은

➡ 1−(두 사건 A, B가 모두 일어나지 않을 확률)

7 답 혜영

동전의 앞면이 나올 확률은 $\frac{1}{2}$

주사위에서 짝수의 눈이 나오는 경우는 2, 4, 6의 3가지이므로

그 확률은 $\frac{3}{6}=\frac{1}{2}$

즉, 수진이가 이길 확률은 $\frac{1}{2}\times\frac{1}{2}=\frac{1}{4}$

동전의 뒷면이 나올 확률은 $\frac{1}{2}$

주사위에서 6의 약수의 눈이 나오는 경우는 1, 2, 3, 6의 4가지이므로 그 확률은 $\frac{4}{6}=\frac{2}{3}$

즉, 혜영이가 이길 확률은 $\frac{1}{2}\times\frac{2}{3}=\frac{1}{3}$

따라서 이길 가능성이 더 높은 사람은 혜영이다.

▶ 문제 속 개념 도출

답 ① ×

• 본문 132~133쪽

개념 52 확률의 응용 – 연속하여 꺼내기

개념 확인

1 답 (1) 9, 4, $\frac{4}{9}$, $\frac{4}{9}$, $\frac{16}{81}$ (2) 8, 3, $\frac{3}{8}$, $\frac{3}{8}$, $\frac{1}{6}$

2 답 (1) ① $\frac{2}{5}$, ② $\frac{2}{5}$, ③ $\frac{4}{25}$ (2) ① $\frac{2}{5}$, ② $\frac{1}{4}$, ③ $\frac{1}{10}$

(1) ③ $\frac{2}{5}\times\frac{2}{5}=\frac{4}{25}$

(2) ② A가 당첨 제비를 뽑고 남은 4개의 제비 중 당첨 제비는 1개이므로 B가 당첨될 확률은 $\frac{1}{4}$

③ $\frac{2}{5}\times\frac{1}{4}=\frac{1}{10}$

교과서 문제로 개념 다지기

1 답 $\frac{9}{25}$

첫 번째에 주황색 공이 나올 확률은 $\frac{6}{10}=\frac{3}{5}$

두 번째에 주황색 공이 나올 확률은 $\frac{6}{10}=\frac{3}{5}$

따라서 구하는 확률은

$\frac{3}{5}\times\frac{3}{5}=\frac{9}{25}$

2 답 $\frac{1}{20}$

첫 번째 꺼낸 사탕에 행운권이 들어 있을 확률은 $\frac{6}{25}$

두 번째 꺼낸 사탕에 행운권이 들어 있을 확률은 $\frac{5}{24}$

따라서 구하는 확률은

$\frac{6}{25}\times\frac{5}{24}=\frac{1}{20}$

3 답 $\frac{1}{4}$

첫 번째에 8의 약수가 적힌 카드가 나오는 경우는 1, 2, 4, 8의 4가지이므로

그 확률은 $\frac{4}{8}=\frac{1}{2}$

두 번째에 소수가 적힌 카드가 나오는 경우는 2, 3, 5, 7의 4가지이므로

그 확률은 $\frac{4}{8}=\frac{1}{2}$

따라서 구하는 확률은

$\frac{1}{2}\times\frac{1}{2}=\frac{1}{4}$

4 답 (1) $\frac{8}{45}$ (2) $\frac{8}{45}$ (3) $\frac{16}{45}$

(1) 성재가 불량품을 꺼낼 확률은 $\frac{2}{10}=\frac{1}{5}$

민호가 불량품을 꺼내지 않을 확률은 $\frac{8}{9}$

따라서 구하는 확률은

$\frac{1}{5}\times\frac{8}{9}=\frac{8}{45}$

(2) 성재가 불량품을 꺼내지 않을 확률은 $\frac{8}{10}=\frac{4}{5}$

민호가 불량품을 꺼낼 확률은 $\frac{2}{9}$

따라서 구하는 확률은

$\frac{4}{5}\times\frac{2}{9}=\frac{8}{45}$

(3) (성재와 민호 중 한 사람만 불량품을 꺼낼 확률)

=(성재만 불량품을 꺼낼 확률)+(민호만 불량품을 꺼낼 확률)

$=\frac{8}{45}+\frac{8}{45}=\frac{16}{45}$

5 답 $\frac{3}{7}$

두 자리의 자연수가 짝수이려면 일의 자리의 숫자는 짝수이어야 한다.

첫 번째에 짝수가 적힌 카드를 뽑고, 두 번째에도 짝수가 적힌 카드를 뽑을 확률은

$\frac{3}{7}\times\frac{2}{6}=\frac{1}{7}$

첫 번째에 홀수가 적힌 카드를 뽑고, 두 번째에 짝수가 적힌 카드를 뽑을 확률은

$\frac{4}{7}\times\frac{3}{6}=\frac{2}{7}$

따라서 구하는 확률은

$\frac{1}{7}+\frac{2}{7}=\frac{3}{7}$

▶ 문제 속 개념 도출

① 1

학교 시험 문제로 단원 마무리

• 본문 134~135쪽

1 답 ②

소수가 적힌 공이 나오는 경우는 2, 3, 5, 7, 11, 13, 17, 19의 8가지

10의 배수가 적힌 공이 나오는 경우는 10, 20의 2가지

따라서 구하는 경우의 수는

$8+2=10$

2 답 8

집에서 문구점을 거쳐 학교로 가는 방법의 수는

$3\times2=6$

집에서 문구점을 거치지 않고 학교로 가는 방법의 수는 2

따라서 구하는 방법의 수는

$6+2=8$

3 답 48

부모님을 한 명으로 생각하여 4명을 한 줄로 세우는 경우의 수는

$4\times3\times2\times1=24$

부모님끼리 자리를 바꾸는 경우의 수는 2

따라서 구하는 경우의 수는

$24\times2=48$

4 답 9개

십의 자리에 올 수 있는 숫자는 0을 제외한 3개,

일의 자리에 올 수 있는 숫자는 십의 자리의 숫자를 제외한 3개이므로 만들 수 있는 두 자리의 자연수의 개수는

$3\times3=9$(개)

5 답 15

6명의 학생 중에서 자격이 같은 대표 2명을 뽑는 경우의 수와 같으므로

$\frac{6\times5}{2}=15$

6 답 ③, ⑤

① 0이 나오는 경우는 없으므로 그 확률은 0이다.

② 4의 배수가 나오는 경우는 4, 8, 12의 3가지이므로 그 확률은 $\frac{3}{12}=\frac{1}{4}$이다.

③ 12의 약수가 나오는 경우는 1, 2, 3, 4, 6, 12의 6가지이므로 그 확률은 $\frac{6}{12}=\frac{1}{2}$이다.

④ 12 이상의 수가 나오는 경우는 12의 1가지이므로 그 확률은 $\frac{1}{12}$이다.

⑤ 항상 12 이하의 수가 나오므로 그 확률은 1이다.

따라서 옳은 것은 ③, ⑤이다.

7 답 (1) $\frac{3}{28}$ (2) $\frac{25}{28}$

(1) 모든 경우의 수는 $\frac{8\times7}{2}=28$

두 명 모두 남학생이 뽑히는 경우의 수는 $\frac{3\times2}{2}=3$

따라서 구하는 확률은 $\frac{3}{28}$

(2) (여학생이 적어도 한 명은 포함될 확률)

$=1-$(두 명 모두 남학생이 뽑힐 확률)

$=1-\frac{3}{28}=\frac{25}{28}$

8 답 $\frac{9}{32}$

6의 배수인 경우는 6, 12, 18, 24, 30의 5가지이므로

그 확률은 $\frac{5}{32}$

7의 배수인 경우는 7, 14, 21, 28의 4가지이므로

그 확률은 $\frac{4}{32}$

따라서 구하는 확률은

$\frac{5}{32}+\frac{4}{32}=\frac{9}{32}$

9 답 0.38

홍민이가 실패할 확률은 $1-0.7=0.3$이므로

소연이만 성공할 확률은

$0.8\times0.3=0.24$

소연이가 실패할 확률은 $1-0.8=0.2$이므로

홍민이만 성공할 확률은

$0.2\times0.7=0.14$

따라서 구하는 확률은

$0.24+0.14=0.38$

OX 문제로 확인하기 본문 136쪽

답 ❶ × ❷ ○ ❸ ○ ❹ × ❺ ○ ❻ × ❼ ○ ❽ ○

memo

진짜 공부 챌린지
내/가/스/터/디

공부는 스스로 해야 실력이 됩니다.
아무리 뛰어난 스타강사도, 아무리 좋은 참고서도
학습자의 실력을 바로 높여 줄 수는 없습니다.

내가 무엇을 공부하고 있는지, 아는 것과 모르는 것은 무엇인지
스스로 인지하고 학습할 때 진짜 실력이 만들어집니다.

메가스터디북스는 스스로 하는 공부, **내가스터디**를 응원합니다.
메가스터디북스는 여러분의 **내가스터디**를 돕는 좋은 책을 만듭니다.

메가스터디BOOKS

www.megastudybooks.com

내용 문의 | 02-6984-6901 **구입 문의** | 02-6984-6868,9